D1640394

Supraleitung, Suprafluidität und Kondensate

von

Prof. Dr. James F. Annett

Oldenbourg Verlag München

Prof. Dr. James F. Annett ist Leiter der Theoretischen Physik an der Universität von Bristol.

Das Coverbild zeigt die Fermifläche des unkonventionellen Supraleiters Sr_2RuO_4. Dieses Material scheint eines der seltenen Beispiele für einen Supraleiter mit Spintriplett-Cooper-Paarung in einem chiralen *p*-Wellenzustand zu sein.

Autorisierte Übersetzung der englischsprachigen Originalausgabe, erschienen im Verlag Oxford University Press unter dem Titel „Superconductivity, Superfluids and Condensates“.

“Superconductivity, Superfluids and Condensates” was originally published in English in 2004. This translation is published by arrangement with Oxford University Press.

Übersetzung

Dr. Karen Lippert, Leipzig

Bibliografische Information der Deutschen Nationalbibliothek

Die Deutsche Nationalbibliothek verzeichnet diese Publikation in der Deutschen Nationalbibliografie; detaillierte bibliografische Daten sind im Internet über http://dnb.d-nb.de abrufbar.

Rosenheimer Straße 145, D-81671 München
Telefon: (089) 45051-0
www.oldenbourg-verlag.de

Lektorat: Kristin Berber-Nerlinger
Herstellung: Constanze Müller
Einbandgestaltung: hauser lacour
Gesamtherstellung: Grafik + Druck GmbH, München

Dieses Papier ist alterungsbeständig nach DIN/ISO 9706.

ISBN 978-3-486-70540-9

Vorwort

Seit ihrer Entdeckung vor ziemlich genau 100 Jahren haben Supraleiter und Suprafluide immer wieder durch neue, unerwartete Phänomene überrascht. Die Theorien, mit deren Hilfe schließlich die Erklärung der Supraleitfähigkeit in Metallen und der Suprafluidität in ^{4}He gelang, zählen zu den bedeutendsten Errungenschaften der theoretischen Vielteilchenphysik. Für viele andere Gebiete der Physik ergaben sich aus diesen Theorien tief greifende Konsequenzen, etwa bei der Formulierung des „Higgs-Mechanismus" und des Standardmodells der Teilchenphysik.

Noch immer gibt es keinerlei Anzeichen, dass sich das Entwicklungstempo auf diesen Gebieten verlangsamt. Gerade in den letzten beiden Jahrzehnten ist wieder ein verstärktes Interesse zu verzeichnen, insbesondere in Reaktion auf die Entdeckung von Hochtemperatursupraleitern im Jahr 1986 und der 1995 bekannt gegebenen erfolgreichen Realisierung der Bose-Einstein-Kondensation in ultrakalten atomaren Gasen. Diese bahnbrechenden Leistungen haben den Anwendungsbereich der „Tieftemperaturphysik" ungemein erweitert. Lag die höchste nachgewiesene Übergangstemperatur für die Supraleitung zuvor bei 165 K (oder etwa $-100°$C), was einem kalten Tag am Nordpol entspricht, so gelang es mit den in Laserfallen gefangenen Kondensaten atomarer Gase in den Bereich von einigen Nanokelvin vorzudringen. Außerdem gibt es mittlerweile eine unglaublich große Bandbreite von Materialien, die als supraleitend bekannt sind. Längst ist das Gebiet nicht mehr beschränkt auf die Untersuchung von Metallen und ihren Legierungen. Heute werden auch komplexe Oxide, kohlenstoffbasierte Materialien (wie etwa das Fulleren C_{60}), organische Leiter, Verbindungen von Seltenerdmetallen (schwere Fermionen) und Materialien auf der Basis von Schwefel und Bor auf ihre Supraleitfähigkeit hin untersucht. (2001 wurde beispielsweise die Supraleitfähigkeit von MgB_2 nachgewiesen.) Auch kommerzielle Anwendungen der Supraleitungstechnologie sind im Wachsen begriffen, wenn auch langsam. Der 2003 am CERN installierte LHC-Ring wäre ohne die enormen Fortschritte in der supraleitenden Magnettechnologie nicht möglich gewesen. Doch auch hier werden „traditionelle" supraleitende Materialien verwendet. Mit den neuen Hochtemperatursupraleitern könnten prinzipiell noch wesentlich stärkere Magnete gebaut werden. Allerdings ist es schwierig, mit diesen Materialien zu arbeiten, und es sind dabei noch viele technische Probleme zu überwinden.

Das Ziel dieses Buches ist eine klare und kurz gefasste Einführung in dieses Thema. Es ist vor allem gedacht für Studenten der Physik, Chemie oder Materialwissenschaft etwa auf dem Niveau zwischen Grundstudium und Hauptstudium. Meine Hoffnung ist natürlich, dass es auch bei erfahrenen Wissenschaftlern und anderen Lesern auf Interesse stößt.

Für Studenten könnten die in der Theorie der Suprafluidität und der Supraleitung wichtigen Konzepte eine gewisse Herausforderung darstellen. Es werden viele Kenntnisse aus der Thermodynamik, Elektrodynamik, Quantenmechanik und Festkörperphysik vorausgesetzt. Theorien der Supraleitung wie die BCS-Theorie (nach ihren Begründern Bardeen, Cooper und Schrieffer) lassen sich am natürlichsten mit den mathematischen Hilfsmitteln der Quantenfeldtheorie formulieren, ein Gebiet, das weit über das übliche Niveau des Hauptstudiums hinaus geht. In diesem Buch wird der Versuch unternommen, die Verwendung dieser anspruchsvollen mathematischen Werkzeuge auf ein notwendiges Minimum zu beschränken, um Anfängern den Einstieg in das Thema zu erleichtern. Wer sich mit der Supraleitung intensiver beschäftigen möchte, wird daher für sein weiteres Studium Bücher für Fortgeschrittene benötigen. Ich glaube jedoch, dass die meisten grundlegenden Konzepte bereits auf der Basis der im Grundstudium gebotenen Quantenmechanik, der statistischen Physik und Grundkenntnissen der Festkörperphysik voll und ganz verständlich werden. Aus der Reihe **Oxford Master Series in Condensed Matter Physics** sind es die Bände *Band theory and electronic properties of solids* von John Singleton (2001) sowie *Magnetism in condensed matter physics* von Stephen Blundell (2001), die die wichtigsten Grundlagen für das vorliegende Buch enthalten, das seinerseits die gleichen Grundkenntnisse in der Festkörperphysik wie dort voraussetzt und auf diesem Niveau aufbaut.

Natürlich gibt es viele andere Bücher über Supraleitung und Suprafluidität, und deshalb enthält jedes Kapitel Hinweise auf exzellente Bücher und Übersichtsartikel zur Supraleitung. Im Unterschied zu einigen dieser früheren Bücher ist das vorliegende nur als Einführung in das Gebiet gedacht und erhebt nicht den Anspruch eines umfassenden Referenzwerkes. Außerdem besteht die Hoffnung, durch die Kombination der Themen Supraleitung, Suprafluidität und Bose-Einstein-Kondensation in einem einzigen Buch die vielen Verbindungen und Gemeinsamkeiten dieser Gebiete deutlich zu machen. Für Studenten, die sich heute mit Supraleitung befassen, sind auch aktuelle Forschungsthemen wie die unkonventionelle Supraleitung von Bedeutung, weshalb auch diese im Buch einführend behandelt werden.

Der Aufbau des Buches orientiert sich an der Vorlesung, die ich in Bristol gehalten habe, sowie im Rahmen einiger Sommer- und Winterschulen innerhalb der letzten Jahre. In den ersten drei Kapiteln werden die wichtigsten experimentellen Fakten und die zu ihrer Beschreibung notwendige Theorie eingeführt. Kapitel 1 befasst sich mit der Bose-Einstein-Kondensation und ihrer Realisierung in ultrakalten atomaren Gasen. Das nächste Kapitel ist der Einführung von suprafluidem ^{4}He gewidmet und Kapitel 3 den wichtigsten Phänomenen im Zusammenhang mit der Supraleitung. Diese Kapitel sind für jeden verständlich, der Grundkenntnisse der Festkörperphysik, Quantenmechanik, Elektrodynamik und Thermodynamik mitbringt. In Kapitel 4 wird die Ginzburg-Landau-Theorie vorgestellt, eine phänomenologische Theorie der Supraleitung, die in den 1950er-Jahren in Moskau von der Gruppe um Lev Landau entwickelt wurde. Diese mathematisch elegante Theorie ist auch heute noch sehr nützlich, da sie viele komplexe Phänomene (wie etwa das Abrikosov-Gitter) im Rahmen eines einfachen und mächtigen Konzepts zu beschreiben vermag. In den beiden folgenden Kapiteln wird die BCS-Theorie der Supraleitung eingeführt. Um die Darstellung auf einem für nicht graduierte Studenten vertretbaren Niveau zu halten, habe ich versucht, die Verwendung mathematischer Werkzeuge der Quantenfeldtheorie minimal zu halten, doch waren einige grundlegende Konzepte, wie etwa Feynman-Graphen, unvermeidlich. Die Darstellung erfolgt in zwei Teilen: In Kapitel 5 werden der Formalismus der kohärenten Zustände und die zur Beschreibung nötigen Quantenfeldoperatoren eingeführt, während Kapitel 6 der BCS-Theorie selbst gewidmet ist. Zusammen können diese beiden Kapitel als in sich abgeschlossen betrachtet werden, d. h., sie sollten für den Leser verständlich sein, unabhängig davon, ob er bereits Erfahrungen mit den Methoden der Quantenfeldtheorie hat. Das abschließende Kapitel behandelt einige spezielle, gleichwohl sehr wichtig Themen, darunter die faszinierenden Eigenschaften von suprafluidem ^{3}He und die unkonventionelle Cooper-Paarung. Es basiert auf einer Reihe von mir veröffentlichter Übersichtsartikel, in denen es um Argumente für und gegen eine unkonventionelle Paarung bei Hochtemperatursupraleitern geht.

Lehrende können dieses Buch auf vielfältige Weise für ihre Vorlesungen verwenden, je nachdem, an welchen Kreis von Studenten sich die jeweilige Vorlesung richtet. Anstatt mit Kapitel 1 zu beginnen und dann linear fortzufahren, könnte man beispielsweise mit Kapitel 3 beginnen und sich ausschließlich auf die Kapitel zur Supraleitung konzentrieren. Die Kapitel 3 bis 6 bieten eine solide Einführung in dieses Thema bis hin zur BCS-Theorie. Für eine Graduiertenvorlesung könnte man aber auch bei den Kapiteln 4 und 5 einsteigen und direkt mit den Aspekten der Vielteilchenphysik beginnen. Kapitel 7 kann als Abstecher in die neuere Forschung betrachtet werden oder als Zusatzmaterial, das nur für Spezialisten von Interesse ist. Es kann jedoch auch Studenten und Forschern als Referenz dienen, die sich einen schnellen Überblick über suprafluides ^{3}He und die unkonventionelle Supraleitung verschaffen wollen.

Mit diesem Buch wird nicht der Versuch unternommen, sämtliche Gebiete der modernen Supraleitungsforschung abzudecken. Weggelassen wurden unter anderem die mathematisch anspruchsvolleren Elemente der BCS-Theorie und anderer Theorien. Es gibt mehrere anspruchsvollere und umfassendere Bücher, die das Gebiet in seinen verschiedensten Details erschließen. Um die BCS-Theorie wirklich vollständig zu erfassen, sollte man sich zunächst mit der Vielteilchen-Quantenfeldtheorie vertraut machen. Auch zu den Anwendungsmöglichkeiten von Supraleitern gibt es in diesem Buch nur kurze Anmerkungen, aber auch hierzu sei auf speziellere Bücher verwiesen.

Widmen möchte ich dieses Buch meinen Freunden, Mentoren und Kollegen, die mir über die Jahre hinweg immer wieder gezeigt haben, wie faszinierend die Physik der kondensierten Materie sein kann. Zu diesen Menschen gehören Roger Haydock, Volker Heine, Richard Martin, Nigel Goldenfeld, Tony Leggett, Balazs Györffy und viele andere, die hier nicht einzeln genannt werden können.

James F. Annett[1]
University of Bristol, March 2003

[1] Ich freue mich über Anmerkungen zu diesem Buch sowie über Hinweise auf Fehler. Bitte benutzen Sie hierfür meine E-Mail-Adresse james.annett@bristol.ac.uk

Inhaltsverzeichnis

1 Bose-Einstein-Kondensate

1.1 Einführung

Supraleitung, **Suprafluidität** und **Bose-Einstein-Kondensation** (BEC) gehören zu den faszinierendsten Phänomenen, die in der Natur vorkommen. Ihre Eigentümlichkeit und die oftmals überraschenden Charakteristika sind unmittelbare Konsequenzen der Quantenmechanik. Aus diesem Grund kommen die genannten Phänomene nur bei niedrigen Temperaturen vor, und es ist sehr schwierig (aber hoffentlich nicht unmöglich!), einen bei Raumtemperatur arbeitenden Supraleiter zu finden. Während die meisten anderen Quanteneffekte sich nur auf atomarer oder subatomarer Ebene offenbaren, spiegeln Suprafluide und Supraleiter die quantenmechanische Natur der Materie in den globalen Eigenschaften des Stoffes wider. Es handelt sich also um **makroskopische Quantenphänomene.**

Dieses Buch behandelt drei unterschiedliche Typen makroskopischer Quantenzustände: Supraleiter, Suprafluide und atomare Bose-Einstein-Kondensate. Wie wir sehen werden, haben sie viel miteinander gemeinsam und können durch ähnliche theoretische Ansätze beschrieben werden. Die Meilensteine ihrer Entdeckungsgeschichte verteilen sich über einen Zeitraum von fast einhundert Jahren. Tabelle 1.1 listet einige davon auf. Sie beginnt in den ersten Jahren des 20. Jahrhunderts, und noch immer tut sich viel auf diesem Gebiet. Man kann sagen, dass die Tieftemperaturphysik im Jahr 1908 begründet wurde, als Heike Kammerlingh Onnes in Leiden erstmals flüssiges Helium herstellte. Wenig später wurde im gleichen Labor das Phänomen der Supraleitung entdeckt. Die Entwicklung einer vollständigen Theorie der Supraleitung folgte erst rund fünfzig Jahre später mit der BCS-Theorie (nach Bardeen, Cooper und Schrieffer).[1] Im Falle der Bose-Einstein-Kondensation lag dagegen zuerst die Theorie vor – sie wurde in den 1920er-Jahren entwickelt – während die experimentelle Realisierung eines Bose-Einstein-Kondensats erstmals 1995 gelang.

---

[1]Manche Nebenpfade in der Entwicklung der Supraleitung hatten überraschende Konsequenzen für andere Teile der Physik. Der **Josephson-Effekt** führt auf eine allgemeine Beziehung zwischen der Spannung V und der Frequenz ν: es gilt $V = (h/e)\nu$. Hierbei ist h das Plancksche Wirkungsquantum und e die Elektronenladung. Dies lieferte die genaueste bekannte Methode für die Messung von h/e, einer Kombination zweier fundamentaler Konstanten, und trägt somit dazu bei, möglichst genaue Werte für diese Konstanten selbst zu finden. Eine andere überraschende Entdeckung ist der ebenfalls in Tabelle 1.1 erwähnte **Anderson-Higgs-Mechanismus.** Philip Anderson erklärte die Verdrängung des magnetischen Flusses bei der Supraleitung durch die *spontane Brechung der Eichsymmetrie.* Indem Peter Higgs im Wesentlichen die gleiche Idee in der Elementarteilchenphysik anwendete, konnte er eine Erklärung für den Ursprung der Masse von Elementarteilchen liefern. Die Suche nach dem in diesem Zusammenhang postulierten *Higgs-Boson* mithilfe großer Beschleuniger wie am CERN und im Fermilab dauert bis heute an.

Tabelle 1.1: *Einige Meilensteine in der Geschichte von Supraleitung, Suprafluidität und BEC.*

1908	Verflüssigung von ^{4}He bei 4,2 K
1911	Entdeckung von Supraleitung in Hg bei 4,1 K
1925	Vorhersage der Bose-Einstein-Kondensation
1927	Entdeckung des λ-Übergangs in ^{4}He bei 2,2 K
1933	Entdeckung des Meißner-Ochsenfeld-Effekts
1938	Nachweis von Suprafluidität in ^{4}He
1950	Ginzburg-Landau-Theorie der Supraleitung
1957	BCS-Theorie (Bardeen, Cooper, Schrieffer)
1957	Abrikosov-Gitter
1962	Josephson-Effekt
1963/64	Anderson-Higgs-Mechanismus
1971	Nachweis von Suprafluidität in ^{3}He bei 2,8 mK
1986	Entdeckung der Hochtemperatursupraleitung (30 bis 165 K)
1995	Bose-Einstein-Kondensation in atomaren Gasen realisiert (0,5 μK)

Obwohl das Gebiet also schon eine lange Geschichte hat, gibt es noch immer eine dynamische Entwicklung und revolutionäre Erkenntnisse. Zum einen beobachten wir Fortschritte bei immer niedrigeren Temperaturen. Heute ist es möglich, atomare Bose-Einstein-Kondensate herzustellen und sie bei Temperaturen im Bereich von einigen Nanokelvin zu untersuchen. Zum anderen sind Hochtemperatursupraleiter entdeckt worden, also Materialien, die bei wesentlich höheren Temperaturen supraleitend werden als man zuvor für möglich gehalten hätte. Gegenwärtig liegt die höchste nachgewiesene kritische Temperatur T_c unter Normaldruck bei etwa 133 K. Gefunden wurde sie für die Substanz $HgBa_2Ca_2Cu_3O_{8+\delta}$. Diese kritische Temperatur kann auf bis etwa 164 K erhöht werden, wenn das Material hohen Drücken in der Größenordnung von 30 GPa ausgesetzt wird; dieses T_c ist die höchste kritische Temperatur, die bislang für ein supraleitendes Material nachgewiesen wurde. Supraleitung bei derart hohen Temperaturen kann mit hoher Wahrscheinlichkeit nicht im Rahmen der normalen BCS-Theorie der Supraleitung erklärt werden. Die Suche nach einer neuen Theorie der Supraleitung, mit der sich auch diese außergewöhnlichen Materialien erklären lassen, gehört noch immer zu den zentralen Problemfeldern der modernen Physik.

Dieses Buch ist folgendermaßen organisiert. In diesem Kapitel beginnen wir mit dem einfachsten der drei genannten makroskopischen Quantenzustände, dem Bose-Einstein-Kondensat. Zunächst werden wir das Konzept der Bose-Einstein-Kondensation vorstellen. Darauf aufbauend werden wir sehen wie es schließlich möglich war, diesen Zustand experimentell zu realisieren. Genutzt wurden dabei moderne Laserverfahren zum Kühlen und Fangen von Atomen. In den nächsten beiden Kapitel werden die grundlegenden Phänomene eingeführt, die im Zusammenhang mit Suprafluidität und Supraleitung auftreten. In den Kapiteln 4 bis 6 werden die Theorien dieser makroskopischen Quantenzustände behandelt, was in der vollständigen BCS-Theorie gipfelt. Das abschließende Kapitel widmet sich speziellen Themen, nämlich der Suprafluidität in ^{3}He und Supraleitern mit unkonventioneller Cooper-Paarung.

1.2 Bose-Einstein-Statistik

Im Jahr 1924 schrieb der indische Physiker Satyendra Nath Bose einen Brief an Albert Einstein, in dem er eine neue Methode beschrieb, mit der das Plancksche Strahlungsgesetz für einen schwarzen Körper abgeleitet werden kann. Zu dieser Zeit war Einstein bereits weltberühmt und hatte gerade den Nobelpreis für die quantenmechanische Erklärung des photoelektrischen Effekts erhalten. Bose war ein relativ unbekannter Physiker, der in Dhaka (heute Hauptstadt von Bangladesch) arbeitete. Seine früheren Briefe an europäische Zeitschriften waren ignoriert worden. Einstein jedoch war beeindruckt von den neuen Ideen, die Boses Brief enthielt, und setzte sich dafür ein, dass Bose seine Ergebnisse publizieren konnte.[2] Der Kerngedanke bestand darin, die von einem schwarzen Körper ausgesendete Strahlung als ein Gas **identischer Teilchen** zu behandeln. Nach Boses Ansatz konnte man sich die mysteriösen Lichtquanten, die Max Planck im Jahr 1900 eingeführt hatte und die auch Albert Einstein in seiner 1905 vorgelegten Erklärung für den photoelektrischen Effekt verwendet hatte, erstmals wirklich als Teilchen aus Licht vorstellen – das, was wir heute Photonen nennen. Einstein erkannte schnell, dass die Methode nicht auf Licht beschränkt war, sondern dass man sie auch für ideale Gase aus massebehafteten Teilchen anwenden konnte. Dies war die erste rein quantenmechanische Erweiterung der klassischen Theorie des idealen Gases, wie sie von Boltzmann, Maxwell und Gibbs entwickelt worden war. Heute wissen wir, dass es zwei unterschiedliche Typen von idealen Quantengasen gibt: der eine Typ genügt der Bose-Einstein-Statistik, der andere der Fermi-Dirac-Statistik. Die von Bose und Einstein eingeführte Art, Quantenzustände zu zählen, gilt für bosonische Teilchen oder **Bosonen,** zu denen Photonen oder ^{4}He-Atome gehören.

Die Anzahl der verfügbaren Quantenzustände für identische Teilchen kann nach den Gesetzen der Kombinatorik bestimmt werden. Wenn wir N_s identische bosonische Teilchen in M_s verfügbaren Quantenzuständen haben, dann gibt es

$$W_s = \frac{(N_s + M_s - 1)!}{N_s!(M_s - 1)!} \tag{1.1}$$

Möglichkeiten für die Verteilung der Teilchen auf diese Zustände. Um zu sehen, wo dieser Faktor herkommt, stellen wir uns jeden verfügbaren Quantenzustand als ein Kästchen vor, das eine beliebige Anzahl identischer Kugeln aufnehmen kann (siehe Abbildung 1.1). Bei der Bestimmung der Anzahl der Verteilungsmöglichkeiten müssen wir beachten, dass die N_s Kugeln und die $M_s - 1$ Wände zwischen den Kästchen in beliebiger Reihenfolge angeordnet sein können. Grundsätzlich gibt es insgesamt $N_s + M_s - 1$ unterschiedliche Objekte, die in einer Reihe angeordnet sind. Davon gehören N_s zu dem einem Typ (Teilchen) und $M_s - 1$ zu dem anderen Typ (Wände zwischen den Kästchen). Für $N_s + M_s - 1$ unterscheidbare Objekte gäbe es $(N_s + M_s - 1)!$ unterschiedliche Möglichkeiten, diese anzuordnen. Doch unsere N_s Teilchen sind nicht unterscheidbar, ebenso die $M_s - 1$ Wände. Dies führt zu einer Reduzierung der unterschiedlichen Möglichkeiten um den Faktor $N_s!(M_s - 1)!$, was auf die durch (1.1) gegebene Gesamtzahl der Konfigurationen führt.

[2] Mehr zu den historischen Details erfahren Sie in dem Artikel „The man who chopped up light“ (Home und Griffin, 1994).

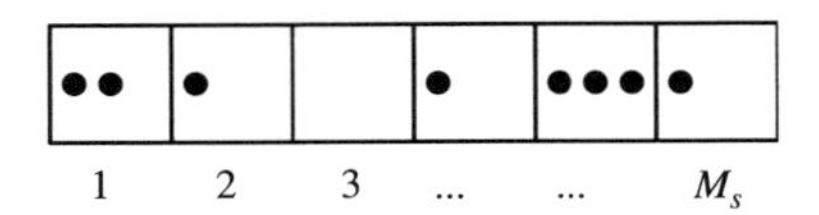

Abbildung 1.1: *N_s bosonische Teilchen in M_s verfügbaren Quantenzuständen. Die M_s Kästchen, die die N_s identischen Teilchen enthalten, können in beliebiger Reihenfolge entlang einer Linie angeordnet werden. Für Bosonen kann jedes Kästchen beliebig viele Teilchen enthalten.*

Von dieser kombinatorischen Regel machen wir nun Gebrauch, um die Thermodynamik eines idealen Gases aus N bosonischen Teilchen im Volumen V zu beschreiben. Periodische Randbedingungen vorausgesetzt, befindet sich jedes individuelle Atom in einem Quantenzustand, der durch eine ebene Welle beschrieben wird:

$$\psi(\mathbf{r}) = \frac{1}{V^{1/2}} e^{i\mathbf{k}\cdot\mathbf{r}} \tag{1.2}$$

Die erlaubten Wellenvektoren sind

$$\mathbf{k} = \left(\frac{2\pi\, n_x}{L_x}, \frac{2\pi\, n_y}{L_y}, \frac{2\pi\, n_z}{L_z} \right) \tag{1.3}$$

wobei L_x, L_y und L_z die Abmessungen des Volumens bezeichnen. Das Volumen ist also $V = L_x L_y L_z$, sodass ein infinitesimales Volumen $\mathrm{d}^3k = \mathrm{d}k_x \mathrm{d}k_y \mathrm{d}k_z$ des k-Raums

$$\frac{V}{(2\pi)^3}\, \mathrm{d}^3 k \tag{1.4}$$

Quantenzustände enthält.[3]

Jeder dieser Einteilchen-Quantenzustände besitzt die Energie

$$\epsilon_{\mathbf{k}} = \frac{\hbar^2 k^2}{2m} \tag{1.5}$$

mit der Teilchenmasse m. Wir können daher die verfügbaren Einteilchen-Quantenzustände dünnen Kugelschalen zuordnen (siehe Abbildung 1.2). Nach (1.4) enthält eine Schale mit dem Radius k_s und der Dicke δk_s

$$M_s = 4\pi k_s^2 \delta k_s \frac{V}{(2\pi)^3} \tag{1.6}$$

Einteilchenzustände. Die Anzahl der verfügbaren Zustände mit Energien zwischen ϵ_s und $\epsilon_s + \delta\epsilon_s$ ist daher

$$\begin{aligned} M_s &= \frac{V m^{3/2} \epsilon^{1/2}}{\sqrt{2}\pi^2 \hbar^3}\, \delta\epsilon_s \\ &= V\, g(\epsilon_s)\, \delta\epsilon_s \end{aligned} \tag{1.7}$$

[3] Der Band *Band Theory and Electronic Properties of Solids* von John Singleton, der ebenfalls in der **Oxford Series in Condensed Matter Physics** erschienen ist, behandelt diesen Punkt ausführlicher.

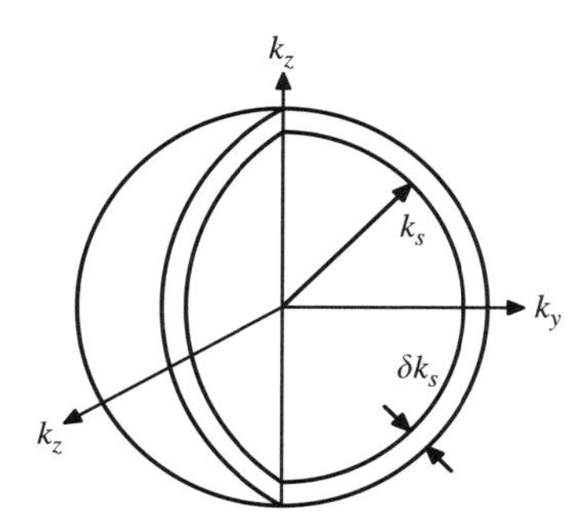

Abbildung 1.2: *Eine dünne Schale von Zuständen, deren Wellenvektor zwischen k_s und $k_s + \delta k_s$ liegt.*

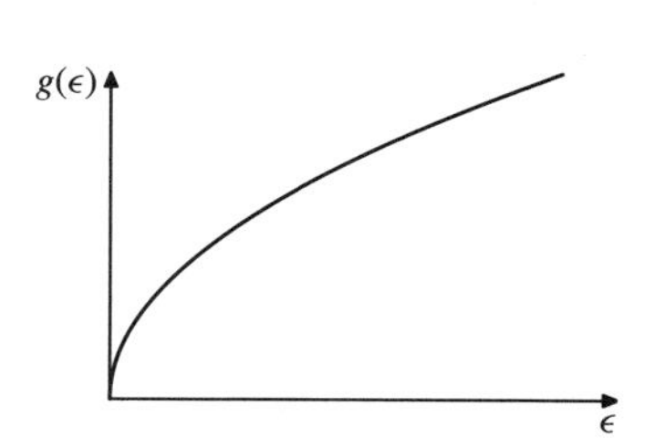

Abbildung 1.3: *Die Dichte $g(\epsilon)$ der Einteilchen-Zustände für ein dreidimensionales Teilchengas.*

Dabei ist

$$g(\epsilon) = \frac{m^{3/2}}{\sqrt{2}\pi^2\hbar^3}\,\epsilon^{1/2} \tag{1.8}$$

die Zustandsdichte pro Einheitsvolumen (siehe Abbildung 1.3).

Aus der statistischen Mechanik wissen wir, dass die Gesamtentropie des Gases durch $S = k_\mathrm{B} \ln W$ gegeben ist. Dabei ist k_B die Boltzmann-Konstante und W die Anzahl der verfügbaren Mikrozustände einer gegebenen Gesamtenergie E. Um W zu bestimmen, müssen wir uns anschauen, wie die N Atome des Gases auf die im k-Raum liegenden Schalen von Zuständen mit unterschiedlichen Energien verteilt sind. Angenommen, es gibt N_s Atome in der Schale s. Da es in dieser Schale M_s Quantenzustände gibt, können wir die Gesamtzahl der verfügbaren Quantenzustände für diese Schale nach (1.1) berechnen. Die Gesamtzahl der verfügbaren Zustände für das Gas als Ganzes ist einfach das Produkt der verfügbaren Zustände in jeder k-Raum-Schale:

$$W = \prod_s W_s = \prod_s \frac{(N_s + M_s - 1)!}{N_s!(M_s - 1)!} \tag{1.9}$$

Unter Verwendung der Stirlingschen Näherung, $\ln N! \sim N \ln N - N$, und der Annahme $N_s, M_s \gg 1$ erhalten wir die Entropie

$$S = k_\mathrm{B} \sum_s [(N_s + M_s)\ \ln(N_s + M_s) - N_s\ \ln N_s - M_s\ \ln M_s] \tag{1.10}$$

Im thermischen Gleichgewicht verteilen sich die Teilchen so auf die Energieschalen, dass die Gesamtentropie maximiert wird. Dabei wird N_s so variiert, dass die Gesamtzahl der Teilchen konstant bleibt, also

$$N = \sum_s N_s \tag{1.11}$$

und ebenso die gesamte innere Energie des Gases

$$U = \sum_s \epsilon_s N_s \tag{1.12}$$

Wir müssen also die Entropie S unter den Nebenbedingungen konstanter Teilchenzahl N und konstanter innerer Energie U maximieren. Unter Verwendung von Lagrange-Multiplikatoren erhalten wir die Forderung

$$\frac{\partial S}{\partial N_s} - k_\mathrm{B}\beta \frac{\partial U}{\partial N_s} + k_\mathrm{B}\beta\mu \frac{\partial N}{\partial N_s} = 0 \tag{1.13}$$

Die Lagrange-Multiplikatoren sind definiert als die Konstanten $k_\mathrm{B}\beta$ und $-k_\mathrm{B}\beta\mu$. Warum dies so ist, wird weiter unten klar werden. Durch Ausführen der Differentiation erhalten wir

$$\ln(N_s + M_s) - \ln N_s - \beta\epsilon_s + \beta\mu = 0 \tag{1.14}$$

Wenn wir dies nach N_s umstellen, kommen wir auf das Ergebnis, das erstmals von Bose und Einstein abgeleitet wurde:

$$N_s = \frac{1}{e^{\beta(\epsilon_s - \mu)} - 1} M_s \tag{1.15}$$

Die mittlere Anzahl von Teilchen, die einen gegebenen Quantenzustand besetzen, ist N_s/M_s. Damit ist die mittlere Besetzungszahl für einen beliebigen Einteilchen-Zustand der Energie $\epsilon_\mathbf{k}$ gegeben durch die **Bose-Einstein-Statistik**

$$f_\mathrm{BE} = \frac{1}{e^{\beta(\epsilon_s - \mu)} - 1} \tag{1.16}$$

Diese Formel enthält zwei Konstanten, α und β, die wir formal als Lagrange-Multiplikatoren eingeführt hatten, ohne etwas über ihre Natur zu sagen. Doch es ist nicht allzu schwierig, eine korrekte Interpretation dieser Konstanten zu finden. Dazu gehen wir vom ersten Hauptsatz der Thermodynamik für ein Gas aus N Teilchen aus:

$$\mathrm{d}U = T\,\mathrm{d}S - P\,\mathrm{d}V + \mu\,\mathrm{d}N \tag{1.17}$$

Dabei ist T die Temperatur, P der Druck und μ das chemische Potential. Durch Umstellen erhalten wir

$$\mathrm{d}S = \frac{1}{T}(\mathrm{d}U + P\,\mathrm{d}V - \mu\,\mathrm{d}N) \tag{1.18}$$

Die Entropie ist gegeben durch $S = k_\mathrm{B} \ln W$, was mithilfe von (1.10) und (1.15) für die Werte von N_s berechnet werden kann. Die Differentiation vereinfacht sich, wenn wir (1.13) ausnutzen. Wir haben

$$\begin{aligned} \mathrm{d}S &= \sum_s \frac{\partial S}{\partial N_s} \mathrm{d}N_s \\ &= k_\mathrm{B}\beta \sum_s \left(\frac{\partial U}{\partial N_s} - \mu \frac{\partial N}{\partial N_s} \right) \\ &= k_\mathrm{B}\beta (\mathrm{d}U - \mu\, \mathrm{d}N) \end{aligned} \tag{1.19}$$

Vergleichen wir dies mit (1.18), so ergibt sich

$$\beta = \frac{1}{k_\mathrm{B}T} \tag{1.20}$$

und die oben eingeführte Konstante μ ist tatsächlich nichts anderes als das chemische Potential des Gases.

Unsere Herleitung der Bose-Einstein-Statistik geht von der Thermodynamik eines Gases mit konstanter Teilchenzahl N und konstanter Energie U aus. Dies ist das **mikrokanonische Ensemble.** Dieses Ensemble ist geeignet zur Beschreibung von Systemen wie einer festen Anzahl von Atomen, also beispielsweise einem Gas in einer Magnetfalle. Allerdings haben wir es häufig mit Systemen aus unendlich vielen Atomen zu tun. Wir bilden dann den **thermodynamischen Limes** $V \to \infty$, wobei die Dichte $n = N/V$ der Atome konstant gehalten wird. In solchen Fällen ist es gewöhnlich viel zweckmäßiger, das **großkanonische Ensemble** zu verwenden, in dem sowohl die Gesamtenergie als auch die Teilchenzahl fluktuieren dürfen. Bei diesem System wird angenommen, dass es sich erstens im Gleichgewicht mit einem externen Wärmebad befindet und somit eine konstante Temperatur T aufweist, und dass es zweitens im Gleichgewicht mit einem Teilchenbad ist, was für ein konstantes chemisches Potential μ sorgt. Wenn die N-Teilchen-Quantenzustände von N Teilchen die Energie $E_i^{(N)}$ haben ($i = 1, 2, \ldots$), dann kommen im großkanonischen Ensemble die einzelnen Zustände mit den Wahrscheinlichkeiten

$$P^{(N)}(i) = \frac{1}{\mathcal{Z}} \exp\left[-\beta\left(E_i^{(N)} - \mu N\right)\right] \tag{1.21}$$

vor. Die großkanonische Zustandssumme $\mathcal{Z}$ ist definiert als

$$\mathcal{Z} = \sum_{N,i} \exp\left[-\beta\left(E_i^{(N)} - \mu N\right)\right] \tag{1.22}$$

Alle thermodynamischen Zustandsgrößen können aus dem großkanonischen Potential

$$\Omega(T, V, \mu) = -k_\mathrm{B}T \ln \mathcal{Z} \tag{1.23}$$

unter Verwendung von

$$\mathrm{d}\Omega = -S\mathrm{d}T - P\mathrm{d}V - N\mathrm{d}\mu \tag{1.24}$$

berechnet werden. Es ist nicht schwierig, die Bose-Einstein-Statistik auf diese Weise herzuleiten, anstatt über das mikrokanonische Ensemble, wie wir es oben getan haben.[4]

[4]Die Herleitung der Bose-Einstein-Statistik sowie der Fermi-Dirac-Statistik mit dieser Methode wird in Standardlehrbüchern zur Thermodynamik behandelt (siehe unter Weiterführende Literatur) oder auch im Anhang C des Bandes *Band Theory and Electronic Properties of Solids* (Singleton, 2001).

1.3 Bose-Einstein-Kondensation

Im Gegensatz zu einem klassischen idealen Gas oder auch zu einem Fermi-Gas tritt in einem idealen Bose-Einstein-Gas ein thermodynamischer Phasenübergang auf. Dieser Phasenübergang wird **Bose-Einstein-Kondensation** genannt. Es handelt sich in der Tat um ein einzigartiges Phänomen, denn dieser Phasenübergang tritt für nicht wechselwirkende Teilchen auf. Er wird durch die **Statistik** der Teilchen und nicht durch ihre Wechselwirkungen angetrieben.

Beim Phasenübergang ändern alle thermodynamischen Observablen abrupt ihren Charakter. Diese Änderung definiert die kritische Temperatur T_c. Der Ausdruck „Kondensation" wird verwendet, weil es eine Analogie mit dem normalen Phasenübergang von flüssig nach gasförmig gibt (wie er durch die Van-der-Waals-Theorie für Gase beschrieben wird), bei dem Flüssigkeitströpfchen aus dem Gas kondensieren und gesättigten Dampf bilden. Analog koexistieren in einem Bose-Einstein-Kondensat unterhalb der kritischen Temperatur T_c „normale Gasteilchen" und „kondensierte" Teilchen; es besteht zwischen ihnen ein Gleichgewicht. Im Unterschied zu einem Flüssigkeitströpfchen im Gas sind hier jedoch die „kondensierten" Tröpfchen von den normalen Teilchen nicht räumlich separiert. Separiert sind sie vielmehr im **Impulsraum.** Die kondensierten Teilchen besetzen alle denselben Quantenzustand mit dem Impuls null, während die normalen Teilchen alle einen endlichen Impuls haben.

Unter Verwendung der Bose-Einstein-Statistik (1.16) können wir für die Gesamtanzahl der Teilchen im betrachteten Volumen schreiben

$$N = \sum_{\mathbf{k}} \frac{1}{e^{\beta(\epsilon_{\mathbf{k}}-\mu)} - 1} \tag{1.25}$$

Im thermodynamischen Limes $V \to \infty$ gehen die möglichen $\mathbf{k}$-Werte in ein Kontinuum über, sodass wir normalerweise erwarten können, dass die Summation in (1.25) durch eine Integration ersetzt wird, also

$$\sum_{\mathbf{k}} \to \int \frac{V}{2\pi^3}\, \mathrm{d}^3k$$

Wenn dies gilt, wird (1.25) zu

$$N = \frac{V}{2\pi^3} \int \frac{1}{e^{\beta(\epsilon_{\mathbf{k}}-\mu)} - 1}\, \mathrm{d}^3k \tag{1.26}$$

sodass wir für die Teilchendichte

$$n = \frac{1}{2\pi^3} \int \frac{1}{e^{\beta(\epsilon_{\mathbf{k}}-\mu)} - 1}\, \mathrm{d}^3k \tag{1.27}$$

erhalten, oder ausgedrückt durch die Zustandsdichte pro Einheitsvolumen $g(\epsilon)$ und unter Berücksichtigung von (1.8)

$$n = \int_0^\infty \frac{1}{e^{\beta(\epsilon_{\mathbf{k}}-\mu)} - 1}\, g(\epsilon)\, \mathrm{d}\epsilon \tag{1.28}$$

Diese Gleichung definiert die Teilchendichte $n(t, \mu)$ als eine Funktion der Temperatur und des chemischen Potentials. Natürlich ist normalerweise die Teilchendichte bekannt und man will das zugehörige chemische Potential μ bestimmen. Deshalb sollten wir (1.28) als eine Gleichung auffassen, die das chemische Potential $\mu(T, n)$ implizit als Funktion von Temperatur und Teilchendichte n beschreibt.

Unter Verwendung der dimensionslosen Variablen $z = e^{\beta\mu}$ (die sogenannte Fugazität) und $x = \beta\epsilon$ können wir (1.28) folgendermaßen schreiben:

$$n = \frac{(mk_{\mathrm{B}}T)^{3/2}}{\sqrt{2}\pi^2\hbar^3} \int_0^\infty \frac{ze^{-x}}{1 - ze^{-x}} x^{1/2} \, \mathrm{d}x \tag{1.29}$$

Um dieses Integral auszurechnen, verwenden wir die Reihenentwicklung

$$\begin{aligned} \frac{ze^{-x}}{1 - ze^{-x}} &= ze^{-x} \left(1 + ze^{-x} + z^2 e^{-2x} + \cdots\right) \\ &= \sum_{p=1}^{\infty} z^p e^{-px} \end{aligned} \tag{1.30}$$

Für $z < 1$ ist diese Reihe offensichtlich konvergent. Wenn wir nun diesen Ausdruck in (1.29) einsetzen, können wir das Integral über x ausführen. Wir verwenden dabei

$$\begin{aligned} \int_0^\infty e^{-px} x^{1/2} \, \mathrm{d}x &= \frac{1}{p^{3/2}} \int_0^\infty e^{-y} y^{1/2} \, \mathrm{d}y \\ &= \frac{1}{p^{3/2}} \frac{\sqrt{\pi}}{2} \end{aligned}$$

Das hierin auftretende dimensionslose Integral ist ein Spezialfall der Gammafunktion

$$\Gamma(t) = \int_0^\infty y^{t-1} e^{-y} \, \mathrm{d}y \tag{1.31}$$

mit dem Wert $\Gamma(3/2) = \sqrt{\pi}/2$. Wir fassen die numerischen Konstanten zusammen und erhalten die Teilchendichte als Funktion der Fugazität z:

$$n = \left(\frac{mk_{\mathrm{B}}T}{2\pi\hbar^2}\right)^{3/2} g_{3/2}(z) \tag{1.32}$$

Die Funktion $g_{3/2}(z)$ ist durch die Reihe

$$g_{3/2}(z) = \sum_{p=1}^{\infty} \frac{z^p}{p^{3/2}} \tag{1.33}$$

definiert.

Um die durch (1.32) gegebene Teilchendichte auszuwerten, müssen wir die Form der Funktion $g_{3/2}(z)$ betrachten. Mithilfe des Quotientenkriteriums kann man leicht zeigen,

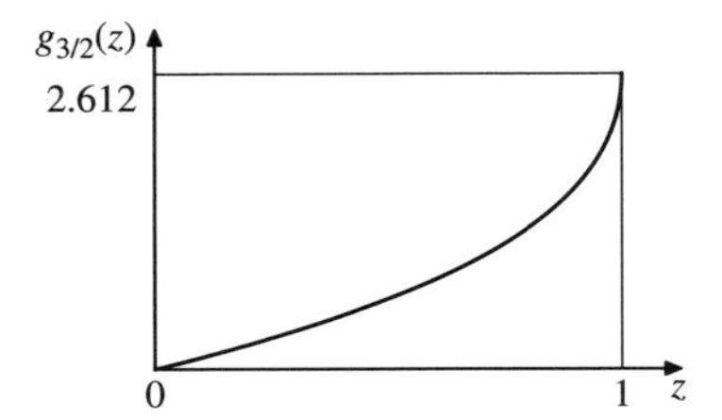

Abbildung 1.4: *Die durch (1.33) definierte Funktion $g_{3/2}(z)$. Bei $z = 1$ ist die Funktion endlich, hat aber eine unendliche Ableitung.*

dass die Reihe in (1.33) für $|z| < 1$ konvergiert, für $|z| > 1$ dagegen divergiert. Für $z = 1$ ist die Reihe noch konvergent:

$$g_{3/2}(1) = \sum_{p=1}^{\infty} \frac{1}{p^{3/2}} = \xi\left(\frac{3}{2}\right) = 2,612 \tag{1.34}$$

Dabei ist

$$\xi(s) = \sum_{p=1}^{\infty} \frac{1}{p^s}$$

die Riemannsche Zetafunktion. Die Funktion hat jedoch bei $z = 1$ eine unendliche Ableitung, da

$$\frac{\mathrm{d}g_{3/2}(z)}{\mathrm{d}z} = \frac{1}{z} \sum_{p=1}^{\infty} \frac{z^p}{p^{1/2}} \tag{1.35}$$

bei $z = 1$ divergiert. Mit diesen Schranken können wir die Funktion $g_{3/2}(z)$ zwischen $z = 0$ und $z = 1$ skizzieren (siehe Abbildung 1.4).

Gleichung (1.32) drückt die Dichte n durch $g_{3/2}(z)$ aus. Umgekehrt ist der Wert von z und damit das chemische Potential μ durch

$$g_{3/2}\left(e^{\beta\mu}\right) = \left(\frac{2\pi\hbar^2}{mk_\mathrm{B}T}\right)^{3/2} n \tag{1.36}$$

gegeben.

Bei hoher Temperatur T oder niedriger Dichte n ist die rechte Seite dieser Gleichung klein, sodass wir die Näherung $g_{3/2}(z) \approx z + \cdots$ für kleine z verwenden können. Wir erhalten

$$\mu \approx -\frac{3}{2} k_\mathrm{B} T \ln\left(\frac{mk_\mathrm{B}T}{2\pi\hbar^2 n^{2/3}}\right) \tag{1.37}$$

Dies ergibt ein negatives chemisches Potential, wie es in Abbildung 1.5 skizziert ist.

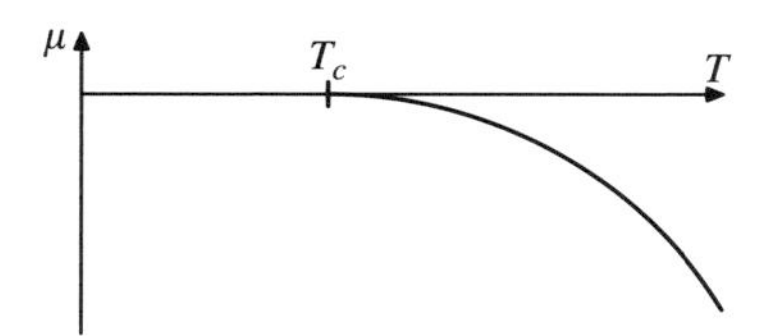

Abbildung 1.5: *Das chemische Potential μ eines Bose-Gases als Funktion der Temperatur T. Für $T = 0$ befinden sich alle Teilchen im Kondensat, und es gilt $n_0 = n$. Oberhalb der kritischen Temperatur T_c hingegen sind alle Teilchen in der normalen Komponente, und es gilt $n_0 = 0$.*

Wenn aber das Gas auf niedrigere Temperaturen abgekühlt wird, wächst der Wert von z allmählich an, bis er schließlich eins wird. An dieser Stelle wird das chemische Potential μ null. Die Temperatur, bei der dieser Fall eintritt (für konstante Dichte n), definiert die kritische Temperatur

$$T_c = \frac{2\pi\hbar^2}{k_\mathrm{B}m}\left(\frac{n}{2,612}\right) \tag{1.38}$$

bei der die Funktion $g_{3/2}(z)$ ihren maximalen endlichen Wert 2,612 erreicht hat. Dieses T_c ist die kritische Temperatur der Bose-Einstein-Kondensation.

Doch was passiert, wenn wir das Gas unter T_c abkühlen? Einstein erkannte, dass die Anzahl der Teilchen im niedrigsten Quantenzustand unendlich wird, sobald das chemische Potential null wird. Etwas genauer können wir sagen, dass von den insgesamt N Teilchen des Gases eine makroskopisch große Zahl N_0 den einzigen Quantenzustand mit $\epsilon_\mathbf{k} = 0$ besetzt. Mit „makroskopisch groß" meinen wir, dass N_0 proportional zum Systemvolumen ist, sodass sich ein endlich großer Anteil der Teilchen, nämlich N_0/N, in dem einen Quantenzustand befindet. Es sei daran erinnert, dass wir im thermodynamischen Limes $V \to \infty$ arbeiten. Die Bose-Einstein-Statistik sagt eine Besetzung des Zustands $\epsilon_\mathbf{k} = 0$ von

$$N_0 = \frac{1}{e^{-\beta\mu} - 1} \tag{1.39}$$

vorher. Durch Umstellen dieser Gleichung erhalten wir das chemische Potential

$$\mu = -k_\mathrm{B}T \ln\left(1 + \frac{1}{N_0}\right) \sim -k_\mathrm{B}T\frac{1}{N_0} \tag{1.40}$$

Wenn sich ein endlicher Anteil der Teilchen im Grundzustand befindet, dann geht für $V \to \infty$ die Teilchenzahl N_0 gegen unendlich und folglich das chemische Potential gegen null. Daher ist das chemische Potential unterhalb der kritischen Temperatur T_c für die Bose-Einstein-Kondensation effektiv null (siehe Abbildung 1.5).

Unterhalb von T_c müssen wir den Punkt $\mathbf{k} = 0$ separat betrachten. Wir ersetzen deshalb (1.25) durch

$$N = N_0 + \sum_{\mathbf{k}\neq 0} \frac{1}{e^{\beta\epsilon_\mathbf{k}} - 1} \tag{1.41}$$

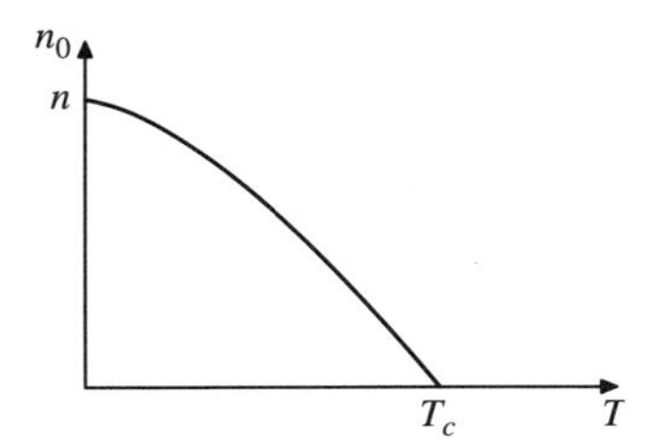

Abbildung 1.6: *Teilchendichte im Bose-Einstein-Kondensat als Funktion der Temperatur T.*

wo das chemische Potential μ null ist. Wenn wir nun wieder die Summation über $\mathbf{k}$ durch eine Integration ersetzen (wobei der Punkt $\mathbf{k} = 0$ auszuschließen ist), erhalten wir die Teilchendichte

$$n = n_0 + \frac{(mk_\mathrm{B}T)^{3/2}}{\sqrt{2}\pi^2\hbar^3} \int_0^\infty \frac{e^{-x}}{1-e^{-x}} x^{1/2}\,\mathrm{d}x \tag{1.42}$$

Das bestimmte Integral kann mit den gleichen Methoden ausgewertet werden wie zuvor; es ist gleich $\Gamma(3/2)\xi(3/2)$, und wir erhalten schließlich für $T < T_c$

$$n = n_0 + 2,612 \left(\frac{mk_\mathrm{B}T}{2\pi\,\hbar^2}\right)^{3/2} \tag{1.43}$$

Wir sehen, dass die Teilchendichte n aufgetrennt werden kann in eine **Kondensatdichte** n_0 und einen Rest (oder Normaldichte) n_n, also

$$n = n_0 + n_n \tag{1.44}$$

Der Anteil der Teilchen im Kondensat kann kompakt in der Form

$$\frac{n_0}{n} = 1 - \left(\frac{T}{T_c}\right)^{3/2} \tag{1.45}$$

geschrieben werden, was in Abbildung 1.6 illustriert ist. Aus diesem Ausdruck ist ersichtlich, dass für $T = 0$ alle Teilchen im Grundzustand sind und folglich $n_0 = n$ gilt, während für höhere Temperaturen n_0 allmählich fällt. Bei der kritischen Temperatur T_c wird n_0 schließlich null. Oberhalb T_c bleibt n_0 bei null.

Unter Verwendung dieser Ergebnisse können weitere thermodynamische Größen des Bose-Gases exakt berechnet werden. Beispielsweise ist die Gesamtenergie des Gases

$$\begin{aligned} U &= V \int_0^\infty \frac{\epsilon}{e^{\beta(\epsilon-\mu)}-1}\, g(\epsilon)\,\mathrm{d}\epsilon \\ &= V(k_\mathrm{B}T)^{5/2} \frac{m^{3/2}}{\sqrt{2}\pi^2\,\hbar^3} \int_0^\infty \frac{ze^{-x}}{1-e^{-x}}\, x^{3/2}\mathrm{d}x \end{aligned} \tag{1.46}$$

Die mittlere Energie pro Teilchen kann berechnet werden, indem man durch die oben ermittelte Teilchenanzahl dividiert. Dies führt für $T > T_c$ auf

$$u = \frac{U}{N} = \frac{3}{2} k_{\mathrm{B}} T \frac{g_{5/2}(z)}{g_{3/2}(z)} \tag{1.47}$$

und für $T < T_c$ auf

$$u = \frac{3}{2} k_{\mathrm{B}} \frac{T^{5/2}}{T^{3/2}} \frac{g_{5/2}(1)}{g_{3/2}(1)} \tag{1.48}$$

Die Funktion $g_{5/2}(z)$ ist definiert als

$$g_{5/2}(z) = \sum_{p=1}^{\infty} \frac{z^p}{p^{5/2}} \tag{1.49}$$

und die numerische Konstante $g_{5/2}(1)$ ist gleich $\xi(5/2) = 1,342$.

Im Grenzfall $T \gg T_c$ haben wir ein normales Bose-Gas und es gilt

$$u \sim \frac{3}{2} k_{\mathrm{B}} T \tag{1.50}$$

(denn für kleine z gilt $g_{5/2}(z) \sim z$ und $g_{3/2}(z) \sim z$). Offensichtlich ist dieses Ergebnis exakt das gleiche wie für die Energie pro Teilchen in einem klassischen einatomigen idealen Gas. Physikalisch bedeutet dies, dass die Bose-Einstein-Statistik der Teilchen für Temperaturen weit oberhalb der kritischen Temperatur irrelevant wird.

An der Wärmekapazität des Gases erkennen wir, dass die Temperatur T_c einen echten thermodynamischen Phasenübergang kennzeichnet. Die Wärmekapazität des Gases erhalten wir, indem wir die innere Energie bei konstant gehaltener Dichte n differenzieren, also

$$C_V = \frac{\partial u}{\partial T} \tag{1.51}$$

pro Teilchen. Für $T \gg T_c$ erhalten wir wie für ein klassisches ideales Gas $C_V \sim 3k_{\mathrm{B}}/2$, und unterhalb T_c

$$C_V = \frac{15}{4} \frac{g_{5/2}(1)}{g_{3/2}(1)} \left(\frac{T}{T_c}\right)^{3/2} k_{\mathrm{B}} \tag{1.52}$$

Dies ist in Abbildung 1.7 skizziert. Bei T_c weist der Verlauf der Wärmekapazität einen Knick auf, eine Diskontinuität, die auch als „Cusp“ bezeichnet wird. Dieser Knick bedeutet, dass die freie Energie bei T_c nicht analytisch ist – ein klarer Hinweis, dass die Bose-Einstein-Kondensation tatsächlich ein thermodynamischer Phasenübergang ist.[5]

[5] Der Phasenübergang der Bose-Einstein-Kondensation wird üblicherweise als **Phasenübergang erster Ordnung** interpretiert. Die eine der beiden Phasen ist ein Gas aus normalen Teilchen mit von Null verschiedenem Impuls, die andere ein „Kondensat“ aus Teilchen mit Impuls null. Für von null verschiedene Temperaturen unterhalb T_c liegt eine Mischung aus beiden Phasen vor. Der Beweis, dass das thermodynamische Verhalten vollständig mit dem konsistent ist, was man für eine solche Zweiphasenmischung erwartet, wird in Aufgabe (1.6) geführt.

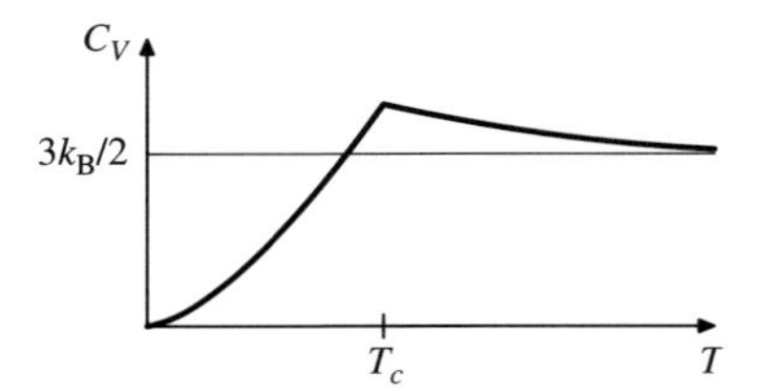

Abbildung 1.7: *Wärmekapazität eines idealen Bose-Einstein-Gases als Funktion der Temperatur T. Der Knick bei T_c weist darauf hin, dass die Bose-Einstein-Kondensation ein thermodynamischer Phasenübergang ist.*

Andere thermodynamische Größen wie die Entropie oder der Druck können ebenfalls berechnet werden. Näheres hierzu finden Sie in Aufgabe (1.6) oder in Lehrbüchern zur Thermodynamik wie dem von Huang (1987).

Bevor wir diesen einführenden Abschnitt beschließen, wollen uns den Ursprung der Bose-Einstein-Kondensation etwas genauer ansehen. Zunächst hatten wir die Summe über die diskreten $\mathbf{k}$ durch ein Integral ersetzt. Dann hatten wir erkannt, dass der Zustand mit $\mathbf{k} = 0$ separat behandelt werden muss, doch die restlichen Zustände wurden weiterhin als Kontinuum behandelt. War das gerechtfertigt? Betrachten wir die Besetzungszahl der ersten Zustände mit endlicher Wellenzahl $\mathbf{k}$. In einem kubischen Volumen mit der Seitenlänge L haben die ersten Zustände niedriger Energie Wellenzahlen mit $k \approx 2\pi/L$ und folglich $\epsilon_\mathbf{k} \approx h^2/mL^2 = V^{-2/3}h^2/m$. Die Besetzung dieser Zustände ist

$$N_1 = \frac{1}{e^{\beta(\epsilon_\mathbf{k}-\mu)} - 1} \sim \frac{1}{e^{\beta V^{-2/3}h^2/m} - 1} = O(V^{2/3})$$

Die Notation $O(n)$ bedeutet „von der Ordnung n" im Limes $V \to \infty$. Wir sehen, dass die Besetzungen der Zustände zwar mit endlichem $\mathbf{k}$ mit V wachsen, aber viel langsamer als der Wert von N_0. Tatsächlich gilt $N_1/N_0 = (V^{-1/3}) \to 0$ für $V \to \infty$. Daher sind im Grenzfall eines unendlich ausgedehnten Systems die Besetzungszahlen aller individuellen Einteilchenzustände mit Wellenvektor $\mathbf{k}$ vernachlässigbar im Vergleich zu dem speziellen Zustand $\mathbf{k} = 0$. Im thermodynamischen Limes ist es völlig korrekt, eine Kontinuumsnäherung durchzuführen. Außer für den Zustand mit $\mathbf{k} = 0$ führt diese Näherung zu keiner signifikanten Abweichung.

1.4 Bose-Einstein-Kondensation in ultrakalten atomaren Gasen

In den späten 1930er-Jahren, bald nach Einsteins Vorhersage der Bose-Einstein-Kondensation, entdeckte man, dass flüssiges ^{4}He unterhalb des sogenannten λ-Punktes (ca. 2,2 K) in den suprafluiden Zustand übergeht. Ein ^{4}He-Atom besteht aus zwei Elektronen, zwei Protonen und zwei Neutronen und ist daher als Ganzes betrachtet ein Boson (Gesamtspin null). Aus diesem Grund war es naheliegend, eine Verbindung zwischen der Bose-Einstein-Kondensation und der Suprafluidität von ^{4}He anzunehmen. Wenn man für die Dichte von ^{4}He $\rho \approx 145\,\mathrm{kg\,m^{-3}}$ und für die Atommasse $m \approx 4m_p$ ansetzt, erhält man aus (1.38) interessanterweise für T_c einen Wert von etwa 3,1 K, was sehr dicht am tatsächlichen Wert des Übergangs zur Suprafluidität von ^{4}He liegt.

Allerdings basiert die vorn beschriebene Theorie der Bose-Einstein-Kondensation auf der Annahme eines idealen Gases. Insbesondere vernachlässigt sie jegliche Wechselwirkung zwischen den Teilchen. In flüssigem Helium ist die Teilchendichte jedoch so hoch, dass diese Wechselwirkungen nicht vernachlässigt werden können. Aus diesem Grund ist Helium kein wirklich geeigneter Testfall für das Konzept der Bose-Einstein-Kondensation. Tatsächlich gibt es viele Diskrepanzen zwischen den Eigenschaften von suprafluidem ^{4}He (siehe Kapitel 2) und den Vorhersagen für ein ideales Bose-Gas.

Im Jahr 1995 gelang es erstmals, an einem realen physikalischen System die Bose-Einstein-Kondensation zu realisieren. Dazu wurde nicht Helium verwendet, sondern stark verdünnte atomare Gase aus Alkalimetallen. Die dafür erforderlichen Verfahren zum Einfangen und Kühlen von Atomen in Magnet- und Laserfallen waren in den beiden Jahrzehnten zuvor entwickelt und immer mehr verbessert worden. Auf den ersten Blick mag es überraschen, dass man die notwendigen Temperaturen und Dichten erreichen kann, bei denen in diesen Systemen Bose-Einstein-Kondensation auftritt. Die Atomdichten in den Fallen liegen typischerweise im Bereich von 10^{11} bis $10^{15}\,\mathrm{cm^{-3}}$, also um viele Größenordnungen unter der atomaren Dichte von ^{4}He, welche etwa $n \sim 2 \times 10^{22}\,\mathrm{cm^{-3}}$ beträgt. Dazu kommt, dass die Atommassen von Alkalimetallen wesentlich größer sind als die von ^{4}He, besonders natürlich die schweren Alkaliatome wie ^{87}Rb. Ausgehend von (1.38) erwarten wir T_c-Werte, die rund 10^{-6}- bis 10^{-8}-mal kleiner sind als für ^{4}He. Mit anderen Worten, wir erwarten T_c-Werte im Bereich von 10 nK bis 1 μK.

Es ist wirklich bemerkenswert, dass man mit modernen Verfahren zum Kühlen und Einfangen von Atomen mit Lasern und Magnetfallen diese unglaublich niedrigen Temperaturen im Labor erreichen kann. Eine genaue Erklärung des Vorgehens würde uns zu weit von den eigentlichen Themen des vorliegenden Buches wegführen, deshalb hier nur ein kurzer Überblick über die grundlegenden Prinzipien, die dabei eine Rolle spielen.

Zunächst stellt sich die Frage, weshalb man ein großes Objekt wie etwa ein Rubidiumatom überhaupt als Boson betrachten kann. Die Quantenmechanik definiert ein Teilchen als Boson, wenn es einen ganzzahligen Spin hat. Alkalimetalle stehen in der ersten Spalte des Periodensystems der Elemente, das heißt, sie haben ein einzelnes Valenzelektron im äußersten s-Orbital. Für Lithium (Li) ist dies beispielsweise 2s, für Natrium (Na) 3s, für Kalium (K) 4s und für Rubidium (Rb) 5s. Die anderen Elektronen sitzen in vollständig gefüllten Schalen von Quantenzuständen, was dazu führt, dass sie zusammen den Spin null haben. Den einzigen weiteren Beitrag zum Gesamtspin des Atoms liefert der Kernspin. Falls das nukleare Isotop eine ungerade Anzahl von Protonen und Neutronen hat, muss es notwendigerweise einen halbzahligen Spin haben. Beispielsweise haben die Isotope ^{7}Li, ^{23}Na und ^{87}Rb alle den Kernspin $S = 3/2$. In diesem Fall ist der Gesamtspin des Atoms die Summe aus dem Kernspin und dem Spin des Valenzelektrons, was immer auf einen ganzzahligen Wert führt. Es sei daran erinnert, dass nach den Regeln der Quantenmechanik die Addition von zwei Spins S_1 und S_2 die folgenden möglichen Ergebnisse liefert:

$$S = |S_1 - S_2|, |S_1 - S_2| + 1, \ldots, S_1 + S_2 - 1, S_1 + S_2 \tag{1.53}$$

Die Spins $S = 3/2$ des Kerns und $S = 1/2$ des Valenzelektrons erlauben zusammen die Werte $S = 2$ und $S = 1$ für den Gesamtspin. Wenn wir das Gas so präparieren können, dass nur einer der beiden Typen von Zuständen auftritt, dann können wir dieses System als ein Gas bosonischer Teilchen betrachten. Wenn dagegen sowohl Atome mit $S = 1$ als auch solche mit $S = 2$ vorkommen, haben wir effektiv eine Mischung aus unterschiedlichen Arten von Bosonen, da die beiden Typen von Atomen voneinander unterscheidbar sind.

Um zu sehen, wie diese Atome mithilfe eines Magnetfeldes eingefangen werden, betrachten wir die Energieniveaus des Atoms und überlegen, wie diese durch ein Magnetfeld beeinflusst werden. Zwecks Eindeutigkeit nehmen wir an, dass das Alkaliatom den Kernspin $S = 3/2$ hat. Es ist sinnvoll, zunächst die expliziten Spin-Wellenfunktionen für die verschiedenen Quantenzustände zu bestimmen. Wir beginnen mit den Zuständen mit dem maximalen Gesamtspin, $S = 2$. Für diesen Gesamtspin gibt es fünf verschiedene Zustände, die jeweils der z-Komponente des durch die Quantenzahlen $M_S = 2, 1, 0, -1, -2$ gegebenen Gesamtspins entsprechen. Die zum maximalen Wert $M_S = 2$ gehörende Wellenfunktion kann geschrieben werden als

$$|S = 2, M_S = 2\rangle = \left|\tfrac{3}{2}, \tfrac{1}{2}\right\rangle$$

Dabei steht die Notation $|m_{s1}, m_{s2}\rangle$ für den Zustand, in dem der Kern im Zustand m_{s1} und das Elektron im Zustand m_{s2} ist. Die übrigen Quantenzustände mit Gesamtspin $S = 2$ finden wir durch Anwendung des Spinoperators $\hat{S}^- = \hat{S}_1^- + \hat{S}_2^-$. Unter Verwendung der Identität

$$\hat{S}^-|m\rangle = \sqrt{s(s+1) - m(m-1)}\,|m-1\rangle \tag{1.54}$$

erhalten wir sukzessive die fünf Quantenzustände $M_S = 2, 1, 0, -1, -2$

$$\begin{aligned}
|S = 2, M_S = 2\rangle &= \left|\tfrac{3}{2}, \tfrac{1}{2}\right\rangle \\
|S = 2, M_S = 1\rangle &= \tfrac{1}{2}\left(\sqrt{3}\left|\tfrac{1}{2}, \tfrac{1}{2}\right\rangle + \left|\tfrac{3}{2}, -\tfrac{1}{2}\right\rangle\right) \\
|S = 2, M_S = 0\rangle &= \tfrac{1}{\sqrt{2}}\left(\left|\tfrac{1}{2}, -\tfrac{1}{2}\right\rangle + \left|-\tfrac{1}{2}, \tfrac{1}{2}\right\rangle\right) \\
|S = 2, M_S = -1\rangle &= \tfrac{1}{2}\left(\sqrt{3}\left|-\tfrac{1}{2}, -\tfrac{1}{2}\right\rangle + \left|-\tfrac{3}{2}, \tfrac{1}{2}\right\rangle\right) \\
|S = 2, M_S = -2\rangle &= \left|-\tfrac{3}{2}, -\tfrac{1}{2}\right\rangle
\end{aligned} \tag{1.55}$$

Die drei Zustände mit Gesamtspin $S = 1$ und $M_S = 1, 0, -1$ müssen orthogonal zu den entsprechenden (S=2)-Zuständen sein. Durch diese Forderung sind sie eindeutig festgelegt als

$$\begin{aligned}
|S = 1, M_S = 1\rangle &= \tfrac{1}{2}\left(\left|\tfrac{1}{2}, \tfrac{1}{2}\right\rangle - \sqrt{3}\left|\tfrac{3}{2}, -\tfrac{1}{2}\right\rangle\right) \\
|S = 1, M_S = 0\rangle &= \tfrac{1}{\sqrt{2}}\left(\left|\tfrac{1}{2}, -\tfrac{1}{2}\right\rangle - \left|-\tfrac{1}{2}, \tfrac{1}{2}\right\rangle\right) \\
|S = 1, M_S = -1\rangle &= \tfrac{1}{2}\left(\left|-\tfrac{1}{2}, -\tfrac{1}{2}\right\rangle - \sqrt{3}\left|-\tfrac{3}{2}, \tfrac{1}{2}\right\rangle\right)
\end{aligned} \tag{1.56}$$

Ohne Magnetfeld haben die (S=2)- und (S=1)-Zustände wegen der **Hyperfeinwechselwirkung** zwischen dem Kern und dem äußersten ungepaarten Valenzelektron eine

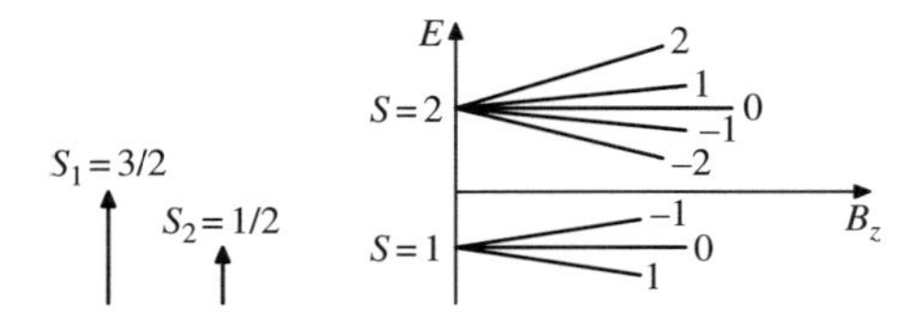

Abbildung 1.8: *Energieniveaus eines typischen Alkaliatoms mit einem (S=3/2)-Kern, dargestellt als Funktion eines schwachen externen Magnetfeldes B_z. Bei $B_z = 0$ sind die Zustände mit Gesamtspin $S = 2$ und $S = 1$ wegen der Hyperfeinkopplung separiert. Das schwache Magnetfeld sorgt für eine weitere Aufspaltung dieser Hyperfeinniveaus in unterschiedliche M_S-Zustände (Zeeman-Effekt).*

leicht abweichende Energie. Alle fünf Zustände mit $S = 2$ sind zusammen entartet, ebenso die drei Zustände mit $S = 1$ (siehe Abbildung 1.8). Ein Magnetfeld führt jedoch zur Zeeman-Aufspaltung dieser entarteten Zustände. In guter Näherung können wir den zugehörigen Hamilton-Operator in der Form

$$\hat{H} = J\hat{\mathbf{S}}_1 \cdot \hat{\mathbf{S}}_2 + 2\mu_\text{B}\hat{\mathbf{S}}_{2z}B_z \tag{1.57}$$

schreiben. Dabei ist J die Hyperfeinwechselwirkung zwischen den Spins von Kern und Valenzelektron, $2\mu_\text{B}$ ist das magnetische Moment des Valenzelektrons ($\mu_\text{B} = e\hbar/2m_e$ ist das Bohrsche Magneton) und B_z das Magnetfeld, von dem wir annehmen, dass es in z-Richtung verläuft. Bei diesem Hamilton-Operator haben wir das magnetische Moment des Kerns vernachlässigt, das sehr viel kleiner ist als das des Valenzelektrons. Es ist nicht schwierig, die Eigenzustände dieses Hamilton-Operators zu finden, besonders im Limes eines kleinen Magnetfeldes B_z. Für $B_z = 0$ können wir die Identität

$$\hat{\mathbf{S}}_1 \cdot \hat{\mathbf{S}}_2 = \frac{1}{2}\left((\hat{\mathbf{S}}_1 + \hat{\mathbf{S}}_2)^2 - \hat{\mathbf{S}}_1^2 - \hat{\mathbf{S}}_2^2\right) \tag{1.58}$$

verwenden, um die beiden Energieniveaus

$$E_2 = +\frac{3}{4}J \qquad \text{und} \qquad E_1 = -\frac{5}{4}J \tag{1.59}$$

zu finden, die zu $S = 2$ und $S = 1$ gehören und die in Abbildung 1.8 skizziert sind. Im Falle eines kleinen Magnetfeldes können wir für den Term $\hat{H}' = 2\mu_\text{B}\hat{S}_{2z}B_z$, der dem magnetischen Dipolmoment des Valenzelektrons entspricht, die Störungstheorie anwenden. Störungstheorie erster Ordnung liefert die Energieverschiebungen $\Delta E = \langle\hat{H}'\rangle$. Diese sind linear in B_z, was ebenfalls in Abbildung 1.8 zu sehen ist.

Diese Magnetfeldabhängigkeit der Energien wird in **Magnetfallen** ausgenutzt. Die Falle wird konstruiert, indem man einen Raumbereich schafft, in dem das Magnetfeld ein lokales Minimum hat. Es mag überraschen, dass es möglich ist, ein lokales Minimum im Magnetfeld zu erzeugen, da das Feld gleichzeitig die Maxwellschen Gleichungen für den freien Raum

$$\nabla \cdot \mathbf{B} = 0 \tag{1.60}$$

$$\nabla \times \mathbf{B} = 0 \tag{1.61}$$

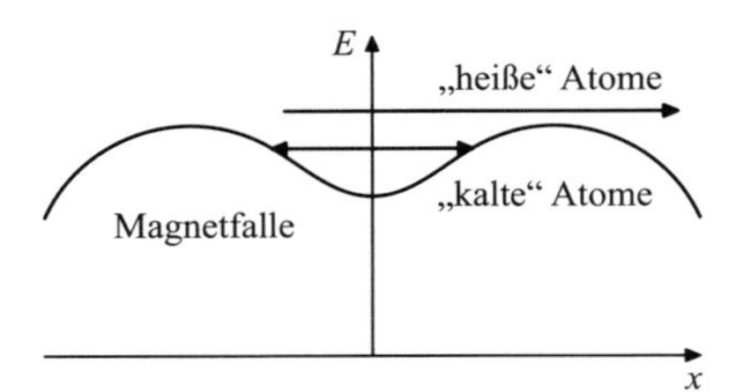

Abbildung 1.9: *Eine Magnetfalle liefert ein lokales Energieminimum. Atome mit zu hoher Energie können entkommen, während Atome mit geringer kinetischer Energie eingefangen werden. Außerdem spüren Atome in einem Quantenzustand M_S, deren Energie mit $|\mathbf{B}|$ fällt, ein lokales Maximum der potentiellen Energie (kein Minimum) und werden daher von der Magnetfalle abgestoßen.*

erfüllen muss. Doch es ist tatsächlich möglich, diese beiden Forderungen zu erfüllen und gleichzeitig ein lokales Minimum für den Betrag $|\mathbf{B}(\mathbf{r})|$ des Magnetfeldes zu haben.[6] Wenn wir nun ein Atom in einem Quantenzustand mit $S = 2, M_S = 2$ präparieren, dann wird es seine Energie verringern, indem es sich einen Bereich mit niedrigerem Magnetfeld bewegt. Es wird also in die Magnetfalle gezogen, die für das Atom ein lokales Minimum der potentiellen Energie darstellt (siehe Abbildung 1.9). Atome, die eine zu hohe kinetische Energie haben, also zu „heiß“ sind, werden durch die Falle nicht gebunden und entkommen. Atome mit niedriger kinetischer Energie, also „kalte“ Atome, werden durch das lokale Minimum der potentiellen Energie gebunden.

Betrachten wir hierzu das Energieniveaudiagramm in Abbildung 1.8, so sehen wir, dass einige Quantenzustände ihre Energie verringern können, indem sie sich in einen Bereich mit niedrigerem Feld bewegen. Diese werden durch die Magnetfalle gebunden. Gemäß Abbildung 1.8 betrifft dies die (S=2)-Zustände mit $M_S = 2$ und $M_S = 1$ sowie den (S=1)-Zustand mit $M_S = -1$. Tatsächlich kann sich auch eine Mischung von Atomen in diesen verschiedenen Zuständen in der Falle befinden. Doch weil Atome in unterschiedlichen Quantenzuständen voneinander unterscheidbar sind, liegen bei einer Mischung effektiv zwei unterschiedliche Typen von bosonischen Teilchen in der Falle vor. Dann befinden sich die beiden bosonischen Gase im thermischen Gleichgewicht miteinander.

Die effektive potentielle Energie der Falle in Abbildung 1.9 liefert einen einfachen Mechanismus zum Kühlen des eingefangenen Gases. Individuelle Atome mit hoher kinetischer Energie werden die Barriere überwinden und tragen ihre Energie mit sich fort. Die verbleibenden Atome werden dadurch im Mittel automatisch kühler. Dies ist das Prinzip der Verdampfungskühlung (evaporative Kühlung). Durch Steuerung der Barrierenhöhe kann man die Kühlungsrate regulieren und damit auch die finale Temperatur des Systems. Auf diese Weise können Temperaturen von unter 1 μK erreicht werden.

Anders als in einem Bose-Gas, das wir weiter vorn in diesem Kapitel betrachtet haben, wechselwirken die Alkaliatome in der Magnetfalle miteinander. Diese Wechselwirkun-

[6] Interessanterweise kann man zeigen, dass es unmöglich ist ein Magnetfeld zu finden, für das $|\mathbf{B}(\mathbf{r})|$ ein lokales **Maximum** hat. Diese Aussage ist als Earnshaw-Theorem bekannt. Die Existenz eines lokalen **Minimums** hingegen wird durch dieses Theorem nicht ausgeschlossen.

gen können sogar recht stark sein, da sich die Atome über kurze Distanzen gegenseitig stark abstoßen. Außerdem wirken über große interatomare Distanzen Van-der-Waals-Kräfte zwischen den Atomen. Diese Wechselwirkungen können im Prinzip dazu führen, dass die Atome in der Falle stark gebundene atomare Cluster bilden. Doch zum Glück ist die Rate, mit der dies geschieht, sehr gering. Der Grund ist, dass die Stöße zwischen den Atomen fast ausschließlich **Zweikörperstöße** sind. Da es sich um elastische Stöße handelt, kann dabei keine Bindung stattfinden. Eine Bindung ist nur bei einem Dreikörperstoß möglich. Dabei bildet ein Atompaar einen gebundenen Zustand, während die frei werdende kinetische Energie von dem dritten Atom fortgetragen wird. Dreikörperstöße sind jedoch ausgesprochen selten, wenn die Atomdichte in der Falle n hinreichend klein ist. Typischerweise liegt die Längenskala der interatomaren Wechselwirkung bei etwa 0,2 bis 0,3 nm, während die Atomdichte in der Magnetfalle in der Größenordnung $n \sim 10^{11} - 10^{15}\,\mathrm{cm}^{-3}$ liegt, was einer typischen interatomaren Distanz von $r_s \sim 50 - 600\,\mathrm{nm}$ entspricht. (Zwischen r_s und n besteht die Beziehung $n = 1/(4\pi\, r_s^3/3)$.) Deshalb ist die Wahrscheinlichkeit sehr gering, dass drei Atome gleichzeitig zusammenstoßen, und es ist möglich, die Atome lange genug in der Falle zu halten (Sekunden oder vielleicht sogar einige Minuten), um mit ihnen Experimente durchzuführen.

Andererseits sind die Zweikörperstöße zwischen den Teilchen nicht völlig vernachlässigbar. Zunächst einmal ist festzuhalten, dass die Zweikörperstöße keine Übergänge zwischen den verschiedenen Hyperfeinzuständen in Abbildung 1.8 zulassen. Dies ist der Fall für den Zustand $S = 2, M_S = 2$ oder $S = 1, M_S = -1$ in Abbildung 1.8. Teilchen, die in einem dieser nach niedrigem Feld strebenden Zustände präpariert wurden, bleiben deshalb in diesem Zustand. Zweitens tragen die Wechselwirkungen zwischen den Teilchen zur totalen potentiellen Energie der Atome in der Falle bei und können nicht vernachlässigt werden. Paarweise Teilchenwechselwirkungen sind auch notwendig, damit sich im Rahmen der Zeitskala des Experiments ein **thermisches Gleichgewicht** einstellt. Paarweise Stöße führen zur Umverteilung von Energie und sind notwendig, um das System ins thermische Gleichgewicht zu bringen.

Die paarweise Wechselwirkung zwischen den Atomen kann näherungsweise wie folgt behandelt werden. Da sich die Wechselwirkung auf einer sehr kurzen Längenskala im Vergleich zum typischen Teilchenabstand abspielt, können wir die Paarwechselwirkung durch eine Diracsche Deltafunktion

$$V(\mathbf{r_1} - \mathbf{r}_2) \approx g\,\delta(\mathbf{r_1} - \mathbf{r}_2) \tag{1.62}$$

beschreiben. Die Wechselwirkung ist daher durch eine einzige Konstante g charakterisiert. Mithilfe der Streutheorie kann dies auch durch eine s-Wellen-Streulänge a_s ausgedrückt werden, die durch

$$g = \frac{4\pi\, a_s \hbar^2}{m} \tag{1.63}$$

definiert ist. Gewöhnlich sind g und a_s positiv, was einer effektiv abstoßenden Wechselwirkung entspricht. Im Mittel können die Effekte dieser Wechselwirkung durch ein zusätzliches Potential dargestellt werden, das jedes Teilchen spürt und das aus der mittleren Wechselwirkung mit den übrigen Teilchen resultiert. Dieser mean-field-Beitrag zum Potential kann in der Form

$$V_{\text{eff}}(\mathbf{r}) = gn(\mathbf{r}) \tag{1.64}$$

geschrieben werden, wobei $n(\mathbf{r})$ die Atomdichte im Punkt $\mathbf{r}$ der Falle ist. In dieser Näherung erfüllen die Atome in der Magnetfalle die effektive Schrödinger-Gleichung

$$\left(-\frac{\hbar^2}{2m}\nabla^2 + V_{\text{Falle}}(\mathbf{r}) + V_{\text{eff}}(\mathbf{r})\right)\psi_i(\mathbf{r}) = \epsilon_i\psi_i(\mathbf{r}) \tag{1.65}$$

Dabei ist $V_{\text{Falle}}(\mathbf{r})$ das effektive Potential der Magnetfalle (siehe Abbildung 1.9), in das sowohl die Energie des Magnetfeldes als auch die Gravitation eingeht. Die Schrödinger-Gleichung (1.65) ist nichtlinear, da das Potential von der Teilchendichte abhängt, die ihrerseits gemäß der Bose-Einstein-Statistik

$$n(\mathbf{r}) = \sum_i \frac{1}{e^{\beta(\epsilon_i-\mu)}-1}|\psi_i(\mathbf{r})|^2 \tag{1.66}$$

von den Wellenfunktionen abhängt. Wie üblich wird das chemische Potential μ aus der Nebenbedingung bestimmt, dass die Gesamtanzahl der Atome in der Falle den konstanten Wert

$$N = \int n(\mathbf{r})\,\mathrm{d}^3r = \sum_i \frac{1}{e^{\beta(\epsilon_i-\mu)}-1} \tag{1.67}$$

hat. Die Gleichungen (1.64–1.67) bilden ein System, das selbstkonsistent zu lösen ist. Bei $T = 0$ sind alle Teilchen im Kondensat und es gilt

$$n(\mathbf{r}) = N|\psi_0(\mathbf{r})|^2 \tag{1.68}$$

wobei $\psi_0(\mathbf{r})$ die Grundzustandswellenfunktion ist. Diese gekoppelten Gleichungen müssen selbstkonsistent gelöst werden, um die Wellenfunktionen, die Dichte $n(\mathbf{r})$ und das effektive Potential $V_{\text{eff}}(\mathbf{r})$ zu finden. Sie werden als **Gross-Pitaevskii-Gleichungen** bezeichnet.

Die Lösung dieser gekoppelten nichtlinearen Gleichungen ist nur numerisch möglich. Nichtsdestotrotz entspricht die Lösung wieder einer Bose-Einstein-Kondensation. Wenn der Zustand niedrigster Energie in der Potentialmulde die Energie ϵ_0 hat, dann wächst die Besetzungszahl N_0 dieses einen Quantenzustands bei einer kritischen Temperatur T_c plötzlich von einem kleinen Wert (Größenordnung 1) auf eine große Zahl (Größenordnung N). Nach den Regeln der statistischen Mechanik können wir dies streng genommen nicht als thermodynamischen Phasenübergang bezeichnen, da die Gesamtanzahl der Teilchen endlich ist und es keinen **thermodynamischen Limes** gibt. Jedoch kann die Zahl der Atome in der Falle groß sein $(10^4 - 10^6)$, sodass die kritische Temperatur T_c in der Praxis recht scharf definiert ist.

Die Bose-Einstein-Kondensation wurde erstmals 1995 in einem eingefangenen ultrakalten Gas beobachtet. Im Jahr 2001 erhielten Cornell, Ketterle und Wieman für diese Leistung den Nobelpreis für Physik. Ihrer Entdeckung waren Jahrzehnte der Arbeit vorausgegangen, in denen viele Forschergruppen die Technik des Einfangens und Kühlens

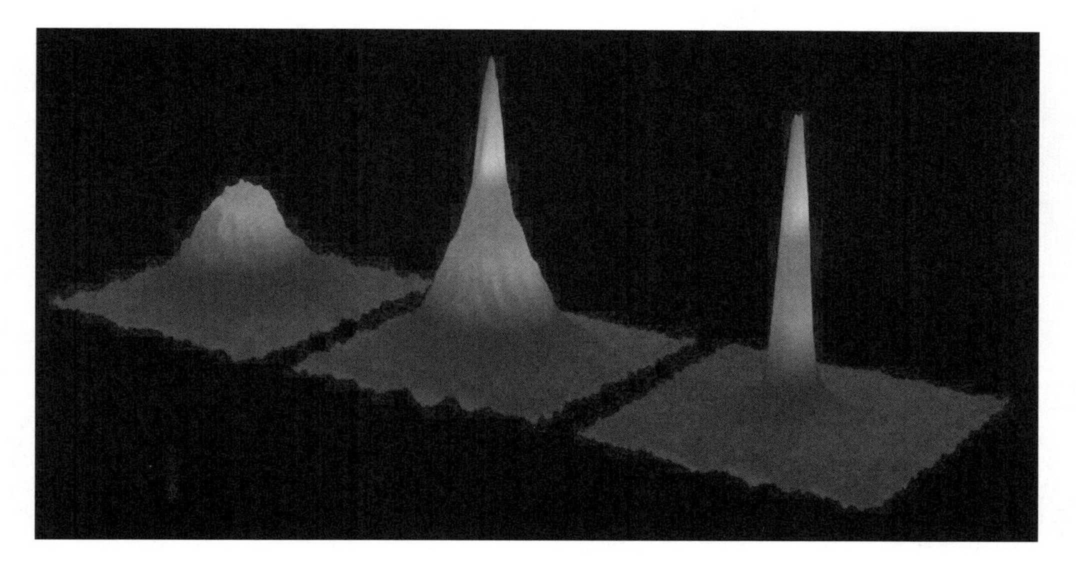

Abbildung 1.10: *Geschwindigkeitsverteilung von Atomen in einem Bose-Einstein-Kondensat. Der breite Peak links entspricht dem normalen Gas oberhalb T_c und hat die Gestalt einer Maxwell-Boltzmann-Verteilung. Der mittlere Peak zeigt die Verteilung dicht unter T_c. Man sieht, dass ein Teil der Atome beginnt, den scharfen Peak zu bilden, der dem Kondensat bei Geschwindigkeit null entspricht. Rechts ist die Geschwindigkeitsverteilung weit unter T_c dargestellt. Hier sind fast alle Atome kondensiert, was der Geschwindigkeit null und einem scharfen Peak entspricht. Die charakteristische Breite des Peaks wird durch die Grundzustandswellenfunktion der Atome in der Falle bestimmt, die als harmonischer Oszillator beschrieben werden kann. Genehmigter Nachdruck aus Ketterle (2002). ©American Physical Society.*

von Atomen mit Magnet- und Laserfallen entwickelt und immer weiter verbessert haben. 1995 gelang es drei verschiedenen Forschergruppen, Bose-Einstein-Kondensate herzustellen. Sie verwendeten unterschiedliche Alkaliatome (^{87}Rb, ^{23}Na und ^{7}Li). Die in den Experimenten verwendeten unterschiedlichen Fallen kombinieren die oben beschriebenen magnetischen Einfangmethoden mit Lasertechniken zum Einfangen und Kühlen, die hier nicht beschrieben werden. Die Temperaturen, bei denen Bose-Einstein-Kondensation beobachtet wurde, lagen im Bereich von 0,5 bis 2 μK, wobei der genaue Wert vom verwendeten Alkalimetall und von der in der Falle erreichten Teilchendichte abhängt. Die beeindruckenden Ergebnisse aus einem dieser Experimente sind in Abbildung 1.10 dargestellt. Die Abbildung zeigt die Geschwindigkeitsverteilung der Atome im Gas, links bei Temperaturen oberhalb von T_c, in der Mitte unmittelbar unter T_c und rechts weit unter T_c. Der scharfe Peak entspricht den Atomen im Kondensat, während die übrigen, nicht im Kondensat gebundenen Atome eine breite Geschwindigkeitsverteilung aufweisen, die für ein normales Gas typisch ist. Aufgenommen wurde das Bild, indem die Magnetfalle abrupt abgeschaltet wurde, sodass sich die Atome über ein bestimmtes Zeitintervall frei bewegen konnten. Die Strecken, die die Atome in diesem Zeitintervall zurückgelegt haben, werden gemessen, indem man die Atome mit Laserlicht bestrahlt, dessen Frequenz einer starken optischen Absorptionslinie des Atoms entspricht. Die räumliche Verteilung des von den Atomen absorbierten Lichts widerspiegelt ihre Positionen und somit ihre Geschwindigkeiten zum Zeitpunkt des Ausschaltens der Falle.

Wie Sie sehen, ist der zentrale Peak in Abbildung 1.10, der dem Kondensat entspricht, nicht unendlich schmal. Dies ist eine Konsequenz aus dem Einfangpotential $V_{\text{Falle}}(\mathbf{r}) + V_{\text{eff}}(\mathbf{r})$ gemäß Gleichung (1.65). Das Kondensat tritt in der Grundzustandswellenfunktion $\psi_0(\mathbf{r})$ auf, und dieser eine Zustand hat eine Impulsverteilung endlicher Breite, was man an der Impulsdarstellung der Wellenfunktion

$$\psi_0(\mathbf{r}) = \frac{1}{(2\pi)^3} \int A_{\mathbf{k}} e^{i\mathbf{k}\cdot\mathbf{r}} \, \mathrm{d}^3 k \tag{1.69}$$

sehen kann. Die endliche Breite der Impulsverteilung im Grundzustand kann mithilfe der Unschärferelation $\Delta p \sim \hbar/\Delta x$ leicht abgeschätzt werden. Die Größe Δx ist die effektive Breite der Grundzustandswellenfunktion im Potentialminimum der Falle (siehe Abbildung 1.9). Die Breite der Geschwindigkeitsverteilung der nichtkondensierten Atome in der Falle – der breite Anteil in Abbildung 1.10 – kann dagegen aus der gewöhnlichen Maxwell-Boltzmann-Verteilung für die Geschwindigkeiten in einem Gas abgeschätzt werden. Eine grobe Schätzung ist $\frac{1}{2}m\langle v_x^2\rangle = \frac{1}{2}k_{\mathrm{B}}T$, was aus der Gleichverteilung nach dem Energiesatz folgt. Folglich gilt für den breiten Anteil $\Delta v \sim (k_{\mathrm{B}}T/m)^{1/2}$, was der normalen Komponente entspricht, gegenüber $\Delta v \sim \hbar/(m\Delta x)$ für den scharfen Peak des Kondensats.

Nachdem es möglich geworden war, Bose-Einstein-Kondensaten in atomaren Gasen herzustellen, wurden viele unterschiedliche Experimente durchgeführt. Das System ist ein ideales Versuchssystem, da alle physikalischen Parameter gut zu kontrollieren sind und die Bose-Einsten-Kondensation auf viele unterschiedliche Arten manipuliert werden kann. Es ist auch gelungen, ähnliche Experimente an Atomen mit Fermi-Dirac-Statistik durchzuführen, aber dort gibt es selbstverständlich kein Analogon zur Bose-Einstein-Kondensation. Es zeigt sich, dass die durch (1.62) beschriebene Wechselwirkung zwischen den Atomen für die Eigenschaften atomarer Bose-Einstein-Kondensate sehr wichtig ist, weshalb man aus gutem Grund Systeme **schwach wechselwirkender Bosonen** untersucht und kein ideales Bose-Gas. Diese schwachen Zweikörperwechselwirkungen sind sehr wichtig. Insbesondere kann man zeigen, dass ein ideales Bose-Einstein-Kondensat **kein Suprafluid** ist. Wenn es keine Wechselwirkungen gibt, ist die kritische Geschwindigkeit für den suprafluiden Fluss (den wir im nächsten Kapitel behandeln werden) null. Nur wenn die Wechselwirkungen endlich sind wird es möglich, einen echt suprafluiden Zustand aufrechtzuerhalten, beispielsweise eine Flüssigkeit, die ohne Viskosität fließen kann oder einen Dauerstrom beibehält, der von äußeren Störungen unbeeinflusst bleibt. Bei atomaren Bose-Einstein-Kondensaten, die experimentell erzeugt wurden, bedeuten die kleinen aber endlichen Wechselwirkungen zwischen den Teilchen, dass es sich dabei wirklich um echte Suprafluide handelt. Dauerströme und sogar suprafluide Vortizes sind tatsächlich beobachtet worden.

Es sind auch Experimente durchgeführt worden, um die Konsequenzen der **makroskopischen Quantenkohärenz** in Bose-Einstein-Kondensaten zu erforschen. Dabei zeigten sich Quantensuperpositionen und Interferenzen in Systemen mit makroskopischen Teilchenzahlen (10^5 oder 10^6). Solche makroskopischen Superpositionszustände können als physikalische Realisierungen des Gedankenexperiments der Schrödingerschen Katze im Zusammenhang mit dem quantenmechanischen Messprozess verwendet werden! So wie Schrödingers Katze in eine quantenmechanische Superposition der Katzen-Quantenzustände „tot“ und „lebendig“ versetzt wird, kann das Bose-Einstein-Kondensat in eine Superposition aus zwei Quantenzuständen versetzt werden, die sich voneinander in einer makroskopischen Zahl von Teilchenkoordinaten unterscheiden.

Weiterführende Literatur

Ein kurzer Artikel über das Leben von S.N. Bose und die Entdeckung der Bose-Einstein-Statistik ist in der Zeitschrift New Scientist erschienen („The man who chopped up light“, Home und Griffin, 1994).

Die grundlegenden Prinzipien der Thermodynamik in klassischen und in Quantensystemen, die wir in diesem Kapitel angewendet haben, werden in vielen Büchern dargelegt, zum Beispiel in denen von Mandl (1988) oder Huang (1987). Diese Bücher behandeln auch ausführlich das ideale Bose-Gas und die Bose-Einstein-Kondensation.

Im Abschnitt über Bose-Einstein-Kondensation in atomaren Gasen habe ich in starkem Maße die ausführlichen Übersichtsartikel von Leggett (2001) und Dalfovo *et al.* (1999) als Quellen genutzt. Der Nobelpreisvortrag von Ketterle (2002) beschreibt u. a. die Entwicklungen, die letztlich zum Nachweis der Bose-Einstein-Kondensation führten. Der Übersichtsartikel von Phillips (1998) behandelt die Prinzipien der Laserfalle, die sich etwas von denen der in Abschnitt 1.4 für die Magnetfalle beschriebenen unterscheiden.

Bücher, die alle Aspekte der Bose-Einstein-Kondensation umfassend behandeln, wurden von Pethick und Smith (2001) sowie von Pitaevskii und Stringari (2003) vorgelegt.

Aufgaben

1.1 Bestimmen Sie für fermionische Teilchen die Anzahl der Möglichkeiten, N_s Teilchen auf M_s verfügbare Quantenzustände zu verteilen. Zeigen Sie, dass die für Bosonen geltende Formel (1.1) zu

$$W_s = \frac{M_s!}{N_s!(M_s - N_s)!}$$

wird, wenn in jedem Quantenzustand nur ein Teilchen untergebracht werden kann.

1.2 Maximieren Sie die Gesamtentropie $S = k_{\mathrm{B}} \ln W$ für das Ergebnis aus Aufgabe (1.1) und zeigen Sie so, dass für Fermionen

$$N_s = M_s \frac{1}{e^{\beta(\epsilon_s - \mu)} + 1}$$

gilt, d. h., dass sie der Fermi-Dirac-Statistik genügen.

1.3 Die Bose-Einstein-Statistik kann mithilfe des Formalismus des **großkanonischen Ensembles** leicht durch die folgenden Schritte hergeleitet werden:

(a) Schreiben Sie die Energien des Vielteilchen-Quantenzustands in der Form

$$E = \sum_{\mathbf{k}} n_{\mathbf{k}} \epsilon_{\mathbf{k}}$$

mit $n_{\mathbf{k}} = 0, 1, \ldots$. Zeigen Sie nun, dass die großkanonische Zustandssumme für das Bose-Gas als Produkt

$$\mathcal{Z} = \prod_{\mathbf{k}} \mathcal{Z}_{\mathbf{k}}$$

über alle $\mathbf{k}$ Zustände geschrieben werden kann und dass

$$\mathcal{Z}_{\mathbf{k}} = \frac{1}{1 - e^{-\beta(\epsilon_{\mathbf{k}} - \mu)}}$$

(b) Zeigen Sie, dass die mittlere Teilchenanzahl im Zustand $\mathbf{k}$

$$\langle n_{\mathbf{k}} \rangle = -k_{\mathrm{B}} T \frac{\partial \ln \mathcal{Z}_{\mathbf{k}}}{\partial \epsilon_{\mathbf{k}}}$$

ist und somit der Bose-Einstein-Statistik entspricht.

1.4 Ein zweidimensionales Bose-Gas kann realisiert werden, indem man Heliumatome auf der Oberfläche eines anderen Materials, beispielsweise Graphit, einfängt.

(a) Zeigen Sie, dass für ein zweidimensionales Gas der Fläche A die Anzahl der Quantenzustände pro Volumeneinheit im k-Raum gegeben ist durch

$$\frac{A}{(2\pi)^2} \, \mathrm{d}^2 k$$

(b) Zeigen Sie, dass die zugehörige Zustandsdichte $g(\epsilon)$ konstant ist und gleich

$$g(\epsilon) = \frac{m}{2\pi \hbar^2}$$

1.5 Zeigen Sie für das zweidimensionale Gas aus Aufgabe (1.4), dass das Analogon zu (1.29)

$$n = \frac{m k_{\mathrm{B}} T}{2\pi \hbar^2} \int_0^\infty \frac{z e^{-x}}{1 - z e^{-x}} \, \mathrm{d}x$$

lautet. Führen Sie das Integral mithilfe einer einfachen Substitution exakt aus. Sie sollten den Ausdruck

$$n = -\frac{m k_{\mathrm{B}} T}{2\pi \hbar^2} \ln(1 - z)$$

erhalten. Schreiben Sie nun μ als Funktion von n und T und zeigen Sie, dass μ niemals null wird. Damit ist bewiesen, dass das zweidimensionale ideale Bose-Gas unter keinen Umständen ein Bose-Einstein-Kondensat wird.

1.6 Bestimmen Sie die Entropie pro Teilchen in einem dreidimensionalen idealen Bose-Gas im Temperaturbereich $0 \leq T \leq T_c$. Verwenden Sie hierzu die Gleichung

$$s(T) = \int_0^T \frac{C_V}{T'}\,\mathrm{d}T'$$

die man aus $\mathrm{d}s = \mathrm{d}u/T$ und $\mathrm{d}u = C_V \mathrm{d}T$ erhält. Zeigen Sie ausgehend von Ihrem Ergebnis, dass die Gesamtentropie von N Teilchen die Gleichung

$$S(T) = N_0 s(0) + N_n s(T_c)$$

erfüllt, wobei $N = N_0 + N_n$. Dieses Ergebnis zeigt, dass der Zustand unterhalb von T_c als eine **statistische Mischung** (ähnlich wie gesättigter Dampf) betrachtet werden kann. Diese besteht aus N_0 Teilchen im „Kondensat", die jeweils die Entropie $s(0)$ haben, und N_n „normalen" Flüssigkeitsteilchen mit der Entropie $s(T_c)$. Daraus folgt, dass die Bose-Einstein-Kondensation als Phasenübergang erster Ordnung angesehen werden kann.

1.7 Zeigen Sie unter Verwendung der Wellenfunktionen der verschiedenen (S=2)-Zustände für $M_S = 2, 1, 0, -1, -2$ (siehe (1.55)), dass das Magnetfeld die Energieniveaus in erster Ordnung um

$$\Delta E = +\frac{1}{2}\mu_\mathrm{B} M_S B_z$$

ändert. Zeigen Sie, dass für die (S=1)-Energieniveaus in (1.56)

$$\Delta E = -\frac{1}{2}\mu_\mathrm{B} M_S B_z$$

gilt. Zeigen Sie, dass dies mit dem in Abbildung 1.8 skizzierten Energieniveauschema konsistent ist.

1.8 (a) Approximieren Sie das Einfangpotential in einer Magnetfalle (siehe (1.65)) durch das Potential eines dreidimensionalen harmonischen Oszillators

$$V_\mathrm{Falle}(\mathbf{r}) = \frac{1}{2} m\omega^2 (x^2 + y^2 + z^2)$$

und vernachlässigen Sie V_eff. Zeigen Sie, dass der resultierende Einteilchen-Quantenzustand die Energien

$$\epsilon_{n_x n_y n_z} = \hbar\omega \left(n_x + n_y + n_z + \tfrac{3}{2}\right)$$

hat.

(b) Bestimmen Sie die Gesamtanzahl der Quantenzustände mit Energien kleiner ϵ und zeigen Sie so, dass die Zustandsdichte durch

$$g(\epsilon) = \frac{\epsilon^2}{2(\hbar\omega)^3}$$

mit großem ϵ gegeben ist.

(c) Schreiben Sie das Analogon zu (1.29) für diese Zustandsdichte auf und zeigen Sie, dass für die kritische Temperatur der Bose-Einstein-Kondensation $T_c \sim N^{1/3}\hbar\omega/k_\mathrm{B}$ gilt, wenn die Anzahl N der Atome in der Falle groß ist.

2 Suprafluides ^{4}He

2.1 Einführung

Es gibt nur zwei **Suprafluide,** die im Labor untersucht werden können. Dabei handelt es sich um die beiden Isotope von Helium, ^{4}He und ^{3}He. Anders als alle anderen Substanzen bleiben sie bis zum absoluten Nullpunkt flüssig. Die Kombination aus geringer Kernmasse und relativ schwachen Van-der-Waals-Wechselwirkungen zwischen den Teilchen hat zur Folge, dass sie bei niedrigem Druck keine kristallinen Festkörper bilden. Alle anderen Elemente und Verbindungen gefrieren bei hinreichend niedrigen Temperaturen zu festen Phasen.

Obwohl ^{4}He- und ^{3}He-Atome identische elektronische Eigenschaften haben, sind ihre Eigenschaften bei niedrigen Temperaturen völlig verschieden. Dies liegt nicht an der unterschiedlichen Kernmasse, sondern daran, dass ^{4}He ein Spin-0-Boson ist, ^{3}He hingegen ein Spin-1/2-Fermion (wegen der ungeraden Anzahl von Spin-1/2-Teilchen im Kern). Wie wir weiter unten sehen werden, bilden sie zwar beide suprafluide Phasen, doch der Ursprung der Suprafluidität und die physikalischen Eigenschaften der beiden Suprafluide sind völlig unterschiedlich. In ^{4}He tritt Suprafluidität unterhalb von 2,17 K auf. Entdeckt und erstmals untersucht wurde das Phänomen in den 1930er-Jahren.[1] Bei ^{3}He dagegen tritt Suprafluidität unterhalb von etwa 2 mK auf, also drei Größenordnungen unter der Temperatur für ^{4}He. Ein anderer, überraschender Unterschied ist der, dass es bei ^{3}He mehr als eine suprafluide Phase gibt. Zwei der Suprafluiditätsübergänge in ^{3}He wurden erstmals im Jahr 1972 von Osheroff und Richardson beobachtet, die 1996 für diese Entdeckung mit dem Nobelpreis für Physik geehrt wurden.

In diesem Kapitel werden wir uns auf die Eigenschaften von ^{4}He konzentrieren. Die Diskussion der Eigenschaften von ^{3}He verschieben wir nach hinten, da ^{3}He stärker mit exotischen Supraleitern als mit ^{4}He verwandt ist. In diesem Kapitel wird zunächst das Konzept der **Quantenflüssigkeit** vorgestellt und in diesem Zusammenhang die Frage diskutiert, was die Ursache der einzigartigen Fähigkeit von Helium ist, bis zum absoluten Nullpunkt flüssig zu bleiben. Anschließend werden die wichtigsten physikalischen Eigenschaften von suprafluidem ^{4}He vorgestellt. Es folgt das Konzept der **makroskopischen Wellenfunktion**, das die Verbindung mit dem vorhergehenden Kapitel über die

[1] Kapiza entdeckte und beschrieb die Suprafluidität 1938. 1978, also 40 Jahre später, erhielt er für seine Arbeiten zur Tieftemperaturphysik den Nobelpreis, was wahrscheinlich eine der längsten Zeitverzögerungen bei der Nobelpreisvergabe ist. Bemerkenswerterweise teilte sich Kapiza den Nobelpreis mit Penzias und Wilson, die für die Entdeckung der kosmischen Hintergrundstrahlung geehrt wurden. Eine solche Aufteilung des Preises ist ungewöhnlich, da es keine offenkundige Verbindung zwischen der Radioastronomie und der Tieftemperaturphysik gibt. Vielleicht besteht ja die Verbindung einfach darin, dass der Mikrowellenhintergrund des Universums eine Temperatur von 2,7 K hat, was sehr nahe bei 2,17 K, der kritischen Temperatur für suprafluides Helium, liegt!

Bose-Einstein-Kondensation herstellt. Zum Schluss behandeln wir die Landau-Theorie der **Quasiteilchen** für ^{4}He, wobei die Bedeutung der starken Teilchenwechselwirkungen klar wird. Diese Wechselwirkungen sind es, die die Theorie für suprafluides Helium wesentlich komplizierter machen als die Theorie der Bose-Einstein-Kondensation in atomaren Gasen.

Der Vollständigkeit halber sei angemerkt, dass andere Suprafluide als Helium zumindest theoretisch möglich sind. Im Inneren von Neutronensternen gibt es eine dichte „Flüssigkeit" von Neutronen. Diese sind neutrale Spin-1/2-Fermionen, sodass sie analog zu ^{3}He suprafluide Phasen haben könnten. Eine andere Möglichkeit sind suprafluide Zustände von molekularem oder atomarem Wasserstoff. Bei normalem atmosphärischen Druck kondensiert Wasserstoff zu einer festen Phase und nicht zu einem Suprafluid. Bei Druckanwendung sind unterschiedliche feste Phasen entdeckt worden, aber bislang noch keine suprafluide Phase. Jedoch wurde vorhergesagt, dass bei extrem hohen Drücken (etwa solchen, wie sie im Zentrum des Jupiter herrschen) eine Vielzahl neuer flüssiger Phasen auftritt.[2] Diese Möglichkeiten sind von großem theoretischen Interesse und könnten Auswirkungen auf die Astronomie und die Kernphysik haben, doch werden wir sie hier in diesem Buch nicht näher betrachten.

2.2 Klassische Flüssigkeiten und Quantenflüssigkeiten

Wir beginnen mit einem Überblick über das Konzept der **Quantenflüssigkeit.** Dabei handelt es sich um ein Fluid (Gas oder Flüssigkeit), das bei so niedrigen Temperaturen betrachtet wird, dass die Effekte der Quantenmechanik eine dominierende Rolle spielen. Dies steht im scharfen Gegensatz zu normalen **klassischen Fluiden,** bei denen die Quantenmechanik im Wesentlichen irrelevant ist und die physikalischen Eigenschaften allein durch die Gesetze der klassischen statistischen Mechanik bestimmt werden.

Um zu sehen, warum die Quantenmechanik für die meisten Fluide in der Natur mehr oder weniger irrelevant ist, betrachten wir ein typisches Gas aus nur einer Sorte Teilchen. In einem System aus Edelgasatomen wie Helium oder Neon haben alle Atome die Masse m und interagieren miteinander hauptsächlich über ein paarweises Wechselwirkungspotential $V(r)$. Für Edelgase enthält das interatomare Potential eine kurzreichweitige Abstoßung und eine schwache, aber langreichweitige Van-der-Waals-Anziehung (Dispersionskraft), die für große Abstände proportional zu $1/r^6$ ist. Die Abstoßung lässt sich am besten durch eine Exponentialfunktion in r approximieren, was insgesamt auf ein Potential der Form

$$V(r) = ae^{-br} - \frac{C}{r^6} \tag{2.1}$$

[2] Vorhergesagt wurden auch supraleitende Phasen in metallischem Wasserstoff. Falls diese existieren, erfordern sie extrem hohe Drücke, die bisher im Labor nicht erzeugt werden können. Es ist gelungen, Wasserstoff so stark zu komprimieren, dass er metallisch wurde, doch die gefundenen Kristallstrukturen entsprechen nicht dem theoretisch vorhergesagten Grenzfall eines einatomigen, kubisch flächenzentrierten Kristallgitters, das ein Supraleiter bei Zimmertemperatur sein könnte.

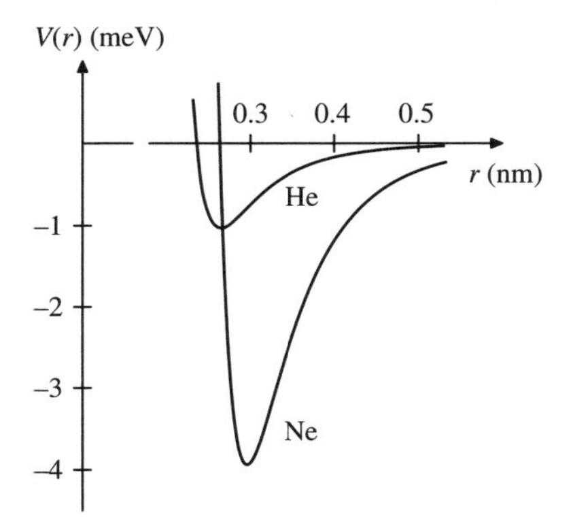

Abbildung 2.1: *Das Lennard-Jones-Potential für die interatomare Wechselwirkung bei Helium und Neon. Dass beide Atome etwa gleich groß sind, sieht man daran, dass die beiden Minima etwa an der gleichen Stelle sind. Die Potentialmulde für Neon ist jedoch etwa viermal so tief wie für Helium, was in einer entsprechend stärkeren Bindung resultiert.*

führt. Die Konstanten a, b und C können berechnet oder empirisch bestimmt werden. In der Nähe des anziehenden Minimums kann das Potential alternativ durch das einfachere (aber weniger genaue) Potential

$$V(r) = \epsilon_0 \left(\frac{d^{12}}{r^{12}} - 2\frac{d^6}{r^6} \right) \tag{2.2}$$

vom Lennard-Jones-Typ dargestellt werden. Hierbei definieren die Parameter d und ϵ_0 die Position und die Tiefe der Potentialmulde. Für Helium liegt das Potentialminimum bei $\epsilon_0 = 1{,}03\,\text{meV}$ bei einem intertomaren Abstand von $D = 0{,}265\,\text{nm}$. Für Neon ist das anziehende Potential etwa viermal so stark und liegt bei $\epsilon_0 = 3{,}94\,\text{meV}$. Der zugehörige Abstand von $d = 0{,}296\,\text{nm}$ ist nur wenig größer als bei Helium. Demnach können Helium- und Neonatome als näherungsweise gleich groß angesehen werden (wenn auch Neon ein wenig größer ist), wobei aber zwischen den Neonatomen eine wesentlich stärkere Bindung besteht. Dies ist in Abbildung 2.1 skizziert. Die schwächere Anziehung bei Helium verbunden mit der geringeren Atommasse ($4u$ gegenüber 20) macht Helium zu einer Quantenflüssigkeit, während Neon im Wesentlichen als klassisch betrachtet werden kann. Die anderen Edelgase wie Argon und Xenon haben zunehmend stärkere Bindungen bei größer werdender Masse, sodass sie noch eindeutiger im Geltungsbereich der klassischen Physik liegen.

Nehmen wir für einen Moment an, dass wir das Gas als klassisches Gas behandeln, also die Standardmethoden der klassischen statistischen Mechanik anwenden können. Die klassische Hamilton-Funktion ist

$$\mathcal{H}(\mathbf{p}_1, \ldots, \mathbf{p}_N, \mathbf{r}_1, \ldots, \mathbf{r}_N) = \sum_{i=1,N} \frac{\mathbf{p}_i^2}{2m} + \frac{1}{2} \sum_{i \neq j} V(\mathbf{r}_i - \mathbf{r}_j) \tag{2.3}$$

wobei jede Konfiguration des Gases durch die Angabe der Impulse $\mathbf{p}_1, \ldots, \mathbf{p}_N$ und Koordinaten $\mathbf{r}_1, \ldots, \mathbf{r}_N$ aller Teilchen spezifiziert ist. Klassisch ist die Wahrscheinlichkeit jeder Konfiguration bei der Temperatur T durch die Boltzmann-Verteilung

$$P(\mathbf{p}_1, \ldots, \mathbf{p}_N, \mathbf{r}_1, \ldots, \mathbf{r}_N) = \frac{1}{Z_N} e^{-\beta \mathcal{H}} \tag{2.4}$$

gegeben, wobei wieder $\beta = 1/k_B T$ ist. Die Größe Z_N ist die klassische Zustandssumme für N Teilchen, definiert als

$$Z_N = \frac{1}{N!} \int \mathrm{d}^3 p_1, \ldots, \mathrm{d}^3 p_N \mathrm{d}^3 r_1, \ldots, \mathrm{d}^3 r_N e^{-\beta \mathcal{H}} \tag{2.5}$$

Der Faktor $1/N!$ ergibt sich aus der Tatsache, dass die Teilchen nicht unterscheidbar sind. Das Weglassen dieses Faktors führt auf das berühmte Gibbssche Paradoxon.[3] Der Faktor $1/N!$ bedeutet, dass zwei Teilchenkonfigurationen $\mathbf{p}_1, \ldots, \mathbf{p}_N, \mathbf{r}_1, \ldots, \mathbf{r}_N$, die durch eine Permutation ineinander überführt werden können, als identisch betrachtet werden. Beachten Sie, dass in der klassischen statistischen Physik die Nichtunterscheidbarkeit der Teilchen durch den Faktor $1/N!$ grundsätzlich berücksichtigt wird; es gibt keinen Grund, zusätzlich zu unterscheiden, ob die identischen Teilchen Bosonen oder Fermionen sind.

Die oben angegebene Boltzmann-Verteilung führt direkt auf die berühmte Maxwell-Boltzmann-Verteilung für die Geschwindigkeiten der Atome. Der Grund ist, dass die Zustandssumme (2.5) für klassische Systeme exakt in zwei Terme faktorisiert werden kann, von denen einer zur kinetischen Energie beiträgt und der andere allein von der potentiellen Energie abhängt. Es gilt

$$\begin{aligned} Z_N &= \left(\prod_i \int e^{-p_i^2/2mk_B T} \mathrm{d}^3 p_i \right) Q_N \\ &= (2\pi m k_B T)^{3N/2} Q_N \end{aligned} \tag{2.6}$$

mit

$$Q_N = \frac{1}{N!} \int \mathrm{d}^3 r_1 \ldots \mathrm{d}^3 r_N \exp\left(-\frac{1}{2} \beta \sum_{i \neq j} V(\mathbf{r}_i - \mathbf{r}_j) \right) \tag{2.7}$$

Da der Impulsanteil in (2.6) ein Produkt aus unabhängigen Faktoren für die einzelnen Teilchen ist, sind die Impulse der Teilchen voneinander statistisch unabhängig. Die Wahrscheinlichkeit, dass ein gegebenes Teilchen einen Impuls im Volumen $\mathrm{d}^3 p$ des Impulsraums hat, ist daher

$$P(\mathbf{p})\, \mathrm{d}^3 p = \frac{1}{(2\pi m k_B T)^{3/2}} e^{-p^2/2mk_B T}\, \mathrm{d}^3 p \tag{2.8}$$

[3] Das Gibbssche Paradoxon ist in der klassischen statistischen Physik die einzige Konsequenz aus der Nichtunterscheidbarkeit der Teilchen. Dabei wird ein klassisches einatomiges Gas durch eine Trennwand in zwei Hälften separiert. Nach dem Entfernen der Trennwand scheint es eine Entropiezunahme von $k_B \ln 2$ pro Teilchen zu geben, weil sich nun jedes Teilchen zufällig in der einen oder der anderen Hälfte aufhalten kann. Doch diese Schlussfolgerung ist falsch, da kein irreversibler thermodynamischer Prozess stattgefunden hat. Gibbs postulierte, dass ein Faktor $1/N!$ in der Zustandssumme notwendig ist, um diese überschüssige Entropie zu verhindern. Mehr als 50 Jahre später bestätigte sich, dass dieser Faktor tatsächlich vorhanden ist, wenn man den klassischen Limes eines idealen Bose-Einstein- oder Fermi-Dirac-Quantengases bildet.

Der Anteil der Teilchen, deren Impuls $\mathbf{p}$ einen Betrag zwischen p und $p + \mathrm{d}p$ hat, ist

$$P_{\mathrm{MB}}(p)\,\mathrm{d}p = \frac{4\pi p^2}{(2\pi m k_{\mathrm{B}} T)^{3/2}} e^{-p^2/2mk_{\mathrm{B}}T}\,\mathrm{d}p \tag{2.9}$$

womit sich die Maxwell-Boltzmann-Verteilung für den Impuls ergibt. Beachten Sie, dass dieses Ergebnis für jedes klassische System gilt, egal ob gasförmig, flüssig oder fest. Es gilt für beliebige starke Teilchenwechselwirkungen $V(r)$ und ist nicht auf ideale Gase beschränkt.

Nun sind wir in der Lage abzuschätzen, ob die Quantenmechanik für eine Flüssigkeit wichtig ist oder nicht. Aus der Maxwell-Boltzmann-Verteilung sehen wir, dass ein typisches Teilchen einen Impuls der Größenordnung

$$p = (2mk_{\mathrm{B}}T)^{1/2} \tag{2.10}$$

hat, was näherungsweise dem Maximum vom $P_{\mathrm{MB}}(p)$ gemäß (2.9) entspricht. Quantenmechanisch werden die Teilchen daher typischerweise eine de-Broglie-Wellenlänge $\lambda = h/p$ in der Größenordnung der **thermischen de-Broglie-Wellenlänge** haben, die üblicherweise als

$$\lambda_{\mathrm{dB}} = \left(\frac{2\pi\,\hbar^2}{mk_{\mathrm{B}}T}\right)^{1/2} \tag{2.11}$$

definiert ist. Es ist zu erwarten, dass Quanteneffekte signifikant werden, wenn diese Wellenlänge in die Größenordnung anderer charakteristischer Längen der Flüssigkeit kommt. Dagegen können Quanteneffekte vernachlässigt werden, wenn λ_{dB} vernachlässigbar ist.

Für eine gegebene Substanz können wir λ_{dB} leicht berechnen. Beispielsweise wird das Edelgas Neon bei etwa 27 K flüssig und gefriert bei etwa 24 K (beide Angaben für Normaldruck). Die Atommasse ist 20, und somit gilt $\lambda_{\mathrm{dB}} \approx 0{,}07\,\mathrm{nm}$. Wie wir jedoch gesehen haben, hat das Potential für die interatomare Wechselwirkung sein Minimum bei $d \approx 0{,}3\,\mathrm{nm}$, sodass der typische interatomare Abstand signifikant größer ist als die thermische de-Broglie-Wellenlänge. Quanteneffekte sind daher überall in der gasförmigen und in der flüssigen Phase von geringer Bedeutung. Dies ist eine Eigenschaft fast aller Elemente des Periodensystems.

Für Helium allerdings ist die Situation völlig anders. Das Minimum im Potential der interatomaren Wechselwirkung ist wesentlich schwächer ausgeprägt als bei Neon ($\epsilon_0 = 1{,}03\,\mathrm{meV}$ gegenüber $3{,}9\,\mathrm{meV}$ für Neon). Dies hat zur Folge, dass Helium bei nur 4 K flüssig wird. In Kombination mit der geringeren Masse von Helium führt dies auf $\lambda_{\mathrm{dB}} \approx 0{,}4\,\mathrm{nm}$ für flüssiges ^{4}He. Dies ist tatsächlich größer als der typische interatomare Abstand von etwa $d \approx 2{,}7\,\mathrm{nm}$. Es ist daher zu erwarten, dass Quanteneffekte für flüssiges ^{4}He immer eine Rolle spielen. Das leichtere Isotop ^{3}He hat eine noch größere thermische de-Broglie-Wellenlänge, sodass auch hier Quanteneffekte dominieren. Aus diesem Grund sind die beiden Isotope von Helium die beiden einzigen Substanzen, die in ihren flüssigen Phasen vollständig von Quanteneffekten dominiert werden.

Ein Vergleich mit Neon zeigt, wie dramatisch die Quanteneigenschaften von ^{4}He das Phasendiagramm beeinflussen (siehe Abbildung 2.2). Fast alle Substanzen haben ein

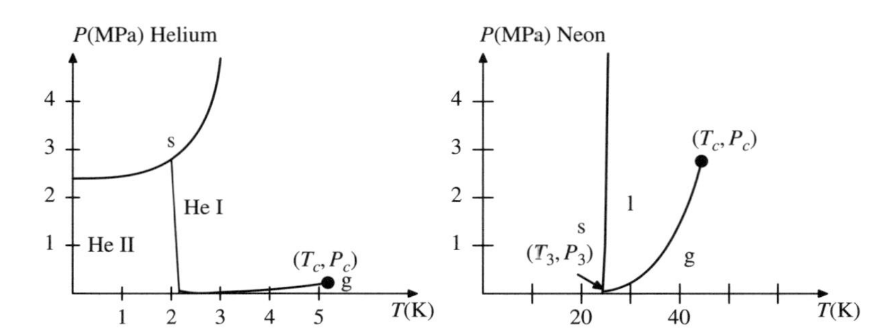

Abbildung 2.2: *Die Phasendiagramme von* ^{4}He *und Neon im Vergleich. Links: Für Drücke unter etwa* 2,5 MPa *bleibt Helium bis zum absoluten Nullpunkt flüssig. Es gibt zwei unterschiedliche flüssige Phasen: die normale flüssige Phase,* He I, *und die suprafluide Phase,* He II. *Der kritische Punkt für den Übergang von flüssig nach gasförmig ist als kleiner schwarzer Kreis dargestellt. Rechts: Im Gegensatz dazu hat Neon ein Phasendiagramm, wie es für die meisten anderen Substanzen typisch ist. Die flüssige und die gasförmige Phase treten für hohe Temperaturen auf, während es bei niedrigen Temperaturen nur die feste Phase gibt. Neon hat einen Tripelpunkt* (T_3, P_3)*, Helium dagegen nicht.*

Temperatur-Druck-Phasendiagramm, das dem von Neon ähnelt (rechter Teil von Abbildung 2.2). Es gibt die Phasen gasförmig, flüssig und fest, die sich in einem Tripelpunkt (T_3, P_3) treffen. Die gasförmige Phase ist von der flüssigen durch eine Linie getrennt, die im kritischen Punkt (T_c, P_c) (in der Abbildung dargestellt als kleiner schwarzer Kreis) für gasförmig-flüssig endet. Für Neon ist $T_3 = 24{,}57\,\mathrm{K}$ und $T_c = 44{,}4\,\mathrm{K}$. Wie wir gesehen haben, sind also Quanteneffekte überall auf der Fluidseite des Phasendiagramms klein. Das im linken Teil von Abbildung 2.2 gezeigte Phasendiagramm von ^{4}He sieht dagegen völlig anders aus. Auch hier existiert ein kritischer Punkt für den Übergang von gasförmig nach flüssig; er liegt bei 5,18 K. Doch die flüssig-gasförmig-Übergangslinie schneidet die flüssig-fest-Grenze nicht, sodass es keinen Tripelpunkt gibt. Vielmehr gibt es für Drücke unter etwa 2,5 MPa bei keiner Temperatur eine feste Phase – Helium bleibt bis zum absoluten Nullpunkt flüssig. Einzigartig ist ^{4}He auch dahingehend, dass es zwei unterschiedliche flüssige Phasen gibt, die in Abbildung 2.2 mit I und II bezeichnet sind. Die Flüssigkeit I ist eine normale Flüssigkeit, während Helium II suprafluid ist. Die oben angegebene einfache Schätzung von λ_{dB} zeigt, dass Quanteneffekte in beiden flüssigen Phasen wichtig sind.

Das Phasendiagramm für ^{3}He, das andere Isotop von Helium, ähnelt dem von ^{4}He. Der Hauptunterschied ist, dass die suprafluide Phase erst bei etwa 2 mK auftritt. Wie wir noch sehen werden, resultiert dieser Unterschied daraus, dass ^{3}He ein Fermion ist, ^{4}He dagegen ein Boson.

Wie aber kommt es, dass flüssiges Helium selbst im absoluten Nullpunkt nicht kristallisiert? Der Grund ist, dass Quantenflüssigkeiten eine **Nullpunktsbewegung** und folglich eine von null verschiedene kinetische Energie haben, wie niedrig ihre Temperatur auch ist. In einer festen Phase ist jedes Atom an einem bestimmten Platz des Kristallgitters lokalisiert. Es muss eine bestimmte Ortsunschärfe Δx haben, die kleiner ist als der Gitterabstand a. Nach dem Unschärfeprinzip hat es eine Impulsunschärfe Δp

und folglich eine endliche Energie. Für eine grobe Schätzung können wir annehmen, dass jedes Atom im Kristallgitter als unabhängiger quantenmechanischer harmonischer Oszillator um seine Gleichgewichtslage schwingt (dies ist das Einsteinsche Phononmodell). Die Nullpunktenergie ist

$$E_0 = \frac{3}{2}\hbar\omega_0 \tag{2.12}$$

je Atom, wobwi ω_0 die Frequenz ist, mit der das Atom um seine Gleichgewichtslage im Kristallgitter schwingt. Unter Verwendung des Lennard-Jones-Potentials und unter Annahme eines kubisch flächenzentrierten Gitters kommen wir auf die Schätzung

$$\omega_0 = \sqrt{\frac{4k}{m}} \tag{2.13}$$

wobei

$$k = \frac{1}{2}\frac{\mathrm{d}^2V(r)}{\mathrm{d}r^2} = \frac{36\,\epsilon_0}{r_0^2} \tag{2.14}$$

die Federkonstante des interatomaren Potentials im Gleichgewichtsabstand r_0 ist (Abbildung 2.1). Verwenden wir die oben angegebenen Lennard-Jones-Parameter für Helium, kommen wir auf eine Nullpunktenergie von etwa $E_0 \approx 7\,\mathrm{meV}$. Dies entspricht einer thermischen Bewegung bei etwa 70 K und ist viel zu groß, um das Kondensieren der flüssigen Phase zu einem Festkörper zu erlauben. Die feste Phase tritt nur auf, wenn externer Druck angewendet wird (siehe Abbildung 2.2). Die gleiche Schätzung für die Parameter von Neon ergibt eine kleinere Nullpunktenergie von etwa $E_0 \approx 4\,\mathrm{meV}$, was vergleichbar ist mit der thermischen Bewegung bei der Schmelztemperatur von 24 K.

2.3 Die makroskopische Wellenfunktion

Wie in Abbildung 2.3 zu sehen ist, hat ^{4}He zwei unterschiedliche flüssige Phasen, He I und He II. He I ist eine **normale Flüssigkeit** und weist die üblichen Eigenschaften einer solchen auf. He II dagegen ist ein **Suprafluid,** d. h., es fließt mit Viskosität null, besitzt eine unendliche thermische Leitfähigkeit und weist andere ungewöhnliche Eigenschaften auf.

An der Phasengenze zwischen He I und He II beobachtet man die charakteristische Singularität in der spezifischen Wärme (siehe Abbildung 2.3). Die Form erinnert an den griechischen Buchstaben λ, weshalb dieser Übergang auch als **λ-Punkt** bezeichnet wird. Ein Vergleich von Abbildung 2.3 mit Abbildung 1.7, die den Verlauf der spezifischen Wärme bei der Bose-Einstein-Kondensation darstellt, zeigt einige offensichtliche Unterschiede. Zunächst einmal hat die spezifische Wärme von He II die Form

$$C_V \sim T^3 \tag{2.15}$$

und nicht $T^{3/2}$ wie im Falle der Bose-Einstein-Kondensation (vgl. Abbildung 1.7).

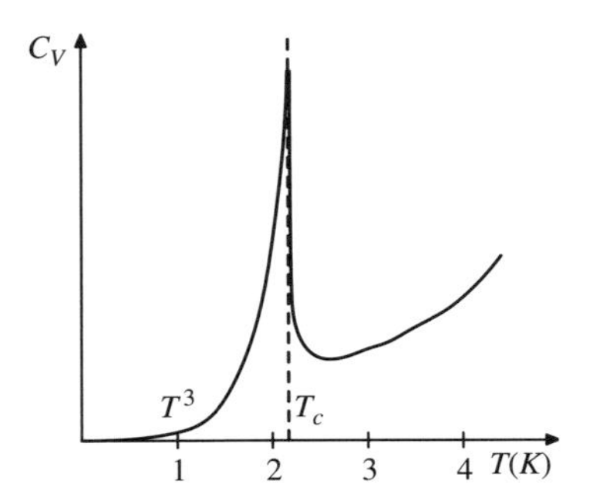

Abbildung 2.3: *Spezifische Wärme von* ^{4}He. *Bei der kritischen Temperatur* T_c *gibt es eine Singularität, die die Form des griechischen Buchstabens* λ *hat. Dieser* λ*-Übergang gehört zur Universalitätsklasse des dreidimensionalen* XY*-Modells.*

Wichtiger ist jedoch, dass der Verlauf der spezifischen Wärme in der Umgebung von T_c bei ^{4}He völlig anders ist als bei der Bose-Einstein-Kondensation. Dort gibt es am kritischen Punkt eine einfache Änderung des Kurvenverlaufs von C_V, einen Knick (auch „Cusp" genannt). In ^{4}He dagegen ist die Änderung sehr scharf. Die spezifische Wärme in der Umgebung von T_c hat näherungsweise eine logarithmische Form, $C_V \sim \ln|T - T_c|$, doch tatsächlich genügt ihr Verlauf einem sehr schwachen Potenzgesetz. Sie hat die charakteristische Form

$$C_V = \begin{cases} C(T) + A_+|T - T_c|^{-\alpha} & \text{für} \quad T > T_c \\ C(T) + A_-|T - T_c|^{-\alpha} & \text{für} \quad T < T_c \end{cases} \tag{2.16}$$

wobei $C(T)$ eine glatte (nicht-singuläre) Funktion von T in der Umgebung von T_c ist. Der Parameter α ist der kritische Exponent, für den ein Wert von etwa $-0{,}009$ gemessen wurde.[4] Dieses Potenzverhalten und sogar die tatsächlich gemessenen Werte der Konstanten α, A_+ und A_- sind in nahezu perfekter Übereinstimmung mit den theoretischen Vorhersagen für eine Universalitätsklasse thermodynamischer Phasenübergänge, die als dreidimensionale XY-Modellklasse bezeichnet wird. Die Theorie dieser Phasenübergänge basiert auf der Skalenhypothese, und die kritischen Exponenten werden mit den Methoden der Renormierungsgruppe berechnet. Dieses Thema würde den Rahmen dieses Buches sprengen; konsultieren Sie hierzu beispielsweise die Bücher zur Thermodynamik, die am Ende von Kapitel 1 genannt sind. Der entscheidende Punkt ist der, dass viele unterschiedliche physikalische Systeme letztlich identische Sätze kritischer Exponenten haben. Zum XY-Modell gehören Systeme, deren Ordnung durch einen zweidimensionalen Einheitsvektor

$$\mathbf{n}(\mathbf{r}) = (n_x, n_y) = (\cos\theta, \sin\theta) \tag{2.17}$$

[4] Es ist vorgeschlagen worden, Mikrogravitationsexperimente zur Messung von kritischen Exponenten wie α auf Spaceshuttle-Flügen durchzuführen. Dies würde sehr genaue Messungen erlauben und sicherstellen, dass Effekte der Schwerkraft vollständig vernachlässigbar sind. Das Problem ist normalerweise, dass es infolge der Gravitation einen winzigen Druckunterschied zwischen Ober- und Unterkante der Heliumprobe gibt. Dies hat zur Folge, dass T_c von oben nach unten leicht variiert, wodurch die Singularität in der spezifischen Wärme leicht verschmiert wird.

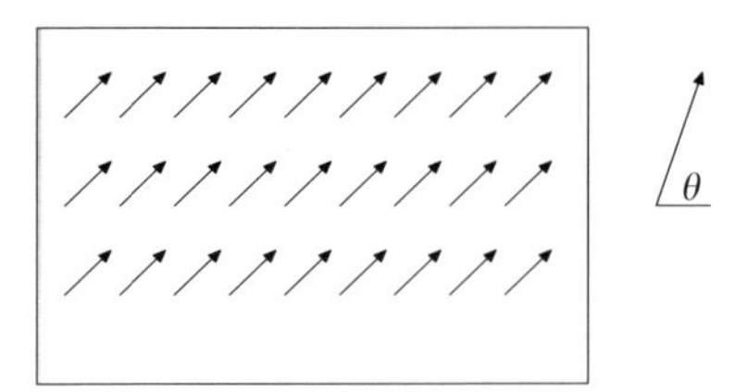

Abbildung 2.4: *Ordnung im XY-Modell. Jedem Punkt im Raum ist ein Einheitsvektor $\hat{\mathbf{n}}$ zugeordnet. Oberhalb von T_c sind die Richtungen auf großer Längenskala zufällig, während sich unterhalb von T_c eine langreichweitige Ordnung mit einer (beliebigen) gemeinsamen Richtung einstellt. Die Richtung θ des Vektors $\hat{\mathbf{n}} = (\cos\theta, \sin\theta)$ entspricht der Phase der makroskopischen Wellenfunktion.*

beschrieben werden kann. Hierbei ist θ der Winkel des Ortsvektors $\mathbf{r}$. Der λ-Übergang von Helium separiert zwei thermodynamische Phasen: die normale flüssige Phase (He I), in der der XY-Vektor $\mathbf{n}(\mathbf{r})$ räumlich zufällig ist, und die He-II-Phase, in der $\mathbf{n}(\mathbf{r})$ eine Ordnung wie in einem Magneten hat. Dieses Konzept ist in Abbildung 2.4 illustriert.

Wie ist der Einheitsvektor $\mathbf{n}(\mathbf{r})$ bzw. der Winkel θ physikalisch zu interpretieren? Die Existenz eines Phasenwinkels θ lässt sich motivieren, wenn wir postulieren, dass es eine **makroskopische Wellenfunktion** gibt. Dies ähnelt der Kondensat-Wellenfunktion $\psi_0(\mathbf{r})$ im Gross-Pitaevskii-Ansatz für die Bose-Einstein-Kondensation, der im letzten Kapitel vorgestellt wurde (siehe zum Beispiel Gleichung (1.65)). Die Idee ist hier allerdings viel subtiler, da wir die Wechselwirkungen zwischen den Teilchen, ausgedrückt durch das Potential $V(\mathbf{r})$, berücksichtigen müssen. Für Helium sind diese Wechselwirkungen stark und können deshalb nicht einfach weggelassen oder durch einen mean-field-Ansatz approximiert werden.

Nichtsdestotrotz wollen wir zunächst annehmen, dass wir den Zustand von Helium in jedem Punkt des Raumes durch eine lokale Wellenfunktion $\psi_0(\mathbf{r})$ charakterisieren können. Die Wellenfunktion entspricht einem **Kondensat** oder einer makroskopischen Anzahl von Teilchen. Wir können die Wellenfunktion normieren, sodass die Dichte der Teilchen im Kondensat

$$n_0 = |\psi_0(\mathbf{r})|^2 \tag{2.18}$$

ist. Mit dieser Definition integrieren wir über das Volumen der Probe und sehen, dass die makroskopische Wellenfunktion normiert ist, also

$$N_0 = n_0 V = \int |\psi_0(\mathbf{r})|^2 \, \mathrm{d}^3 r \tag{2.19}$$

wobei N_0 die Gesamtzahl der Teilchen im Kondensat ist. Oberhalb von T_c liegt diese Zahl bei null, während sie unterhalb von T_c einen von null verschiedenen Anteil an der Gesamtteilchenzahl N ausmacht.

Im Allgemeinen ist die Wellenfunktion komplex, und ihre Phase $\theta(\mathbf{r})$ entspricht dem Winkel im XY-Modell in Abbildung 2.4. Daher können wir die komplexe Wellenfunktion in der Form

$$\psi_0(\mathbf{r}) = \sqrt{n_0(\mathbf{r})}e^{i\theta(\mathbf{r})} \tag{2.20}$$

schreiben, wobei $\sqrt{n_0(\mathbf{r})} = |\psi_0(\mathbf{r})|$ ihr Betrag und $\theta(\mathbf{r})$ ihre Phase ist. Anhand dieser Definition sehen wir, dass es für $|\psi_0(\mathbf{r})| = 0$ nicht möglich ist, die Phase θ zu definieren. Wenn $|\psi_0(\mathbf{r})|$ dagegen von null verschieden ist, können wir die Phase θ der Wellenfunktion als natürlichen physikalischen Parameter des Systems betrachten. Wir können postulieren, dass der Wert T_c des Phasenübergangs die Temperatur ist, bei der die Phase dieser Wellenfunktion eine langreichweitige Ordnung annimmt. In der Terminologie der Theorie der Phasenübergänge sagt man, dass die makroskopische Wellenfunktion $\psi_0(\mathbf{r})$ der **Ordnungsparameter** der He-II-Phase ist. Seine korrekte mikroskopische Interpretation wird in den folgenden Abschnitten im Detail ausgearbeitet.

2.4 Suprafluide Eigenschaften von He-II

Obwohl das oben skizzierte Bild der makroskopischen Wellenfunktion stark vereinfachend ist, enthält es doch alles Wesentliche zum **Suprastrom** in flüssigem ^{4}He. Wie wir gesehen haben, gibt es bei der Bose-Einstein-Kondensation immer eine Kondensation in den Quantenzustand mit Impuls null. In diesem Fall ist es die Einteilchen-Wellenfunktion $e^{i\mathbf{k}\cdot\mathbf{r}}/\sqrt{V}$ für $\mathbf{k} = 0$, die von einer makroskopischen Anzahl von Teilchen besetzt wird. Diese Wellenfunktion ist einfach eine Konstante, nämlich $1/\sqrt{V}$, und sie könnte ebenso gut durch eine beliebige andere konstante Phase θ als $e^{i\theta}/\sqrt{V}$ definiert werden. In beiden Fällen ist die Phase θ der Wellenfunktion räumlich konstant. Was aber ist, wenn das Kondensat einen allgemeineren Zustand annimmt, in dem die Phase $\theta(\mathbf{r})$ keine Konstante ist? In diesem Fall liegt Suprafluidität vor.

Suprafluidität tritt immer dann auf, wenn die kondensierte Phase $\theta(\mathbf{r})$ räumlich variiert. Wenn wir von einer Kondensat-Wellenfunktion $\psi_0(\mathbf{r})$ ausgehen, können wir den üblichen Formalismus aus der Quantenmechanik anwenden, um die Stromdichte für den Teilchenfluss zu erhalten:

$$\mathbf{j}_0 = \frac{\hbar}{2mi}\left[\psi_0^*(\mathbf{r})\nabla\psi_0(\mathbf{r}) - \psi_0(\mathbf{r})\nabla\psi_0^*(\mathbf{r})\right] \tag{2.21}$$

Diese Stromdichte $\mathbf{j}_0$ ist die Anzahl der Teilchen, die pro Flächeneinheit und Sekunde im Kondensat fließen. (Beachten Sie, dass es sich hier nicht um eine elektrische Stromdichte handelt, denn es gibt hier keinen Ladungsfluss, da die Teilchen elektrisch neutral sind.) Unter Verwendung von $\psi_0(\mathbf{r}) = \sqrt{n_0}e^{i\theta}$ und der Produktregel für die Differentiation erhalten wir

$$\nabla\psi(\mathbf{r}) = e^{i\theta}\nabla\sqrt{n_0} + i\sqrt{n_0}e^{i\theta}\nabla\theta$$

und die komplexe Konjugierte

$$\nabla\psi^*(\mathbf{r}) = e^{-i\theta}\nabla\sqrt{n_0} - i\sqrt{n_0}e^{i\theta}\nabla\theta$$

Setzen wir dies in (2.21) ein, so erhalten wir

$$\mathbf{j}_0 = \frac{\hbar}{m}n_0\nabla\theta \tag{2.22}$$

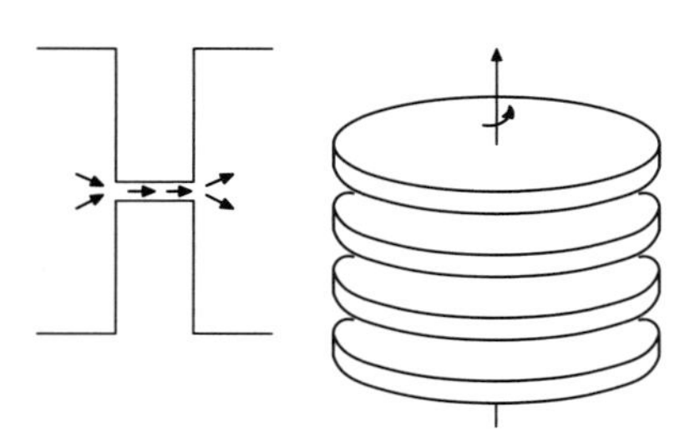

Abbildung 2.5: *Suprafluide Eigenschaften von* He II. *Links: Fluss durch enge Kapillaren ohne viskositätsbedingten Widerstand. Rechts: Trägheit einer Torsionsschwingung in einem Stapel rotierender Scheiben.*

Da die Kondensatdichte n_0 ist und der Nettostrom pro Teilchen die Dimension Dichte mal Geschwindigkeit hat, betrachten wir dies als Kondensatfluss mit der Teilchengeschwindigkeit

$$\mathbf{v}_s = \frac{\hbar}{m}\nabla\theta \tag{2.23}$$

Diese fundamentale Gleichung definiert die **Fließgeschwindigkeit des Suprafluids** $\mathbf{v}_s$. Die kondensierten Teilchen haben die Dichte n_0 und fließen mit der mittleren Geschwindigkeit $\mathbf{v}_s$, womit sie den Kondensatbeitrag

$$\mathbf{j}_0 = n_0\mathbf{v}_s \tag{2.24}$$

zum Stromfluss liefern.[5]

Anders als bei einem Fluss in normalen Flüssigkeiten, bewegen sich die Teilchen im Falle der Suprafluidität ohne Dissipation. Die Existenz solcher Supraströme wurde in einer Reihe von Schlüsselexperimenten in den 1930er-Jahren demonstriert. Kapiza zeigte, dass flüssiges He II scheinbar ohne viskositätsbedingten Widerstand durch enge Kapillaren fließen kann (siehe Abbildung 2.5). In normalen Flüssigkeiten hängt die Fließgeschwindigkeit in einer solchen Kapillare von der Viskosität η der Flüssigkeit ab sowie von der Druckdifferenz $\Delta P = P_2 - P_1$ und den Abmessungen (Länge und Durchmesser) des Rohrs. Durch eine Dimensionsanalyse findet man leicht heraus, dass die typische Fließgeschwindigkeit einer viskosen Flüssigkeit in einem zylindrischen Rohr der Länge L und mit dem Querschnittsradius R von der Ordnung v ist, wobei

$$\frac{\Delta P}{L} \sim \eta\frac{v}{R^2} \tag{2.25}$$

[5] Diese Formel gibt nur den direkten Beitrag des Kondensats zum Gesamtfluss $\mathbf{j}_0$ an. Wie wir noch sehen werden, umfasst der Gesamtfluss neben diesem Kondensatanteil noch andere Beiträge. Der Gesamtteilchenstrom kann als $\mathbf{j}_s = n_s\mathbf{v}_s$ geschrieben werden. Dabei gilt, wie wir ebenfalls noch sehen werden, $n_s \neq n_0$.

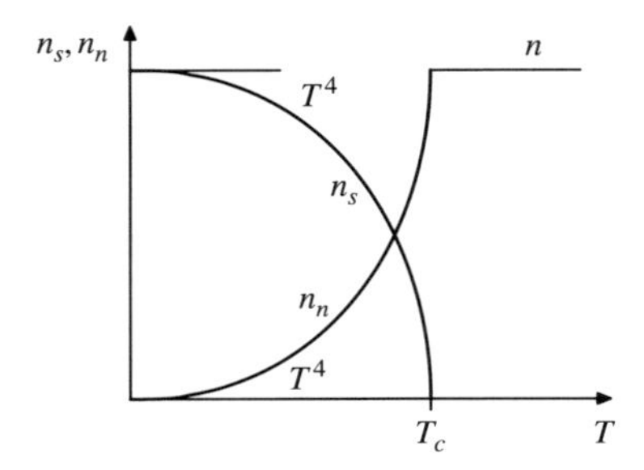

Abbildung 2.6: *Temperaturabhängigkeit der suprafluiden und der normalen Komponente von flüssigem* He II. *Gemessen wird diese beispielsweise in Experimenten, in denen ein Stapel Scheiben Torsionsschwingungen ausführt.*

(Die Viskosität hat die Einheit Kraft × Zeit / Abstand^2.) Kapiza aber stellte fest, dass die Druckdifferenz für He II unabhängig von der Fließgeschwindigkeit immer $\Delta P = 0$ war. Suprafluidität bedeutet also Fließen mit Viskosität null ($\eta = 0$).

Andere Experimente legten jedoch nahe, dass die Viskosität von null verschieden ist. Eine kreisförmige Scheibe, die in ein Fluid eingetaucht wird, kann in Torsionsschwingungen um ihre Achse versetzt werden. Die Frequenz dieser Schwingung hängt von der Torsionsfestigkeit des Trägers ab sowie vom Trägheitsmoment der Scheibe. In einer viskosen Flüssigkeit zieht eine solche rotierende Scheibe eine dünne Flüssigkeitsschicht mit sich, was effektiv zu einer Vergrößerung ihres Trägheitsmoments führt. Wenn man mehrere Scheiben dicht stapelt, sollte sämtliche Flüssigkeit in den Zwischenräumen mitgezogen werden und so zum Trägheitsmoment beitragen. Andronikashvilli experimentierte mit einem solchen Stapel in He II und konnte zeigen, dass ein Teil des flüssigen Heliums tatsächlich zum Trägheitsmoment beitrug, ein anderer aber nicht.

Dieses Experiment lieferte die Motivation für das **Zwei-Fluid-Modell** für flüssiges Helium. Angenommen, die Gesamtteilchendichte der Flüssigkeit ist n, dann können wir diese in zwei Komponenten aufspalten:

$$n = n_s + n_n \tag{2.26}$$

Die suprafluide Komponente (Dichte n_s) fließt mit Viskosität null. Diese Komponente trägt nicht zum Trägheitsmoment der rotierenden Scheiben bei, da sie von deren Bewegung nicht mitgezogen wird. Die normale Komponente (Dichte n_n) verhält sich dagegen wie eine konventionelle viskose Flüssigkeit. Folglich trägt sie zum Trägheitsmoment des Stapels bei. Die **Suprafluiddichte** ist definiert als die Massendichte des suprafluiden Anteils der Flüssigkeit, also

$$\rho_s = mn_s \tag{2.27}$$

Die Temperaturabhängigkeit der beiden Komponenten n_s und n_n ist in Abbildung 2.6 skizziert. Bei Temperaturen nahe $T = 0$ hat man experimentell festgestellt, dass sich fast die gesamte Flüssigkeit im Kondensat befindet, sodass $n_s \sim n$ und $n_n \sim 0$. In diesem Temperaturbereich ergaben die Experimente

$$n_s \approx n - AT^4 \tag{2.28}$$

wobei A eine Konstante ist. Dies bedeutet, dass im absoluten Nullpunkt alle Teilchen zur suprafluiden Komponente gehören und dass dieser Anteil bei größer werdender Temperatur allmählich abnimmt.

Wenn sich die Temperatur dem kritischen Wert T_c nähert, verhält sich fast die gesamte Flüssigkeit normal, sodass $n_s \approx 0$ und $n_n \approx n$. Experimentell wurde für das Verschwinden der suprafluiden Komponente n_s in der Nähe von T_c ein Potenzgesetz gefunden:

$$n_s \sim \begin{cases} B(T_c - T)^v & \text{für} \quad T < T_c \\ 0 & \text{für} \quad T > T_c \end{cases} \tag{2.29}$$

Der Exponent v ist ein weiterer kritischer Exponent, ähnlich dem Exponenten α bei der spezifischen Wärme. Er hat einen Wert von ca. 0,67. Auch hier gibt es eine perfekte Übereinstimmung zwischen dem gemessenen Wert und theoretischen Vorhersagen auf der Grundlage des dreidimensionalen XY-Modells.

Die Experimente zur Suprafluidität zeigen, dass sich die beiden Fluidkomponenten ohne jegliche Reibung relativ zueinander bewegen können. Im Experiment mit den Kapillaren spürt die normale Komponente eine Reibung mit den Wänden und bleibt deshalb in Ruhe, während die suprafluide Komponente ungehindert durch die Kapillaren strömt. Bei dem Experiment mit dem rotierenden Stapel wird die normale Komponente von den Scheiben mitgezogen, während die suprafluide Komponente in Ruhe bleibt. Es ist daher möglich, für die beiden Fluidkomponenten separate Geschwindigkeiten zu definieren, was zu einer neuartigen Hydrodynamik führt. In dieser **Zwei-Fluid-Hydrodynamik** gibt es zwei Typen von Flüssen, $\mathbf{j}_s$ und $\mathbf{j}_n$, von denen der eine zur suprafluiden und der andere zur normalen Teilchenstromdichte gehört. Die Stromdichte $\mathbf{j}$ erfüllt die Gleichungen

$$\begin{aligned} \mathbf{j} &= \mathbf{j}_s + \mathbf{j}_n \\ \mathbf{j}_s &= n_s \mathbf{v}_s \\ \mathbf{j}_n &= n_n \mathbf{v}_n \end{aligned} \tag{2.30}$$

wobei $\mathbf{v}_s$ und $\mathbf{v}_n$ die Geschwindigkeiten der beiden Fluidkomponenten sind.

Aus dieser Zwei-Fluid-Hydrodynamik ergeben sich einige interessante Schlussfolgerungen. Die normale Komponente führt aufgrund zufälliger Teilchenbewegungen Entropie mit sich. Das Kondensat dagegen ist im Grunde ein einziger Vielteilchen-Quantenzustand und hat demzufolge keine Entropie. Der Wärmefluss in einem Suprafluid wird deshalb vollständig von der normalen Komponente geleistet. Die Wärmestromdichte ist daher

$$\mathbf{Q} = Ts\mathbf{v}_n \tag{2.31}$$

mit dem Wärmestrom $\mathbf{Q}$ und der Entropie s pro Volumeneinheit.

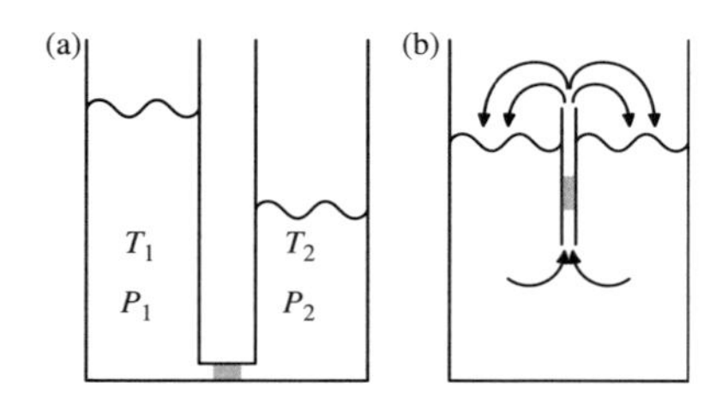

Abbildung 2.7: *Thermodynamische Effekte in suprafluidem Helium. Links: Die beiden mit dem Suprafluid gefüllten Behälter sind durch eine enge Kapillare verbunden, dennoch bleibt eine konstante Differenz von Duck und Temperatur erhalten. Rechts: Der Springbrunneneffekt. Das Suprafluid steigt in einer engen, beheizten Röhre auf und ergießt sich als Fontäne über der Oberfläche. Die Temperaturdifferenz treibt die Druckdifferenz an und resultiert in einem reibungsfreien Fluss.*

Die Tatsache, dass nur die normale Komponente Träger von Entropie ist, führt zu einem ungewöhnlichen thermomechanischen Effekt. Wenn man zwei Volumina eines Suprafluids durch eine sehr dünne Kapillare miteinander verbindet, kann das Suprafluid diese durchdringen, das normale Fluid dagegen nicht (wegen seiner von null verschiedenen Viskosität). Das normale Fluid trägt keine Entropie, und deshalb gibt es keinen Wärmefluss durch die Kapillare ($\mathbf{v}_n$ in Gleichung (2.31) ist null). Es gibt also einen Teilchenstrom aber keinen Wärmestrom. Es gibt keinen Mechanismus, durch den die Temperaturen auf den beiden Seiten der Versuchsanordnung ins Gleichgewicht kommen, sodass T_1 und T_2 auf unbestimmte Zeit verschieden bleiben. Andererseits verlangt die detaillierte Balance, dass der Teilchenstrom ein Gleichgewicht der chemischen Potentiale herstellt, also $\mu_1 = \mu_2$. Unter Verwendung der thermodynamischen Relationen

$$G = \mu N \tag{2.32}$$

$$\mathrm{d}G = -S\,\mathrm{d}T + V\,\mathrm{d}P \tag{2.33}$$

mit der Gibbsschen freien Energie $G = U - TS + PV$ kann man leicht zeigen, dass die Temperaturdifferenz $T_2 - T_1$ mit einer Druckdifferenz einhergeht:

$$P_2 - P_1 = s(T_2 - T_1) \tag{2.34}$$

Hier ist wieder $s = S/V$ die Entropie pro Volumeneinheit. Dies ist in Abbildung 2.7 dargestellt. Die Abbildung zeigt außerdem den spektakulären **Springbrunenneffekt**, dem Ausspritzen einer Fontäne aus flüssigem Helium aufgrund der Temperaturdifferenz. Dabei wird ein dünnes Rohr mit einem Pfropfen versehen, der nur das Suprafluid passieren lässt. Die Temperaturdifferenz treibt den Fluss des Suprafluids an, das als Fontäne über der Oberfläche herausspritzt.

Eine weitere überraschende Eigenschaft von Suprafluiden ist ihre Fähigkeit „aufwärts“ zu fließen, wodurch sich beispielsweise ein Becher suprafluides Helium spontan entleeren kann! Möglich wird dies durch eine mikroskopische **Benetzungsschicht** von flüssigem Helium auf der Oberfläche des Bechers. Diese Schicht tritt in vielen Fluiden auf und ist typischerweise ein paar Mikrometer dick. Beispielsweise kann man in einem Glas Wein

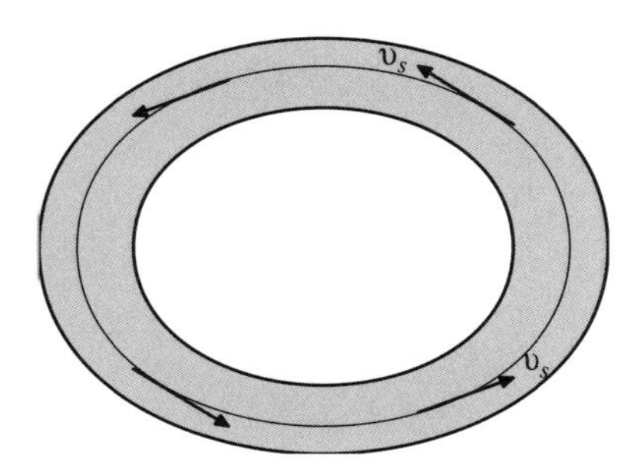

Abbildung 2.8: *Flussquantisierung in einem Suprafluid. Der Fluss ist überall wirbelfrei (Rotation null), doch es gibt eine Zirkulation entlang eines geschlossenen Weges. Die Zirkulation ist in Einheiten von h/m quantisiert.*

oft eine dünne Flüssigkeitsschicht sehen, die die Glaswand direkt über dem Meniskus bedeckt. Während Alkohol und Wasser verdampfen, bleibt ein dünner Rückstand aus festem Material auf dem Glas zurück. Im Falle eines Suprafluids gibt es jedoch keine Viskosität, die das Aufsteigen der Flüssigkeit über die Benetzungschicht und schließlich über den Becherrand hinaus verhindern würde. Über diesen Mechanismus kann sich der Becher letztendlich vollständig entleeren.

2.5 Flussquantisierung und Vortizes

Die Existenz der makroskopischen Wellenfunktion für He II führt zu einer **Quantisierung** des Flusses. Die Fließgeschwindigkeit des Suprafluids hatten wir als

$$\mathbf{v}_s = \frac{\hbar}{m}\nabla\theta \tag{2.35}$$

definiert. Daraus folgt, dass der Suprastrom eine Potentialströmung ist (in der Terminologie der klassischen Hydrodynamik). Wir bilden die Rotation und finden

$$\nabla \times \mathbf{v}_s = 0 \tag{2.36}$$

d. h., der Fluss ist **wirbelfrei.**

Betrachten wir nun eine Strömung durch einen geschlossenen Schlauch (siehe Abbildung 2.8) und einen geschlossenen Weg, der sich über die gesamte Länge des Schlauchs erstreckt. Wir können die **Zirkulation** durch das Integral

$$\kappa = \oint \mathbf{v}_s \cdot \mathrm{d}\mathbf{r} \tag{2.37}$$

definieren, welches über einen geschlossenen Weg genommen wird. Aus der Wirbelfreiheit gemäß (2.36) folgt, dass der Wert dieses Integrals unabhängig vom Integrationsweg ist. Jeder Weg, der genau einmal durch den ganzen Schlauch läuft, führt auf den gleichen

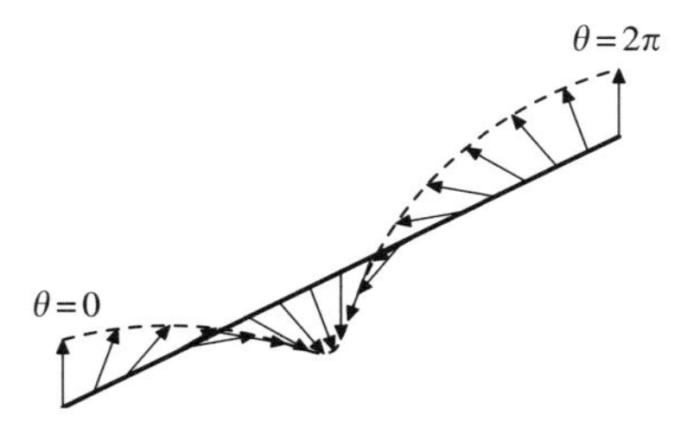

Abbildung 2.9: *Windungszahl der Phase θ. In diesem Beispiel beginnt die Phase bei null und wächst kontinuierlich bis 2π. Die gestrichelte Linie windet sich genau einmal um die zentrale Linie. Folglich ist die Windungszahl in diesem Beispiel 1. Für einen Suprastrom muss die Phasenänderung exakt ein Vielfaches von 2π sein wie im dargestellten Fall. Ein Phasensprung tritt auf, wenn sich diese Windung abrupt ändert.*

Wert für κ. Durch Einsetzen von Gleichung (2.35) finden wir

$$\kappa = \frac{\hbar}{m} \oint \nabla\theta \cdot \mathrm{d}\mathbf{r} = \frac{\hbar}{m} \Delta\theta \tag{2.38}$$

Hierbei ist $\Delta\theta$ die Änderung des Phasenwinkels θ nach einem Durchlauf durch den Schlauch. Damit die makroskopische Wellenfunktion $\psi_0(\mathbf{r}) = \sqrt{n_0} e^{i\theta(\mathbf{r})}$ eindeutig definiert ist, muss gelten

$$\psi(\mathbf{r}) = \psi(\mathbf{r}) e^{i\Delta\theta} \tag{2.39}$$

und damit

$$\Delta\theta = 2\pi\, n \tag{2.40}$$

mit einer ganzen Zahl n. Die Zirkulation des Flusses ist daher quantisiert, und zwar in Einheiten von h/m:

$$\kappa = \frac{h}{m} n \tag{2.41}$$

Die Quantenzahl n entspricht der topologischen **Windungszahl** für die Phase θ um die geschlossene Schleife. Sie zählt, wie oft sich θ während eines Umlaufs um den geschlossenen Weg um 2π windet. Dies ist in Abbildung 2.9 illustriert. Wir beginnen an einem Punkt des Fluids, für den $\theta = 0$ gilt, und bewegen uns dann kontinuierlich durch den Ring. Nachdem wir einmal herum sind, stellen wir fest, dass sich der Winkel θ um ein Vielfaches von 2π geändert hat (in Abbildung 2.9 um 2π). Die gestrichelte Linie in Abbildung 2.9 hat sich genau einmal um die zentrale Linie gewunden. Diese Windung kann nicht durch lokale (und glatte) Änderungen an der Phase $\theta(\mathbf{r})$ beseitigt werden, denn sie ist eine topologische Eigenschaft der makroskopischen Wellenfunktion.

Die Flussquantisierung ist durch mehrere Experimente bestätigt worden. Die direkteste Methode besteht darin, das ringförmige Rohr tatsächlich rotieren zu lassen. Alternativ

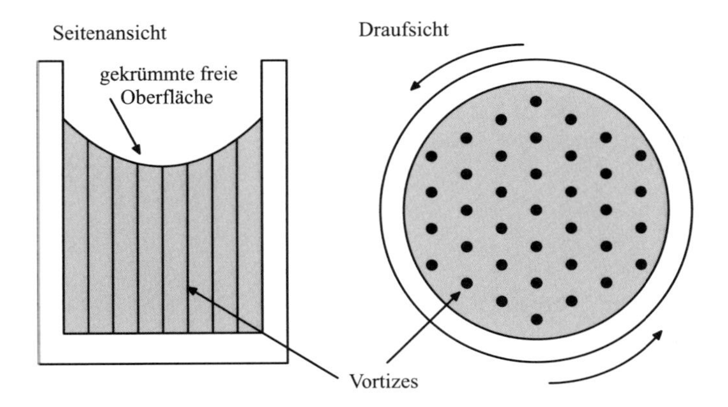

Abbildung 2.10: *Der Fluss in einem rotierenden Zylinder. Es entwickelt sich ein dichtes Feld von Vortizes, während sich die freie Oberfläche wie gewohnt aufgrund der Zentrifugalkraft krümmt.*

kann man ein System aus Helium verwenden, das zwischen zwei konzentrischen, rotierenden Zylindern eingesperrt ist. Wenn sich das Fluid beim Start in Ruhe befindet, gelten die Anfangsbedingungen $\kappa = 0$ und $n = 0$. Durch die Rotation des Zylinders bzw. des Rohrs wird die normale Komponente beschleunigt, bis sie die gleiche Winkelgeschwindigkeit hat wie die Apparatur; die suprafluide Komponente bleibt dagegen in Ruhe. Wenn das System nun langsam abgekühlt wird, gehen immer mehr Teilchen aus dem normalen Fluid in das Kondensat über. Ihr jeweiliger Drehimpuls wird auf das Kondensat übertragen, das zu rotieren beginnt. Doch die Zirkulation κ wächst nicht stetig, sondern in Sprüngen von h/m. Diese Sprünge werden als *Phasensprünge* bezeichnet. Die Windung der Phase θ wächst plötzlich um eine Einheit von 2π (siehe Abbildung 2.9). Solche Phasensprünge entsprechen Änderungen der Quantenzahl n und sind daher analog zu den Übergängen zwischen unterschiedlichen Quantenzuständen in Atomen.

Es ist auch möglich, in einem Suprafluid **Dauerströme** herzustellen. Dabei beginnt man mit einem rotierenden normalen Fluid oberhalb T_c, kühlt dieses ab und erhält schließlich ein zirkulierendes Suprafluid. Da es keine Viskosität gibt, kann dieser Strom – im Prinzip – unendlich lange anhalten.

Wenn man anstelle des Schlauches einen zylindrischen Behälter mit flüssigem Helium rotieren lässt, könnte man wegen der Bedingung $\nabla \times \mathbf{v}_s = 0$ vermuten, dass sich jede beliebige Form der Zirkulation einstellen lässt. Wir würden in diesem Fall erwarten, dass die freie Oberfläche des Suprafluids perfekt glatt bleibt, anstatt sich infolge der Zentrifugalkräfte zu krümmen. Doch tatsächlich krümmt sich die freie Oberfläche eines rotierenden ^{4}He-Fluids, ganz so, wie wir es für eine normale, klassische rotierende Flüssigkeit erwarten. Illustriert ist dies in Abbildung 2.10. Wie ist das möglich? Aus der Bedingung der Wirbelfreiheit, $\nabla \times \mathbf{v}_s = 0$, folgt

$$\oint \mathbf{v}_s \cdot \mathrm{d}\mathbf{r} = 0 \tag{2.42}$$

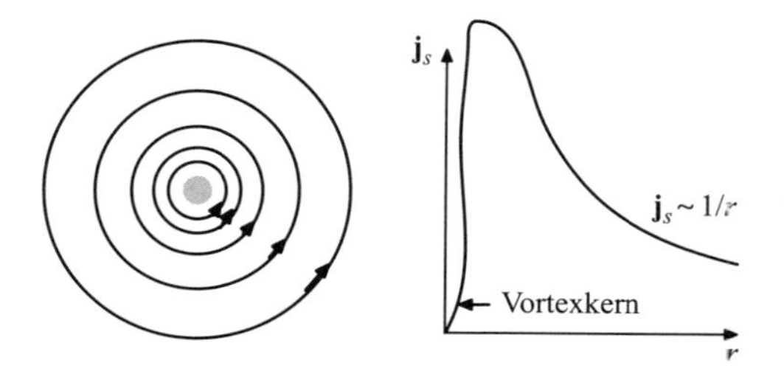

Abbildung 2.11: *Fluss um einen Vortex in einem Suprafluid.*

entlang eines geschlossenen Weges, und folglich sollte es keine makroskopische Rotation des Fluids geben. Dieser scheinbare Widerspruch löst sich auf, wenn man annimmt, dass das Fluid **Vortizes** enthält.

Ein Vortex ist ein zirkulierender Fluss, der fast überall die Bedingung $\nabla \times \mathbf{v}_s = 0$ erfüllen kann und trotzdem eine effektive Rotation erlaubt. In Zylinderkoordinaten haben wir

$$\nabla \times \mathbf{v}_s = \frac{1}{r} \begin{vmatrix} \mathbf{e}_r & r\mathbf{e}_\phi & \mathbf{e}_z \\ \frac{\partial}{\partial r} & \frac{\partial}{\partial \phi} & \frac{\partial}{\partial z} \\ v_r & rv_\phi & v_z \end{vmatrix} \tag{2.43}$$

wobei $\mathbf{e}_r$ $\mathbf{e}_\phi$ und $\mathbf{e}_z$ Einheitsvektoren in die Richtungen r, ϕ und z im Punkt $\mathbf{r} = (r, \phi, z)$ sind; v_r, v_ϕ und v_z sind die Komponenten von $\mathbf{v}_s$ in den entsprechenden Richtungen. Ein zirkulierender Fluss mit Zylindersymmetrie erfüllt die Bedingung $\nabla \times \mathbf{v}_s = 0$, falls

$$\frac{1}{r}\frac{\partial}{\partial r}(rv_\phi) = 0 \tag{2.44}$$

Daher muss die Fließgeschwindigkeit um den Vortex die Form

$$\mathbf{v}_s = \frac{\kappa}{2\pi r}\mathbf{e}_\phi \tag{2.45}$$

haben, wobei κ die effektive Zirkulation ist. Die Flussquantisierung stellt sicher, dass $\kappa = n(h/m)$ gilt. Dabei ist h/m das Quantum der Zirkulation und n eine ganze Zahl. In der Praxis werden nur Vortizes mit $n = \pm 1$ beobachtet, da diese die niedrigste Energie haben. Der Fluss um einen Vortex ist in Abbildung 2.11 dargestellt.

Gleichung (2.45) erfüllt $\nabla \times \mathbf{v}_s = 0$, außer bei $r = 0$. Dies ist der **Vortexkern**. In der Praxis haben Helium-Vortizes eine sehr kleine Kernregion; ihr Radius liegt in der Größenordnung von 1Å (10^{-10} m). In diesem Vortexkern ist die **makroskopische Wellenfunktion** $\psi_0(\mathbf{r})$ null, sodass die Phase θ dort nicht definiert ist. Weil die Kondensat-Wellenfunktion null wird, hat der Suprastrom im Zentrum des Vortex keine Singularitäten, denn $\mathbf{j}_s = n_s\mathbf{v}_s$ ist in der Kernregion ebenfalls null. Die radiale Variation der Fließgeschwindigkeit ist in Abbildung 2.11 skizziert. Der zirkulierende Strom fällt außerhalb der kleinen Kernregion wie $1/r$.

Die Existenz von Vortizes erklärt, wie ein rotierender Zylinder mit einem Suprafluid eine makroskopische Zirkulation des Flusses und folglich eine zentrifugal gekrümmte freie Oberfläche aufrechterhalten kann. Der rotierende Zylinder mit dem suprafluiden Helium muss eine große Anzahl von Vortizes enthalten. Jeder einzelne Vortex leistet einen Beitrag h/m zur Gesamtzirkulation des Fluids. Wenn der Zylinder den Radius R und die Winkelgeschwindigkeit ω hat, ist die Gesamtzirkulation um den Rand des Zylinders

$$\kappa = \oint \mathbf{v}_s \cdot \mathrm{d}\mathbf{r} = (2\pi R)(\omega R) \tag{2.46}$$

Dabei ist das Integral über einen geschlossenen Weg um den gesamten Zylinderquerschnitt (Radius R) zu nehmen. Da diese Zirkulation quantisiert ist, gilt

$$\kappa = \frac{h}{m} N_v \tag{2.47}$$

wobei N_v die Gesamtzahl der Vortizes im rotierenden Fluid ist. Aus diesen beiden Gleichungen erhalten wir

$$\frac{N_v}{\pi R^2} = \frac{2m\omega}{h} \tag{2.48}$$

für die Anzahl der Vortizes pro Flächeneinheit im rotierenden Suprafluid.

Bei kleinen Rotationsraten tendieren die Vortizes in Helium dazu, sich in Dreiecken anzuordnen (siehe Abbildung 2.10). Durch abrupte Änderungen der Rotationsgeschwindigkeit oder durch Störungen lassen sich jedoch auch wirre Anordnungen von Vortizes erzeugen. In solchen Fällen hat der Fluss ein starkes zufälliges Element und verändert sich stark von einem Punkt zum anderen. Dies ist eine neue Form der **Turbulenz**.

Interessanterweise wurden Vortizes auch in atomaren Bose-Einstein-Kondensaten von dem in Kapitel 1 diskutierten Typ beobachtet. Durch rotierende Magnetfelder, die das Potential V_{Falle} liefern, ist es möglich, den Atomen in der Falle einen Drehimpuls zu verleihen. Beispielsweise kann man der Falle eine elliptische Form geben und die Ellipsenhauptachse mit einer bestimmten Rate rotieren lassen. Wenn das eingefangene Gas ein Bose-Einstein-Kondensat bildet, entstehen Wirbel, die die Rotation aufnehmen. Man kann sogar sehen, dass sich diese Vortizes in recht gut ausgebildeten Dreicksformationen anordnen, wie die bemerkenswerte Aufnahme in Abbildung 2.12 zeigt.

2.6 Die Impulsverteilung

Die Beschreibung der Eigenschaften von suprafluidem Helium im letzten Abschnitt war größtenteils phänomenologisch, stützte sich aber auf das Konzept der makroskopischen Wellenfunktion. Die Existenz einer einzigen Wellenfunktion, in der alle Teilchen kondensiert sind, scheint ganz natürlich aus der Diskussion des idealen Bose-Gases in Kapitel 1 zu folgen. Doch leider liegen die Dinge nicht ganz so einfach, da Helium eine **stark wechselwirkende** Quantenflüssigkeit ist.

Quantenmechanisch wird ein System aus N wechselwirkenden Teilchen durch seinen Vielteilchen-Hamilton-Operator beschrieben. Nimmt man paarweise Wechselwirkungen

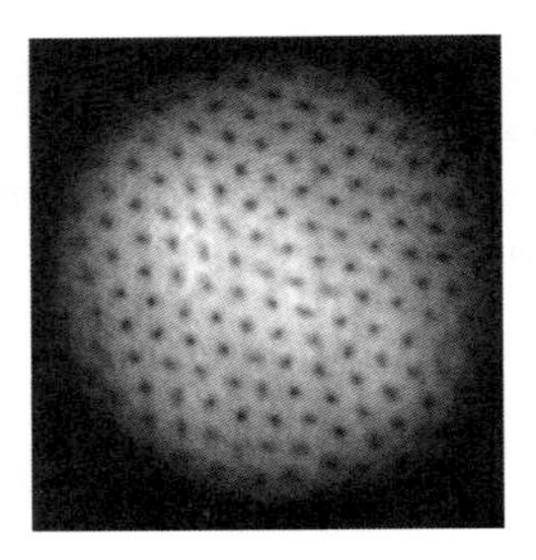

Abbildung 2.12: *Vortizes in einem rotierenden Bose-Einstein-Kondensat. Genehmigter Nachdruck aus Raman, Abo-Shaer, Vogels, Xu, and Ketterle (2001). ©American Physical Society.*

an, lautet dieser

$$\hat{H} = \sum_{i=1,N} -\frac{\hbar^2}{2m}\nabla_i^2 + \frac{1}{2}\sum_{i\neq j} V(\mathbf{r}_i - \mathbf{r}_j) \tag{2.49}$$

Dieser quantenmechanische Hamilton-Operator wird durch die übliche Ersetzung $\mathbf{p} \rightarrow -i\hbar\nabla$ aus der klassischen Hamilton-Funktion (2.3) abgeleitet. Er wirkt auf N-Teilchen-Wellenfunktionen der Form

$$\Psi(\mathbf{r}_1, \mathbf{r}_2, \ldots, \mathbf{r}_N)$$

Da wir hier mit Spin-0-Bosonen arbeiten, muss die Wellenfunktion bei Vertauschung von Teilchen (Permutationen) **symmetrisch** sein. Es gilt also

$$\Psi(\ldots, \mathbf{r}_i, \ldots, \mathbf{r}_j, \ldots) = \Psi(\ldots, \mathbf{r}_j, \ldots, \mathbf{r}_i, \ldots) \tag{2.50}$$

Die möglichen Wellenfunktionen des Systems sind Eigenzustände des Hamilton-Operators:

$$\hat{H}\Psi_n(\mathbf{r}_1, \ldots, \mathbf{r}_N) = E_n^{(N)}\Psi_n(\mathbf{r}_1, \ldots, \mathbf{r}_N) \tag{2.51}$$

wobei die $E_n^{(N)}$ $(n = 0, 1, 2, \ldots)$ die Energieniveaus der N Teilchen sind.

Bei der Temperatur null sollten wir den N-Teilchen-Grundzustand $\Psi_0(\mathbf{r}_1, \ldots, \mathbf{r}_N)$ erhalten. Bei endlichen Temperaturen sollten wir im Prinzip alle Energieniveaus $E_n^{(N)}$ erhalten. Wie wir außerdem aus der statistischen Physik wissen, hat der Quantenzustand n die Boltzmann-Verteilung

$$P_n = \frac{1}{Z_N} e^{-E_n^{(N)}/k_\mathrm{B}T} \tag{2.52}$$

mit der Zustandssumme

$$Z_N = \sum_n e^{-E_n^{(N)}/k_\mathrm{B}T} \tag{2.53}$$

Im Prinzip können alle thermodynamischen Größen aus der Zustandssumme abgeleitet werden. Beispielsweise ist die Helmholtzsche freie Energie durch $F = -k_\mathrm{B}T \ln Z_N$ gegeben. Meist ist es bequemer, mit Systemen zu arbeiten, in denen die Teilchenzahl N nicht festgelegt ist. Dies führt auf das **großkanonische Ensemble**, in dem die großkanonische Zustandssumme

$$\mathcal{Z} = \sum_{n,N} e^{-\beta(E_n^{(N)} - \mu N)} \tag{2.54}$$

und das zugehörige großkanonische Potential

$$\Omega(T, \mu) = -k_\mathrm{B}T \ln \mathcal{Z} \tag{2.55}$$

verwendet wird. μ ist hierbei das chemische Potential. Alle thermodynamischen Größen können aus der großkanonischen Zustandssumme berechnet werden. Beispielsweise ist die mittlere Teilchenzahl

$$\langle N \rangle = k_\mathrm{B}T \frac{\partial \ln \mathcal{Z}}{\partial \mu} \tag{2.56}$$

und die mittlere Energie ist

$$U = \langle \hat{H} \rangle = \mu \langle N \rangle - \frac{\partial \ln \mathcal{Z}}{\partial \beta} \tag{2.57}$$

wobei wie üblich $\beta = 1/k_\mathrm{B}T$ ist.

Diese mathematischen Werkzeuge erlauben im Prinzip eine systematische und direkte Berechnung aller beobachtbaren Eigenschaften von wechselwirkenden Vielteilchensystemen. Wenn die Wechselwirkungen zwischen den Teilchen null sind, können diese Berechnungen leicht exakt durchgeführt werden. Im Falle schwacher Wechselwirkungen, ausgedrückt durch das Potential $V(\mathbf{r})$, kann die Störungstheorie angewendet werden. Besonders nützlich ist dies für das **schwach wechselwirkende Bose-Gas**. Wie wir in Kapitel 1 gesehen haben, sind Bose-Einstein-Kondensate in Atomfallen schwach wechselwirkende Systeme, da die Dichte der Atome sehr gering ist. In diesem Fall liefert die Störungstheorie ein nahezu exaktes Ergebnis.

Helium dagegen ist eine stark wechselwirkende Quantenflüssigkeit. Das Van-der-Waals-Potential zwischen den Heliumatomen ($V(\mathbf{r})$ in Abbildung 2.1) ist im anziehenden Bereich schwach, nimmt aber für kleine r große positive Werte an. Effektiv verhalten sich die Heliumatome wie dicht gepackte, harte Kugeln. In diesem Fall kann die Störungstheorie zwar einige nützliche Hinweise liefern, doch man darf nicht erwarten, dass ihre Vorhersagen mehr als qualitativen Charakter haben. Zum Glück ist es heute möglich, komplexe Vielteilchensysteme wie Gleichung (2.51) mithilfe moderner numerischer Verfahren mehr oder weniger exakt zu lösen. Quanten-Monte-Carlo-Methoden bieten eine Möglichkeit, die Observablen von bosonischen Vielteilchensystemen mit großen Teilchenzahlen (mehrere Hundert) zu berechnen. Durch systematischen Vergleich der Ergebnisse für wachsende Teilchenzahlen lassen sich genaue Vorhersagen für den thermodynamischen Limes $N \to \infty$ treffen.

Durch Quanten-Monte-Carlo-Rechnungen konnte gezeigt werden, dass suprafluides Helium tatsächlich ein **Kondensat** von Atomen im Grundzustand bildet (Ceperley 1995). Die Interpretation ist hier jedoch eine etwas andere als im Fall des idealen Bose-Gases. Im idealen Bose-Gas haben bei $T = 0$ alle Teilchen den Impulszustand null. Bei Helium dagegen besetzen zwar makroskopisch viele Teilchen den Zustand mit Impuls null, aber nicht alle. Um diese Aussagen genauer zu fassen, ist es hilfreich, die **Einteilchen-Dichtematrix**

$$\rho(\mathbf{r}_1 - \mathbf{r}_1') = N \int \Psi_0^*(\mathbf{r}_1, \mathbf{r}_2, \ldots, \mathbf{r}_N)\, \Psi_0(\mathbf{r}_1', \mathbf{r}_2, \ldots, \mathbf{r}_N)\, \mathrm{d}^3 r_2, \ldots, \mathrm{d}^3 r_N \tag{2.58}$$

zu definieren. Dies ist eine Korrelationsfunktion zwischen den Vielteilchen-Wellenfunktionen bei den Teilchenkoordinaten $\mathbf{r}_1, \mathbf{r}_2, \ldots, \mathbf{r}_N$ und bei $\mathbf{r}_1', \mathbf{r}_2, \ldots, \mathbf{r}_N$. Durch Integration über alle Koordinaten außer der ersten mitteln wir über alle Konfigurationen der Teilchen, außer diesem ersten. Selbstverständlich ist nichts Besonderes an der ersten Teilchenkoordinate. Unter Ausnutzung der Vertauschungssymmetrie bosonischer Wellenfunktionen erhalten wir das gleiche Ergebnis, egal über welche $N - 1$ Teilchenkoordinaten wir integrieren.

Einige allgemeine Eigenschaften der Dichtematrix können wir leicht ablesen. Die Tatsache, dass sie nur von der Koordinatendifferenz $\mathbf{r}_1 - \mathbf{r}_1'$ abhängt, ist eine Konsequenz aus der überall gültigen Translationssymmetrie: In einem unendlich ausgedehnten System können wir zu allen Koordinaten einen konstanten Vektor $\mathbf{R}$ hinzufügen, ohne irgendeine physikalische Observable zu ändern. Wenn wir $\mathbf{r}_1 = \mathbf{r}_1'$ setzen und über $\mathbf{r}_1$ integrieren, erhalten wir aus der Normierung der Vielteilchen-Wellenfunktion

$$\int \rho_1(0)\, \mathrm{d}^3 r_1 = N \tag{2.59}$$

und daraus für die Teilchendichte

$$\rho_1(0) = \frac{N}{V} = n \tag{2.60}$$

Betrachten wir nun die Dichtematrix für ein nicht wechselwirkenden Bose-Gas. Dort besetzen bei $T = 0$ alle Teilchen einen einzelnen Einteilchenzustand, sagen wir $\psi_0(\mathbf{r})$. Die zugehörige Vielteilchen-Wellenfunktion ist

$$\Psi_0(\mathbf{r}_1, \mathbf{r}_2, \ldots, \mathbf{r}_N) = \psi_0(\mathbf{r}_1)\psi_0(\mathbf{r}_2)\psi_0(\mathbf{r}_3), \ldots, \psi_0(\mathbf{r}_N) \tag{2.61}$$

Wie man leicht sieht, ist dies invariant gegenüber paarweiser Vertauschung von Teilchen $\mathbf{r}_i$ und $\mathbf{r}_j$ und hat damit die korrekte Symmetrie für Bosonen. Durch Auswerten der Einteilchen-Dichtematrix für diesen Testgrundzustand erhalten wir

$$\begin{aligned} \rho_1(\mathbf{r}_1 - \mathbf{r}_1') &= N\psi_0^*(\mathbf{r}_1)\psi_0(\mathbf{r}_1') \int |\psi_0(\mathbf{r}_2)|^2, \ldots, |\psi_0(\mathbf{r}_N)|^2\, \mathrm{d}^3 r_2, \ldots, \mathrm{d}^3 r_N \\ &= \psi_0^*(\mathbf{r}_1)\psi_0(\mathbf{r}_1') \end{aligned} \tag{2.62}$$

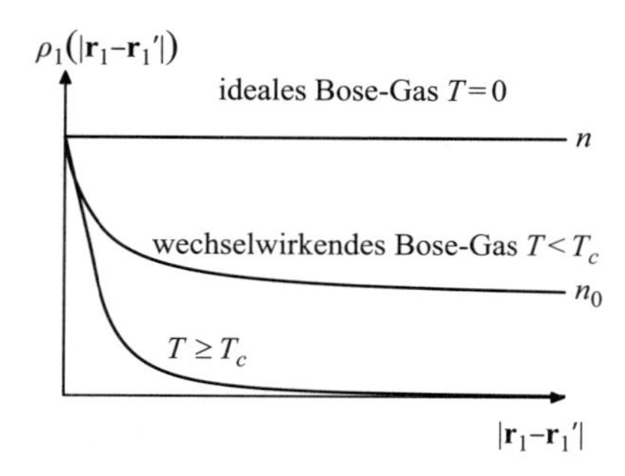

Abbildung 2.13: *Einteilchen-Dichtematrix $\rho_1(\mathbf{r}_1 - \mathbf{r}_1')$. Für ein ideales Bose-Gas bei $T = 0$ ist dies einfach eine Konstante n. Für das wechselwirkende Bose-Gas bei $T < T_c$ ist sie n für $\mathbf{r}_1 = \mathbf{r}_1'$ und nähert sich für große $|\mathbf{r}_1 - \mathbf{r}_1'|$ einer kleinen Konstante n_0. Bei Temperaturen oberhalb T_c ist die Kondensatdichte null, was einem normalen flüssigen Zustand entspricht.*

Der Zustand $\psi_0(\mathbf{r})$ wird normalerweise eine ebene Welle mit Impuls null sein, für $\mathbf{k} = 0$ also einfach eine Konstante

$$\psi_0(\mathbf{r}) = \frac{1}{\sqrt{V}} e^{i\mathbf{k}\cdot\mathbf{r}} = \frac{1}{\sqrt{V}} \tag{2.63}$$

Daher ist die Dichtematrix eines nicht wechselwirkenden Bose-Gases bei der Temperatur $T = 0$ eine Konstante und gleich der Teilchendichte

$$\rho_1(\mathbf{r}_1 - \mathbf{r}_1') = \frac{N}{V} = n \tag{2.64}$$

In flüssigem ^{4}He dürfen wir jedoch die Teilchenwechselwirkungen nicht einfach vernachlässigen. Die Dichtematrix von wechselwirkendem gasförmigem Helium wurde mithilfe von Quanten-Monte-Carlo-Verfahren berechnet. Die Ergebnisse zeigen, dass die Dichtematrix bei $T = 0$ im Gegensatz zu (2.64) nicht für alle Abstände konstant ist. Doch für große Abstände konvergiert der Wert gegen eine Konstante, wie in Abbildung 2.13 zu sehen ist. Dieser konstante Wert liefert für ein wechselwirkendes Bose-Gas die korrekte Definition für die **Kondensatdichte** n_0

$$n_0 = \lim_{|\mathbf{r}_1 - \mathbf{r}_1'| \to \infty} \rho_1(\mathbf{r}_1 - \mathbf{r}_1') \tag{2.65}$$

Damit haben wir eine strenge Definition, die unsere zuvor präsentierte, aus dem Konzept der makroskopischen Wellenfunktion $\psi_0(\mathbf{r})$ abgeleitete Einführung dieser Größe ersetzen kann. Tatsächlich können wir nun mithilfe der Dichtematrix eine geeignete, effektive makroskopische Einteilchen-Wellenfunktion definieren. Wenn wir $\psi_0(\mathbf{r})$ für den Limes großer $|\mathbf{r}_1 - \mathbf{r}_1'|$ als

$$\rho_1(\mathbf{r}_1 - \mathbf{r}_1') \sim \psi_0^*(\mathbf{r}_1)\psi_0(\mathbf{r}_1') \tag{2.66}$$

definieren, indem wir Gleichung (2.62) auf den allgemeinen Fall wechselwirkender Teilchen ausdehnen, dann hat diese makroskopische Wellenfunktion die Normierung

$$|\psi_0(\mathbf{r})|^2 = n_0 \tag{2.67}$$

die wir zuvor für die Kondensat-Wellenfunktion angenommen hatten.

Das Gleiche gilt für alle Temperaturen unter T_c. Für diese nähert sich die Dichtematrix für große Werte von $|\mathbf{r}_1 - \mathbf{r}_1'|$ einem konstanten Wert $n_0(T)$, was die Kondensatdichte als Funktion der Temperatur definiert. Nahe T_c jedoch geht die Kondensatdichte gegen null. Für $T \geq T_c$ verschwindet die Kondensatdichte, und daher geht in diesem Fall die Dichtematrix im Limes $|\mathbf{r}_1 - \mathbf{r}_1'| \to \infty$ gegen null,

$$\lim_{|\mathbf{r}_1 - \mathbf{r}_1'| \to \infty} \rho_1(\mathbf{r}_1 - \mathbf{r}_1') = \begin{cases} n_0(T) & \text{für } T < T_c \\ 0 & \text{für } T \geq T_c \end{cases} \tag{2.68}$$

Dieses Verhalten ist in Abbildung 2.13 dargestellt.[6]

Eine experimentelle Bestätigung dieses Bildes liefern Messungen der **Impulsverteilung.** Es sei daran erinnert, dass wir am Anfang dieses Kapitels die Maxwell-Boltzmann-Verteilung von Teilchen in einem klassischen Gas behandelt hatten. In (2.8) haben wir die Größe $P(\mathbf{p})$ als die Wahrscheinlichkeit definiert, dass ein gegebenes Teilchen einen Impuls im Volumen d^3p des Impulsraums hat. Die gleiche Größe kann auch für eine Quantenflüssigkeit definiert werden. Bei Temperatur null ist sie ein Erwartungswert

$$P(\mathbf{p})\,\mathrm{d}^3 p = \frac{V\mathrm{d}^3 p}{(2\pi\hbar)^3} \langle \Psi | \hat{n}_{\mathbf{k}} | \Psi \rangle \tag{2.69}$$

Dabei ist $|\Psi\rangle = \Psi(\mathbf{r}_1, \ldots, \mathbf{r}_N)$ die N-Teilchen-Wellenfunktion und $\hat{n}_{\mathbf{k}}$ der **Besetzungszahloperator** für den Quantenzustand $\mathbf{k}$, der in Kapitel 5 genauer definiert wird. Wie üblich gilt hier $\mathbf{p} = \hbar\mathbf{k}$, und $V\mathrm{d}^3p/(2\pi\hbar)^3$ ist die Anzahl der Quantenzustände im Volumen d^3p des Impulsraums. Den Erwartungswert erhält man aus der Einteilchen-Dichtematrix. Er ist einfach die Fouriertransformierte

$$n_{\mathbf{k}} = \langle \Psi | \hat{n}_{\mathbf{k}} | \Psi \rangle = \int \rho_1(\mathbf{r}) e^{i\mathbf{k}\cdot\mathbf{r}} \mathrm{d}^3 r \tag{2.70}$$

Wir man in Abbildung 2.13 sieht, ist $\rho_1(\mathbf{r})$ eine glatte Funktion von $\mathbf{r}$. Bei Temperaturen oberhalb von T_c geht sie für große $|\mathbf{r}|$ gegen null, während sie unterhalb von T_c für $|\mathbf{r}| \to \infty$ gegen einen konstanten Wert n_0 geht. Sie kann daher in der Form

$$\rho_1(\mathbf{r}) = n_0 + \Delta\rho_1(\mathbf{r}) \tag{2.71}$$

geschrieben werden, wobei $\Delta\rho_1(\mathbf{r})$ für große $|\mathbf{r}|$ immer gegen null geht. Durch Ausführen der Fouriertransformation erhalten wir

$$\begin{aligned} n_{\mathbf{k}} &= \int n_0 e^{i\mathbf{k}\cdot\mathbf{r}}\,\mathrm{d}^3 r + \int \Delta\rho_1(\mathbf{r}) e^{i\mathbf{k}\cdot\mathbf{r}}\,\mathrm{d}^3 r \\ &= n_0 V \delta_{\mathbf{k},0} + f(\mathbf{k}) \end{aligned} \tag{2.72}$$

[6] Die Temperaturabhängigkeit der Dichtematrix wird für den Fall des idealen Bose-Gases ausführlich in Aufgabe (2.6) untersucht.

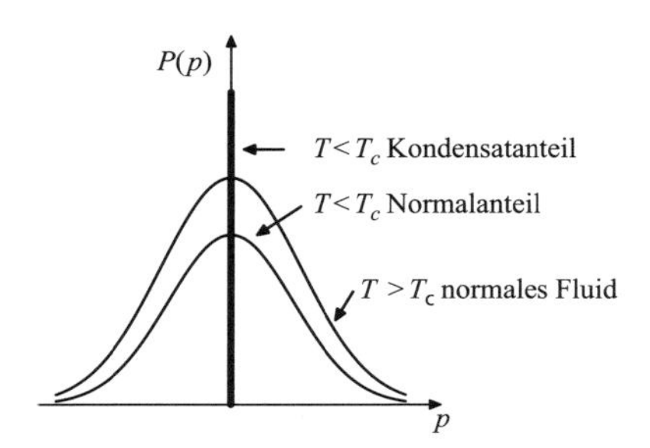

Abbildung 2.14: *Impulsdichte $P(\mathbf{p})$ in einem wechselwirkenden Bose-Gas. Bei Temperaturen über T_c nimmt die Impulsverteilung die Form der klassischen Maxwell-Boltzmann-Verteilung an. Für Temperaturen unter T_c hingegen konzentriert sich ein Teil der Verteilung in einem Peak bei dem Impuls null. Das Gewicht dieser Deltafunktion definiert die Kondensatdichte n_0.*

Hierbei ist $\delta_{\mathbf{k},0}$ gleich 1 für $\mathbf{k} = 0$ und 0 für $\mathbf{k} \neq 0$. Der Term $f(\mathbf{k})$ ist die Fouriertransformierte von $\Delta\rho_1(\mathbf{r})$. Da wir wissen, dass $\delta\rho_1(\mathbf{r})$ für große $\mathbf{r}$ gegen null geht, können wir schließen, dass $f(\mathbf{k})$ in der Umgebung von $\mathbf{k} = 0$ eine glatte Funktion von $\mathbf{k}$ ist.

Die zugehörige Impulsverteilung der Teilchen kann in der Form

$$P(\mathbf{p}) = n_0 V \delta(\mathbf{p}) + \frac{V}{(2\pi\hbar)^3} f(\mathbf{p}/\hbar) \tag{2.73}$$

geschrieben werden (siehe Abbildung 2.14). Der erste Beitrag kommt vom Kondensat und ist eine Diracsche Deltafunktion, die ihren Peak bei null hat. Dies entspricht einer Gesamtzahl von $N_0 = n_0 V$ Teilchen im Zustand $\mathbf{k} = 0$. Der zweite Beitrag kommt von den restlichen $N - N_0$ Teilchen. Dieser zweite Beitrag ist eine glatte Funktion des Impulses $\mathbf{p}$. Qualitativ entspricht der glatte Teil der Maxwell-Boltzmann-Impulsverteilung und weist eine näherungsweise Gaußsche Verschmierung der unterschiedlichen Teilchenimpulse auf. Doch der physikalische Ursprung ist hier ein völlig anderer; es sind nicht die thermischen Fluktuationen, sondern die Nullpunktenergie der Teilchen in der Quantenflüssigkeit Helium. Daher ist sie sogar im absoluten Nullpunkt noch vorhanden. Mit zunehmender Temperatur wird der Kondensatanteil kleiner, bis er bei T_c völlig verschwindet ($n_0 = 0$). Gleichzeitig nimmt der glatte Anteil allmählich zu, bis er schließlich die Maxwell-Boltzmann-Form (2.8) erreicht.

Dieses Bild ist durch die Messung der Impulsverteilung $P(\mathbf{p})$ in Neutronenstreuversuchen experimentell bestätigt worden. Die Ergebnisse dieser Versuche zeigen nicht nur eine gute qualitative Übereinstimmung, sondern bestätigen auch quantitativ die Vorhersagen aus Quanten-Monte-Carlo-Rechnungen. Für flüssiges Helium bei niedrigen Temperaturen und sogar bei $T = 0$ sagen Theorie und Experiment übereinstimmend, dass der Kondensatanteil nur etwa 10% des gesamten Fluids ausmacht, also

$$n_0 \approx 0{,}1\, n \tag{2.74}$$

Dies ist ein völlig anderes Verhalten als in einem nicht wechselwirkenden (oder schwach wechselwirkenden) Bose-Gas, wo wir $n \approx n_0$ erwarten (vgl. Abbildung 2.13). Die Tatsache, dass der Anteil für Helium derart klein ist, zeigt wie wichtig es ist, die starken Wechselwirkungen bei der Bestimmung des Vielteilchen-Grundzustands zu berücksichtigen.

2.7 Quasiteilchen

Keinesfalls darf die eben behandelte **Kondensatdichte** n_0 mit der in Abschnitt 2.4 untersuchten **Suprafluiddichte** n_s verwechselt werden. Offensichtlich stehen sie in einer engen Beziehung zueinander und gehen beide für ein nicht wechselwirkendes Bose-Gas in n über. Physikalisch sind ihre Definitionen jedoch völlig verschieden. Die Kondensatdichte n_0 wird über eine Einteilchen-Dichtematrix definiert oder äquivalent über den Delta-Peak in der Impulsverteilung. Sie ist die Anzahl der Teilchen, die den Impulszustand null besetzen. Die Suprafluiddichte wird dagegen über das Zwei-Fluid-Modell definiert. Die Definitionsgleichung ist die Gleichung für den Teilchenstrom $\mathbf{j}_s = n_s \mathbf{v}_s = n_s \hbar(\Delta\theta)/m$. Die Kondensatdichte ist also eine Eigenschaft des Grundzustands, während die Suprafluiddichte eine Eigenschaft des Suprastroms ist. Tatsächlich sind bei der Temperatur null **alle** Teilchen am Suprastrom beteiligt. Bei $T = 0$ gilt daher in suprafluidem ^{4}He

$$n_s = n \qquad n_0 \approx 0{,}1n \tag{2.75}$$

Dies ist kein Widerspruch, auch wenn es auf den ersten Blick so aussieht.

Woher wissen wir, dass alle Teilchen am Suprastrom beteiligt sind? Das Argument stützt sich auf das Prinzip der **Galilei-Invarianz**. Dazu betrachten wir das System aus der Perspektive eines sich gleichförmig bewegenden Beobachters. Da relativistische Effekte vernachlässigbar sind, ist die Transformation der stationären Koordinaten (ruhendes Laborsystem) in die Korrdinaten des bewegten Systems eine **Galilei-Transformation**

$$\mathbf{r}' = \mathbf{r} - \mathbf{v}t \tag{2.76}$$

Betrachten wir ein klassisches Teilchen aus der Perspektive eines Beobachters in einem solchen bewegten Bezugssystem. Der Impuls eines Teilchens der Masse m wird dann um

$$\mathbf{p}' = \mathbf{p} - m\mathbf{v} \tag{2.77}$$

verschoben. Seine kinetische Energie $E = p^2/2m$ wird entsprechend um

$$E' = E - \mathbf{p} \cdot \mathbf{v} + \frac{1}{2}mv^2 \tag{2.78}$$

verschoben. In der Quantenmechanik erfüllt die Schrödinger-Gleichung ebenfalls diese Galilei-Invarianz, wenn wir die übliche Ersetzung $\mathbf{p} \to -i\hbar\nabla$ machen.

Damit können wir, ausgehend von der Grundzustandswellenfunktion $\Psi_0(\mathbf{r}_1, \ldots, \mathbf{r}_N)$ für ein ruhendes Kondensat, die Vielteilchen-Wellenfunktion für ein gleichförmig sich bewegendes Suprafluid konstruieren. Wenn sich das Suprafluid als Ganzes mit der Geschwindigkeit $\mathbf{v}$ bewegt, dann muss jedes individuelle Teilchen aufgrund der Bewegung einen zusätzlichen Impuls $m\mathbf{v}$ haben. Mit der Definition $\hbar\mathbf{q} = m\mathbf{v}$ muss die Wellenfunktion entsprechend einen zusätzlichen Faktor $e^{i\mathbf{q}\cdot\mathbf{r}}$ haben. Die zugehörige Vielteilchen-Wellenfunktion ist

$$\Psi(\mathbf{r}_1, \ldots, \mathbf{r}_N) = e^{i\mathbf{q}\cdot(\mathbf{r}_1+\mathbf{r}_2+\ldots+\mathbf{r}_N)}\Psi_0(\mathbf{r}_1, \ldots, \mathbf{r}_N) \tag{2.79}$$

Wenn der Wellenvektor $\mathbf{q}$ sehr klein ist (von der Ordnung $1/L$, wobei L die makroskopische Länge der Probe ist), dann wird diese Testfunktion fast exakt ein Eigenzustand des Hamilton-Operators sein. Offensichtlich hat sie auch die korrekte Vertauschungssymmetrie, die für eine bosonische Wellenfunktion gefordert ist. Wir können diese Testfunktion verwenden, um den Gesamtimpuls

$$\langle \hat{\mathbf{P}} \rangle = N\hbar\mathbf{q} \tag{2.80}$$

des sich bewegenden Fluids zu berechnen. Dabei ist $\hat{\mathbf{P}} = \hat{\mathbf{p}}_1 + \hat{\mathbf{p}}_2 + \ldots$ der Impulsoperator des Gesamtsystems. Des Weiteren ist die Gesamtenergie des Testzustands

$$\langle \hat{H} \rangle \approx E_0 + N\frac{\hbar q^2}{2m} = E_0 + \frac{1}{2M}\langle \hat{\mathbf{P}} \rangle^2 \tag{2.81}$$

da das Suprafluid im bewegten Bezugssystem den effektiven Impuls null hat. Hierbei ist E_0 die Grundzustandsenergie und $M = Nm$ die Gesamtmasse. Offensichtlich sind dies die klassischen Hamiltonschen Bewegungsgleichungen für einen makroskopischen Körper mit der Masse M und dem Impuls $\langle \hat{\mathbf{P}} \rangle$, der sich mit der Geschwindigkeit

$$\mathbf{v}_s = \frac{1}{M}\langle \hat{\mathbf{P}} \rangle = \frac{\hbar\mathbf{q}}{m} \tag{2.82}$$

bewegt. Daraus folgt, dass bei der Temperatur null die gesamte Masse M des Fluids zum Suprastrom beiträgt und nicht nur der Kondensatanteil mit Impuls null.

Dieses Phänomen wird manchmal als **Rigidität** der Grundzustandswellenfunktion bezeichnet. Die kleine Störung $\hbar\mathbf{q}$ des Impulses gibt jedem Teilchen im Fluid einen kleinen Schub, und der Quantenzustand bewegt sich kollektiv mit einer konstanten Geschwindigkeit. Ein Beobachter im Galileischen Bezugssystem, der sich mit der gleichen Geschwindigkeit wie das Fluid bewegt, wird exakt die gleiche Grundzustandswellenfunktion sehen, die ein stationärer Beobachter im ruhenden Fluid sieht.[7] Offensichtlich trägt bei der Temperatur null **jedes Teilchen** zum Suprastrom bei, sodass bei $T = 0$ die Gleichung $n_s = n$ gilt.

Der russische Physiker Lev Landau zog eine brillante theoretische Schlussfolgerung aus der eben skizzierten Idee. Die Frage ist, warum ein Suprastrom ohne Reibung fließt, während ein normales Fluid einer Viskosität unterliegt und folglich Energie dissipiert. Er stellte sich ein Fluid vor, das durch ein enges Rohr strömt. Bei einem normalen Fluid resultieren Reibung und Viskosität aus der zufälligen Streuung der Teilchen an den Wänden des Rohrs, die auf atomarer Skala rau sind (siehe Abbildung 2.15). Dies ist der Mechanismus, durch den Impuls vom Fluid auf die Wände übertragen wird, was die auf das Fluid wirkende viskose Reibung liefert. Aber warum sollte dies nicht auch für Suprafluide gelten? Betrachten wir die Situation noch einmal aus der Perspektive des mit dem Fluid bewegten Bezugssystems. Aus dieser Perspektive sind es die Wände,

[7] Tatsächlich gilt die Galilei-Invarianz auch für einen normalen fluiden Zustand. Um das Argument für die Existenz der Suprafluidität zu vervollständigen, müssen wir außerdem zeigen, dass es keine Reibung aufgrund von Wechselwirkungen mit den Wänden erfährt. Dies ist die Eigenschaft, die tatsächlich den Unterschied zwischen einem sich bewegenden Suprafluid und einem sich bewegenden normalen Fluid ausmacht. In Letzterem gibt es Energiedissipation und Reibung, im Suprafluid dagegen nicht.

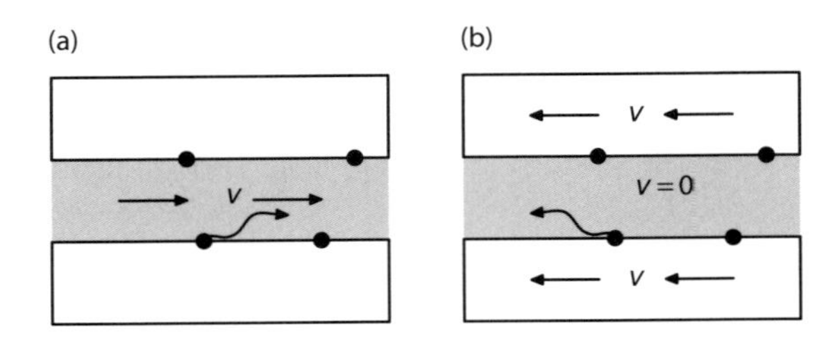

Abbildung 2.15: Reibung in einem normalen Fluid, das durch ein enges Rohr mit rauen Wänden strömt. In Teil (a) bildet die Versuchsanordnung das Bezugssystem; in Teil (b) ist das Bezugssystem die strömende Flüssigkeit. Reibung ist möglich, wenn durch Wechselwirkung mit Oberflächendefekten ein Quasiteilchen in der Flüssigkeit angeregt werden kann.

die sich bewegen. Die rauen Wände stellen zeitabhängige Störungen dar, die mit Fermis Goldener Regel für die zeitabhängige Störungstheorie behandelt werden können. Wenn wir die potentielle Energie aufgrund des Defekts im Laborsystem durch ein Potential $V(\mathbf{r})$ modellieren, ist dies äquivalent damit, ein zeitabhängiges Potential $V(\mathbf{r}' + \mathbf{v}t)$ anzusetzen, wenn sich das Bezugssysztem mit dem Fluid bewegt. Ein einzelnes Quanteilchen mit dem Anfangsimpuls $\mathbf{p}_i$ und der Energie ϵ_i kann nur dann elastisch in einen Endzustand mit Impuls $\mathbf{p}_f$ und Energie ϵ_f gestreut werden, wenn

$$\epsilon_f = \epsilon_i - \mathbf{r} \cdot (\mathbf{p}_i - \mathbf{p}_f) \tag{2.83}$$

Wenden wir dies auf ein Teilchen an, das sich anfangs im Kondensat mit dem Impuls $\mathbf{p} = 0$ befindet, so sehen wir, dass eine **Elementaranregung** mit dem Impuls $\mathbf{p}$ und der Energie $\epsilon(\mathbf{p})$ nur erzeugt werden kann, wenn

$$\epsilon(\mathbf{p}) = \mathbf{v} \cdot \mathbf{p} \tag{2.84}$$

Die Energie eines angeregten Teilchens mit dem Impuls $\mathbf{p}$ ist in einem normalen Fluid $\epsilon(\mathbf{p}) = p^2/2m$. In diesem Fall ist es immer möglich, Werte von $\mathbf{p}$ zu finden, die Gleichung (2.84) erfüllen. Die Bedingung

$$\frac{p^2}{2m} = \mathbf{v} \cdot \mathbf{p}$$

wird auf einem Kegel von Impulsvektoren $\mathbf{p}$ erfüllt, für die $|\mathbf{p}| = 2mv\cos\phi$ gilt, wobei ϕ die Richtung von $\mathbf{v}$ angibt. Daher werden die rauen Wände immer einen Impuls auf das Fluid übertragen, was zu viskoser Reibung führt. Dies gilt sowohl für klassische Fluide als auch für stark wechselwirkende normale Quantenflüssigkeiten wie He I unmittelbar über dem λ-Punkt. Auch für ein strikt nicht wechselwirkendes ideales Bose-Gas ist die Aussage immer korrekt. Aus diesem Grund wird das ideale Bose-Gas selbst bei Temperatur null nicht als echtes Suprafluid angesehen.

Echtes suprafluides Verhalten tritt nur auf, wenn Gleichung (2.84) nicht erfüllt werden kann und es daher keine Streuung gibt. Ausgehend von diesem Argument postulierte Landau, dass sich das Energiespektrum $\epsilon(\mathbf{p})$ der Teilchenanregungen in einem Suprafluid sehr stark von dem eines normalen Fluids unterscheiden muss. Er schlug vor,

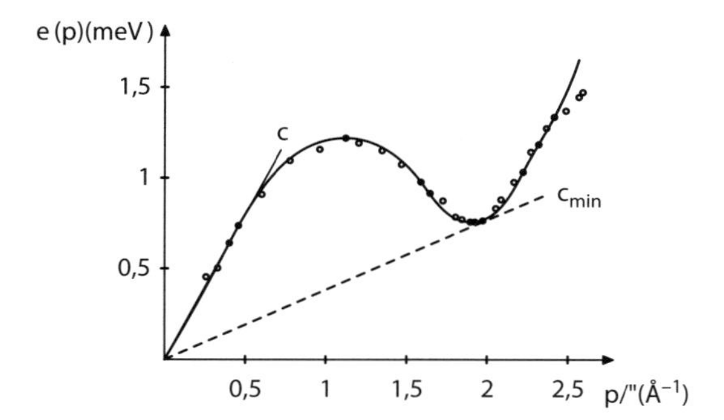

Abbildung 2.16: *Energie eines* ***Quasiteilchens*** *in suprafluidem Helium. Landaus Argument zeigt, dass es für Suprafluide, die sich mit kleinerer Geschwindigkeit als $c_{\rm min}$ bewegen, keine Dissipation aufgrund von Quasiteilchen gibt. In der Praxis ist die Geschwindigkeit des Suprastroms beträchtlich kleiner als diese Grenze, weil andere Anregungen (vor allem Vortizes) generiert werden können und diese zu Dissipation und Viskosität führen.*

dass die Einteilchenanregungsenergie $\epsilon(\mathbf{p})$ in He II die in Abbildung 2.16 gezeigte Form haben sollte. Diese ungewöhnliche Form ist seither in vielen Experimenten bestätigt worden, am direktesten durch Neutronenstreuversuche. Tatsächlich stammen die auf dem Graphen eingetragenen Punkte aus solchen Versuchen.

Wir können den in Abbildung 2.16 gezeigten Graphen in drei Bereiche unterteilen. Für kleine Impulswerte $\mathbf{p}$ ist die Energie näherungsweise linear in $|\mathbf{p}|$, also

$$\epsilon(\mathbf{p}) = c|\mathbf{p}| \tag{2.85}$$

Ein solches lineares Verhalten ist typisch für Phononen in Festkörpern, weshalb dieser Teil des Anregungsspektrums als dessen Phononenanteil bezeichnet wird. Für sehr große Impulswerte nähert sich das Spektrum dem einer konventionellen Flüssigkeit und hat die Form

$$\epsilon(\mathbf{p}) = \frac{p^2}{2m^*} \tag{2.86}$$

Dies liegt daran, dass die Teilchen bei sehr hohem Impuls ballistisch werden und sich mehr oder weniger unabhängig von den anderen Flüssigkeitsteilchen bewegen. Die Tatsache, dass die Teilchen stark miteinander wechselwirken, führt dazu, dass anstelle der reinen Masse eines ^{4}He-Atoms die effektive Masse m^* auftritt. Der wahrscheinlich überraschendste Teil des Spektrums in Abbildung 2.16 ist jedoch das Minimum. Dieser Teil wird als **Roton** bezeichnet; er hat die Form

$$\epsilon(\mathbf{p}) = \Delta + \frac{(p - p_0)^2}{2\mu} \tag{2.87}$$

Die physikalische Interpretation der sehr unterschiedlichen Bewegung im Phononbereich einerseits und im Rotonbereich andererseits ist in Abbildung 2.17 dargestellt. Bei ge-

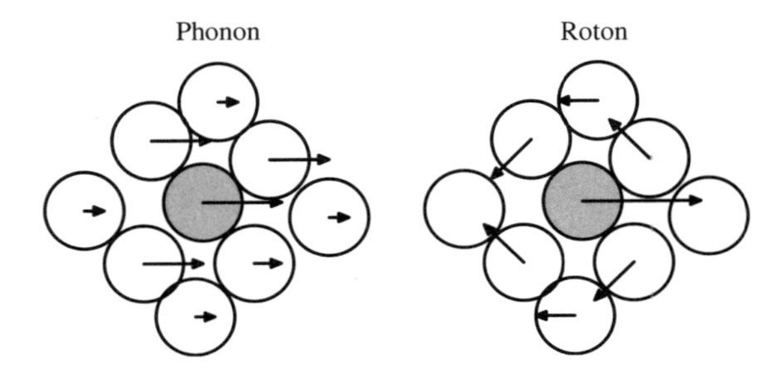

Abbildung 2.17: *Physikalische Interpretation des Phonon- und des Rotonanteils im Quasiteilchenspektrum. Die Phononbewegung entspricht de-Broglie-Wellenlängen $p = h/\lambda$, die größer als ein einzelnes Atom sind. Sie führt zu Gruppen von Atomen, die sich, ähnlich wie ein Phonon in einem Festkörper, kollektiv bewegen. Das Roton entspricht de-Broglie-Wellenlängen in der Größenordnung des Teilchenabstands. Dabei bewegt sich ein zentrales Teilchen vorwärts, während die dicht um das zentrale Teilchen gepackten Nachbarn dieser Bewegung Platz machen, indem sie um das zentrale Teilchen zirkulieren. Feynman merkte an, dass diese Kombination aus linearer und kreisförmiger Bewegung eine gewisse Ähnlichkeit mit der Bewegung eines Rauchrings hat.*

ringem Impuls koppelt ein einzelnes Heliumatom stark an das Vielteilchenkondensat. Während es sich bewegt, bewegt sich das Kondensat starr mit, was zu einer Bewegung ähnlich wie in einem Festkörper und folglich zu einem phononenähnlichen Spektrum führt. Bei sehr großem Impuls dagegen kann sich das Atom relativ unabhängig von den übrigen Flüssigkeitspartikeln bewegen. Für mittlere Impulswerte (im Bereich des Rotonminimiums) koppelt das sich bewegende Teilchen stark an seine Nachbarn. Während sich das Atom bewegt, müssen ihm die Nachbarn irgendwie Platz machen. Sie bewegen sich zur Seite und landen hinter dem sich vorwärts bewegenden Teilchen, was insgesamt zu einem kreisförmigen **Rückfluss** führt. Der Netto-Effekt ist eine Vorwärtsbewegung eines Teilchens, das von einem Ring nach hinten rotierender Teilchen begleitet wird. Feynman hat diese Bewegung mit der Bewegung eines Rauchrings verglichen. Der Rauchring selbst bewegt sich vorwärts, während die Rauchpartikel in einer konstanten Kreisbewegung nach hinten um die Randzone des Rings rotieren (Feynman 1972).

Die durch $\epsilon(\mathbf{p})$ beschriebenen Anregungen sind selbstverständlich keine einzelnen Teilchen, sondern komplexe Vielteilchenbewegungen. Nichtsdestotrotz verhalten sie sich in gewisser Weise wie echte Teilchen, weshalb man sie auch **Quasiteilchen** nennt. Sie sind die **Elementaranregungen** des Systems, ähnlich wie die Phononen in einem Festkörper oder die Spinwellen in einem Magneten. Unter der Annahme, dass das Anregungsspektrum die oben erläuterte Form hat, gelang es Landau, viele der empirisch bestimmten Eigenschaften von flüssigem He II genau zu berechnen. Eine sehr einfache Rechnung liefert die spezifische Wärme bei tiefen Temperaturen,

$$C_V \sim T^3$$

was mit experimentellen Ergebnissen im Einklang steht. (Die Rechnung ist im Wesentlichen die gleiche wie im Rahmen des Debye-Modells für den Phononenbeitrag zur spezifischen Wärme von Festkörpern.) Des Weiteren kann aus der Existenz des linearen Phononenanteils im Spektrum geschlossen werden, dass die Suprafluiddichte für niedrige Temperaturen wie T^4 variiert, genauer

$$n_s(T) = n - AT^4$$

Das wichtigste Ergebnis von Landaus Berechnungen ist aber, dass das Quasiteilchenspektrum in Abbildung 2.17 das Fehlen der Viskosität in einem sich bewegenden Suprafluid erklärt und damit die grundlegendste Suprafluideigenschaft. Die entscheidende Erkenntnis ist, dass es bei diesem Funktionsverlauf von $\epsilon(\mathbf{p})$ für kleine Suprafluidgeschwindigkeiten $\mathbf{v}_s$ keine Impulswerte $\mathbf{p}$ gibt, die die Streugleichung (2.84) erfüllen. Aus Abbildung 2.16 ist ersichtlich, dass

$$\epsilon(\mathbf{p}) > c_{\text{min}}|\mathbf{p}| \tag{2.88}$$

wobei c_{min} der Anstieg der Tangente im Minimum ist (siehe Abbildung 2.16). Folglich kann ein Quasiteilchen niedriger Energie mit Anfangsimpuls nahe null nicht in einen beliebigen möglichen Endzustand gestreut werden, wenn

$$|\mathbf{v}_s| < c_{\text{min}} \tag{2.89}$$

gilt. Daher fließt das Suprafluid ohne Dissipation infolge Streuung der Quasiteilchen, wenn die Fließgeschwindigkeit kleiner ist als die ideale kritische Geschwindigkeit c_{min}. In der Praxis ist die tatsächliche kritische Geschwindigkeit sehr viel kleiner als diese theoretische Grenze. Es gibt andere Anregungen, wie die Vortizes, die ebenfalls durch das Strömen des Suprafluids entlang rauer Wände angeregt werden können (ebenso wie beispielsweise Wirbel angeregt werden, wenn Luft über eine Tragfläche strömt.) Wenn die Fließgeschwindigkeit einmal groß genug ist, um Vortizes zu bilden, dann führen sie sofort zu einer endlichen effektiven Reibung und somit zu einer von null verschiedenen Viskosität. Tatsächlich werden sehr schnelle Ströme aufgrund der Vortexbildung **turbulent**, in Analogie zur Turbulenz in der klassischen Strömungsmechanik.

Abschließend sei eine weitere interessante Konsequenz aus diesem Modell erwähnt, nämlich die Existenz von zwei Typen von Schallmoden, die als **erster** und **zweiter Schall** bezeichnet werden. Der erste Schall ist eine Schwingung der Gesamtdichte n. Die Schallgeschwindigkeit ist gleich dem Anstieg des Phonon-Quasiteilchen-Spektrums, $c \approx 238\,\text{ms}^{-1}$ nach Abbildung 2.16. Der zweite Schall ist eine Schwingung, bei der die Dichten des Suprafluids und des normalen Fluids, n_s und n_n, phasenversetzt schwingen, sodass die Gesamtdichte n konstant bleibt. Wir können uns dies als „Entropiewelle" vorstellen, da die normale Fluidkomponente eine Entropie besitzt, die suprafluide dagegen nicht. Landau sagte vorher, dass die Geschwindigkeit des zweiten Schalls für niedrige Temperaturen $c_s = c/\sqrt{3}$ ist. Diese Vorhersage wurde in guter Übereinstimmung durch Experimente bestätigt. Man kann einen vollständigen Satz hydrodynamischer Gleichungen herleiten, die den ersten und den zweiten Schall beschreiben. Wir wollen dies hier nicht ausführen, da es uns zu weit von den eigentlichen Themen des Buches wegführen würde.

2.8 Zusammenfassung

Dieses Kapitel umfasst eine Menge Stoff, weshalb die wichtigsten Punkte an dieser Stelle kurz zusammengefasst werden sollen. Zunächst wurde das Konzept der Quantenflüssigkeit vorgestellt. Dabei wurde klar, warum Helium in seiner Fähigkeit, bis zum absoluten Nullpunkt flüssig zu bleiben, so einzigartig ist. Anschließend haben wir die wichtigsten physikalischen Phänomene eingeführt, die mit He II verbunden sind, darunter der λ-Übergang der spezifischen Wärme, die Eigenschaften des Suprastroms sowie die Flussquantisierung. Gleichzeitig wurden einige der zugrunde liegenden theoretischen Konzepte dargelegt, insbesondere die Idee der makroskopischen Wellenfunktion und ihrer Phase θ. Diese Idee wurde ausführlicher aus dem Konzept der Einteilchen-Dichtematrix und der zugehörigen Impulsverteilung entwickelt. Zum Schluss haben wir den Ursprung der Suprafluidität sowie Landaus Modell der Quasiteilchenanregung behandelt.

Bei der Behandlung des Stoffes in diesem Kapitel haben wir versucht, die formaleren Konzepte der Störungstheorie für Vielteilchensysteme zu umgehen. Wir haben es sogar vermieden, die im Rahmen der zweiten Quantisierung definierten Feldoperatoren $\hat{a}^+$ und $\hat{a}$ einzuführen. Diese Operatoren sind jedoch wesentlich für eine rigorose quantenmechanische Behandlung von Vielteilchensystemen, die für das Verständnis der Suprafluidität notwendig sind. Die in diesem Kapitel vorgestellten physikalischen Ideen kann man auch ohne Feldtheorie verstehen. In späteren Kapiteln werden wir auf einige der hier diskutierten Themen zurückkommen und dabei nicht ohne die Methoden der Quantenfeldtheorie auskommen.

Weiterführende Literatur

Eigenschaften normaler Fluide werden im Band *Soft Condensed Matter*, Jones (2002), der Oxford Master Series in Condensed Matter Physics behandelt. Das Konzept des Ordnungsparameters für einen Phasenübergang wie auch die hier behandelte makroskopische Wellenfunktion werden in Chakin / Lubensky (1995) entwickelt.

Ein Buch, das einen sehr guten und detaillierten Überblick über die Eigenschaften von suprafluidem Helium aus experimenteller Sicht gibt, ist Tilley / Tilley (1990). Eine recht gut verständliche theoretische Beschreibung und ein experimenteller Überblick wurde von Feynman vorgelegt (Feynman 1972).

Experimentelle Messungen von Impulsverteilungen in Flüssigkeiten einschließlich He II werden in Silver / Sokol (1989) behandelt. Dabei handelt es sich zwar um einen spezialisierten Tagungsband, doch er enthält einige gut lesbare Einführungsartikel. Der Band umfasst auch einführende Diskussionen zu Quanten-Monte-Carlo-Methoden sowie Ergebnisse von Berechnungen bei flüssigem Helium. Ausführlichere Beschreibungen zu Quanten-Monte-Carlo-Methoden und Ergebnisse für flüssiges Helium finden Sie in Ceperly (1995).

Die Beobachtung von regulären triangularen Vortexgittern in Bose-Einstein-Kondensaten wurde erstmals von Abo-Shaer *et al.* (2001) beschrieben. Einige sehr schöne Bilder finden Sie auf der Website von Ketterles Arbeitsgruppe (Ketterle 2003).

Aufgaben

2.1 Für ein klassisches Fluid haben wir die Maxwell-Boltzmann-Verteilung für den Impuls $P_{\mathrm{MB}}(p)$ hergeleitet, die durch (2.9) gegeben ist. Zeigen Sie, dass dies eine korrekt normierte Wahrscheinlichkeitsverteilung ist, also

$$\int_0^\infty P_{\mathrm{MB}}(p)\,\mathrm{d}p = 1$$

und dass die mittlere kinetische Energie durch

$$\int_0^\infty \frac{p^2}{2m} P_{\mathrm{MB}}(p)\,\mathrm{d}p = \frac{3}{2}k_{\mathrm{B}}T$$

gegeben ist. Hierbei benötigen Sie die Standardintegrale

$$\int_0^\infty x^2 e^{-x^2}\,\mathrm{d}x = \frac{\sqrt{\pi}}{4}$$

und

$$\int_0^\infty x^4 e^{-x^2}\,\mathrm{d}x = \frac{3\sqrt{\pi}}{8}$$

2.2 Zeigen Sie unter Verwendung des Ausdrucks (2.45) für die Geschwindigkeit $\mathbf{v}_s$ des Suprastroms in einem Vortex, dass der Fluss wirbelfrei und inkompressibel ist:

$$\nabla \times \mathbf{v}_s = 0 \qquad \nabla \cdot \mathbf{v}_s = 0$$

Hinweis: Verwenden Sie den in (2.43) gegebenen Ausdruck für die Rotation in Zylinderkoordinaten sowie den entsprechenden Ausdruck für die Divergenz,

$$\nabla \cdot \mathbf{a} = \frac{1}{r}\frac{\partial}{\partial r}(r a_r) + \frac{1}{r}\frac{\partial}{\partial \phi}a_\phi + \frac{\partial}{\partial z}a_z$$

2.3 Der Teilchenstrom um einen Vortex, gegeben durch (2.45), weist eine starke Analogie zum Magnetfeld in einem stromführenden Draht auf. Zeigen Sie durch die Ersetzung $\mathbf{v}_s \leftrightarrow \mathbf{B}$, dass das Analogon von κ durch das Ampèresche Gesetz

$$\mu_0 I = \oint \mathbf{B} \cdot \mathrm{d}\mathbf{r}$$

gegeben ist. Zeigen Sie, dass diese Analogie dahingehend ausgeweitet werden kann, dass die kinetische Energie pro Volumeneinheit des Suprafluids

$$\mathrm{d}E = \frac{1}{2}\rho_s v_s^2 \mathrm{d}^3 r$$

(wobei $\rho_s = m n_s$ die Massendichte des Suprafluids ist) äquivalent ist mit der elektromagnetischen Energiedichte

$$\mathrm{d}E = \frac{1}{2\mu_0} B^2 \mathrm{d}^3 r$$

des Drahts. Stellen Sie auf diese Weise exakte Äquivalenzen zwischen den physikalischen Parametern $\{\kappa, \rho_s, \mathbf{v}_s\}$ des Suprastroms in einem Vortex und den entsprechenden Parametern $\{I, \mu_0, \mathbf{B}\}$ für den Draht auf.

2.4 Die Kraft pro Längeneinheit zwischen zwei parallelen stromführenden Drähten mit dem Abstand R sei

$$F = \frac{\mu_0 I_1 I_2}{2\pi R}$$

Nutzen Sie die in Aufgabe (2.3) ausgearbeitete Analogie zwischen Elektromagnetismus und Suprafluidität, um die Kraft pro Längeneinheit zwischen zwei parallelen Suprafluidvortizes mit den Zirkulationen κ_1 und κ_2 zu bestimmen. Zeigen Sie auf diese Weise, dass die Wechselwirkungsenergie der beiden parallelen Vortizes

$$\Delta E = \rho_s \frac{\kappa_1 \kappa_2}{2\pi} \ln R/R_0$$

pro Längeneinheit ist (R_0 ist eine Konstante).

2.5 Leiten Sie die Formeln für die mittlere Teilchenanzahl und die Energie im kanonischen Ensemble her, die durch (2.56) bzw. (2.57) gegeben sind.

2.6 Wir können die Impulsverteilung $P(\mathbf{p})$ im idealen Bose-Gas bei der Temperatur T berechnen, indem wir die mittlere Teilchenzahl $\bar{n}_\mathbf{k}$ in (2.69) durch die Bose-Einstein-Verteilung

$$n_\mathbf{k} = \frac{1}{e^{\beta(\epsilon_\mathbf{k} - \mu)} - 1}$$

ersetzen.

(a) Zeigen Sie für die Einteilchen-Dichtematrix

$$\rho_1(\mathbf{r}) = \frac{1}{(2\pi)^3} \int n_\mathbf{k} e^{-i\mathbf{k}\cdot\mathbf{r}} \mathrm{d}^3 k$$

dass wegen der Kugelsymmetrie

$$\rho_1(r) = \frac{4\pi}{(2\pi)^3} \int_0^\infty n_\mathbf{k} \frac{\sin(kr)}{kr} k^2 \mathrm{d}k$$

gilt.

(b) Das Verhalten von $\rho_1(r)$ für große r ist im Wesentlichen gegeben durch den obigen Integranden bei kleinem k. Nehmen Sie $T > T_c$ an und entwickeln Sie die Bose-Einstein-Verteilung für kleine k,

$$n_\mathbf{k} = \frac{1}{a + bk^2 + \dots}$$

Bestimmen Sie auf diese Weise die Konstanten a und b. Zeigen Sie dann unter Verwendung des Integrals

$$\int_0^\infty \frac{x}{c^2 + x^2} \sin x \, \mathrm{d}x = \frac{\pi}{2} e^{-c}$$

(wer sich gut mit Kurvenintegralen auskennt, mag es vielleicht selbst herleiten!), dass für große r

$$\rho_1(r) \sim \frac{\text{const}}{r} e^{-r/d}$$

gilt.

(c) Das Ergebnis aus Teil (b) zeigt, dass die Dichtematrix oberhalb von T_c mit dem Abstand exponentiell gegen null geht. Zeigen Sie, dass die charakteristische Länge in der Umgebung von T_c

$$d = \left(\frac{\hbar^2}{2m\mu} \right)^{1/2}$$

ist. Zeigen Sie so, dass diese Länge bei T_c divergiert, wenn die Temperatur von oben gegen T_c geht. Eine divergierende Länge von diesem Typ wird üblicherweise mit **kritischen Phänomenen** des Phasenübergangs in Zusammenhang gebracht.

(d) Wenden Sie das Argument aus Teil (c) auf den Fall $T < T_c$ an. Zeigen Sie zunächst, dass hier

$$\rho_1(r) = n_0 + \frac{1}{(2\pi)^3} \int_0^\infty \bar{n}_k \frac{\sin(kr)}{kr} 4\pi k^2 \, \mathrm{d}k$$

gilt. Zeigen Sie dann unter Verwendung des Integrals

$$\int_0^\infty \frac{\sin x}{x} \, \mathrm{d}x = \frac{\pi}{2}$$

dass für große r

$$\rho_1(r) = n_0 + \frac{\text{const}}{r}$$

gilt. Damit können wir im Unterschied zu Teil (c) schlussfolgern, dass es im Bose-Einstein-Kondensat unterhalb von T_c keine charakteristische Länge gibt. Ein solches Verhalten ist typisch für Systeme an einem **kritischen Punkt.**

3 Supraleitung

3.1 Einführung

In diesem Kapitel werden die grundlegendsten experimentellen Ergebnisse zu Supraleitern sowie das einfachste theoretische Modell beschrieben: die **London-Gleichung.** Wie wir sehen werden, folgt aus dieser Gleichung, dass Supraleiter Magnetfelder verdrängen. Dies ist der Meißner-Ochsenfeld-Effekt, der üblicherweise als die definierende Eigenschaft der Supraleitung angesehen wird.

Das Kapitel beginnt mit einer kurzen Wiederholung der Drude-Theorie, die den Ladungstransport in normalen Metallen beschreibt. Wir werden sehen, dass die London-Gleichung im Rahmen der Drude-Theorie zumindest plausibel wird. Des Weiteren befassen wir uns mit einigen Schlussfolgerungen aus der London-Gleichung, insbesondere mit der Existenz von Vortizes in Supraleitern sowie mit dem Unterschied zwischen Supraleitern erster Art und Supraleitern zweiter Art.

3.2 Die elektrische Leitfähigkeit von Metallen

Die Erklärung, dass Metalle deshalb gute elektrische Leiter sind, weil sich die Elektronen in ihnen frei zwischen den Atomen bewegen können, wurde im Jahr 1900 von Drude vorgeschlagen, nur fünf Jahre nach der Entdeckung des Elektrons.

Obwohl Drudes ursprüngliches Modell ohne Quantenmechanik auskommt, bleibt seine Formel für die Leitfähigkeit in Metallen auch im Rahmen der modernen Quantentheorie der Metalle korrekt. Wir wollen hier die grundlegenden Ideen der Theorie der Metalle kurz wiederholen. Die Wellenfunktionen von Elektronen in kristallinen Festkörpern genügen dem **Bloch-Theorem**[1]

$$\psi_{n\mathbf{k}}(\mathbf{r}) = u_{n\mathbf{k}}(\mathbf{r})e^{i\mathbf{k}\cdot\mathbf{r}} \tag{3.1}$$

Dabei ist $u_{n\mathbf{k}}(\mathbf{r})$ eine periodische Funktion, $\hbar\mathbf{k}$ ist der Kristallimpuls und $\mathbf{k}$ nimmt Werte aus der ersten Brillouin-Zone des reziproken Gitters an. Die Energien dieser Bloch-Zustände liefern die **Energiebänder** $\epsilon_{n\mathbf{k}}$, wobei n die Anzahl der unterschiedlichen Elektronenbänder ist. Elektronen sind Fermionen, weshalb ein Zustand mit der Energie ϵ für die Temperatur T gemäß der **Fermi-Dirac-Statistik**

$$f(\epsilon) = \frac{1}{e^{\beta(\epsilon-\mu)} + 1} \tag{3.2}$$

[1] Siehe zum Beispiel *Band theory and electronic properties of solids* von J. Singleton (2001) oder andere Lehrbücher über Festkörpertheorie wie Kittel (1996) oder Ashcroft und Mermin (1976).

besetzt ist. Das chemische Potential μ ist festgelegt durch die Forderung, dass die Gesamtdichte der Elektronen pro Volumeneinheit

$$\frac{N}{V} = \frac{2}{(2\pi)^3} \sum_n \int \frac{1}{e^{\beta(\epsilon_{n\mathbf{k}}-\mu)}+1} \mathrm{d}^3k \tag{3.3}$$

ist. Der Faktor 2 tritt hier auf, weil es zwei Spinzustände des (s=1/2)-Elektrons gibt. Das Integral über $\mathbf{k}$ erstreckt sich über die gesamte erste Brillouin-Zone des reziproken Gitters, und die Summe über den Bandindex n zählt die besetzten Elektronenbänder.

In allen uns interessierenden Metallen ist die Temperatur so, dass sich dieses Fermi-Gas in einem stark entarteten Zustand befindet, sodass also $k_\mathrm{B}T \ll \mu$. In diesem Fall liegt $f(\epsilon_{n\mathbf{k}})$ „innerhalb" der Fermi-Fläche nahe bei 1 und ist außerhalb 0. Die Fermi-Fläche kann durch die Bedingung $\epsilon_{n\mathbf{k}} = \epsilon_F$ definiert werden, wobei $\epsilon_F = \mu$ die Fermi-Energie ist. In diesem Buch werden wir der Einfachheit halber gewöhnlich annehmen, dass es nur ein Leitungsband auf der Fermi-Fläche gibt, weshalb wir den Bandindex n von nun an weglassen. Unter dieser Annahme ist die Dichte n der **Leitungselektronen** durch

$$n = \frac{2}{(2\pi^3)} \int \frac{1}{e^{\beta(\epsilon_{\mathbf{k}}-\mu)}+1} \mathrm{d}^3k \tag{3.4}$$

gegeben, wobei $\epsilon_\mathbf{k}$ die Energie desjenigen Bandes ist, das die Fermi-Fläche schneidet. In Fällen, in denen die Einbandnäherung nicht ausreichend ist, ist es recht einfach, eine Summe von Bänder hinzuzufügen.

Der Ladungstransport in Metallen wird von einer dünnen Schale von Quantenzuständen bestimmt, deren Energien zwischen $\epsilon_F - k_\mathrm{B}T$ und $\epsilon_F + k_\mathrm{B}T$ liegen, denn dies sind die einzigen Zustände, die bei der Temperatur T thermisch angeregt werden können. Vorstellen können wir uns dies als dünnes Gas aus „Elektronen", die in leere Zustände oberhalb von ϵ_F angeregt wurden, und „Löchern" in den besetzten Zuständen unterhalb von ϵ_F. In dieser Beschreibung von Metallen als Fermi-Gas ist die elektrische Leitfähigkeit σ im Rahmen der Drude-Theorie durch

$$\sigma = \frac{ne^2\tau}{m} \tag{3.5}$$

gegeben. Dabei ist m die effektive Masse der Leitungselektronen[2], $-e$ ist die Ladung des Elektrons und τ die mittlere Stoßzeit der Elektronen, d. h. die Zeit zwischen zwei Stößen eines Elektrons mit Störstellen oder anderen Elektronen.

Die Leitfähigkeit ist definiert durch die **Materialgleichung**

$$\mathbf{j} = \sigma\boldsymbol{\mathcal{E}} \tag{3.6}$$

Hierbei ist $\mathbf{j}$ die elektrische Stromdichte, die durch das äußere elektrische Feld $\boldsymbol{\mathcal{E}}$ verursacht wird. Der spezifische Widerstand ρ erfüllt die Gleichung

$$\boldsymbol{\mathcal{E}} = \rho\mathbf{j} \tag{3.7}$$

[2]Beachten Sie, dass die effektive Masse (Bandmasse) m der Bloch-Elektronen nicht gleich der Ruhemasse m_e eines Elektrons im Vakuum sein muss. Die effektive Masse ist typischerweise zwei- bis dreimal so groß. Im Extremfall, nämlich in Schwerfermionensystemen, kann m das 50- bis 100-Fache von m_e betragen.

Er ist also einfach der Kehrwert der Leitfähigkeit, $\rho = 1/\sigma$. Durch Anwendung der Drude-Formel finden wir

$$\rho = \frac{m}{ne^2}\,\tau^{-1} \tag{3.8}$$

d. h., der spezifische Widerstand ist proportional zur **Streurate** τ^{-1} der Leitungselektronen. Im SI-System hat der spezifische Widerstand die Einheit $\Omega\,\mathrm{m}$ und wird oft in $\Omega\,\mathrm{cm}$ angegeben.

Gleichung (3.5) zeigt, dass die Temperaturabhängigkeit der elektrischen Leitfähigkeit hauptsächlich über die verschiedenen Streuprozesse zustande kommt, die in die mittlere Stoßzeit τ eingehen. In einem typischen Metall gibt es im Wesentlichen drei Streuprozesse: die Streuung an Störstellen, Elektron-Elektron-Wechselwirkungen und Elektron-Phonon-Stöße. Hierbei handelt es sich um unabhängige Prozesse, sodass sich die effektive Streurate durch Summation der einzelnen Streuraten ergibt:

$$\tau^{-1} = \tau_{\mathrm{st}}^{-1} + \tau_{\mathrm{el-el}}^{-1} + \tau_{\mathrm{el-ph}}^{-1} \tag{3.9}$$

Hierbei ist τ_{st}^{-1} die Streurate an Störstellen, $\tau_{\mathrm{el-el}}^{-1}$ die Rate der Elektron-Elektron-Streuung und $\tau_{\mathrm{el-ph}}^{-1}$ die Rate der Elektron-Phonon-Wechselwirkung. Unter Verwendung von (3.8) sehen wir, dass der spezifische Gesamtwiderstand eine Summe aus unabhängigen Beiträgen ist, die von den verschiedenen Streuprozessen stammen,

$$\rho = \frac{m}{ne^2}\left(\tau_{\mathrm{st}}^{-1} + \tau_{\mathrm{el-el}}^{-1} + \tau_{\mathrm{el-ph}}^{-1}\right) \tag{3.10}$$

Jede der mittleren Stoßzeiten ist eine charakteristische Funktion der Temperatur. Die Streurate der Störstellen τ_{st}^{-1} ist im Wesentlichen unabhängig von der Temperatur, zumindest wenn es sich um nichtmagnetische Störungen handelt. Die Rate der Elektron-Elektron-Streuung $\tau_{\mathrm{el-el}}^{-1}$ ist proportional zu T^2, während die Rate der Elektron-Phonon-Streuung $\tau_{\mathrm{el-ph}}^{-1}$ bei niedrigen Temperaturen (weit unter der Debye-Temperatur) proportional zu T^5 ist. Wir erwarten daher, dass der spezifische Widerstand eines Metalls bei tiefen Temperaturen die Form

$$\rho = \rho_0 + aT^2 + \ldots \tag{3.11}$$

hat. Der Wert des spezifischen Widerstands für die Temperatur null, der sogenannte Restwiderstand ρ_0, hängt nur von der Konzentration der Störstellen ab.

Für die meisten Metalle verhält sich der spezifische Widerstand für tiefe Temperaturen tatsächlich genau so. Für Supraleiter jedoch passiert etwas vollkommen anderes. Beim Abkühlen folgt der spezifische Widerstand dem einfachen, glatten Verlauf gemäß (3.11), um dann aber abrupt ganz zu verschwinden (siehe Abbildung 3.1). Die Temperatur, bei der der spezifische Widerstand verschwindet, wird kritische Temperatur T_c genannt. Unterhalb dieser Temperatur ist der spezifische Widerstand nicht einfach klein, sondern – im Rahmen der Messgenauigkeit – tatsächlich null.

Dieses Phänomen war eine absolute Überraschung, als es 1911 von Heike Kammerling Onnes erstmals beobachtet wurde. Kammerling Onnes wollte die Gültigkeit der Drude-Theorie testen, indem er den spezifischen Widerstand bei den tiefsten erreichbaren Temperaturen maß. Die ersten Messungen an Proben aus Platin und Gold waren konsistent

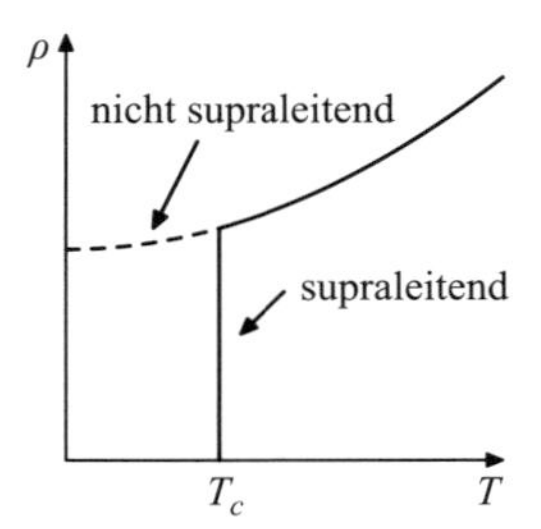

Abbildung 3.1: *Der spezifische Widerstand eines typischen Metalls als Funktion der Temperatur. Wenn es sich um ein nicht-supraleitendes Metall (wie Kupfer oder Gold) handelt, erreicht der spezifische Widerstand am absoluten Nullpunkt einen endlichen Wert. Bei einem Supraleiter dagegen (beispielsweise Blei oder Quecksilber) verschwindet der Widerstand unterhalb einer kritischen Temperatur T_c völlig.*

mit der Drude-Theorie. Danach aber befasste sich der Forscher mit Quecksilber, und zwar wegen dessen besonders hoher Reinheit. Nach (3.11) sollte man in exponentiell reinen Substanzen einen sehr kleinen Restwiderstand erwarten, vielleicht sogar einen Restwiderstand von null. Doch was Kammerling Onnes tatsächlich beobachtete, war völlig unerwartet und nicht konsistent mit (3.11). Denn er entdeckte, dass unterhalb von 4 K jeglicher Widerstand abrupt verschwand. Nach dem Drude-Modell war ein solcher Effekt nicht zu erwarten, und tatsächlich handelte es sich um die Entdeckung eines neuen Zustands der Materie: der Supraleitung.

3.3 Supraleiter

Eine Reihe von Elementen des Periodensystems werden bei tiefen Temperaturen supraleitend. Diese sind in Tabelle 3.1 aufgeführt. Von den supraleitenden Elementen ist Niob (Nb) dasjenige mit der höchsten kritischen Temperatur T_c; sie liegt bei 9,2 K bei atmosphärischem Druck. Interessanterweise werden einige gewöhnliche Metalle wie Aluminium (1,2 K), Zinn (3,7 K) oder Blei (7,2 K) supraleitend, während etliche gleich gute oder bessere metallische Leiter (wie Kupfer, Silber oder Gold) überhaupt keine Anzeichen von Supraleitung zeigen. Es ist noch nicht endgültig geklärt, ob diese Elemente letztlich doch supraleitend werden, wenn man nur für hinreichende Reinheit sorgt und sie stark genug kühlt. Erst 1998 wurde entdeckt, dass Platin supraleitend wird, allerdings nur in Form von Nanopartikeln und bei Temperaturen von wenigen Millikelvin.

Eine andere neuere Entdeckung ist die Supraleitfähigkeit weiterer Elemente bei extrem hohen Drücken. Dabei werden die Proben zwischen zwei Diamant-Amboss-Zellen unter Druck gesetzt. Mit dieser Technik können so hohe Drücke erzeugt werden, dass Materialien metallisch werden, die normalerweise Isolatoren sind. Manche dieser neuartigen Metalle werden supraleitend. Schwefel und Wasserstoff werden zum Beispiel bei erstaunlich hohen Temperaturen supraleitend. Selbst Eisen wird unter Druck supraleitend. Bei Normaldruck ist Eisen bekanntlich magnetisch, und der Magnetismus verhindert, dass es zur Supraleitung kommt. Doch bei hohen Drücken gibt es eine nichtmagnetische Pha-

Tabelle 3.1: Supraleitende Elemente und Verbindungen (Auswahl).

Substanz	T_c [K]	Anmerkung
Al	1,2	
Hg	4,1	erster entdeckter Supraleiter, 1911
Nb	9,3	höchstes T_c für ein Element bei Normaldruck
Pb	7,2	
Sn	3,7	
Ti	0,39	
Tl	2,4	
V	5,3	
W	0,01	
Zn	0,88	
Zr	0,65	
Fe	2	hoher Druck
H	300	vorhergesagt, bei hohem Druck
Li	20	hoher Druck, größtes T_c unter allen Elementen
S	10	hoher Druck
Nb_3Ge	23	A15-Struktur, höchstes bekanntes T_c bis 1986
$Ba_{1-x}Pb_xBiO_3$	12	erste Perowskitoxidstruktur
$La_{2-x}Sr_xCuO_4$	35	erster Hochtemperatursupraleiter
$YBa_2Cu_3O_{7-\delta}$	92	erster Supraleiter über 77 K
$HgBa_2Ca_2Cu_3O_{8+\delta}$	135 − 165	höchstes bislang nachgewiesenes T_c
K_3C_{60}	30	Fullerenmoleküle
YNi_2B_2C	17	Borcarbid-Supraleiter
MgB_2	38	Supraleitfähigkeit entdeckt im Januar 2001
Sr_2RuO_4	1,5	möglicher p-Wellen-Supraleiter
UPt_3	0,5	exotische Supraleitung in „schweren Fermionen“
$(TMTSF)_2ClO_4$	1,2	organischer molekularer Supraleiter
ET-BEDT	12	organischer molekularer Supraleiter

se und diese wird supraleitend. Viele Jahre lang war die Supraleitung in metallischem Wasserstoff eine Art „heiliger Gral“ der Hochdruckphysik. Es wurde vorhergesagt, dass metallischer Wasserstoff bereits bei einer Temperatur von 300 K supraleitend wird, womit er der erste Supraleiter bei Zimmertemperatur wäre! Tatsächlich ist es gelungen, Hochdruckphasen von metallischem Wasserstoff herzustellen, doch bislang wurde darin keine Supraleitung nachgewiesen.

Unter natürlichen Bedingungen scheint Supraleitung recht häufig vorzukommen; es sind vermutlich einige Hundert supraleitende Materialien bekannt. Vor 1986 kamen die höchsten T_c-Werte in Materialien vom A15-Typ vor, darunter Nb_3Ge mit $T_c = 23\,K$. Dieses Material und die eng verwandte Verbindung Nb_3Sn ($T_c = 18\,K$) werden in großem Umfang für die Erzeugung starker Magnetfelder genutzt.

1986 entdeckten Bednorz und Müller, dass das Material $La_{2-x}Sr_xCuO_4$ mit einem T_c supraleitend wird, das für $x \approx 0{,}15$ mit 38 K seinen größten Wert annimmt. Wenige

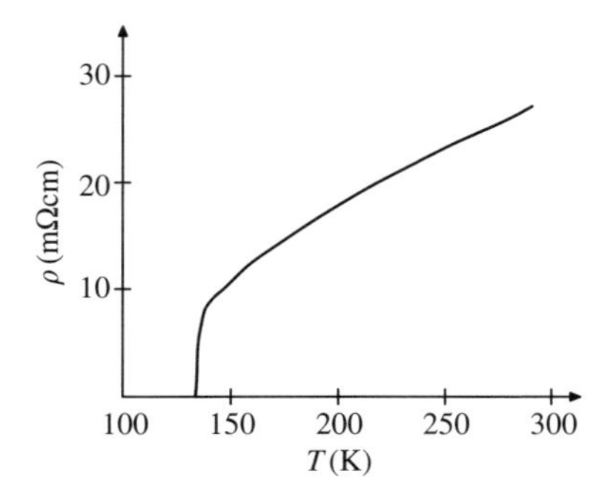

Abbildung 3.2: *Der spezifische Widerstand von* $HgBa_2Ca_2Cu_3O_{8+\delta}$ *als Funktion der Temperatur (nach den Daten von Chu, 1993). Widerstandsfreie Leitung wird bei etwa* 135 K *erreicht, was der höchste bekannte* T_c*-Wert bei Normaldruck ist. Beachten Sie den Knick in der Widerstandskurve unmittelbar über* T_c*, der auf Fluktuationseffekte zurückzuführen ist. Auch weit über* T_c *entspricht der Widerstand nicht dem erwarteten Verhalten einer Fermi-Flüssigkeit.*

Monate später wurde für die verwandte Verbindung $YBa_2Cu_3O_7$ ein T_c-Wert von 92 K entdeckt, was die Ära der „Hochtemperatursupraleitung" einleitete.[3] Besonders wichtig war dieser Durchbruch hinsichtlich möglicher kommerzieller Anwendungen der Supraleitung, denn diese Supraleiter waren die ersten, die in flüssigem Stickstoff (Siedetemperatur 77 K) anstatt dem sonst erforderlichen flüssigen Helium (4 K) arbeiten können. Andere Hochtemperatursupraleiter wurden in chemisch verwandten Systemen gefunden. Gegenwärtig hat $HgBa_2Ca_2Cu_3O_{8+\delta}$ den höchsten nachgewiesenen T_c-Wert, nämlich 135 K bei Normaldruck (siehe Abbildung 3.2). Wenn das Material hohen Drücken ausgesetzt wird, steigt der Wert bis auf 165 K an. Warum sich diese speziellen Materialien so einzigartig verhalten, ist noch nicht vollständig verstanden, wie wir in späteren Kapiteln dieses Buches noch sehen werden.

Neben den Hochtemperatursupraleitern gibt es noch viele andere interessante supraleitende Materialien. Einige davon haben exotische Eigenschaften, die noch unverstanden sind und sehr intensiv erforscht werden. Zu diesen gehören weitere oxidbasierte supraleitende Materialien, organische Supraleiter, C_{60}-basierte Fulleren-Supraleiter und sogenannte Schwerfermionen-Supraleiter. Letztere enthalten typischerweise die Elemente U oder Ge und in ihnen dominieren Effekte, die durch starke Elektron-Elektron-Wechselwirkungen entstehen. Manche Supraleiter zeigen überraschende Eigenschaften, so etwa die Koexistenz von Magnetismus und Supraleitung oder das Auftreten exotischer, „unkonventioneller" supraleitender Phasen. Mit einigen dieser bemerkenswerten Materialien werden wir uns in Kapitel 7 befassen.

[3] Bednorz und Müller erhielten 1987 den Nobelpreis für Physik, also ein Jahr nach der Publikation ihrer Ergebnisse. Auf der ersten großen Konferenz zur Physik der kondensierten Materie, die nach diesen Entdeckungen stattfand (dem *March Meeting der American Physical Society,* gehalten in New York), gab es einen Abendvortrag, der diesen Entdeckungen gewidmet war. Der Konferenzsaal war mit Hunderten von Teilnehmern gefüllt; einige saßen in den Gängen, andere mussten die Vorträge draußen über Bildschirme verfolgen. Die Zahl der Vortragenden war so groß, dass die Sitzung die ganze Nacht durch bis zum Morgen andauerte – dann wurde der Saal für die nächste offizielle Sitzung der Konferenz benötigt! Am nächsten Tag betitelte die New York Times das Treffen als „Woodstock der Physik".

3.4 Widerstandsfreie Leitung

Wie wir gesehen haben, wird der spezifische Widerstand ρ in Supraleitern null, und folglich scheint die Leitfähigkeit σ unterhalb von T_c unendlich zu werden. Um die Konsistenz mit der Materialgleichung (3.6) sicherzustellen, muss das elektrische Feld überall im Inneren des Supraleiters null sein, also

$$\boldsymbol{\mathcal{E}} = 0$$

Damit kann die Stromdichte $\mathbf{j}$ endlich sein. Wir haben also einen Stromfluss ohne elektrisches Feld.

Beachten Sie, dass der Wechsel von einem endlichen spezifischen Widerstand zu null an der kritischen Temperatur T_c sehr abrupt ist (vgl. Abbildung 3.1). Wir haben es hier mit einem thermodynamischen Phasenübergang von einem Zustand zu einem anderen zu tun. Wie bei anderen Phasenübergängen, beispielsweise von flüssig nach gasförmig, können sich die Eigenschaften der Phasen stark unterscheiden. Die Wechsel von einer Phase in eine andere bringt immer scharfe Änderungen des Verhaltens mit sich, es gibt keine glatten Übergänge. Im Falle der Supraleitung werden die beiden verschiedenen Phasen als der „normalleitende Zustand“ und der „supraleitende Zustand“ bezeichnet. Im normalleitenden Zustand verhalten sich der spezifische Widerstand und andere Größen wie in einem normalen Metall, während im supraleitenden Zustand viele Größen, darunter der Widerstand, ein völlig anderes Verhalten zeigen.

In manchen Fällen, insbesondere bei den Hochtemperatursupraleitern, zeigt sich bei genauem Blick auf den Kurvenverlauf von $\rho(T)$ in der Umgebung von T_c ein schmaler Temperaturbereich, in dem der Widerstand stark sinkt, bevor er tatsächlich null wird. In Abbildung 3.2 sehen wir dies an dem Knick in der Kurve direkt über T_c. Dieser Knick entsteht durch thermodynamische kritische Fluktuationen, die mit dem Phasenübergang verbunden sind. Die genaue thermodynamische Temperatur des Phasenübergangs kann als die Temperatur definiert werden, bei der der Widerstand erstmals exakt null wird.[4]

Das entscheidende Charakteristikum des supraleitenden Zustands ist, dass der spezifische Widerstand **exakt** null ist,

$$\rho = 0 \tag{3.12}$$

bzw. dass die Leitfähigkeit σ unendlich ist. Aber woher wissen wir, dass der Widerstand exakt null ist? Immerhin ist null sehr schwer von einem sehr, sehr kleinen, aber von null verschiedenen Wert zu unterscheiden.

Schauen wir uns also an, wie man den Widerstand eines Supraleiters tatsächlich messen kann. Die einfachste Messung ist eine elementare Zweileitermessung wie sie in Abbildung 3.3 gezeigt ist. Der Probenwiderstand R hängt mit dem spezifischen Widerstand

[4] Es ist durchaus vorstellbar, dass es Materialien gibt, in denen der Widerstand glatt und ohne thermodynamischen Phasenübergang null erreicht. Beispielsweise kann man in einem absolut reinen Metall $\rho \to 0$ erwarten, wenn die Temperatur den absoluten Nullpunkt erreicht. Ein solches System würde man aber nach der Standardterminologie nicht als Supraleiter bezeichnen, auch wenn es eine unendliche Leitfähigkeit haben kann. Der Begriff Supraleiter wird ausschließlich für Materialien mit einem eindeutigen Phasenübergang und einer kritischen Temperatur T_c verwendet. Ein echter Supraleiter zeigt außerdem den Meißner-Ochsenfeld-Effekt.

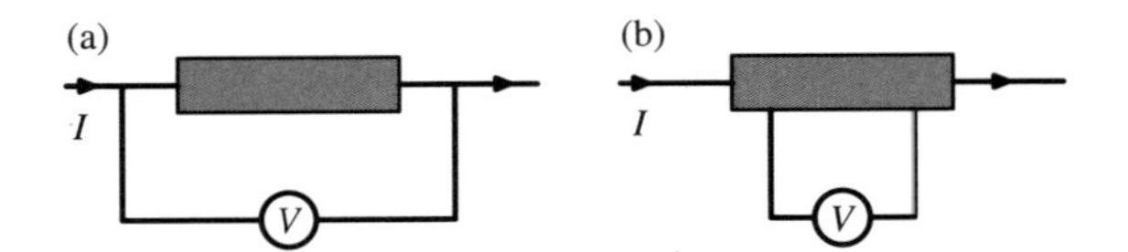

Abbildung 3.3: *Messung des spezifischen Widerstands durch (a) eine Zweileitermessung und (b) durch eine Vierleitermessung. Die zweite Methode ist wesentlich genauer, da kein Strom durch die Anschlüsse fließt, die den Spannungsabfall am Widerstand messen; somit wird der elektrische Widerstand der Anschlüsse und Kontakte irrelevant.*

über die Beziehung

$$R = \rho \frac{L}{A} \tag{3.13}$$

zusammen, wobei L die Probenlänge und A die Querschnittsfläche ist. Doch bei der Zweileitermessung gibt es ein Problem, wie in Abbildung 3.3a zu sehen ist. Selbst wenn der Probenwiderstand null ist, ist der Gesamtwiderstand endlich, da der Probenwiderstand in Reihe mit den Anschlüssen und Kontakten geschaltet ist. Eine viel bessere Messmethode ist die Vierleitermessung in Abbildung 3.3b. Es gibt vier Anschlüsse, die mit der Probe verbunden sind. Zwei davon dienen dazu, die Probe mit einem Strom I zu versorgen. Das zweite Paar wird für die Messung der Spannung V benutzt. Da kein Strom durch das zweite Paar fließt, spielen die Kontaktwiderstände keine Rolle. Der Widerstand desjenigen Teils der Probe, der sich zwischen dem zweiten Anschlusspaar befindet, ist nach dem Ohmschen Gesetz $R = V/I$, zumindest für die skizzierte idealisierten Anordnung. Jedenfalls sollten wir für eine supraleitende Probe bei endlichem I mit Sicherheit $V = 0$ messen, woraus $\rho = 0$ folgt. (Natürlich darf der Strom I nicht zu groß sein. Für alle Supraleiter gibt es einen kritischen Strom I_c, oberhalb dessen die Supraleitung zerstört wird und der Widerstand wieder endlich wird.)

Der überzeugendste Nachweis, dass für Supraleiter tatsächlich $\rho = 0$ gilt, ist die Beobachtung von **Dauerströmen.** In einer geschlossenen Schleife aus einem supraleitendem Material (etwa dem in skizzierten Ring Abbildung 3.4) ist es möglich, einen Strom I aufzubauen, der in der Schleife zirkuliert. Da keine Energie infolge eines endlichen Widerstands dissipiert wird, bleibt die im magnetischen Feld des Rings gespeicherte Energie konstant, sodass der Strom nie abklingt.

Um zu sehen, wie sich dieser Strom aufbauen lässt, betrachten wir den magnetischen Fluss durch das Zentrum des supraleitenden Ringes. Der Fluss ist definiert durch das Flächenintegral

$$\Phi = \int \mathbf{B} \cdot \mathbf{dS} \tag{3.14}$$

wobei d$\mathbf{S}$ ein Vektor senkrecht zur Ringebene ist. Sein Betrag dS ist ein infinitesimales Element der vom Ring eingeschlossenen Fläche. Durch Anwendung der Maxwell-Gleichung

$$\nabla \times \boldsymbol{\mathcal{E}} = -\frac{\partial \mathbf{B}}{\partial t} \tag{3.15}$$

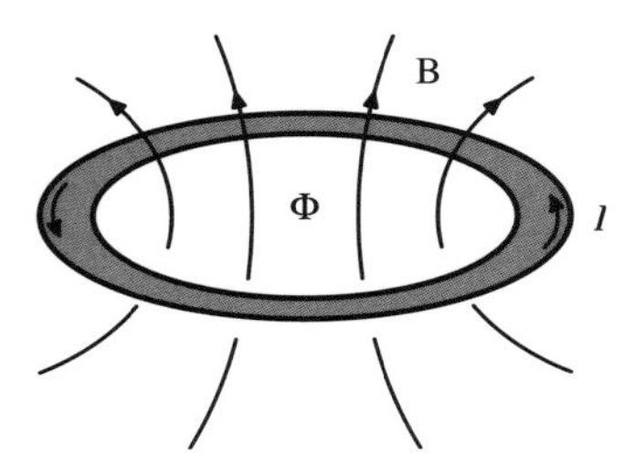

Abbildung 3.4: *Dauerstrom durch einen supraleitenden Ring. Der Strom behält in diesem Ring einen konstanten magnetischen Fluss Φ bei.*

und des Stokesschen Satzes

$$\int (\nabla \times \boldsymbol{\mathcal{E}}) \mathrm{d}\mathbf{S} = \oint \boldsymbol{\mathcal{E}} \cdot \mathbf{dr} \tag{3.16}$$

erhalten wir

$$-\frac{\mathrm{d}\Phi}{\mathrm{d}t} = \oint \boldsymbol{\mathcal{E}} \cdot \mathbf{dr} \tag{3.17}$$

Das Linienintegral wird entlang eines geschlossenen Weges um das Innere des Ringes gebildet. Dieser Weg kann einfach so gewählt werden, dass er innerhalb des Supraleiters liegt, sodass überall auf dem Weg $\boldsymbol{\mathcal{E}} = 0$ gilt. Daher ist

$$\frac{\mathrm{d}\Phi}{\mathrm{d}t} = 0 \tag{3.18}$$

d. h., der magnetische Fluss durch den Ring bleibt zeitlich konstant.

Unter Ausnutzung dieser Eigenschaft können wir einen Dauerstrom in einem supraleitenden Ring aufbauen. Tatsächlich ist dies ganz analog zu dem, was wir in Kapitel 2 für das Herstellen eines Suprastroms in ^{4}He gesehen haben. Der Unterschied ist lediglich, dass wir hier ein Magnetfeld verwenden, anstatt den Ring rotieren zu lassen. Wir beginnen mit einem Supraleiter oberhalb der kritischen Temperatur T_c, also in dessen normalleitendem Zustand. Dann legen wir ein externes Magnetfeld $\mathbf{B}_{\text{ext}}$ an. Dieses kann den Supraleiter leicht durchdringen, da dieser sich im normalleitenden Zustand befindet. Nun kühlen wir das System unter T_c ab. Der Fluss im Ring ist durch $\Phi = \int \mathbf{B}_{\text{ext}} \cdot \mathrm{d}\mathbf{S}$ gegeben. Wir wissen aber aus (3.18), dass der Fluss unter allen Umständen konstant bleibt – selbst dann, wenn wir die Quelle des externen Magnetfeldes abschalten, sodass nun $\mathbf{B}_{\text{ext}} = 0$ gilt. Die einzige Möglichkeit für den Supraleiter, Φ konstant zu halten, ist die Erzeugung eines eigenen Magnetfeldes **B** durch das Zentrum des Ringes. Dies geschieht durch einen im Ring zirkulierenden Strom I. Der Wert von I ist exakt derjenige, der erforderlich ist, um innerhalb des Ringes einen magnetischen Fluss Φ zu induzieren. Außerdem muss I konstant sein, da auch Φ eine Konstante ist. Damit haben wir erreicht, dass im supraleitenden Ring ein Dauerstrom zirkuliert.

Wir wissen außerdem, dass Energie dissipiert würde und folglich der Strom I mit der Zeit allmählich abklingen würde, wenn es irgendwo im Ring einen elektrischen Widerstand gäbe. Es sind jedoch Experimente durchgeführt worden, in denen Dauerströme über Jahre hinweg konstant blieben. Daraus können wir schließen, dass der Widerstand wirklich und ohne jeden Zweifel exakt null ist!

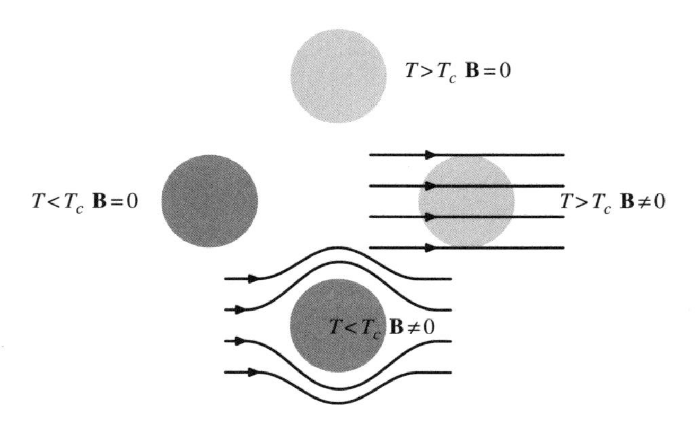

Abbildung 3.5: *Der Meißner-Ochsenfeld-Effekt in Supraleitern. Die Probe hat anfangs eine hohe Temperatur und das Magnetfeld ist null (oben). Wenn die Probe zunächst abgekühlt (links) und dann in ein Magnetfeld gebracht wird (unten), kann das Magnetfeld nicht in sie eindringen. Dies ist eine Konsequenz der Tatsache, dass der spezifische Widerstand null ist. Die Probe kann auch zuerst in das Magnetfeld gebracht (rechts) und* ***dann*** *abgekühlt werden (unten). In diesem Fall wird das Magnetfeld aus dem System* ***verdrängt.***

3.5 Der Meißner-Ochsenfeld-Effekt

Üblicherweise wird die Supraleitung nicht über die Tatsache definiert, dass der spezifische Widerstand ρ null ist. Der grundlegende Nachweis, dass in einem gegebenen Material Supraleitung auftritt, erfolgt über die Demonstration des Meißner-Ochsenfeld-Effekts.

Dieser Effekt besteht darin, dass ein Supraleiter ein schwaches externes Magnetfeld **verdrängt**. Betrachten wir zunächst die in Abbildung 3.5 skizzierte Situation. Hier wird eine kleine kugelförmige Probe des Materials auf der Temperatur T gehalten und in ein schwaches externes Magnetfeld $\mathbf{B}_{\text{ext}}$ gebracht. Wir nehmen an, dass die Probe anfangs im normalleitenden Zustand ist, also $T > T_c$, und dass das externe Magnetfeld null ist. Dies entspricht dem oberen Teil von Abbildung 3.5. Nun stellen wir uns vor, dass wir auf eine Temperatur unter T_c kühlen (linker Teil der Abbildung) und dabei das Magnetfeld bei null lassen. Wenn wir dann anschließend das Magnetfeld allmählich hochfahren, muss das Feld in der Probe null bleiben (unterer Teil der Abbildung). Denn aus der Maxwell-Gleichung (3.15) und $\boldsymbol{\mathcal{E}} = 0$ folgt

$$\frac{\partial \mathbf{B}}{\partial t} = 0 \tag{3.19}$$

in allen Punkten innerhalb des Supraleiters. Wenn wir also das externe Feld anlegen, nachdem die Probe bereits in den supraleitenden Zustand versetzt wurde, müssen wir in dem Zustand landen, der im unteren Teil von Abbildung 3.5 gezeigt ist: das Magnetfeld $\mathbf{B}$ ist überall innerhalb der Probe null.

Nun betrachten wir das Ganze in der anderen Reihenfolge. Wir nehmen die Probe bei einem Wert über T_c und schalten zuerst das externe Feld $\mathbf{B}_{\text{ext}}$ ein. In diesem Fall (dargestellt im rechten Teil von Abbildung 3.5) wird das Magnetfeld einfach in die Probe eindringen, und es gilt $\mathbf{B} = \mathbf{B}_{\text{ext}}$. Was passiert, wenn wir jetzt die Probe abkühlen? Der Meißner-Ochsenfeld-Effekt zeigt sich darin, dass das Magnetfeld beim Abkühlen des Systems unter T_c **verdrängt** wird. Durch das Kühlen gelangen wir also von der rechts dargestellten Situation zu derjenigen, die im unteren Teil der Abbildung skizziert ist. Dieser Effekt lässt sich nicht aus der einfachen Tatsache erklären, dass der spezifische Widerstand null ist ($\rho = 0$) und ist daher ein neues und eigenständiges physikalisches Phänomen, das mit Supraleitern verbunden ist.

Es gibt mehrere Gründe, warum man den Meißner-Ochsenfeld-Effekt als maßgeblichen Nachweis für die Supraleitfähigkeit eines Materials betrachtet. Zunächst einmal spielen praktische Erwägungen eine Rolle – die Verdrängung des magnetischen Flusses ist experimentell leichter zu demonstrieren als die Tatsache, dass der Widerstand null ist. Beispielsweise ist es nicht einmal nötig, Drähte an der Probe anzuschließen. Ein fundamentalerer Grund ist der, dass der Meißner-Ochsenfeld-Effekt im **thermischen Gleichgewicht** auftritt, während der spezifische Widerstand ein Transporteffekt – also ein Nichtgleichgewichtsphänomen – ist. Jedenfalls zeigt Abbildung 3.5, dass das System den gleichen Endzustand erreicht (unterer Teil der Abbildung), egal ob wir zuerst kühlen und dann das Magnetfeld anlegen, oder anders herum. Der Endzustand des Systems hängt also nicht von der Vorgeschichte der Probe ab, was eine notwendige Bedingung für das thermische Gleichgewicht ist. Man kann sich vielleicht exotische Systeme vorstellen, für die der spezifische Widerstand verschwindet, für die aber der Meißner-Ochsenfeld-Effekt nicht auftritt. Einige Quanten-Hall-Zustände besitzen diese Eigenschaft. Im Rahmen dieses Buches werden wir jedoch einen **Supraleiter** stets als ein System definieren, welches den Meißner-Ochsenfeld-Effekt zeigt.

3.6 Idealer Diamagnetismus

Um innerhalb der Probe $\mathbf{B} = 0$ aufrechtzuerhalten, wenn (schwache) externe Felder angelegt werden, wie es für den Meißner-Ochsenfeld-Effekt erforderlich ist, muss es offensichtlich um die Probe Ströme geben, die das Magnetfeld abschirmen. Diese erzeugen ein Magnetfeld, das entgegengesetzt gleich zum angelegten externen Feld ist, was insgesamt auf das Feld null führt.

Der einfachste Weg, diese Abschirmströme zu beschreiben, führt über die Maxwell-Gleichungen in einem magnetischen Medium (siehe zum Beispiel Blundell [2001] oder andere Lehrbücher über magnetische Materialien). Der Gesamtstrom wird aufgespalten in die von außen angelegten Ströme $\mathbf{j}_{\text{ext}}$ und die internen Abschirmströme $\mathbf{j}_{\text{int}}$

$$\mathbf{j} = \mathbf{j}_{\text{ext}} + \mathbf{j}_{\text{int}} \tag{3.20}$$

Die Abschirmströme erzeugen eine Magnetisierung $\mathbf{M}$ pro Volumeneinheit in der Probe, die durch

$$\nabla \times \mathbf{M} = \mathbf{j}_{\text{int}} \tag{3.21}$$

definiert ist. Wie in der Theorie der magnetischen Materialien (Blundell 2001) definieren wir ein Magnetfeld **H**, das nur von den externen Strömen abhängt:

$$\nabla \times \mathbf{H} = \mathbf{j}_{\text{ext}} \tag{3.22}$$

Die drei Vektoren **M**, **H** und **B** hängen über die Gleichung

$$\mathbf{B} = \mu_0(\mathbf{H} + \mathbf{M}) \tag{3.23}$$

zusammen.[5] Aus den Maxwell-Gleichungen wissen wir außerdem, dass

$$\nabla \cdot \mathbf{B} = 0 \tag{3.24}$$

In einem magnetischen Medium werden die Maxwell-Gleichungen durch Randbedingungen an die Oberfläche der Probe ergänzt. Aus (3.24) folgt, dass die zur Oberfläche senkrechte Komponente von **B** konstant bleiben muss; andererseits kann man ausgehend von (3.22) beweisen, dass die zur Oberfläche parallelen Komponenten von **H** konstant bleiben. Die beiden Randbedingungen lauten somit

$$\Delta \mathbf{B}_\perp = 0 \tag{3.25}$$

$$\Delta \mathbf{H}_\parallel = 0 \tag{3.26}$$

Beachten Sie, dass wir hier SI-Einheiten verwenden. In SI-Einheiten wird **B** in Tesla (T) angegeben, die Felder **M** und **H** hingegen in Ampere pro Meter, Am^{-1}. Die magnetische Feldkonstante ist $\mu_0 = 4\pi \times 10^{-7}$. In vielen Büchern und Fachartikeln über Supraleitung wird noch das ältere CGS-System verwendet. In CGS-Einheiten werden **B** und **H** in Gauß bzw. Oersted angegeben. Zwischen den Einheiten gelten folgende Beziehungen: $1\,\text{Gauß} = 10^{-4}\,\mathrm{T}$, $1\,\text{Oersted} = 10^3/4\pi\,\mathrm{Am}^{-1}$. Im CGS-System gilt

$$\mathbf{B} = \mathbf{H} + 4\pi\mathbf{M} \qquad \text{und} \qquad \nabla \times \mathbf{H} = 4\pi\mathbf{j}$$

In diesen Einheiten hat die Suszeptibilität eines Supraleiters den Wert $\chi = -1/(4\pi)$ anstelle des SI-Wertes -1.

Beachten Sie außerdem, dass die Konstanten μ_0 und ϵ_0 im CGS-System nicht vorkommen. Stattdessen tritt häufig die Lichtgeschwindigkeit $c = 1/\sqrt{\epsilon_0\mu_0}$ explizit auf. Beispielsweise ist die Lorentz-Kraft auf ein geladenes Teilchen, das sich mit der Geschwindigkeit **v** in einem Magnetfeld **B** bewegt, in CGS-Einheiten

$$\mathbf{F} = \frac{1}{c} q\mathbf{v} \times \mathbf{B}$$

in SI-Einheiten dagegen

$$\mathbf{F} = q\mathbf{v} \times \mathbf{B}$$

Des Weiteren ist die Einheit der elektrischen Ladung im SI-System das Coulomb (C), im CGS-System dagegen das Franklin (auch statcoulomb), wobei die Beziehung $1\,\text{Franklin} = 3{,}336 \times 10^{-10}\,\mathrm{C}$ gilt.

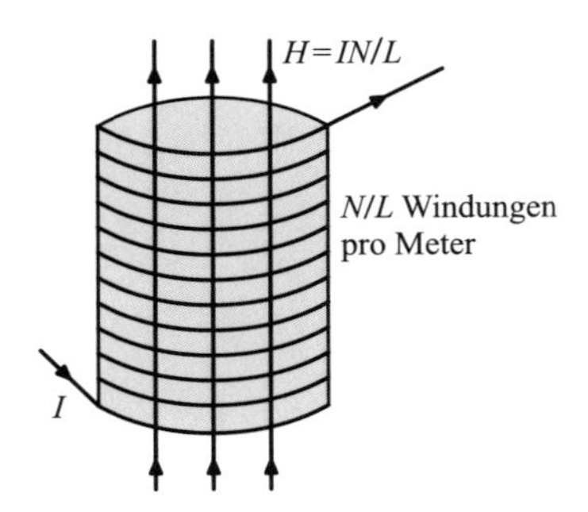

Abbildung 3.6: *Messung von* **M** *als Funktion von* **H** *für eine Probe mit zylindrischer Geometrie. Eine lange Zylinderspule mit N/L Windungen pro Meter führt zu einem homogenen Feld $H = IN/L$ [Ampere pro Meter] innerhalb der Spule. Die Probe hat innerhalb der Spule die Magnetisierung M, und die magnetische Flussdichte ist $B = \mu_0(H+M)$. Die Erhöhung des Stroms in der Spule von I auf $I + \mathrm{d}I$ führt zu einer induzierten Quellenspannung $\mathcal{E} = -\mathrm{d}\Phi/\mathrm{d}t$, wobei $\Phi = NBA$ der totale magnetische Fluss durch die N Stromwindungen der Fläche A ist. Diese Quellenspannung kann direkt gemessen werden, da sie mit $\mathcal{L}$, der differentiellen Selbstinduktivität der Spule, über die einfache Beziehung $\mathcal{E} = -\mathcal{L}\mathrm{d}I/\mathrm{d}t$ zusammenhängt. Daher kann man aus der Messung der Selbstinduktivität $\mathcal{L}$ auf das B-Feld schließen und somit M als Funktion von I oder H erhalten.*

Der Einfachheit halber nehmen wir an, dass die Probe eine unendlich ausgedehnte Zylinderspule ist (siehe Abbildung 3.6). Der externe Strom fließt durch die Windungen der Spule um die Probe. In diesem Fall ist das Feld **H** im Inneren der Probe homogen,

$$\mathbf{H} = I\frac{N}{L}\mathbf{e}_z \tag{3.27}$$

Dabei ist I der durch die Spule fließende Strom und N die Anzahl der Windungen auf der Strecke L. $\mathbf{e}_z$ ist ein Einheitsvektor in Richtung der Zylinderachse.

Wenn wir in Gleichung (3.23) die Meißner-Bedingung $\mathbf{B} = 0$ berücksichtigen, erhalten wir für die Magnetisierung

$$\mathbf{M} = -\mathbf{H} \tag{3.28}$$

Die magnetische Suszeptibilität ist definiert als

$$\chi = \left.\frac{\mathrm{d}M}{\mathrm{d}H}\right|_{H=0} \tag{3.29}$$

Für Supraleiter gilt also

$$\chi = -1 \tag{3.30}$$

(oder $-1/4\pi$ in CGS-Einheiten!).

[5] Korrekterweise wird der Begriff „Magnetfeld" in einem magnetischen Material auf **H** bezogen. Das Feld **B** ist dann die magnetische Induktion oder die magnetische Flussdichte. Man mag diese Terminologie verwirrend finden. In diesem Buch folgen wir Blundell und bezeichnen die magnetischen Feldgrößen einfach als H-Feld und B-Feld, wann immer es nötig ist, zwischen beiden zu unterscheiden.

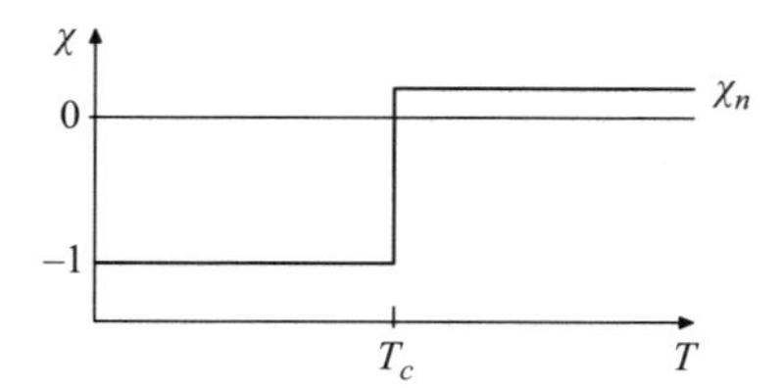

Abbildung 3.7: *Die magnetische Suszeptibilität χ eines Supraleiters als Funktion der Temperatur. Oberhalb von T_c hat sie einen konstanten Wert χ_n für den normalleitenden Zustand. Dieser ist gewöhnlich klein und positiv (Paramagnetismus). Unterhalb von T_c ist die Suszeptibilität groß und negativ ($\chi = -1$), was auf idealen Diamagnetismus hinweist.*

Festkörper mit einer negativen Suszeptibilität werden als Diamagneten bezeichnet. Im Gegensatz dazu spricht man bei positiver Suszeptibilität von einem Paramagneten. Diamagneten schwächen in ihrem Inneren ein von außen angelegtes Magnetfeld ab, sie haben daher eine dem äußeren Feld entgegengesetzte Magnetisierung. In Supraleitern wird das Magnetfeld vollständig abgeschirmt, weshalb sie als **ideale Diamagneten** bezeichnet werden können.

Die beste Möglichkeit, in einer unbekannten Probe Supraleitung nachzuweisen, ist daher die Messung ihrer Suszeptibilität. Wenn die Probe vollständig supraleitend ist, dann wird χ als Funktion von T etwa den in Abbildung 3.7 skizzierten Verlauf haben. Bei einer Messung der Suszeptibilität wird man in einem Supraleiter $\chi = -1$ finden, also idealen Diamagnetismus bzw. den Meißner-Effekt. Dieser Befund wird gewöhnlich als ein wesentlich zuverlässigerer Nachweis für die Supraleitfähigkeit einer Probe angesehen, als es allein die Messung des Widerstands null wäre.[6]

3.7 Supraleitung erster Art und Supraleitung zweiter Art

Die Suszeptibilität χ ist für den Grenzfall sehr schwacher externer Felder $\mathbf{H}$ definiert. Wenn das Feld stärker wird, kann einer der beiden folgenden Fälle eintreten.

Im ersten Fall bleibt das Feld $\mathbf{B}$ im Supraleiter null, bis die Supraleitung plötzlich verschwindet. Man spricht dann von einem **Supraleiter erster Art.** Die Feldstärke, bei der dies passiert, ist die **kritische Feldstärke** H_c. Die Form, in der sich bei einem Supraleiter erster Art die Magnetisierung M mit H ändert, ist in Abbildung 3.8 skizziert. Wie man sieht, gilt $M = -H$, solange die Feldstärke kleiner ist als H_c. Für größere Feldstärken wird die Magnetisierung null (oder liegt sehr dicht bei null).

Viele Supraleiter zeigen jedoch ein anderes Verhalten. In **Supraleitern zweiter Art** gibt es zwei verschiedene kritische Feldstärken, die **untere kritische Feldstärke** H_{1c} und die **obere kritische Feldstärke** H_{2c}. Für kleine Feldstärken H führt das angelegte

[6] Beachten Sie, dass man für nicht-zylindrisch geformte Proben bei der Messung der Suszeptibilität geeignete Demagnetisierungsfaktoren berücksichtigen muss (Blundell, 2001).

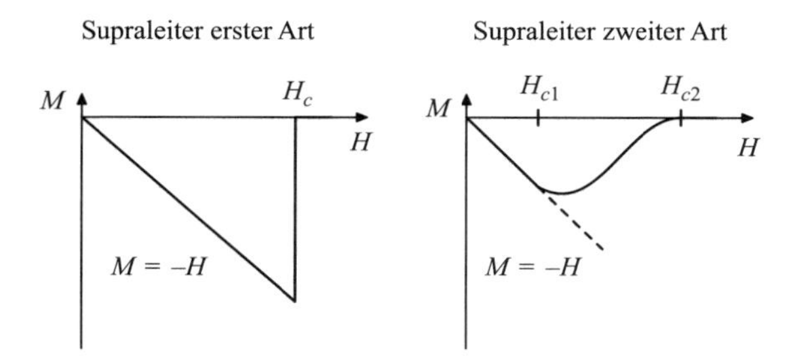

Abbildung 3.8: *Die Magnetisierung M als Funktion von H in einem Supraleiter erster Art und einem Supraleiter zweiter Art. Beim Supraleiter erster Art ist bis zu H_c idealer Meißner-Diamagnetismus zu beobachten; oberhalb dieses Wertes verschwindet die Supraleitung. Für Materialien zweiter Art tritt idealer Diamagnetismus nur unterhalb von H_{c1} auf. Zwischen H_{c1} und H_{c2} treten in dem Material, das supraleitend bleibt, Abrikosov-Vortizes auf.*

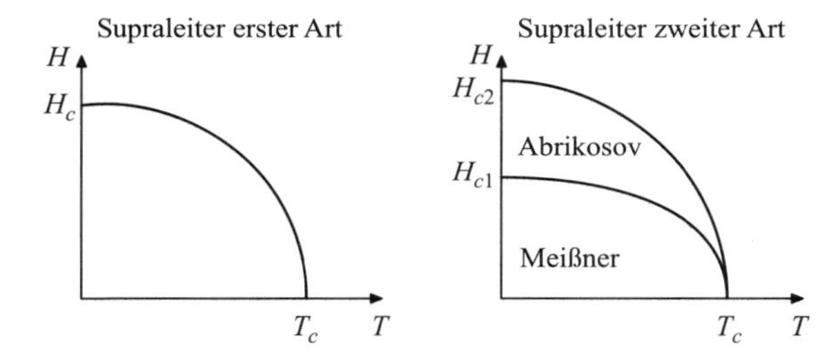

Abbildung 3.9: *Das H-T-Phasendiagramm von Supraleitern erster und zweiter Art. In Supraleitern zweiter Art wird die Phase unterhalb von H_{c1} üblicherweise als Meißner-Zustand bezeichnet, die Phase zwischen H_{c1} und H_{c2} als Abrikosov-Zustand oder gemischte Phase.*

Feld wieder zum Meißner-Ochsenfeld-Effekt ($M = -H$) und es gibt keine magnetische Flussdichte innerhalb der Probe ($B = 0$). Wenn aber in einem Supraleiter zweiter Art das Feld den Wert H_{c1} erreicht, beginnt das Magnetfeld in den Supraleiter einzudringen und folglich gilt $B \neq 0$. M liegt näher an null als an dem Meißner-Ochsenfeld-Wert $-H$. Wenn die Feldstärke H noch weiter erhöht wird, steigt die magnetische Flussdichte allmählich an, bis schließlich bei H_{c2} die Supraleitung verschwindet und $M = 0$ gilt. Dieses Verhalten ist im rechten Teil der Abbildung 3.8 skizziert.

Die kritischen Feldstärken sind abhängig von der Temperatur und erreichen bei der kritischen Temperatur T_c den Wert null. Typische Phasendiagramme in Form von Funktionen von H und T für Supraleiter erster und zweiter Art sind in Abbildung 3.9 dargestellt.

Die physikalische Erklärung der thermodynamischen Phase zwischen H_{c1} und H_{c2} wurde von Abrikosov gegeben. Er zeigte, dass das Magnetfeld in den Supraleiter in Form von **Vortizes** eindringen kann (siehe Abbildung 3.10). Jeder Vortex besteht aus einem Bereich zirkulierenden Suprastroms um einen kleinen zentralen Kern, der normalleitend

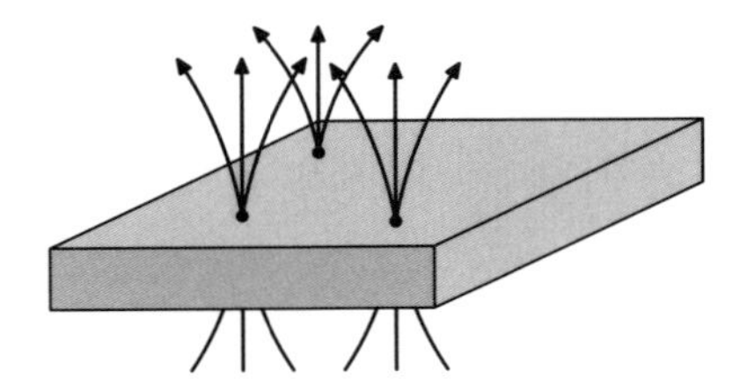

Abbildung 3.10: *Vortizes in einem Supraleiter zweiter Art. Das Magnetfeld kann den Supraleiter durchdringen, wenn es durch einen kleinen „Vortexkern" geführt wird. Der Vortexkern ist normalleitend. Dies erlaubt dem überwiegenden Teil des Materials, supraleitend zu bleiben, während es gleichzeitig von einer endlichen mittleren magnetischen Flussdichte B durchdrungen werden kann.*

geworden ist. Das Magnetfeld kann im Inneren der Vortizes durch die Probe dringen. Die zirkulierenden Ströme schirmen den Rest des Supraleiters vom Magnetfeld ab.

Es zeigt sich, dass jeder Vortex eine feste Einheit des magnetischen Flusses trägt, nämlich $\Phi_0 = h/2e$. Wenn es insgesamt N_v Vortizes in einer Probe mit der Gesamtfläche A gibt, dann ist mittlere magnetische Flussdichte B demnach

$$B = \frac{N_v}{A}\frac{h}{2e} \tag{3.31}$$

Es ist instruktiv, dieses Ergebnis für die Anzahl der Vortizes pro Flächeneinheit

$$\frac{N_v}{A} = \frac{2eB}{h} \tag{3.32}$$

mit dem recht ähnlichen Ausdruck (2.48) zu vergleichen, den wir weiter vorn für die Dichte der Vortizes in rotierendem suprafluidem ^{4}He hergeleitet haben. Es gibt in der Tat eine direkte mathematische Analogie zwischen dem Effekt, den eine gleichmäßige Rotation mit der Keisfrequenz ω in einem neutralen Suprafluid verursacht, und dem Effekt eines Magnetfeldes B in einem Supraleiter.

3.8 Die London-Gleichung

Die erste Theorie, die das Auftreten des Meißner-Ochsenfeld-Effekts erklären konnte, wurde 1935 von den Brüdern Fritz und Heinz London entwickelt. Ihre Theorie war ursprünglich durch das Zwei-Fluid-Modell für suprafluides ^{4}He motiviert. Sie nahmen an, dass ein Teil der Leitungselektronen des Festkörpers eine suprafluide Komponente bilden, während die anderen ihren normalleitenden Zustand beibehalten. Weiter nahmen sie an, dass sich die supraleitenden Elektronen ohne Dissipation bewegen können, während sich die normalen Elektronen weiterhin so verhalten, als hätten sie einen endlichen Widerstand. Da die suprafluiden Elektronen die normalen immer „kurzschließen", wird der spezifische Widerstand insgesamt null. Wie in der Theorie für suprafluides ^{4}He, die wir in Kapitel 2 behandelt haben, bezeichnen wir die Dichte der suprafluiden Elektronen mit n_s und die Dichte der normalen Elektronen mit n_n. Wenn n die Gesamtdichte der Elektronen pro Volumeneinheit ist, gilt $n = n_n + n_s$.

Ungeachtet der Einfachheit dieses Modells sind mehrere seiner wesentlichen Vorhersagen korrekt. Das wichtigste ist, dass es auf die sogenannte **London-Gleichung** führt, die die elektrische Stromdichte $\mathbf{j}$ innerhalb eines Supraleiters mit dem magnetischen Vektorpotential $\mathbf{A}$ in Beziehung setzt:

$$\mathbf{j} = -\frac{n_s e^2}{m_e}\mathbf{A} \tag{3.33}$$

Dies ist eine der wichtigsten Gleichungen zur Beschreibung von Supraleitern. Knapp zwanzig Jahre nach ihrer Einführung durch die London-Brüder wurde sie schließlich von Bardeen, Cooper und Schrieffer aus der vollständigen mikroskopischen Quantentheorie der Supraleitung abgeleitet.

Machen wir uns die London-Gleichung (3.33) zunächst anhand der Drude-Theorie plausibel. Diesmal betrachten wir den Fall eines elektrischen Feldes mit endlicher Frequenz. Mit der üblichen komplexen Notation für Wechselströme wird die Formel für Gleichstrom folgendermaßen modifiziert:

$$\mathbf{j}e^{-i\omega t} = \sigma(\omega)\boldsymbol{\mathcal{E}}e^{-i\omega t} \tag{3.34}$$

Dabei ist die Leitfähigkeit ebenfalls komplex. Ihr Realteil entspricht Strömen, die phasengleich mit dem angelegten elektrischen Feld sind (resistiv), während der Imaginärteil phasenverschobenen Strömen entspricht (induktiv und kapazitiv).

Die Verallgemeinerung der Drude-Theorie auf den Fall endlicher Frequenzen führt auf die Leitfähigkeit

$$\sigma(\omega) = \frac{ne^2\tau}{m}\frac{1}{1 - i\omega\tau} \tag{3.35}$$

(Ashcroft / Mermin, 1976). Dies entspricht im Wesentlichen der Antwort eines gedämpften harmonischen Oszillators mit der Resonanzfrequenz $\omega = 0$. Für den Realteil erhalten wir

$$\mathrm{Re}[\sigma(\omega)] = \frac{ne^2}{m}\frac{\tau}{1 + \omega^2\tau^2} \tag{3.36}$$

also eine Lorentz-Funktion der Frequenz. Wir stellen fest, dass die Breite der Lorentz-Kurve $1/\tau$ und ihre maximale Höhe τ ist. Integrieren wir über die Frequenz, so sehen wir, dass die Fläche unter dieser Lorentz-Kurve unabhängig von der Stoßzeit τ ist:

$$\int_{-\infty}^{+\infty} \mathrm{Re}[\sigma(\omega)]\mathrm{d}\omega = \frac{\pi\, ne^2}{m} \tag{3.37}$$

Es ist nun interessant sich anzuschauen, wie $\sigma(\omega)$ für den Fall eines perfekten Leiters, also ohne Streuung der Elektronen, im entsprechenden Drude-Modell aussieht. Wir erhalten $\sigma(\omega)$, indem wir im Drude-Modell den Limes $\tau^{-1} \to 0$ bilden. In diesem Limes führt (3.35) für jede endliche Frequenz ω auf

$$\sigma(\omega) = \frac{ne^2}{m}\frac{1}{\tau^{-1} - i\omega} \to -\frac{ne^2}{i\omega m} \tag{3.38}$$

Es gibt keine Dissipation, da der Strom immer phasenverschoben gegen das angelegte elektrische Feld ist und $\sigma(\omega)$ immer imaginär ist. Die Antwort auf das angelegte Feld ist rein induktiv. Der Realteil der Leitfähigkeit $\mathrm{Re}[\sigma(\omega)]$ ist daher im Limes $\tau^{-1} \to 0$ für endliche Frequenzen ω null. Doch unabhängig vom Wert für τ muss die Summengleichung (3.37) erfüllt werden. Der Realteil $\mathrm{Re}[\sigma(\omega)]$ der Leitfähigkeit muss daher eine Funktion sein, die fast überall null ist, aber ein endliches Integral hat. Eine solche Funktion ist natürlich eine Diracsche Deltafunktion, sodass wir schreiben können

$$\mathrm{Re}[\sigma(\omega)] = \frac{\pi ne^2}{m}\,\delta(\omega) \tag{3.39}$$

Wir können überprüfen, dass dies korrekt ist, indem wir in (3.36) den Limes $\tau^{-1} \to 0$ bilden. Die Breite des Peaks ist von der Ordnung τ^{-1} und geht gegen null, während das Maximum wächst. Dabei bleibt die Fläche des Peaks wegen der Summengleichung konstant. Der Grenzfall $\tau^{-1} \to 0$ der Lorentz-Kurve ist also eine Diracsche Deltafunktion bei $\omega = 0$.

Inspiriert durch das Zwei-Fluid-Modell für suprafluides ^{4}He nahmen die London-Brüder an, dass man die Gesamtdichte der Elektronen n in einen normalen Teil n_n und einen suprafluiden Teil n_s zerlegen kann, also

$$n = n_s + n_n \tag{3.40}$$

Sie gingen davon aus, dass die „normalen" Elektronen weiterhin eine für Metalle typische Stoßzeit τ haben, während sich die suprafluiden Elektronen ohne Dissipation bewegen, was $\tau = \infty$ entspricht. Die Leitfähigkeit der suprafluiden Komponente hingegen sollte als Diracsche Deltafunktion, lokalisiert bei $\omega = 0$, angesetzt werden können:

$$\sigma(\omega) = \frac{\pi n_s e^2}{m_e}\delta(\omega) - \frac{n_s e^2}{i\omega m_e} \tag{3.41}$$

Beachten Sie, dass wir auf diese Weise n_s durch das Gewicht des Delta-Peaks **definieren** und dabei (per Konvention) die Elektronenmasse im Vakuum m_e verwenden und nicht die effektive Masse m.

Tatsächlich entspricht die experimentell gemessene Leitfähigkeit $\mathrm{Re}[\sigma(\omega)]$ bei endlicher Frequenz in Supraleitern einer Deltafunktion, die bei der Frequenz null lokalisiert ist. Jedoch sind andere Aspekte des von den London-Brüdern angenommenen Zwei-Fluid-Modells für die Leitfähigkeit nicht korrekt. Insbesondere verhält sich die Leitfähigkeit der „normalen" Fluidkomponente nicht einfach wie die Leitfähigkeit eines normalen Metalls. Der Realteil $\mathrm{Re}[\sigma(\omega)]$ sieht für einen Supraleiter insgesamt eher wie in Abbildung 3.11 aus. Es gibt einen Delta-Peak bei $\omega = 0$, und die Amplitude des Peaks definiert n_s, die suprafluide Dichte oder Kondensatdichte. Bei höheren Frequenzen ist der

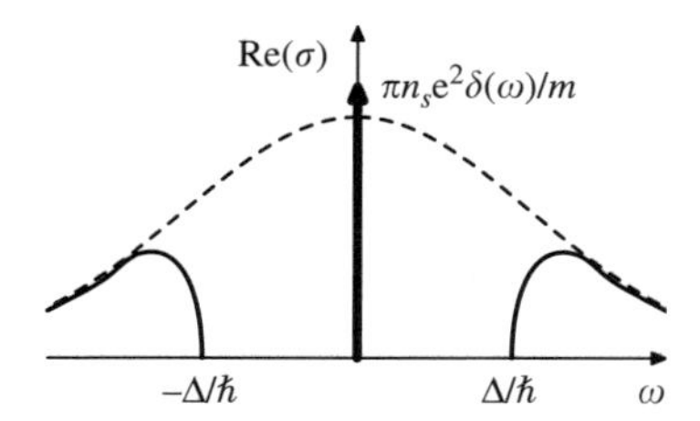

Abbildung 3.11: *Die Leitfähigkeit bei endlicher Frequenz in einem normalleitenden Metall (gestrichelte Linie) und einem Supraleiter (durchgezogene Linie). Im supraleitenden Fall führt eine Energielücke dazu, dass die Leitfähigkeit für Frequenzen unter $\Delta/\hbar$ null wird. Das verbleibende Gewicht des Spektrums konzentriert sich in einer Deltafunktion bei $\omega = 0$.*

Realteil der Leitfähigkeit null, was einem dissipationsfreien Strom entspricht. Oberhalb einer bestimmten Frequenz, die sich aus $\hbar\omega = 2\Delta$ ergibt (2Δ ist die „Energielücke“), wird die Leitfähigkeit wieder endlich. Das Vorhandensein der Energielücke wurde kurz vor der Vollendung der BCS-Theorie beobachtet und ist, wie wir noch sehen werden, ein zentrales Merkmal dieser Theorie.

Herleitung der London-Gleichung

Für Frequenzen unterhalb der Energielücke ist die Leitfähigkeit durch (3.41) exakt gegeben. In diesem Regime können wir die London-Gleichung herleiten, die den Strom $\mathbf{j}$ mit dem Magnetfeld $\mathbf{B}$ in Beziehung setzt.

Wir bilden auf beiden Seiten der Gleichung $\mathbf{j} = \sigma\boldsymbol{\mathcal{E}}$ die Rotation und erhalten

$$\begin{aligned}(\nabla \times \mathbf{j})e^{-i\omega t} &= \sigma(\omega)(\nabla \times \boldsymbol{\mathcal{E}})\, e^{-i\omega t} \\ &= -\sigma(\omega)\frac{\mathrm{d}(\mathbf{B}\, e^{-i\omega t})}{\mathrm{d}t} \\ &= i\omega\sigma(\omega)\, \mathbf{B}\, e^{-i\omega t} \\ &= -\frac{n_s e^2}{m_e}\, \mathbf{B}\, e^{-i\omega t}\end{aligned} \tag{3.42}$$

Im letzten Schritt haben wir Gleichung (3.38) für die Leitfähigkeit des Supraleiters bei endlicher Frequenz verwendet.

Wir betrachten nun in den obigen Gleichungen den Grenzfall $\omega = 0$. Die letzte Zeile in (3.42) verbindet einen Wechselstrom mit einem statischen externen Magnetfeld:

$$\nabla \times \mathbf{j} = -\frac{n_s e^2}{m_e}\mathbf{B} \tag{3.43}$$

Durch diese Gleichung sind $\mathbf{j}$ und $\mathbf{B}$ vollständig bestimmt, da sie außerdem über die stationäre Maxwell-Gleichung

$$\nabla \times \mathbf{B} = \mu_0\mathbf{j} \tag{3.44}$$

zusammenhängen. Durch Kombination dieser beiden Gleichungen erhalten wir

$$\nabla \times (\nabla \times \mathbf{B}) = -\mu_0 \frac{n_s e^2}{m_e} \mathbf{B} \tag{3.45}$$

oder

$$\nabla \times (\nabla \times \mathbf{B}) = -\frac{1}{\lambda^2} \mathbf{B} \tag{3.46}$$

Der Parameter λ hat die Dimension einer Länge und wird als die **Eindringtiefe** des Supraleiters bezeichnet. Er ist gegeben durch

$$\lambda = \left(\frac{m_e}{\mu_0 n_s e^2} \right)^{1/2} \tag{3.47}$$

und beschreibt den Abstand zur Oberfläche, bis zu dem ein externes Magnetfeld abgeschirmt wird (dahinter ist $B = 0$).

Die London-Gleichung kann auch unter Verwendung des magnetischen Vektorpotentials geschrieben werden, welches durch

$$\mathbf{B} = \nabla \times \mathbf{A} \tag{3.48}$$

definiert ist. Dies ergibt

$$\mathbf{j} = -\frac{n_s e^2}{m_e} \mathbf{A} \tag{3.49}$$

$$= -\frac{1}{\mu_0 \lambda^2} \mathbf{A} \tag{3.50}$$

Beachten Sie, dass dies nur funktioniert, wenn wir die korrekte **Eichung** für das Vektorpotential $\mathbf{A}$ wählen. $\mathbf{A}$ ist durch (3.48) nicht eindeutig definiert, da $\mathbf{A} + \nabla\chi(\mathbf{r})$ für beliebige skalare Funktionen $\chi(\mathbf{r})$ auf das gleiche $\mathbf{B}$ führt. Doch aus der Erhaltung der Ladung folgt, dass Strom und Ladungsdichte die Kontinuitätsgleichung

$$\frac{\partial \rho}{\partial t} + \nabla \cdot \mathbf{j} = 0 \tag{3.51}$$

erfüllen müssen. Im stationären Fall (Gleichstrom) ist der erste Term null und daher $\nabla \cdot \mathbf{j} = 0$. Vergleichen wir dies mit der London-Gleichung in der Form (3.49), so sehen wir, dass dies mit der Eichung $\nabla \cdot \mathbf{A}$ erfüllt ist. Diese Bedingung wird als **London-Eichung** bezeichnet.

Die London-Gleichung in der Form (3.49) entspricht bei Supraleitern der für normalleitende Metalle (also für endliches σ) geltenden Materialgleichung $\mathbf{j} = \sigma \boldsymbol{\mathcal{E}}$. Es ist interessant darüber zu spekulieren, ob man andere Zustände der Materie finden kann, die perfekte Leiter mit $\sigma = \infty$ sind, aber die London-Gleichung nicht erfüllen. Falls solche exotischen Zustände tatsächlich existieren (im Zusammenhang mit dem Quanten-Hall-Effekt wäre dies tatsächlich möglich), dann wären sie zumindest keine Supraleiter in dem Sinne, in dem wir den Begriff hier benutzen.

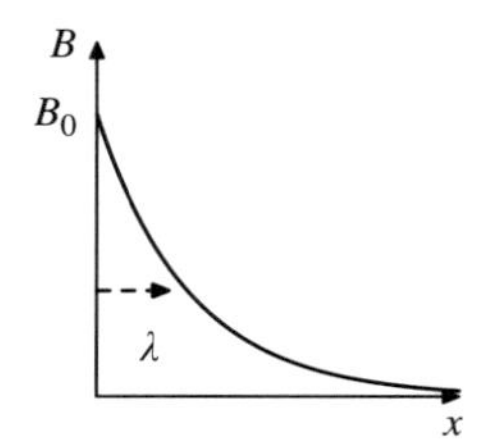

Abbildung 3.12: *Das Magnetfeld nahe der Oberfläche eines Supraleiters im Meißner-Zustand. Das Feld klingt exponentiell ab, wobei die charakteristische Länge durch die Eindringtiefe* λ *gegeben ist.*

Die wichtigste Konsequenz der London-Gleichung ist die Erklärung für den Meißner-Ochsenfeld-Effekt. Tatsächlich kann man leicht zeigen, dass ein externes Magnetfeld im Supraleiter gemäß

$$B = B_0 e^{-x/\lambda} \tag{3.52}$$

verdrängt wird. Dabei ist x der Abstand von der Oberfläche des Supraleiters. Dies ist in Abbildung 3.12 illustriert. Die Herleitung aus der London-Gleichung ist sehr einfach, sie erfolgt daher am Ende dieses Kapitels im Rahmen von Aufgabe (3.1). Aus diesem Ergebnis folgt, dass Magnetfelder nur über eine kleine Distanz λ in den Supraleiter eindringen und dass deshalb der größte Teil im Inneren einer Probe feldfrei ist.

Eine modifizierte Form der London-Gleichung wurde von Brian Pippard vorgeschlagen. Diese Form verallgemeinert die London-Gleichung, indem sie den Strom $\mathbf{j}$ in einem Punkt $\mathbf{r}$ des Festkörpers mit dem Vektorpotential in benachbarten Punkten $\mathbf{r}'$ in Beziehung setzt. Der von Pippard vorgeschlagene Ausdruck ist

$$\mathbf{j}(\mathbf{r}) = -\frac{n_s e^2}{m_e} \frac{3}{4\pi\xi_0} \int \frac{\mathbf{R}(\mathbf{R} \cdot \mathbf{A}(\mathbf{r}'))}{R^4} e^{-R/r_0} \mathrm{d}^3 r' \tag{3.53}$$

mit dem Abstand $\mathbf{R} = \mathbf{r} - \mathbf{r}'$. Die Punkte, die zum Integral beitragen, haben Abstände von r_0 oder kleiner, wobei r_0 durch die Gleichung

$$\frac{1}{r_0} = \frac{1}{\xi_0} + \frac{1}{l} \tag{3.54}$$

definiert ist. Hierbei ist l die **mittlere freie Weglänge** der Elektronen auf der Fermi-Fläche des Metalls,

$$l = v_F \tau \tag{3.55}$$

Dabei ist τ die in der Drude-Formel auftretende Stoßzeit und v_F die Geschwindigkeit der Elektronen auf der Fermi-Fläche. Die Länge ξ_0 wird **Kohärenzlänge** genannt. Nachdem die BCS-Theorie der Supraleitung vollständig ausformuliert war, wurde klar, dass diese Länge in enger Beziehung mit dem Wert Δ der Energielücke steht. Es gilt

$$\xi_0 = \frac{\hbar v_F}{\pi \Delta} \tag{3.56}$$

Im Rahmen der BCS-Theorie kann sie auch als die physikalische Größe eines Cooper-Paares interpretiert werden.

Aus der Existenz der Pippardschen Kohärenzlänge folgt, dass ein Supraleiter durch nicht weniger als **drei unterschiedliche Längenskalen** charakterisiert ist, nämlich die Eindringtiefe λ, die Kohärenzlänge ξ_0 und die mittlere freie Weglänge l. Im nächsten Abschnitt werden wir sehen, dass das dimensionslose Verhältnis $\kappa = \lambda/\xi_0$ bestimmt, ob es sich um einen Supraleiter erster oder zweiter Art handelt. Wichtig ist außerdem das Größenverhältnis von mittlerer freier Weglänge und Kohärenzlänge. Im Falle $l \gg \xi_0$ sagt man, der Supraleiter sei im **clean limit**, während man für $l < \xi_0$ vom **dirty limit** spricht. Es ist eine erstaunliche und sehr wichtige Eigenschaft der meisten Supraleiter, dass ihre Supraleitfähigkeit auch dann erhalten bleibt, wenn es eine große Zahl von Störstellen gibt, die für eine sehr kurze mittlere freie Weglänge sorgen. Aufgrund dieser Eigenschaft sind viele Legierungen trotz ihrer ungeordneten atomaren Struktur supraleitend.

3.9 Das London-Modell für Vortizes

Mithilfe der London-Gleichung können wir eine einfache mathematische Beschreibung für Vortizes wie in Abbildung 3.10 herleiten. Die Vortizes haben einen zylindrischen Kern aus normalleitendem Material, dessen Radius näherungsweise der Kohärenzlänge ξ_0 entspricht. Innerhalb dieses Kerns gibt es ein endliches Magnetfeld B_0. Außerhalb der Vortizes können wir die London-Gleichung in der Form (3.46) verwenden, um zu einer Differentialgleichung für das Magnetfeld $\mathbf{B} = (0, 0, B_z)$ zu gelangen. Unter Verwendung von Zylinderkoordinaten und dem entsprechenden Ausdruck für die Rotation (siehe (2.43)) erhalten wir

$$\frac{\mathrm{d}^2 B_z}{\mathrm{d}r^2} + \frac{1}{r}\frac{\mathrm{d}B_z}{\mathrm{d}r} - \frac{B_z}{\lambda^2} = 0 \tag{3.57}$$

(Die Durchführung dieser Rechnung ist Gegenstand von Aufgabe (3.3)). Dies ist eine Form der Bessel-Gleichung (siehe zum Beispiel Boas 1983 oder Matthews / Walker 1970). Die Lösungen von Gleichungen dieses Typs werden modifizierte oder hyperbolische Bessel-Funktionen genannt und mit $K_\nu(z)$ bezeichnet. Es gibt mehrere Standardwerke zur mathematischen Physik, in denen diese Funktionen beschrieben werden. In dem hier betrachteten Fall ist die Lösung $K_0(z)$. Das resultierende magnetische Feld kann in der Form

$$B_z(r) = \frac{\Phi_0}{2\pi\lambda^2} K_0\left(\frac{r}{\lambda}\right) \tag{3.58}$$

geschrieben werden, wobei Φ_0 der gesamte vom Vortexkern eingeschlossene magnetische Fluss ist, also

$$\Phi_0 = \int B_z(r)\mathrm{d}^2 r \tag{3.59}$$

Im nächsten Kapitel werden wir sehen, dass der magnetische Fluss quantisiert ist und in Vielfachen von $\Phi_0 = h/2e$ auftritt.

Für kleine Werte von z kann die Funktion $K_0(z)$ durch

$$K_0(z) \sim -\ln z$$

approximiert werden (Abramowitz / Stegun, 1965). Für $r \ll \lambda$ gilt somit

$$B_z(r) = \frac{\Phi_0}{2\pi\lambda^2} \ln\left(\frac{\lambda}{r}\right) \tag{3.60}$$

Unter Verwendung der Gleichung $\mu_0 \mathbf{j} = \nabla \times \mathbf{B}$ kann man zeigen (siehe ebenfalls Aufgabe (3.3)), dass der zugehörige zirkulierende Strom wirbelfrei ist:

$$\mathbf{j} \sim \frac{1}{r}\mathbf{e}_\phi \tag{3.61}$$

Dies ist exakt das Ergebnis, das wir weiter vorn für Vortizes in suprafluidem Helium erhalten hatten.

Dass diese Ausdrücke bei $r = 0$ divergieren, hat keine physikalische Bedeutung. Das Problem verschwindet, wenn man die endliche Kohärenzlänge ξ_0 des Supraleiters beachtet. Effektiv definiert diese eine kleine Kerngröße der Vortizes, was an den Vortexkern in suprafluidem ^{4}He erinnert. Innerhalb des Vortexkerns (für $r < \xi_0$) wird die Supraleitung unterdrückt, sodass dort effektiv normalleitendes Material vorliegt. Gleichung (3.60) ist daher gültig im Bereich $\xi_0 \ll r \ll \lambda$, und dieses einfache London-Modell für Vortizes ist nur anwendbar für Supraleiter mit $\xi_0 \ll \lambda$.

Für große z wird die Bessel-Funktion asymptotisch zu

$$K_0(z) \sim \sqrt{\frac{\pi}{2z}} e^{-z}$$

(Abramowitz / Stegun, 1965). Daher hat das magnetische Feld fern der London-Vortizes die Form

$$B_z(r) = \frac{\Phi_0}{2\pi\lambda^2} \sqrt{\frac{\pi\lambda}{2r}} e^{-r/\lambda} \tag{3.62}$$

(Aufgabe (3.3)). Auch dies ähnelt qualitativ dem Eindringen eines Magnetfeldes in den Bereich nahe der Oberfläche (siehe Abbildung 3.12).

Insgesamt hat das Magnetfeld nach dem London-Modell für Vortizes innerhalb des Vortexkerns ($r < \xi$) einen großen konstanten Wert B_0, fällt dann zunächst zwischen ξ_0 und λ logarithmisch und außerhalb des Vortexkerns auf einer Länge der Ordnung λ schließlich exponentiell. Natürlich ist dieses Modell nur im Grenzfall $\lambda > \xi_0$ angemessen, also bei einem Supraleiter zweiter Art.

Instruktiv ist es auch, die Energie rotierender Supraströme im Schlauch zu berechnen. Als Ergebnis[7] erhalten wir die Näherung

$$E = \frac{\Phi_0^2}{4\pi\,\mu_0\lambda^2} \ln\left(\frac{\lambda}{\xi_0}\right) \tag{3.63}$$

für die Energie pro Längeneinheit.

[7] Der Beweis ist Gegenstand von Aufgabe (3.4).

Weiterführende Literatur

Eine Übersicht über die grundlegenden Konzepte der Bändertheorie der Metalle gibt der Band *Band Theory and Electronic Properties of Solids,* Singleton (2001) der Reihe Oxford Master Series in Condensed Matter.

Lehrbücher, in denen die Supraleitung behandelt wird, gibt es viele. Zu den besonders gut für Einsteiger geeigneten dürften *Superconductivity Today,* Ramakrishnan / Rao (1992) und *Superconductivity and Superfluidity* von Tilley / Tilley (1990) gehören.

Von den Büchern für Fortgeschrittene behandelt *Superconductivity of Metals and Alloys* von de Gennes (1966) die in diesem Kapitel angerissenen Themen am ausführlichsten, insbesondere Vortizes und das Abrikosov-Gitter.

Bessel-Funktionen und ihre mathematischen Eigenschaften werden in vielen Lehrbüchern behandelt. Das Standardwerk mit Definitionen und Eigenschaften aller wichtigen mathematischen Funktionen ist Abramowitz / Stegun (1965). Gute Einführungen wurden von Boas (1983) und Matthews / Walker (1970) vorgelegt.

Aufgaben

3.1 (a) Zeigen Sie unter Verwendung der London-Gleichung, dass in einem Supraleiter

$$\nabla \times (\nabla \times \mathbf{B}) = -\frac{1}{\lambda^2}\,\mathbf{B}$$

gilt.

(b) In Abbildung 3.12 liegt die Oberfläche des Supraleiters in der y-z-Ebene. In z-Richtung, also parallel zur Oberfläche, wird ein Magnetfeld $\mathbf{B} = (0, 0, B_0)$ angelegt. Wir nehmen an, dass das Magnetfeld innerhalb des Supraleiters eine nur von x abhängige Funktion ist, also $\mathbf{B} = (0, 0, B_z(x))$. Zeigen Sie, dass dann

$$\frac{\mathrm{d}^2 B_z(x)}{\mathrm{d}x^2} = \frac{1}{\lambda^2}\,B_z(x)$$

gilt.

(c) Lösen Sie die in Teil (b) auftretende Differentialgleichung und zeigen Sie, dass das Magnetfeld in der Nähe der Oberfläche eines Supraleiters die in Abbildung 3.12 skizzierte Form

$$B = B_0 \exp\left(-x/\lambda\right)$$

hat.

3.2 Betrachten Sie eine dünne supraleitende Platte der Dicke $2L$ (Abbildung 3.13). Angenommen, es wird von außen ein parallel zur Platte gerichtetes Magnetfeld

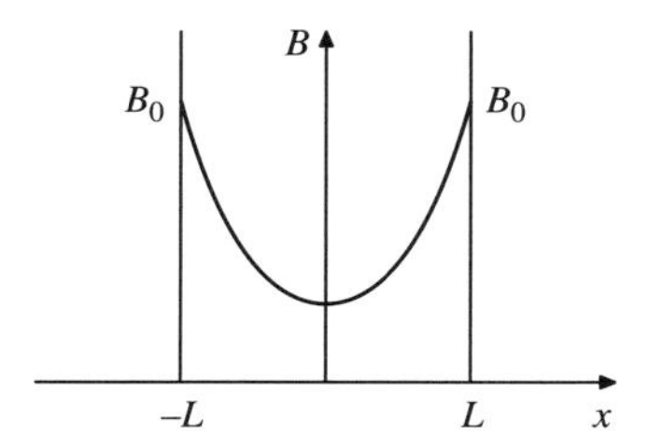

Abbildung 3.13: *Das Magnetfeld in einer supraleitenden Platte der Dicke* $2L$*, Aufgabe (3.2).*

B_0 angelegt. Zeigen Sie, dass das Magnetfeld in der Platte dann durch

$$B_z(x) = B_0 \frac{\cosh(x/\lambda)}{\cosh(L/\lambda)}$$

gegeben ist.

3.3 (a) Ein Vortex in einem Supraleiter kann durch einen zylindrischen Kern aus normalleitendem Metall mit dem Radius ξ_0 modelliert werden. Verwenden Sie die Gleichung $\nabla \times (\nabla \times \mathbf{B}) = -\mathbf{B}/\lambda^2$ und den Ausdruck (2.43) für die Rotation in Zylinderkoordinaten, um zu zeigen, dass das Magnetfeld $B_z(r)$ außerhalb des Kerns die Besselsche Differentialgleichung

$$\frac{1}{r}\frac{\mathrm{d}}{\mathrm{d}r}\left(r\frac{\mathrm{d}B_z}{\mathrm{d}r}\right) = \frac{B_z}{\lambda^2}$$

erfüllt.

(b) Für kleine r mit $\xi_0 < r \ll \lambda$ ist die rechte Seite der Besselschen Differentialgleichung in Teil (a) näherungsweise null. Zeigen Sie, dass diese Näherung auf

$$B_z(r) = a\ln(r) + b$$

mit den unbekannten Konstanten a und b führt.

(c) Zeigen Sie, dass der Strom, der zu dem in Teil (b) gefundenen $B_z(r)$ gehört, durch

$$\mathbf{j} = -\frac{a}{\mu_0 r}\mathbf{e}_\phi$$

gegeben ist, was dem Suprastrom in einem Vortex bei ^{4}He ähnelt. Bestimmen Sie dann das Vektorpotential $\mathbf{A}$ sowie die Konstante a als Funktion des im Vortex eingeschlossenen magnetischen Flusses Φ.

(d) Nehmen Sie an, dass die in Teil (a) gegebene Besselsche Differentialgleichung für größere Werte von r ($r \sim \lambda$ und darüber) durch

$$\frac{\mathrm{d}}{\mathrm{d}r}\left(\frac{\mathrm{d}B_z}{\mathrm{d}r}\right) = \frac{B_z}{\lambda^2}$$

approximiert werden kann. Zeigen Sie auf diese Weise, dass für große r die Näherung $B_z(r) \sim e^{-r/\lambda}$ gilt.

(e) Die in Teil (d) angegebene Lösung für große r hat nicht die korrekte asymptotische Form der in Abschnitt 3.9 beschriebenen Lösung. Nehmen Sie für große Werte von r

$$B_z(r) \sim r^p e^{-r/\lambda}$$

an. Zeigen Sie so, dass der richtige Exponent wie vorn beschrieben $p = -1/2$ ist.

3.4 Nehmen Sie an, dass ein Suprastrom einem effektiven suprafluiden Fuss von Elektronen mit der Geschwindigkeit $\mathbf{v}$ entspricht ($\mathbf{j} = -en_s\mathbf{v}$). Weiter sei die zugehörige kinetische Energie $\frac{1}{2}mv^2n_s$ pro Volumeneinheit. Zeigen Sie damit und unter Verwendung der Ergebnisse aus Aufgabe (3.3), Teile (c) und (d), dass die Gesamtenergie eines Vortexschlauchs näherungsweise

$$E = \frac{\Phi^2}{4\pi\,\mu_0\lambda^2} \ln\left(\frac{\lambda}{\xi_0}\right)$$

pro Längeneinheit ist.

3.5 Die Leitfähigkeit $\sigma(\omega)$ ist eine komplexe Größe, deren Real- und Imaginärteil über die **Kramers-Kronig-Relationen**

$$\mathrm{Re}[\sigma(\omega)] = \frac{1}{\pi}\mathcal{P}\int_{-\infty}^{\infty} \frac{\mathrm{Im}[\sigma(\omega')]}{\omega' - \omega}\,\mathrm{d}\omega'$$

und

$$\mathrm{Im}[\sigma(\omega)] = -\frac{1}{\pi}\mathcal{P}\int_{-\infty}^{\infty} \frac{\mathrm{Re}[\sigma(\omega')]}{\omega' - \omega}\,\mathrm{d}\omega'$$

zusammenhängen. Dabei bezeichnet $\mathcal{P}\int$ den Cauchyschen Hauptwert des Integrals (siehe Boas 1983; Matthew / Walker 1970). Daher ist eine Messung des Realteils ausreichend, um auch den Imaginärteil zu bestimmen, und umgekehrt.

(a) Verwenden Sie diese Relationen und nehmen Sie an, dass der Realteil $\mathrm{Re}\,\sigma(\omega)$ der Leitfähigkeit eine Diracsche Deltafunktion ist:

$$\mathrm{Re}[\sigma(\omega)] = \frac{\pi n_s e^2}{m_e}\delta(\omega)$$

Zeigen Sie, dass der Imaginärteil dann, wie in (3.41) angegeben, durch

$$\mathrm{Im}[\sigma(\omega)] = \frac{n_s e^2}{m_e}$$

gegeben ist.

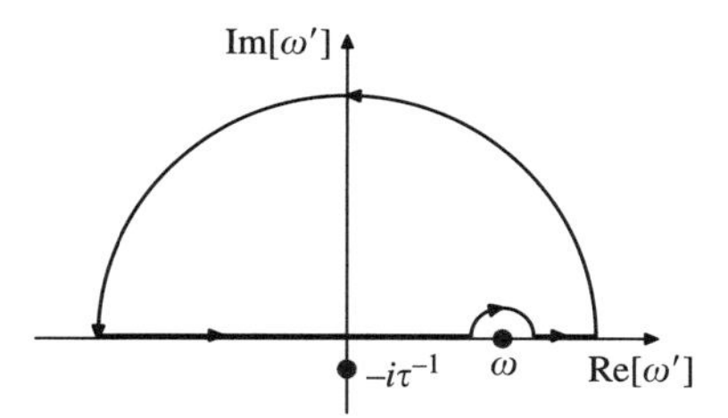

Abbildung 3.14: *Komplexer Integrationsweg, Aufgabe (3.5).*

(b) Die folgende Aufgabe zur Herleitung der Kramers-Kronig-Relationen setzt Kenntnisse in der Funktionentheorie voraus. Wir betrachten das Linienintegral

$$I = \oint \frac{\sigma(\omega')}{\omega' - \omega} \mathrm{d}\omega'$$

(siehe Abbildung 3.14). Bestimmen Sie die Polstellen von $\sigma(\omega')$ gemäß (3.38) und zeigen Sie, dass die Funktion in der oberen Halbebene analytisch ist.

(c) Zeigen Sie unter Verwendung des Ergebnisses aus Teil (b), dass I gleich null ist, und beweisen Sie damit

$$0 = \mathcal{P} \int_{-\infty}^{\infty} \frac{\sigma(\omega')}{\omega' - \omega} \mathrm{d}\omega' - i\pi\sigma(\omega) = 0$$

Hierbei wird das Integral einfach entlang der reellen x-Achse genommen. Zeigen Sie, dass für den Real- und den Imaginärteil dieses Ausdrucks die Kramers-Kronig-Relationen gelten.[8]

[8]Der Beweis ist tatsächlich sehr allgemein. Die Tatsache, dass $\sigma(\omega')$ in der oberen Hälfte der komplexen Ebene analytisch ist, ist einfach eine Konsequenz der **Kausalität**, infolge der der angelegte Strom immer auf das angelegte äußere Feld reagiert. Die Wirkung folgt auf die Ursache, niemals umgekehrt! Deshalb gelten die Kramers-Kronig-Relationen für jede solche Antwortfunktion.

4 Das Ginzburg-Landau-Modell

4.1 Einführung

Der supraleitende Zustand und der normalleitende metallische Zustand sind unterschiedliche thermodynamische Phasen der Materie, ähnlich wie gasförmig, flüssig und fest. Ebenso sind das normale Bose-Gas und das Bose-Einstein-Kondensat oder normales flüssiges ^{4}He und suprafluides He II durch einen thermodynamischen Phasenübergang separiert. Jeder Phasenübergang ist durch die Art der Singularitäten in der spezifischen Wärme und anderen thermodynamischen Größen an der Übergangstemperatur T_c charakterisiert. Die Phänomene Suprafluidität und Supraleitung können daher im Kontext der Thermodynamik von Phasenübergängen betrachtet werden.

Die 1950 von Vitaly Ginzburg und Lev Landau eingeführte Theorie der Supraleitung beschreibt den Phasenübergang zur Supraleitung aus dieser thermodynamischen Sichtweise. Sie wurde ursprünglich als eine phänomenologische Theorie eingeführt. Später zeigte Lev Gor'kov, dass sie in einem geeigneten Limes aus der vollständigen mikroskopischen Theorie von Bardeen, Cooper und Schrieffer (BCS-Theorie) abgeleitet werden kann.[1]

In diesem Kapitel werden wir den Phasenübergang zur Supraleitung zunächst aus Sicht der Gleichgewichtsthermodynamik diskutieren. Anschließend wenden wir uns dem vollständigen Ginzburg-Landau-Modell zu. Dabei befassen wir uns zuerst mit räumlich homogenen Systemen, dann mit räumlich variierenden Systemen und schließlich mit Systemen in einem externen Magnetfeld. Die Ginzburg-Landau-Theorie liefert viele nützliche und wichtige Vorhersagen. Hier wollen wir uns auf zwei Anwendungen konzentrieren: die Flussquantisierung und das Abrikosov-Gitter in Supraleitern zweiter Art.

In ihrer ursprünglichen Anwendung auf Supraleiter war die Ginzburg-Landau-Theorie ein Paradebeispiel für eine **mean-field-Theorie** zur Beschreibung thermodynamischer Zustände. Eine ihrer mächtigsten Eigenschaften besteht allerdings darin, dass sie verwendet werden kann, um über den ursprünglichen mean-field-Grenzfall hinauszugehen und beispielsweise die Effekte thermischer Fluktuationen zu berücksichtigen. Im Folgenden werden wir sehen, dass solche Fluktuationen im Falle konventioneller „low-T_c"-Supraleiter weitgehend vernachlässigt werden können, was die mean-field-Näherung im Prinzip exakt macht. Bei den neueren Hochtemperatursupraleitern dagegen führen diese Fluktuationen zu vielen bedeutsamen Phänomenen.

---

[1] Tatsächlich ist das Ginzburg-Landau-Modell sehr allgemein und findet in vielen unterschiedlichen Gebieten der Physik Anwendung. Nach geeigneter Modifizierung beschreibt es viele verschiedene physikalische Systeme, darunter Magnetismus, Flüssigkristallphasen und sogar symmetriebrechende Phasenübergänge, die im frühen Universum stattgefunden haben, als sich die Materie nach dem Urknall abkühlte!

4.2 Die Kondensationsenergie

Wir wissen bereits genug über Supraleitung, um auf einige wichtige thermodynamische Eigenschaften des Phasenübergangs zur Supraleitung schließen zu können. Wir können das Phasendiagramm von Supraleitern auf genau die gleiche Weise analysieren, wie wir es mit dem vertrauten Phasenübergang zwischen flüssig und gasförmig tun würden, wo das Problem durch die Van-der-Waals-Zustandsgleichung beschrieben wird. Allerdings haben wir für den Supraleiter anstatt der beiden thermodynamischen Variablen P und V (Druck und Volumen) die beiden magnetischen Variablen $\mathbf{H}$ und $\mathbf{M}$ als relevante thermodynamische Parameter.

Zunächst ein kurzer Überblick über die Thermodynamik von magnetischen Materialien. Dieses Thema wird von mehreren einführenden Lehrbüchern zur Thermodynamik abgedeckt, darunter Mandl (1987), Callen (1960) oder Blundell (2001). In einer Zylinderspule wie in Abbildung 3.6 ist das Magnetfeld $\mathbf{H}$ innerhalb der Probe gegeben durch

$$\mathbf{H} = \frac{N}{L} I \mathbf{e}_z \tag{4.1}$$

Dabei ist N/L die Anzahl der Windungen pro Meter, I der Strom und $\mathbf{e}_z$ ein Einheitsvektor in Richtung der Zylinderachse. Die insgesamt verrichtete Arbeit $\mathrm{d}W$, wenn der Strom infinitesimal von I auf $I + \mathrm{d}I$ erhöht wird, berechnet sich zu

$$\begin{aligned}
\mathrm{d}W &= -N\mathcal{E} I \,\mathrm{d}t \\
&= +N\frac{\mathrm{d}\Phi}{\mathrm{d}t} I \,\mathrm{d}t \\
&= +NI \,\mathrm{d}\Phi \\
&= +NAI \,\mathrm{d}B \\
&= +V\mathbf{H} \cdot \mathrm{d}\mathbf{B} \\
&= +\mu_0 V(\mathbf{H} \cdot \mathrm{d}\mathbf{M} + \mathbf{H} \cdot \mathrm{d}\mathbf{H})
\end{aligned} \tag{4.2}$$

Dabei ist A die Querschnittsfläche der Spule, $V = AL$ das Volumen und $\mathcal{E} = -\mathrm{d}\Phi/\mathrm{d}t$ die Quellenspannung, die durch die Änderung des totalen magnetischen Flusses Φ durch die Probe in der Spule induziert wird. Außerdem haben wir im letzten Schritt der Rechnung die Identität $\mathbf{B} = \mu_0(\mathbf{M} + \mathbf{H})$ benutzt.

Diese Analyse zeigt, dass wir die Arbeit, die durch das Ansteigen des Stroms in der Spule verrichtet wird, in zwei Teile aufspalten können. Der erste Teil,

$$\mu_0 \mathbf{H} \cdot \mathrm{d}\mathbf{M}$$

(pro Volumeneinheit) ist die von der Probe verrichtete **magnetische Arbeit**. Der zweite Teil,

$$\mu_0 \mathbf{H} \cdot \mathrm{d}\mathbf{H}$$

ist die Arbeit pro Volumeneinheit, die auch dann verrichtet worden wäre, wenn sich in der Spule keine Probe befände; dies ist die Arbeit aufgrund der **Selbstinduktivität** der Spule. Wenn die Spule leer ist, gilt $\mathbf{M} = 0$ und damit $\mathbf{B} = \mu_0\mathbf{H}$. Wie man also leicht sieht, entspricht die verrichtete Arbeit exakt der Änderung der Vakuumfeldenergie des elektromagnetischen Feldes

$$E_B = \frac{1}{2\mu_0}\int B^2\,\mathrm{d}^3r \tag{4.3}$$

aufgrund der Änderung des Stroms in den Windungen der Spule. Konventionsgemäß[2] werden wir diese Vakuumfeldenergie nicht als an der Probe verrichtete Arbeit berücksichtigen. Wir definieren die an der Probe verrichtete magnetische Arbeit als $\mu_0\mathbf{H}\mathrm{d}\mathbf{M}$ pro Volumeneinheit.

Mit dieser Definition der magnetischen Arbeit lautet der erste Hauptsatz der Thermodynamik für ein magnetisches Material

$$\mathrm{d}U = T\,\mathrm{d}S + \mu_0 V\mathbf{H}\cdot\mathrm{d}\mathbf{M} \tag{4.4}$$

Dabei ist U die gesamte innere Energie und $T\mathrm{d}S$ die Wärmeenergie (mit der Temperatur T und der Entropie S). Wie man sieht, ist die magnetische Arbeit analog zur Arbeit $-P\mathrm{d}V$ in einem Gas. Wie in der vertrauten Thermodynamik der Gase stellt sich die innere Energie U auf natürliche Weise als eine Funktion der Entropie und des Volumens dar, also $U(S,V)$. Das Analogon zum ersten Hauptsatz für ein magnetisches System (Gleichung (4.4)) zeigt, dass die innere Energie eines magnetischen Materials ebenso als Funktion von S und $\mathbf{M}$ aufgefasst werden kann, also $U(S,\mathbf{M})$. Unter Verwendung dieser Funktion sind die Temperatur und das Feld $\mathbf{H}$ gegeben durch

$$T = \frac{\partial U}{\partial S} \tag{4.5}$$

$$\mathbf{H} = \frac{1}{\mu_0 V}\frac{\partial U}{\partial \mathbf{M}} \tag{4.6}$$

Allerdings sind S und $\mathbf{M}$ gewöhnlich nicht die Variablen, mit denen es sich am bequemsten arbeiten lässt. Im Falle einer Zylindersymmetrie wie in Abbildung 3.6 ist es das H-Feld, welches durch den Strom direkt festgelegt ist, nicht $\mathbf{M}$. Daher ist es sinnvoll, die magnetischen Analoga der Helmholtzschen und der Gibbsschen freien Energie zu definieren:

$$F(T,\mathbf{M}) = U - TS \tag{4.7}$$

$$G(T,\mathbf{H}) = U - TS - \mu_0 V\mathbf{H}\cdot\mathbf{M} \tag{4.8}$$

Wie man sieht, stellt sich die Gibbssche freie Energie G in natürlicher Weise als Funktion von T und $\mathbf{H}$ dar, denn es gilt

$$\mathrm{d}G = -S\,\mathrm{d}T - \mu_0 V\mathbf{M}\cdot\mathrm{d}\mathbf{H} \tag{4.9}$$

[2] Leider wird in den einschlägigen Publikationen keine einheitliche Konvention verwendet. Verschiedene Beiträge zur Gesamtenergie werden manchmal berücksichtigt und manchmal nicht, sodass man beim Vergleich von Formeln aus unterschiedlichen Quellen sehr sorgfältig sein muss. Die hier verwendete Konvention folgt Mandl (1987) und Callen (1960).

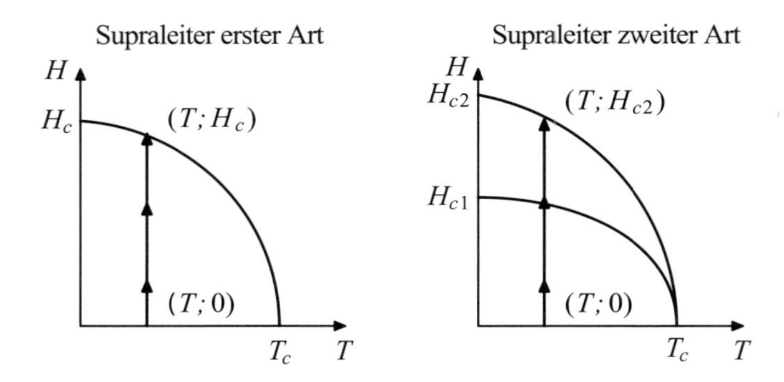

Abbildung 4.1: *Wir erhalten die Kondensationsenergie für Supraleiter durch thermodynamische Integration der Gibbsschen freien Energie entlang der Konturen in der T-H-Ebene.*

Die Entropie und die Magnetisierung können nun durch G ausgedrückt werden:

$$S = -\frac{\partial G}{\partial T} \tag{4.10}$$

$$\mathbf{M} = -\frac{1}{\mu_0 V}\frac{\partial G}{\partial \mathbf{H}} \tag{4.11}$$

$G(T, \mathbf{H})$ ist in der Regel die thermodynamische Größe, mit der es sich am bequemsten arbeiten lässt, denn T und $\mathbf{H}$ sind meist diejenigen Variablen, die experimentell am besten kontrolliert werden können. Weiter kann man aus $G(T, \mathbf{H})$ die freie Energie $F = G + \mu_0 V \mathbf{H} \cdot \mathbf{M} V$ und die innere Energie $U = F + TS$ rekonstruieren.

Aus der Gibbsschen freien Energie können wir die Differenz der freien Energien des supraleitenden Zustand einerseits und des normalen Zustands andererseits berechnen. Betrachten wir das in Abbildung 4.1 skizzierte H-T-Phasendiagramm eines Supraleiters erster Art. Wir können die Änderung der Gibbsschen freien Energie im supraleitenden Zustand berechnen, indem wir entlang der eingezeichneten vertikalen Linie integrieren. Entlang dieser Linie ist $\mathrm{d}T = 0$, und demzufolge gilt offensichtlich

$$G_s(T, H_c) - G_s(T, 0) = \int \mathrm{d}G = -\mu_0 V \int_0^{H_c} \mathbf{M} \cdot \mathrm{d}\mathbf{H}$$

Der Index s zeigt dabei an, dass $G(T, \mathbf{H})$ im supraleitenden Zustand ist. Für einen Supraleiter erster Art im supraleitenden Zustand wissen wir aber, dass $\mathbf{M} = -\mathbf{H}$ ist (wegen des Meißner-Ochsenfeld-Effekts), und folglich

$$G_s(T, H_c) - G_s(T, 0) = \mu_0 \frac{H_c^2}{2} V$$

Für die kritische Feldstärke H_c (siehe Abbildung 4.1) befinden sich der normalleitende und der supraleitende Zustand im thermodynamischen Gleichgewicht. Gleichgewicht zwischen zwei Phasen bedeutet, dass die Gibbsschen freien Energien gleich sind:

$$G_s(T, H_c) = G_n(T, H_c)$$

Außerdem gilt im normalleitenden Zustand $M \approx 0$ (abgesehen von dem geringfügigen Para- oder Diamagnetismus, der in normalen Metallen auftritt und den wir vernachlässigen). Wenn der normalleitende Zustand zwischen null und H_c bleibt, hat er demnach eine Gibbssche freie Energie von

$$G_n(T, H_c) - G_n(T, 0) = \int \mathrm{d}G = -\mu_0 V \int_0^{H_c} M \mathrm{d}H \approx 0$$

Fügen wir diese Ergebnisse zusammen, so erhalten wir die Differenz der Gibbsschen freien Energien des supraleitenden und des normalen Zustands für den feldfreien Fall:

$$G_s(T, 0) - G_n(T, 0) = -\mu_0 V \frac{H_c^2}{2} \tag{4.12}$$

Das Gibbssche Potential des supraleitenden Zustands ist niedriger, sodass dieser der stabile Zustand ist.

Wir können die obigen Ergebnisse auch unter Verwendung der vertrauteren Helmholtzschen freien Energie schreiben. Mit $F = G - \mu_0 V \mathbf{H} \cdot \mathbf{M}$ und der Substitution $\mathbf{H} = \mathbf{M} = 0$ sehen wir, dass die Differenz der Helmholtzschen freien Energien $F(T, \mathbf{M})$ die gleiche ist wie für die Gibbsschen Potentiale, also

$$F_s(T, 0) - F_n(T, 0) = -\mu_0 V \frac{H_c^2}{2} \tag{4.13}$$

Die Größe $\mu_0 H_c^2/2$ ist die **Kondensationsenergie.** Sie ist ein Maß für das Mehr an freier Energie pro Volumeneinheit im supraleitenden Zustand gegenüber dem normalleitenden Zustand bei gleicher Temperatur.

Als Beispiel betrachten wir das Element Niob. Hier ist $T_c = 9\,\mathrm{K}$ und $H_c = 160\,\mathrm{kA\,m^{-1}}$ ($B_c = \mu_0 H_c = 0{,}2\,\mathrm{T}$). Die Kondensationsenergie ist $\mu_0 H_c^2/2 = 16{,}5\,\mathrm{kJ\,m^{-3}}$. Niob hat eine kubisch raumzentrierte Kristallstruktur mit einer Gitterkonstante von 0,33 nm. Damit kennen wir das Volumen pro Atom und erhalten eine Kondensationsenergie von nur etwa 2μeV pro Atom! Solche winzigen Energien waren ein Rätsel, bis die BCS-Theorie zur Verfügung stand. Sie zeigte, dass die Kondensationsenergie von der Ordnung $(k_\mathrm{B} T_c)^2 g(\epsilon_F)$ ist, wobei $g(\epsilon_F)$ die Dichte der Zustände im Fermi-Niveau ist. Die Energie ist so klein, weil $k_\mathrm{B} T_c$ um viele Größenordnungen kleiner ist als die Fermi-Energie ϵ_F.

Ähnliche thermodynamische Argumente können angewendet werden, um die Kondensationsenergie von Supraleitern zweiter Art zu berechnen. Wieder wird die magnetische Arbeit pro Volumeneinheit mithilfe eines Linienintegrals berechnet (siehe Abbildung 4.1 rechts). Wir erhalten

$$G_s(T, H_{c2}) - G_s(T, 0) = \mu_0 V \int_0^{H_{c2}} \mathbf{M} \cdot \mathrm{d}\mathbf{H} \tag{4.14}$$

Das Integral ist einfach die Fläche unter der Kurve von M, gezeichnet als Funktion von H (dabei nehmen wir an, dass $\mathbf{M}$ und $\mathbf{H}$ in die gleiche Richtung zeigen; siehe

Abbildung 3.8). Wir **definieren** den Wert von H_c für einen Supraleiter zweiter Art über den Wert des Integrals

$$\frac{1}{2} H_c^2 \equiv \int_0^{H_{c2}} \mathbf{M} \cdot \mathrm{d}\mathbf{H} \tag{4.15}$$

und können wieder die Kondensationsenergie für das Feld null durch H_c ausdrücken:

$$F_s(T,0) - F_n(T,0) = -\mu_0 V \frac{H_c^2}{2} \tag{4.16}$$

Dieses H_c wird **thermodynamisches kritisches Feld** genannt. Beachten Sie, dass es in Supraleitern zweiter Art keinen Phasenübergang bei H_c gibt. Die Übergänge finden bei H_{c1} und H_{c2} statt, während H_c lediglich ein gut handhabbares Maß für die Kondensationsenergie ist.

Mit den gleichen Methoden können wir auch die Entropie des supraleitenden Zustands berechnen. Eine einfache Rechnung (Aufgabe (4.1)) zeigt, dass es in Supraleitern erster Art beim Übergang zwischen dem normalen und dem supraleitenden Zustand (also bei H_c) eine von null verschiedene Änderung der Entropie pro Volumeneinheit gibt, nämlich

$$s_s(T,H_c) - s_n(T,H_c) = -\mu_0 H_c \frac{\mathrm{d}H_c}{\mathrm{d}T} \tag{4.17}$$

Daran sehen wir, dass der Phasenübergang im Allgemeinen **erster Ordnung** ist, d. h., er ist verbunden mit einer von null verschiedenen latenten Wärme. Wenn das externe Feld allerdings null ist (der Punkt $(T,H) = (T_c,0)$ in Abbildung 4.1), geht diese Entropiedifferenz gegen null, sodass es in diesem Fall einen Phasenübergang **zweiter Ordnung** gibt.

4.3 Ginzburg-Landau-Theorie des Phasenübergangs

Die Ginzburg-Landau-Theorie der Supraleitung stützt sich auf einen allgemeinen Ansatz zur Beschreibung von Phasenübergängen zweiter Ordnung, die von Landau in den 1930er-Jahren entwickelt wurde. Landau hatte bemerkt, dass typische Phasenübergänge zweiter Ordnung, wie etwa der Übergang von ferromagnetischem zu paramagnetischem Verhalten bei der Curie-Temperatur, mit einer Änderung der Symmetrie des Systems einhergehen. Beispielsweise hat ein Magnet oberhalb der Curie-Temperatur T_c kein magnetisches Moment, während sich dieses unterhalb von T_c spontan entwickelt. Es gibt eine bestimmte Anzahl unterschiedlicher Richtungen, die alle die gleiche Energie haben, und im Prinzip könnte das magnetische Moment in jede dieser Richtungen zeigen. Doch das System wählt spontan eine bestimmte Richtung aus. In Landaus Theorie werden solche Phasenübergänge durch einen **Ordnungsparameter** charakterisiert, der in der ungeordneten Phase oberhalb von T_c null ist, darunter dagegen von null verschieden. Im Falle eines Magneten ist die Magnetisierung $\mathbf{M}(\mathbf{r})$ ein geeigneter Ordnungsparameter.

Für die Supraleitung postulierten Ginzburg und Landau die Existenz eines Ordnungsparameters ψ. Ähnlich wie die Magnetisierung in einem Ferromagneten charakterisiert dieser den supraleitenden Zustand in einem Supraleiter. Der Ordnungsparameter wird als eine nicht näher spezifizierte physikalische Größe angenommen, die den Zustand des Systems beschreibt. Im normalen metallischen Zustand oberhalb der kritischen Temperatur T_c des Supraleiters ist sie null, im supraleitenden Zustand, also unterhalb von T_c, ist sie dagegen von null verschieden. Insgesamt wird also angenommen

$$\psi = \begin{cases} 0 & \text{für } T > T_c \\ \psi(T) \neq 0 & \text{für } T < T_c \end{cases} \tag{4.18}$$

Ginzburg und Landau postulierten, dass der Ordnungsparameter ψ eine komplexe Zahl sein sollte, eine makroskopische Wellenfunktion für den Supraleiter in Analogie zu suprafluidem ^{4}He. Als sie ihre Theorie aufstellten, war die physikalische Bedeutung der komplexen Größe ψ für Supraleiter durchaus noch nicht klar. Doch wie wir sehen werden, tritt in der mikroskopischen BCS-Theorie der Supraleitung ein Parameter Δ auf, der ebenfalls komplex ist. Gor'kov gelang es, die Ginzburg-Landau-Theorie aus der BCS-Theorie abzuleiten. Er zeigte, dass ψ bis auf konstante Zahlenfaktoren identisch mit Δ ist. Tatsächlich kann $|\psi|^2$ im Rahmen der BCS-Theorie als die Dichte der „Cooper-Paare" in der Probe interpretiert werden.

Ginzburg und Landau nahmen an, dass die freie Energie des Supraleiters eine glatte Funktion des Parameters ψ sein muss. Da ψ komplex ist und die freie Energie reell sein muss, kann die Energie nur von $|\psi|$ abhängen. Da ψ an der kritischen Temperatur T_c gegen null geht, können wir die freie Energie nach Potenzen von $|\psi|$ in eine Taylor-Reihe entwickeln. Für Temperaturen nahe T_c sollten die ersten beiden Terme der Entwicklung genügen, womit die freie Energiedichte ($f = F/V$) für kleine $|\psi|$ die Form

$$f_s(T) = f_n(T) + a(T)|\psi|^2 + \frac{1}{2}b(T)|\psi|^4 + \dots \tag{4.19}$$

annimmt. Hierbei sind $f_s(T)$ und $f_n(T)$ die Dichten für den supraleitenden und für den normalen Zustand. Offensichtlich ist die durch (4.19) gegebene Form die einzig mögliche für eine Funktion, die für alle komplexen ψ in der Umgebung von null reell und differenzierbar ist. Die Parameter $a(T)$ und $b(T)$ sind im Allgemeinen temperaturabhängige phänomenologische Parameter der Theorie, wobei angenommen wird, dass sie glatte Funktionen der Temperatur sind. Außerdem müssen wir voraussetzen, dass $b(T)$ positiv ist, da die freie Energiedichte sonst kein Minimum hätte, was unphysikalisch wäre – oder aber ein Hinweis, dass wir in der Entwicklung höhere Potenzen berücksichtigen müssen.

Abbildung 4.2 zeigt $f_s - f_n$ als Funktion von ψ. Je nachdem welches Vorzeichen $a(T)$ hat, nimmt die Kurve eine von zwei möglichen Formen an. Für $a(T) > 0$ hat die Kurve ein Minimum bei $\psi = 0$. Dagegen gibt es für $a(T) < 0$ Minima für $|\psi|^2 = -a(T)/b(T)$. Landau und Ginzburg nahmen an, dass $a(T)$ bei Temperaturen über T_c positiv ist und demzufolge die Lösung mit minimaler freier Energie $\psi = 0$ ist, also der normale Zustand. Doch wenn $a(T)$ mit der Temperatur abnimmt und schließlich $a(T) = 0$ erreicht, ändert sich der Zustand des Systems abrupt. Unterhalb dieser Temperatur ist die Lösung mit

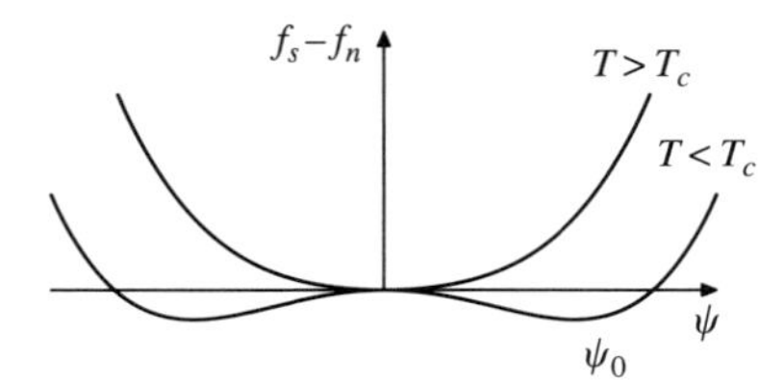

Abbildung 4.2: *Die Differenz der freien Energien des supraleitenden und des normalleitenden Zustands (pro Volumeneinheit) als Funktion des Ordnungsparameters ψ. Für $T < T_c$ hat die Energie ein Minimum bei ψ_0, während für $T > T_c$ das einzige Minimum bei $\psi = 0$ liegt.*

minimaler freier Energie eine mit $\psi \neq 0$. Daher können wir die Temperatur, für die $a(T)$ null wird, als die kritische Temperatur T_c identifizieren.

Wir nehmen an, dass die Koeffizienten $a(T)$ und $b(T)$ in der Umgebung der kritischen Temperatur T_c glatte Funktionen der Temperatur sind, und entwickeln diese in Taylor-Reihen:

$$\begin{aligned} a(T) &\approx \dot{a} \times (T - T_c) + \ldots \\ b(T) &\approx b + \ldots \end{aligned} \tag{4.20}$$

mit den beiden phänomenologischen Konstanten $\dot{a}$ und b. Damit ist $a(T)$ für Temperaturen dicht oberhalb von T_c positiv und für das Minimum der freien Energie ist $\psi = 0$. Dicht unterhalb von T_c dagegen gibt es Lösungen mit einer minimalen Energie, für die $|\psi|$ von null verschieden ist (siehe Abbildung 4.2). Dies lässt sich mit den Parametern $\dot{a}$ und b folgendermaßen schreiben:

$$|\psi| = \begin{cases} \left(\frac{\dot{a}}{b}\right)^{1/2} (T_c - T)^{1/2} & \text{für } T < T_c \\ 0 & \text{für } T > T_c \end{cases} \tag{4.21}$$

Der Kurvenverlauf von $|\psi|$ in Abhängigkeit von T ist in Abbildung 4.3 skizziert.

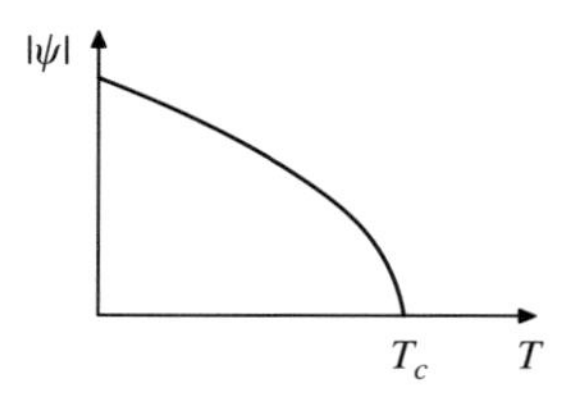

Abbildung 4.3: *Der Betrag des Ordnungsparameters als Funktion der Temperatur gemäß dem Ginzburg-Landau-Modell.*

Dort sehen wir den abrupten Wechsel vom Wert null zu einem von null verschiedenen Wert bei der kritischen Temperatur T_c. Qualitativ entspricht diese Kurve dem allgemeinen Verlauf des Ordnungsparameters bei Phasenübergängen zweiter Art gemäß Landaus Theorie. Beispielsweise erinnert das Verhalten des Ordnungsparameters ψ bei T_c

stark an die Änderung der Magnetisierung $\mathbf{M}$ in einem Ferromagneten am Curie-Punkt (Blundell 2001).

Es stellt sich als sehr wichtig heraus, dass es wegen der Komplexität von ψ mit

$$\psi = |\psi| e^{i\theta} \tag{4.22}$$

unendlich viele Minima gibt, entsprechend den möglichen Werten, die die komplexe Phase θ annehmen kann. Der Wert der Phase θ ist beliebig, da alle Werte auf die gleiche freie Energie führen. Doch ebenso wie im Falle der Magnetisierungsrichtung in einem Ferromagneten wählt das System spontan aus den unendlich vielen möglichen Werten einen speziellen aus. Ein Magnet, der auf eine Temperatur über T_c gebracht und dann wieder abgekühlt wird, nimmt fast sicher eine andere zufällige Magnetisierungsrichtung an als zuvor. Das Gleiche gilt für den Winkel θ in einem Supraleiter. Dieses Prinzip ist uns bereits in Kapitel 2 begegnet, als wir die XY-Symmetrie der makroskopischen Wellenfunktion in suprafluidem He II besprochen haben (vgl. Abbildung 2.4).

Der Wert der minimalen freien Energie ist offensichtlich $-a(T)^2/2b(T)$. Dies ist die Differenz der freien Energien (pro Volumeneinheit) zwischen der supraleitenden und der nicht-supraleitenden Phase des Systems bei der Temperatur T. Sie entspricht der Kondensationsenergie des Supraleiters, weshalb wir schreiben können

$$f_s(T) - f_n(T) = -\frac{\dot{a}^2(T - T_c)^2}{2b} = -\mu_0 \frac{H_c^2}{2} \tag{4.23}$$

Dabei ist

$$H_c = \frac{\dot{a}}{(\mu_0 b)^{1/2}} (T_c - T) \tag{4.24}$$

das thermodynamische kritische Feld nahe T_c.

Aus dieser freien Energie können wir andere physikalische Größen ableiten, beispielsweise die Entropie und die Wärmekapazität. Wenn wir f nach T ableiten, erhalten wir für $T < T_c$ die Entropie pro Volumeneinheit

$$s_s(T) - s_n(T) = -\frac{\dot{a}^2}{b}(T_c - T) \tag{4.25}$$

Bei T_c gibt es in der Entropie wie auch in der spezifischen Wärme keine Diskontinuität, was damit im Einklang steht, dass das Ginzburg-Landau-Modell einem thermodynamischen Phasenübergang zweiter Art entspricht. Allerdings gibt es bei T_c eine abrupte Änderung der spezifischen Wärme. Wir differenzieren die Entropie, um die Wärmekapazität $C_V = T\,\mathrm{d}s/\mathrm{d}T$ pro Volumeneinheit zu erhalten:

$$C_{Vs} - C_{Vn} = \begin{cases} T\dot{a}^2/b & \text{für } T < T_c \\ 0 & \text{für } T > T_c \end{cases} \tag{4.26}$$

Die Wärmekapazität hat demnach bei T_c eine Diskontinuität

$$\Delta C_V = T_c \frac{\dot{a}^2}{b} \tag{4.27}$$

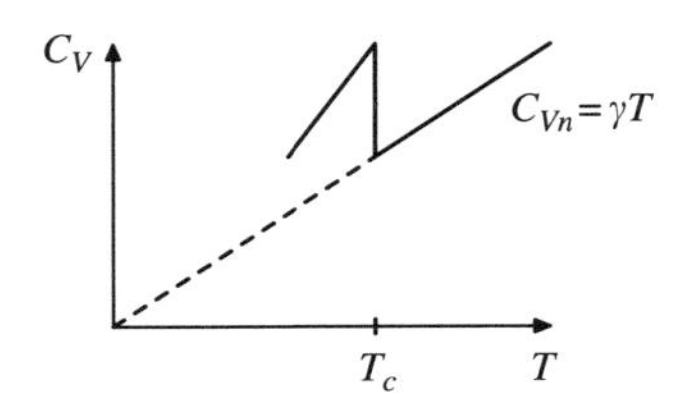

Abbildung 4.4: *Die spezifische Wärme eines Supraleiters nahe T_c nach dem Modell von Ginzburg und Landau. Oberhalb von T_c ist die spezifische Wärme durch die Sommerfeldsche Theorie der Metalle mit $C_{Vn} = \gamma T$ gegeben. Bei T_c gibt es eine Diskontinuität und eine Änderung des Anstiegs.*

Im normalen Metallzustand ist die Wärmekapazität linear in T. Es gilt $C_{Vn} = \gamma T$ mit dem Sommerfeld-Koeffizienten γ. Damit sieht die Kurve für die Wärmekapazität in der Umgebung von T_c insgesamt aus wie in Abbildung 4.4 dargestellt.[3]

Bemerkenswert ist, dass sich die in Abbildung 4.4 skizzierte spezifische Wärme von Supraleitern qualitativ recht stark von der in Bose-Einstein-Kondensaten (vgl. Abbildung 1.7) sowie von der in suprafluidem ^{4}He im λ-Punkt (vgl. Abbildung 2.3) unterscheidet.[4]

4.4 Ginzburg-Landau-Theorie für inhomogene Systeme

In der vollständigen Ginzburg-Landau-Theorie der Supraleitung kann der Ordnungsparameter vom Ort abhängen, also $\psi(\mathbf{r})$. Dies erinnert nun tatsächlich an die makroskopische Kondensatwellenfunktion, die wir im Kapitel 2 für suprafluides Helium eingeführt hatten.

Ginzburg und Landau postulierten, dass zur freien Energie in der oben angegebenen Form ein Term hinzu kommt, der vom Gradienten von $\psi(\mathbf{r})$ abhängt. Mit diesem Term wird die freie Energiedichte im Punkt $\mathbf{r}$ zu

$$f_s(T) = f_n(T) + \frac{\hbar}{2m^*}|\nabla\psi(\mathbf{r})|^2 + a(T)|\psi(\mathbf{r})|^2 + \frac{b(T)}{2}|\psi(\mathbf{r})|^4 \tag{4.28}$$

(ohne Magnetfelder). Wenn wir $\psi(\mathbf{r})$ auf einen konstanten Wert ψ setzen, so sehen wir, dass die Parameter $a(T)$ und $b(T)$ die gleichen sind wie für die Theorie, wie wir im

[3] Die Anwendung der Ginzburg-Landau-Theorie ist nur in der Umgebung von T_c sinnvoll. Damit ist auch unsere Berechnung der spezifischen Wärme nur nahe T_c korrekt. Die Fortsetzung der Ginzburg-Landau-Kurve nach $T = 0$ (gestrichelte Linie) ist nicht legitim.

[4] Die Unterschiede besagen jedoch nicht allzu viel! Unsere Theorie beruht auf einer mean-field-Näherung und vernachlässigt somit potentiell wichtige thermische Fluktuationseffekte. Wenn diese Fluktuationen groß sind (wie beispielsweise im Falle von Hochtemperatursupraleitern), zeigt die gemessene spezifische Wärme in der Umgebung von T_c anscheinend die gleiche XY-Universaltitätsklasse wie der λ-Punkt in suprafluidem Helium (Overend, Howson, Lawrie 1994).

letzten Kapitel beschrieben haben. Der neue Parameter m^* bestimmt die Energiekosten, die mit Variationen von ψ verbunden sind. Er hat die Dimension einer Masse und spielt die Rolle einer effektiven Masse für das Quantensystem mit makroskopischer Wellenfunktion $\psi(\mathbf{r})$.

Um den Ordnungsparamete $\psi(\mathbf{r})$ zu bestimmen, müssen wir die gesamte freie Energie des Systems

$$F_s(T) = F_n(T) + \int \left(\frac{\hbar^2}{2m^*} |\nabla\psi|^2 + a(T)|\psi(\mathbf{r})|^2 + \frac{b(T)}{2}|\psi(\mathbf{r})|^4 \right) \mathrm{d}^3 r \quad (4.29)$$

minimieren. Zur Auffindung des Minimums betrachten wir eine infinitesimale Variation

$$\psi(\mathbf{r}) \rightarrow \psi(\mathbf{r}) + \delta\psi(\mathbf{r}) \quad (4.30)$$

relativ zu einer Funktion $\psi(\mathbf{r})$. Wir berechnen die Änderung der gesamten freien Energie aufgrund der Variation $\delta\psi$ und lassen alle Terme höherer Ordnung als linear in der Variation $\delta\psi$ weg. So finden wir nach einer längeren Rechnung

$$\begin{aligned} \delta F_s = & \int \left[\frac{\hbar^2}{2m^*} (\nabla\delta\psi^*) \cdot (\nabla\psi) + \delta\psi^* (a\psi + b\psi|\psi^2|) \right] \mathrm{d}^3 r \\ & + \int \left[\frac{\hbar^2}{2m^*} (\nabla\psi^*) \cdot (\nabla\delta\psi) + (a\psi^* + b\psi^*|\psi^2|)\delta\psi \right] \mathrm{d}^3 r \end{aligned} \quad (4.31)$$

Die beiden Gradiententerme können wir partiell integrieren und erhalten

$$\begin{aligned} \delta F_s = & \int \delta\psi^* \left(-\frac{\hbar^2}{2m^*} \nabla^2\psi + a\psi + b\psi|\psi^2| \right) \mathrm{d}^3 r \\ & + \int \left(-\frac{\hbar^2}{2m^*} \nabla^2\psi + a\psi + b\psi|\psi^2| \right)^* \delta\psi \mathrm{d}^3 r \end{aligned} \quad (4.32)$$

Die Bedingung an $\psi(\mathbf{r})$, damit es ein Minimum der freien Energie gibt, ist $\delta F = 0$ für beliebige Variationen von $\delta\psi(\mathbf{r})$. Nach (4.32) ist dies nur möglich, wenn $\psi(\mathbf{r})$ die Gleichung

$$-\frac{\hbar^2}{2m^*} \nabla^2\psi + a\psi + b\psi|\psi^2| = 0 \quad (4.33)$$

erfüllt. Das gleiche Ergebnis können wir auch auf formalerem Weg erhalten. Wir stellen fest, dass die gesamte freie Energie $F_s[\psi]$ des Festkörpers ein **Funktional** von $\psi(\mathbf{r})$ ist. Das bedeutet, dass die Zahl F_s von der Funktion $\psi(\mathbf{r})$ in allen Punkten $\mathbf{r}$ des Systems abhängt. Es wird minimiert durch eine Funktion $\psi(\mathbf{r})$, die die Gleichungen

$$\frac{\delta F_s[\psi]}{\delta\psi(\mathbf{r})} = 0 \qquad \text{und} \qquad \frac{\delta F_s[\psi]}{\delta\psi^*(\mathbf{r})} = 0 \quad (4.34)$$

erfüllt. Die hierin auftretenden Ableitungen sind **Funktionalableitungen.** Die Funktionalableitung kann analog zur partiellen Ableitung definiert werden. Für eine von mehreren Variablen abhängige Funktion $f(x_1, x_2, x_3, \ldots)$ können wir die Änderung des Funktionswertes bei infinitesimaler Variation der Argumente durch

$$\mathrm{d}f = \frac{\partial f}{\partial x_1}\mathrm{d}x_1 + \frac{\partial f}{\partial x_2}\mathrm{d}x_2 + \frac{\partial f}{\partial x_3}\mathrm{d}x_3 + \ldots \tag{4.35}$$

ausdrücken. Betrachten wir die freie Energie als eine Funktion der unendlich vielen Variablen $\psi(\mathbf{r})$ und $\psi^*(\mathbf{r})$ in allen möglichen Punkten $\mathbf{r}$, dann können wir in Analogie zu (4.35) schreiben

$$\mathrm{d}F_s = \int \left(\frac{\partial F_s[\psi]}{\partial \psi(\mathbf{r})}\mathrm{d}\psi(\mathbf{r}) + \frac{\partial F_s[\psi]}{\partial \psi^*(\mathbf{r})}\mathrm{d}\psi^*(\mathbf{r}) \right) \mathrm{d}^3r \tag{4.36}$$

Ein Vergleich mit (4.32) ergibt

$$\frac{\partial F_s[\psi]}{\partial \psi^*(\mathbf{r})} = -\frac{\hbar^2}{2m^*}\nabla^2\psi + a(T)\psi + b(T)\psi|\psi^2| \tag{4.37}$$

und

$$\frac{\partial F_s[\psi]}{\partial \psi(\mathbf{r})} = \left(-\frac{\hbar^2}{2m^*}\nabla^2\psi + a(T)\psi + b(T)\psi|\psi^2| \right)^* \tag{4.38}$$

wobei Letzteres konjugiert komplex zu (4.37) ist. Es mag vielleicht überraschen, dass $\psi(\mathbf{r})$ und $\psi^*(\mathbf{r})$ bei der Differentiation wie unabhängige Variable behandelt werden, doch dies ist korrekt, denn es gibt zwei unabhängige reelle Funktionen, nämlich $\mathrm{Re}[\psi(\mathbf{r})]$ und $\mathrm{Im}[\psi(\mathbf{r})]$, die separat variiert werden können.

Das Minimieren der gesamtem freien Energie führt also auf die Gleichung

$$-\frac{\hbar^2}{2m^*}\nabla^2\psi(\mathbf{r}) + \left(a + b|\psi(\mathbf{r}|^2\right)\psi(\mathbf{r}) = 0 \tag{4.39}$$

was der Schrödinger-Gleichung ähnelt. Im Unterschied zu dieser ist (4.39) wegen des zweiten Terms in der Klammer jedoch nichtlinear. Die Nichtlinearität hat zur Folge, dass das Superpositionsprinzip der Quantenmechanik nicht mehr anwendbar ist. Unter anderem ist deshalb die Normierung von ψ eine andere als in der gewöhnlichen Quantenmechanik.

4.5 Supraleitende Grenzflächen

Die nichtlineare Schrödinger-Gleichung (4.39) besitzt mehrere nützliche Anwendungen. Insbesondere kann sie benutzt werden, um die Antwort des Ordnungsparameters auf externe Störungen zu untersuchen.

Betrachten wir ein einfaches Modell für die Grenzfläche zwischen einem normalleitenden Metall und einem Supraleiter. Wie nehmen an, dass diese Grenzfläche in der y-z-Ebene liegt und das normalleitende Metall im Bereich $x < 0$ vom Supraleiter im Bereich $x > 0$

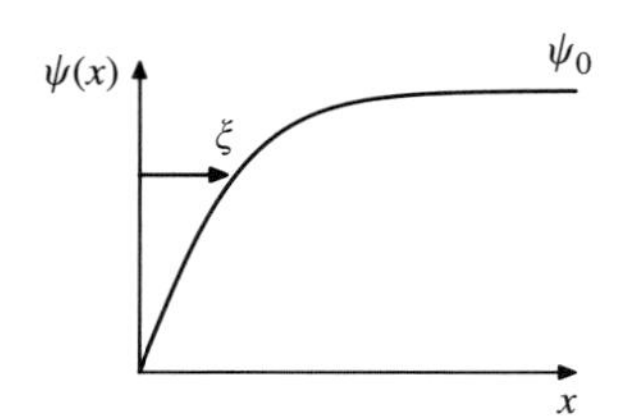

Abbildung 4.5: *Der Ordnungsparameter eines Supraleiters nahe der Grenzfläche. Innerhalb einer charakteristischen Länge, die der Kohärenzlänge entspricht, nähert er sich dem Wert* ψ_0 *für das Innere des Materials.*

trennt. Auf der Metallseite ist $\psi(\mathbf{r})$, der Ordnungsparameter der Supraleitung, null. Wenn wir annehmen, dass $\psi(\mathbf{r})$ stetig ist, müssen wir also für $x > 0$ die nichtlineare Schrödinger-Gleichung

$$-\frac{\hbar^2}{2m^*}\frac{\mathrm{d}^2\psi(x)}{\mathrm{d}x^2} + a(T)\psi(x) + b(T)\psi^3(x) = 0 \tag{4.40}$$

lösen, wobei die Randbedingung $\psi(0) = 0$ einzuhalten ist. Es stellt sich heraus, dass man diese Gleichung direkt lösen kann (Aufgabe (4.2)). Man erhält

$$\psi(x) = \psi_0 \tanh\left(\frac{x}{\sqrt{2}\xi(T)}\right) \tag{4.41}$$

Der Funktionsverlauf ist in Abbildung 4.5 skizziert. Hierbei ist ψ_0 der Wert des Ordnungsparameters im Inneren des Materials, und der Parameter $\xi(T)$ ist definiert als

$$\xi(T) = \left(\frac{\hbar^2}{2m^*|a(T)|}\right)^{1/2} \tag{4.42}$$

Diese Größe hat die Dimension einer Länge und wird als **Ginzburg-Landau-Kohärenzlänge** (GL-Kohärenzlänge) bezeichnet. Sie ist ein wichtiger physikalischer Parameter, der den Supraleiter charakterisiert. In Abbildung 4.5 sieht man, dass $\xi(T)$ ein Maß für die Entfernung von der Grenzfläche ist, bei der Wert des Ordnungsparameters den konstanten Wert für das Innere annimmt.

Die Ginzburg-Landau-Kohärenzlänge kommt bei nahezu allen Problemen in inhomogenen Supraleitern vor, etwa im Zusammenhang mit Oberflächen, Grenzschichten, Defekten und Vortizes. Mit $a(T) = \dot{a}(T - T_c)$ kann die Kohärenzlänge $\xi(T)$ in der Form

$$\xi(T) = \xi(0)|t|^{-1/2} \tag{4.43}$$

geschrieben werden, wobei

$$t = \frac{T - T_c}{T_c} \tag{4.44}$$

die sogenannte reduzierte Temperatur ist. Dieser Ausdruck zeigt, dass die Kohärenzlänge $\xi(T)$ an der kritischen Temperatur T_c divergiert und dass ihre Divergenz durch einen kritischen Exponenten 1/2 charakterisiert ist. Dieser Exponent ist typisch für mean-field-Theorien wie das Ginzburg-Landau-Modell. Der Wert von ξ bei der Temperatur null ist abgesehen von numerischen Faktoren der Ordnung eins im Wesentlichen der gleiche für die in Kapitel 3 eingeführte Pippardsche Kohärenzlänge für Supraleiter. In der BCS-Theorie entspricht die Kohärenzlänge der physikalischen Größe eines Cooper-Paares.

Es ist auch möglich, den Beitrag der Oberfläche zur gesamten freien Energie zu berechnen. Dieser Oberflächenbeitrag ist

$$\sigma = \int_0^\infty \left(\frac{\hbar^2}{2m^*} \left(\frac{\mathrm{d}\psi}{\mathrm{d}x} \right)^2 + a\psi^2(x) + \frac{b}{2}\psi^4(x) + \frac{1}{2}\mu_0 H_c^2 \right) \mathrm{d}x \tag{4.45}$$

wobei $\psi(x)$ durch (4.41) gegeben ist. Der Term $-\mu_0 H_c^2/2 = -a^2/2b$ ist die freie Energiedichte im Inneren. Die Auswertung des Integrals (de Gennes 1960) liefert

$$\sigma = \frac{1}{2}\mu_0 H_c^2 \times 1{,}89\,\xi(T) \tag{4.46}$$

für die Energie pro Flächeneinheit der Oberfläche.

Diese Theorie kann auch verwendet werden, um den **Proximity-Effekt** zwischen zwei Supraleitern zu beschreiben. An einer Grenzfläche zwischen zwei unterschiedlichen supraleitenden Materialien wird zuerst das Material mit dem höheren T_c-Wert supraleitend. Dadurch bringt es die Supraleitung an der Oberfläche des zweiten in Gang. Das bedeutet, dass die Supraleitung im zweiten Material oberhalb von dessen kritischer Temperatur einsetzt. Wenn das supraleitende Material mit dem niedrigeren T_c-Wert eine dünne Schicht ist, deren Dicke der Kohärenzlänge $\xi(T)$ entspricht, dann wird das gesamte System bei einer Temperatur supraleitend, die über der kritischen Temperatur des Materials mit dem niedrigeren T_c-Wert liegt. Effektiv wurde der Ordnungsparameter $\psi(\mathbf{r})$ in der dünnen Schicht durch die Nachbarschaft zu dem Material mit einem höheren T_c auf einen von null verschiedenen Wert gebracht.

4.6 Ginzburg-Landau-Theorie im Magnetfeld

Wie mächtig das Ginzburg-Landau-Modell für Supraleiter ist, zeigt sich, wenn wir einen weiteren Term berücksichtigen, der den Effekt eines Magnetfelds beschreibt. Erst durch diese Erweiterung wird deutlich, dass der Ansatz von Ginzburg und Landau eine vollständige Theorie für die Supraleitung liefert, der den Meißner-Ochsenfeld-Effekt, die London-Gleichung usw. umfasst. Die Ginzburg-Landau-Theorie, wie sie in den vorhergehenden Abschnitten dargelegt wurde, umfasst zunächst einmal keine Effekte, die auf die Ladung des supraleitenden Kondensats zurückgehen. Sie ist daher zugeschnitten auf Systeme aus neutralen Teilchen wie Suprafluide oder für Situationen, in denen keine Supraströme auftreten. Wenn es aber Supraströme geladener Teilchen gibt, müssen wir die Theorie dahingehend erweitern, dass sie die Wechselwirkungen zwischen Strom und Magnetfeld berücksichtigt.

Erforderlich ist die Berücksichtigung des Magnetfelds in der freien Energie. Ginzburg und Landau nahmen an, dass das Magnetfeld so in das Modell eingeht, als wäre $\psi(\mathbf{r})$ die

Wellenfunktion für geladene Teilchen, also mit der in der Quantenmechanik üblichen Ersetzung

$$\frac{\hbar}{i}\nabla \rightarrow \frac{\hbar}{i} - q\mathbf{A} \tag{4.47}$$

Dabei ist q die Ladung und $\mathbf{A}$ das magnetische Vektorpotential. Für alle bekannten Supraleiter hat sich $-2e$ als die korrekte Ladung q erwiesen. Warum dies so ist, wurde erst im Rahmen der BCS-Theorie deutlich. Gor'kov stellte die Verbindung zwischen der BCS-Theorie und dem Ginzburg-Landau-Modell her und zeigte dabei, dass die korrekte Interpretation des Ginzburg-Landau-Ordnungsparameters $\psi(\mathbf{r})$ diesen als die Wellenfunktion für die Bewegung des Massezentrums eines Cooper-Paares auffasst. Da jedes Cooper-Paar die Nettoladung $-2e$ hat, ist dies die korrekte effektive Ladung q.[5] Die Wahl des Vorzeichens ist reine Konvention. Wir könnten ebenso gut $q = +2e$ nehmen, ohne dass sich irgendeine Vorhersage der Ginzburg-Landau-Theorie ändern würde.

Mit dieser Modifikation wird die freie Energiedichte des Supraleiters zu

$$f_s(T) = f_n(T) + \frac{\hbar^2}{2m^*}\left|\left(\frac{\hbar}{i}\nabla + 2e\mathbf{A}\right)\psi\right|^2 + a|\psi|^2 + \frac{b}{2}|\psi|^4 \tag{4.48}$$

Um die Gesamtenergie zu erhalten, müssen wir über das System integrieren und einen zusätzlichen Term berücksichtigen, der die Energie des elektromagnetischen Feldes $\mathbf{B}(\mathbf{r}) = \nabla \times \mathbf{A}$ in allen Punkten $\mathbf{r}$ beschreibt. Wir schreiben daher[6]

$$\begin{aligned} F_s(T) =& F_n(T) + \int \left(\frac{\hbar^2}{2m^*}\left|\left(\frac{\hbar}{i}\nabla + 2e\mathbf{A}\right)\psi\right|^2 + a|\psi|^2 + \frac{b}{2}|\psi|^4\right) \mathrm{d}^3r \\ &+ \frac{1}{2\mu_0}\int B(\mathbf{r})^2 \mathrm{d}^3r \end{aligned} \tag{4.49}$$

Das erste Integral erstreckt sich über alle Punkte $\mathbf{r}$ innerhalb der Probe, während das zweite über den gesamten Raum zu nehmen ist.

Die Bedingung für den Zustand mit minimaler freier Energie wird wieder mithilfe der Funktionalableitungen nach $\psi(\mathbf{r})$ und $\psi^*(\mathbf{r})$ bestimmt. Die resultierende Gleichung für $\psi(\mathbf{r})$ ist wieder eine nichtlineare Schrödinger-Gleichung, die nun aber einen Term mit

[5] Tatsächlich setzten Ginzburg und Landau in ihrer Originalarbeit für die Ladung e an und nicht $2e$. Angeblich soll der junge Ginzburg seinen bereits berühmten Lehrer Landau darauf hingewiesen haben, dass $2e$ besser mit den verfügbaren experimentellen Daten zusammenpasst als e, doch Landau bestand auf e. Ginzburg wurde im Jahr 2003 für seine Arbeiten zur Supraleitung mit dem Nobelpreis für Physik geehrt.

[6] Beachten Sie, dass wir in der durch (4.4) gegebenen Definition der magnetischen Arbeit den Teil $\mu_0 H^2/2$ dieser Feldenergie ausgeschlossen haben, der auch ohne Probe innerhalb der Spule (Abbildung 3.6) vorhanden wäre. Von nun an werden wir aus Gründen der Bequemlichkeit diese Energie explizit berücksichtigen, wodurch F_s zur gesamten freien Energie wird, welche sowohl den Supraleiter als auch Vakuumfelder umfasst.

dem magnetischen Vektorpotential $\mathbf{A}$ enthält:

$$-\frac{\hbar^2}{2m^*}\left(\nabla + \frac{2ei}{\hbar}\mathbf{A}\right)^2 \psi(\mathbf{r}) + (a + b|\psi|^2)\psi(\mathbf{r}) = 0 \tag{4.50}$$

Die Suprasträme aufgrund des magnetischen Feldes erhält man aus der Funktionalableitung der freien Energie nach dem Vektorpotential,

$$\mathbf{j}_s = -\frac{\partial F_s}{\partial \mathbf{A}(\mathbf{r})} \tag{4.51}$$

also

$$\mathbf{j}_s = -\frac{2ei}{2m^*}(\psi^*\nabla\psi - \psi\nabla\psi^*) - \frac{(2e)^2}{m^*}|\psi|^2\mathbf{A} \tag{4.52}$$

Beachten Sie die starke Ähnlichkeit mit dem Suprastrom bei Suprafluiden, den wir in Kapitel 2 für ^{4}He gefunden haben (vgl. (2.21)). Die Unterschiede bestehen in der Ladung $-2e$ der kondensierten Teilchen und in dem Term mit dem Vektorpotential $\mathbf{A}$. Schließlich muss noch das Vektorpotential aus dem Magnetfeld abgeleitet werden, das sich aus den Supraströmen und anderen Strömen, wie den externen Strömen $\mathbf{j}_{\text{ext}}$, ergibt (siehe Abbildung 3.6). Gemäß den Maxwellschen Gleichungen ist

$$\nabla \times \mathbf{B} = \mu_0(\mathbf{j}_{\text{ext}} + \mathbf{j}_s) \tag{4.53}$$

4.7 Eichinvarianz und Symmetriebrechung

Der GL-Ordnungsparameter für Supraleiter hat eine Amplitude und eine komplexe Phase,

$$\psi(\mathbf{r}) = |\psi(\mathbf{r})|e^{i\theta(\mathbf{r})} \tag{4.54}$$

Diese Form erinnert an die makroskopische Wellenfunktion für suprafluides He II, die wir in Kapitel 2 eingeführt hatten. Wenn wir aber nun die Eichinvarianz betrachten, passiert etwas sehr Interessantes, wofür es kein Anologon bei den aus neutralen Teilchen bestehenden Suprafluiden gibt.

Wenn wir für das magnetische Vektorpotential eine **Eichtransformation**

$$\mathbf{A}(\mathbf{r}) \to \mathbf{A}(\mathbf{r}) + \nabla\chi(\mathbf{r}) \tag{4.55}$$

durchführen, müssen wir eine entsprechende Änderung der Phase des Ordnungsparameters θ vornehmen. Betrachten wir den Term in der freien Energiedichte, der den kanonischen Impulsoperator

$$\hat{p} = \frac{\hbar}{i}\nabla + 2e\mathbf{A}$$

enthält. Wenn wir die Phase gemäß

$$\psi(\mathbf{r}) \rightarrow \psi(\mathbf{r})e^{i\theta(\mathbf{r})} \tag{4.56}$$

ändern, dann erhalten wir

$$\begin{aligned} \hat{p}\psi(\mathbf{r})e^{i\theta(\mathbf{r})} &= e^{i\theta(\mathbf{r})}\left(\frac{\hbar}{i}\nabla + 2e\mathbf{A}\right)\psi(\mathbf{r}) + \psi(\mathbf{r})e^{i\theta(\mathbf{r})}\hbar\nabla\theta(\mathbf{r}) \\ &= e^{i\theta(\mathbf{r})}\left(\frac{\hbar}{i}\nabla + 2e\left(\mathbf{A} + \frac{\hbar}{2e}\nabla\theta\right)\right)\psi(\mathbf{r}) \end{aligned} \tag{4.57}$$

Hieraus folgt, dass die freie Energie unverändert bleibt, wenn wir gleichzeitig $\psi(\mathbf{r})$ in $\psi(\mathbf{r})e^{i\theta(\mathbf{r})}$ und das Vektorpotential gemäß

$$\mathbf{A}(\mathbf{r}) \rightarrow \mathbf{A}(\mathbf{r}) + \frac{\hbar}{2e}\nabla\theta \tag{4.58}$$

ändern. Dies bedeutet, dass die Theorie **lokal eichinvariant** ist. Sowohl die Phase des Ordnungsparameters als auch das magnetische Vektorpotential hängen von der Wahl der Eichung ab, aber alle physikalischen Observablen (freie Energie, magnetisches Feld **B** usw.) sind eichinvariant.

Bis hierhin ist das Gesagte allgemeingültig. Wie wir aber bereits gesehen haben, hat das Innere eines Supraleiters einen Grundzustand, in dem der Ordnungsparameter ψ konstant ist. Daher muss θ überall gleich sein. Es muss eine **Phasenstarrheit** geben, d. h., jede räumliche Variation von θ muss mit Energiekosten verbunden sein. Betrachten wir einen Supraleiter, in dem der Ordnungsparameter einen konstanten Betrag $|\psi|$ hat und die Phase $\theta(\mathbf{r})$ nur schwach mit dem Ort $\mathbf{r}$ variiert. Unter Verwendung von (4.57) erhalten wir die freie Energie

$$F_s = F_s^0 + \rho_s \int \mathrm{d}^3 r \left(\nabla\theta + \frac{2e}{\hbar}\mathbf{A}\right)^2 \tag{4.59}$$

Hier ist die **Starrheit des Suprafluids** definiert als

$$\rho_s = \frac{\hbar^2}{2m^*}|\psi|^2 \tag{4.60}$$

und F_s^0 ist die gesamte freie Energie im Grundzustand ($\theta = \text{konstant}, \mathbf{A} = 0$). Wenn wir nun für $\mathbf{A}(\mathbf{r})$ eine spezielle Eichung wählen, beispielsweise die London-Eichung $\nabla \cdot \mathbf{A} = 0$, ist durch diese Eichung ein bestimmter Betrag an freier Energie festgelegt, den eine weitere Änderung von $\theta(\mathbf{r})$ kostet. Um diesen Energiebetrag zu minimieren, müssen wir die Gradienten minimieren, also $\theta(\mathbf{r})$ über das gesamte System „so konstant wie möglich" machen. Wenn das äußere magnetische Feld null ist, können wir $\mathbf{A} = 0$ wählen. Dann ist $\theta(\mathbf{r})$ tatsächlich im gesamten System konstant und wir sind wieder bei der XY-Symmetrie von Abbildung 2.4. Da das System eine (beliebige) konstante Phase des Ordnungsparameters „wählt", die für das gesamte System gilt, können wir von einer **langreichweitigen Ordnung** sprechen, ähnlich wie bei einem Ferromagneten, bei dem die Magnetisierung $\mathbf{M}(\mathbf{r})$ eine langreichweitige Ordnung hat.

Im Ginzburg-Landau-Modell für die Supraleitung zeigt sich die langreichweitige Ordnung in der Phasenvariable (die normalerweise keine quantenmechanische Observable ist). Wir sprechen hier von einer **spontan gebrochenen globalen Eichinvarianz.** Der entscheidende Punkt ist, dass *globale* Eichinvarianz eine Änderung von $\theta(\mathbf{r})$ um einen für den gesamten Festkörper konstanten Wert bedeutet (was keine Änderung in $\mathbf{A}$ erfordert). Dies ist im Gegensatz zur *lokalen* Eichinvarianz, bei der $\theta(\mathbf{r})$ und $\mathbf{A}(\mathbf{r})$ gleichzeitig geändert werden, konsistent mit (4.58).

Aus (4.59) folgt auch die London-Gleichung und damit der Meißner-Ochsenfeld-Effekt, was den Bogen zurück schlägt zu Kapitel 3. Der Strom kann aus einer Funktionalableitung der freien Energie berechnet werden:

$$\begin{aligned} \mathbf{j}_s &= -\frac{\partial F_s[\mathbf{A}]}{\partial \mathbf{A}(\mathbf{r})} \\ &= -\frac{2e}{\hbar}\rho_s\left(\nabla\theta + \frac{2e}{\hbar}\mathbf{A}\right) \end{aligned} \tag{4.61}$$

Ausgehend vom Grundzustand, in dem θ konstant ist, erhalten wir unmittelbar den Strom im Falle eines kleinen, konstanten externen Vektorpotentials $\mathbf{A}$:

$$\mathbf{j}_s = -\rho_s \frac{(2e)^2}{\hbar^2}\,\mathbf{A} \tag{4.62}$$

Dies ist wieder die London-Gleichung. In der Starrheit des Suprafluids ρ_s widerspiegelt sich die Suprafluiddichte n_s.

Um die Verbindung zwischen ρ_s und der Suprafluiddichte n_s noch deutlicher zu machen, betrachten wir die London-Gleichung

$$\mathbf{j}_s = -\frac{n_s e^2}{m_e}\,\mathbf{A} \tag{4.63}$$

Außerdem schreiben wir (4.62) in der Form

$$\mathbf{j}_s = -\frac{(2e)^2}{2m^*}|\psi|^2\,\mathbf{A} \tag{4.64}$$

was offensichtlich das Gleiche sein muss. Üblicherweise werden die Konstanten so definiert, dass die Londonsche suprafluide Dichte n_s gleich $2|\psi|^2$ ist und für die in der Ginzburg-Landau-Theorie auftretende effektive Masse $m^* = 2m_e$ gilt (m_e ist die Ruhemasse des Elektrons). Mit dieser Wahl kann die Gleichung so interpretiert werden, dass $|\psi|^2$ die Dichte der Elektronenpaare im Grundzustand ist. Vor dem Hintergrund der BCS-Theorie der Supraleitung können wir $|\psi|^2$ daher als die Dichte der Cooper-Paare im Grundzustand interpretieren und n_s als die Dichte der Elektronen, die zu diesen Cooper-Paaren gehören. Der normalleitende Anteil $n_n = n - n_s$ entspricht der Dichte der ungepaarten Elektronen. Der Ginzburg-Landau-Parameter m^* ist die Masse eines Cooper-Paares, die naturgemäß doppelt so groß ist wie die Masse eines Elektrons.

Ausgedrückt durch $\dot{a}$ und b, die ursprünglichen Ginzburg-Landau-Parameter der freien Energie, lautet die suprafluide Dichte n_s

$$n_s = 2|\psi|^2 = 2\,\frac{\dot{a}(T_c - T)}{b} \tag{4.65}$$

Tabelle 4.1: *Eindringtiefe $\lambda(0)$ und Kohärenzlänge $\xi(0)$ bei Temperatur null für einige wichtige Supraleiter. Die Daten stammen aus Poole (2000).*

	T_c [K]	$\lambda(0)$ [nm]	$\xi(0)$ [nm]	κ
Al	1,18	45	1550	0,03
Sn	3,72	42	180	0,23
Pb	7,20	39	87	0,48
Nb	9,25	52	39	1,3
Nb_3Ge	23,2	90	3	30
YNi_2B_2C	15	103	8,1	12,7
K_3C_{60}	19,4	240	2,8	95
$YBa_2Cu_3O_{7-\delta}$	91	156	1,65	95

Damit ist die Londonsche Eindringtiefe

$$\lambda(T) = \left(\frac{m_e b}{2\mu_0 e^2 \dot{a}(T_c - T)} \right)^{1/2} \tag{4.66}$$

Offensichtlich divergiert diese Länge an der kritischen Temperatur T_c, denn sie ist proportional zu $(T_c - T)^{-1/2}$. Wie wir bereits wissen, divergiert die GL-Kohärenzlänge $\xi(T)$ mit der gleichen Potenz von $(T_c - T)$. Das dimensionslose Verhältnis

$$\kappa = \frac{\lambda(T)}{\xi(T)} \tag{4.67}$$

ist daher im Rahmen der Ginzburg-Landau-Theorie temperaturunabhängig. In Tabelle 4.1 sind die gemessenen Werte $\lambda(0)$ und $\xi(0)$ der Eindringtiefe und der Kohärenzlänge bei Temperatur null für einige ausgewählte Supraleiter zusammengestellt.

4.8 Flussquantisierung

Nun wollen wir die Ginzburg-Landau-Theorie auf den Fall eines supraleitenden Ringes anwenden, wie er in Abbildung 3.4 skizziert ist. Zweckmäßigerweise beschreiben wir das System durch Zylinderkoordinaten r, ϕ, z, wobei die z-Achse senkrecht zur Ringebene steht. Offensichtlich muss der Ordnungsparameter $\psi(\mathbf{r})$ eine periodische Funktion des Winkels ϕ sein, also

$$\psi(r, \phi, z) = \psi(r, \phi + 2\pi, z) \tag{4.68}$$

Wir nehmen an, dass die Variationen von $\psi(\mathbf{r})$ entlang der Querschnittsfläche des Ringes unbedeutend sind, sodass wir die Abhängigkeit von r und z vernachlässigen können. Innerhalb des Supraleiters muss der Ordnungsparameter deshalb die Form

$$\psi(\phi) = \psi_0 e^{in\phi} \tag{4.69}$$

haben, wobei n eine ganze Zahl und ψ_C eine Konstante ist. Wir können n als **Windungszahl** der makroskopischen Wellenzahl interpretieren, genau so wie bei suprafluidem Helium (Abbildung 2.9).

Anders als beim suprafluiden Helium jedoch induziert ein zirkulierender Strom in einem Supraleiter ein magnetisches Feld. Wenn es einen magnetischen Fluss Φ durch den Ring gibt, kann das Vektorpotential in Tangentialrichtung (also in Richtung des Einheitsvektors $\mathbf{e}_\phi$) gewählt werden. Es ist dann gegeben durch

$$A_\phi = \frac{\Phi}{2\pi R} \tag{4.70}$$

wobei R der Radius der vom Ring umschlossenen Fläche ist. Dies folgt aus

$$\Phi \equiv \int \mathbf{B} \cdot \mathrm{d}\mathbf{S} = \int (\nabla \times \mathbf{A}) \cdot \mathrm{d}\mathbf{S} = \oint \mathbf{A} \cdot \mathrm{d}\mathbf{r} = 2\pi R A_\phi \tag{4.71}$$

Die zu dieser Wellenfunktion und diesem Vektorpotential gehörende freie Energie ist

$$\begin{aligned} F_s(T) &= F_n(T) + \int \mathrm{d}^3 r \left(\frac{\hbar^2}{2m^*} \left| \left(\nabla + \frac{2ei}{\hbar}\mathbf{A} \right) \psi \right|^2 + a|\psi|^2 + \frac{b}{2}|\psi|^4 \right) + E_B \\ &= F_s^0(T) + V\left(\frac{\hbar^2}{2m^*} \left| \frac{in}{R} - \frac{2ei\Phi}{2\pi\hbar R} \right|^2 |\psi|^2 \right) + \frac{1}{2\mu_0} \int B^2 \mathrm{d}^3 r \end{aligned} \tag{4.72}$$

Dabei haben wir den Ausdruck

$$\nabla X = \frac{\partial X}{\partial r}\mathbf{e}_r + \frac{1}{r}\frac{\partial X}{\partial \phi}\mathbf{e}_\phi + \frac{\partial X}{\partial z}\mathbf{e}_z \tag{4.73}$$

für den Gradienten in Zylinderkoordinaten benutzt. V ist das Volumen des supraleitenden Rings und $F_s^0(T)$ ist die freie Energie des Rings im Grundzustand in Abwesenheit von Strömen und magnetischen Flüssen. Die Vakuumenergie das magnetischen Feldes $E_B = (1/2\mu_0) \int B^2 \mathrm{d}^3 r$ kann durch die Induktivität L des Rings und den Strom I ausgedrückt werden:

$$E_B = \frac{1}{2} L I^2 \tag{4.74}$$

Offensichtlich ist sie proportional zum Gesamtfluss Φ durch den Ring, also

$$E_B \propto \Phi^2$$

Andererseits enthält die Energie des Supraleiters einen Term, der vom Fluss Φ und von der Windungszahl n abhängt. Dieser Term kann in der Form

$$V \frac{\hbar^2}{2m^* R^*} |\psi|^2 (\Phi - n\Phi_0)^2$$

geschrieben werden. Dabei ist $\Phi_0 = h/2e = 2{,}07 \times 10^{-15}$ Wb das **Flussquant.**

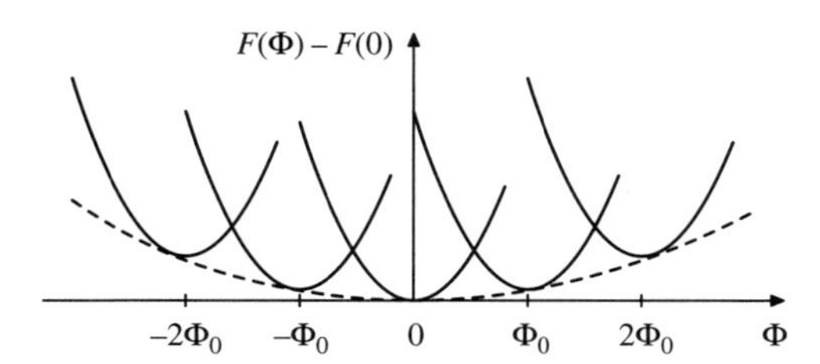

Abbildung 4.6: *Flussquantisierung in einem supraleitenden Ring. Für ganzzahlige Vielfache des Flussquants $\Phi_0 = h/2e$ existieren metastabile Energieminima. Überlagert ist eine global wirkende Zunahme mit Φ aufgrund der Induktivität des Ringes, sodass $\Phi = 0$ das globale Energieminimum definiert. Thermische Fluktuationen und Tunnelvorgänge erlauben Übergänge zwischen benachbarten metastabilen Energieminima.*

Die freie Energie ist also gleich der freien Energie des Inneren zuzüglich zweier Terme, die nur von der Windungszahl n und dem Fluss Φ abhängen. Die freie Energie des supraleitenden Ringes hat damit die allgemeine Form

$$F_s(T) = F_s^{\text{Innen}}(T) + \text{const.}(\Phi - n\Phi_0)^2 + \text{const.}\Phi^2 \tag{4.75}$$

Diese Energie ist in Abbildung 4.6 dargestellt. Dieser Abbildung entnehmen wir, dass die freie Energie immer dann ein Minimum annimmt, wenn für den Fluss durch die Schleife $\Phi = n\Phi_0$ gilt. Dieses in Supraleitern auftretende Phänomen ist die **Flussquantisierung.**

Wenn der Ring aus seinem normalleitenden Zustand oberhalb von T_c unter die kritische Temperatur abgekühlt wird, nimmt das System in Abhängigkeit vom angelegten Feld eines der in Abbildung 4.6 skizzierten metastabilen Minima an. Es ist dann in diesem Minimum gefangen, und durch den Ring fließt ein Dauerstrom, der den konstanten Fluss $\Phi = n\Phi_0$ aufrechterhält. Dieser bleibt auch dann erhalten, wenn alle externen Magnetfelder abgeschaltet werden. Man kann den magnetischen Fluss in solchen Ringen direkt messen und auf diese Weise bestätigen, dass der Fluss tatsächlich in Einheiten von Φ_0 quantisiert ist, also Vielfache von 2×10^{-15} Wb annimmt. Im Übrigen ist die Tatsache, dass die Flussquantisierung in Einheiten von $\Phi_0 = h/2e$ und nicht h/e beobachtet wird, ein klarer experimenteller Beweis, dass die relevante Ladung hier $2e$ und nicht e ist. Dies wiederum impliziert die Existenz von Cooper-Paaren.

Wenn ein System in einem der metastabilen Zustände präpariert ist, dann kann es – im Prinzip – über die Energiebarriere in ein niedrigeres Nachbarminimum übergehen. Dies ist ein Mechanismus für das Abklingen des Dauerstroms und folglich für Dissipation. Ein solches Ereignis korrespondiert mit einer Änderung der Windungszahl n und wird **Phasensprung** genannt. Die Rate der thermischen Übergänge über diese Barrieren ist allerdings exponentiell klein, genauer gesagt von der Ordnung

$$\frac{1}{\tau} \sim e^{-E_0/k_\text{B}T} \tag{4.76}$$

wobei E_0 die Barrierenhöhe zwischen den Minima ist. Diese Rate kann leicht vernachlässigbar klein gemacht werden. Denn beispielsweise ist die Barrierenhöhe E_0 proportional zum Ringvolumen V, sodass sie in einem makroskopischen System beliebig groß gemacht werden kann. Tatsächlich wurden experimentell erzeugte Dauerströme beobachtet, die über Jahre hinweg keinen merklichen Zerfall zeigten.

Ein anderer möglicher Mechanismus für einen Phasensprung ist das Tunneln von einem Minimum zu einem anderen. Dies wäre im Prinzip bei jeder Temperatur möglich. Doch auch für diesen Mechanismus ist die Rate in makroskopischen Systemen derart klein, dass er praktisch nicht vorkommt. Eine sehr interessante neuere Entdeckung ist allerdings die direkte Beobachtung solcher Tunnelvorgänge in **mesoskopisch** kleinen supraleitenden Ringen. Mit diesen Experimenten wurde die **makroskopische Quantenkohärenz** demonstriert, worauf wir im nächsten Kapitel kurz eingehen werden.

4.9 Das Abrikosov-Gitter

Das Schöne an der Ginzburg-Landau-Theorie ist, dass man mit ihr viele komplizierte Probleme im Zusammenhang mit der Supraleitung lösen kann, ohne Gebrauch von der ihr zugrunde liegenden mikroskopischen BCS-Theorie machen zu müssen. In gewissem Sinne könnte man sogar sagen, dass sie die allgemeinere Theorie ist, da sie beispielsweise mit großer Wahrscheinlichkeit auch für exotische Supraleiter anwendbar ist, etwa für Cuprate mit hohem T_c, die im Rahmen der originalen BCS-Theorie scheinbar nicht zu erklären sind. Der andere große Vorteil der Ginzburg-Landau-Theorie besteht natürlich darin, dass sie wesentlich einfacher zu handhaben ist als die BCS-Theorie. Dies gilt vor allem für Systeme, in denen der Ordnungsparameter komplizierte räumliche Variationen aufweist. Das beste Beispiel hierfür ist das **Abrikosov-Gitter.**

Abrikosov fand eine Lösung der Ginzburg-Landau-Gleichungen für das Innere eines Supraleiters in einem Magnetfeld.[7] Sein Ergebnis ist in vielerlei Hinsicht bemerkenswert. Vor allem ist es eine exakte Lösung für Supraleiter zweiter Art und gültig nahe H_{c2}. Außerdem folgte daraus die wichtige Vorhersage, dass sich unmittelbar unter H_{c2} eine periodische Struktur von Vortizes herausbildet. Jeder Vortex trägt einen magnetischen Fluss, was erklärt, wie der magnetische Fluss zwischen H_{c1} und H_{c2} (also im **gemischten Zustand**) in den Supraleiter eindringt. Abrikosovs Vorhersage des Flussgitters ist experimentell bestätigt worden. Dabei zeigte sich nicht nur, dass die Vortizes tatsächlich existieren, sondern auch, dass sie sich vorzugsweise in regulären, triangularen Gittern anordnen, wie es die Theorie vorhersagte. Dieses periodische Vortexgitter war vielleicht das erste physikalische Beispiel eines *emergenten Phänomens in komplexen Systemen.* Dieser Terminus beschreibt die Tatsache, dass hinreichend komplexe Systeme eine Vielzahl neuartiger Phänomene auf unterschiedlichen Längenskalen zeigen. Die Ursache dieser Phänomene ist die *Selbstorganisation* auf makroskopischer Längenskala.

Der in Supraleitern zweiter Art auftretende Phasenübergang bei H_{c2} ist ein Phasenübergang zweiter Art (siehe Aufgabe (4.1)). Deshalb können wir erwarten, dass der Ordnungsparameter ψ unmittelbar unter H_{c2} einen kleinen Betrag hat und bei H_{c2} null wird.[8] Folglich wird auch die Magnetisierung für ein magnetisches Feld dicht unter H_{c2}

[7] Abrikosov wurde 2003 mit dem Nobelpreis für Physik geehrt. Er teilte sich den Preis mit Ginzburg und Leggett.

[8] Bei Supraleitern erster Art ist dies nicht der Fall. Diese haben bei H_c einen Phasenübergang erster

klein sein (denn wenn ψ nahe null ist, werden auch die suprafluide Dichte n_s und die Abschirmströme gegen null gehen), wie man in Abbildung 3.8 sieht. Wir können daher in guter Näherung annehmen, dass

$$\mathbf{B} = \mu_0 \mathbf{H} \tag{4.77}$$

gilt, wobei $\mathbf{H}$ wie üblich das von außen angelegte Feld ist (siehe Abbildung 3.6). Daraus folgt auch, dass wir in der Umgebung von H_{c2} räumliche Variationen des B-Felds vernachlässigen können. Wir betrachten $\mathbf{B}(\mathbf{r})$ also als konstant,

$$\mathbf{B} = (0, 0, B) \tag{4.78}$$

Es wird sich als sinnvoll erweisen, für das zugehörige Vektorpotential die **Landau-Eichung**

$$\mathbf{A}(\mathbf{r}) = (0, xB, 0) \tag{4.79}$$

zu wählen. Damit wird die Ginzburg-Landau-Gleichung (4.50) zu

$$-\frac{\hbar^2}{2m^*}\left(\nabla + \frac{2eBi}{\hbar}x\mathbf{e}_y\right)\cdot\left(\nabla + \frac{2eBi}{\hbar}x\mathbf{e}_y\right)\psi(\mathbf{r}) + a(T)\psi + b|\psi|^2\psi = 0 \tag{4.80}$$

wobei $\mathbf{e}_y$ der Einheitsvektor in y-Richtung ist.

Infinitesimal unterhalb von H_{c2} ist ψ fast null und wir können den kubischen Term $b|\psi|^2\psi$ weglassen. Alle anderen Terme sind linear in ψ , sodass wir damit die Gleichung **linearisiert** haben. Auflösen der Klammern (unter Beachtung der Vertauschungsrelation von ∇ und $x\mathbf{e}_y$) ergibt

$$-\frac{\hbar^2}{2m^*}\left(\nabla^2 + \frac{4eBi}{\hbar}x\frac{\partial}{\partial y} - \frac{(2eB)^2}{\hbar^2}x^2\right)\psi(\mathbf{r}) + a(T)\psi = 0 \tag{4.81}$$

Wir führen die Zyklotronfrequenz

$$\omega_c = \frac{2eB}{m^*} \tag{4.82}$$

ein und beachten, dass $a(T)$ negativ ist, da wir eine Temperatur unter T_c betrachten. Damit kann die Gleichung in der Form

$$\left(-\frac{\hbar^2}{2m^*}\nabla^2 - \hbar\omega_c ix\frac{\partial}{\partial y} + \frac{m^*\omega_c^2}{2}x^2\right)\psi(\mathbf{r}) = |a|\psi(\mathbf{r}) \tag{4.83}$$

geschrieben werden.

Gleichung (4.83) hat die Form einer Eigenwertgleichung und ist uns aus der Quantenmechanik gut bekannt. Sie ist äquivalent zur Schrödinger-Gleichung für ein geladenes

Art. Ein Phasenübergang erster Art ist mit einer Unstetigkeit verbunden: ψ springt am kritischen Wert von null auf einen endlichen Wert.

Teilchen im Magnetfeld. Ihre Lösungen sind die wohlbekannten **Landau-Niveaus** (Ziman 1979). Die Lösung hat die Form

$$\psi(\mathbf{r}) = e^{i(k_y y + k_z z)} f(x) \tag{4.84}$$

d. h., sie ist eine Überlagerung ebener Wellen in y- und z-Richtung, kombiniert mit einer unbekannten Funktion $f(x)$.

Um eine Gleichung für diese unbekannte Funktion zu finden, setzen wir die Testfunktion in (4.83) ein. Demnach muss $f(x)$ die Gleichung

$$-\frac{\hbar^2}{2m^*}\frac{\mathrm{d}^2 f}{\mathrm{d}x^2} + \left(\hbar\omega_c k_y x + \frac{m^*\omega_c^2}{2}x^2\right) f = \left(|a| - \frac{\hbar^2(k_y^2 + k_z^2)}{2m^*}\right) f \tag{4.85}$$

erfüllen.

Der Term in Klammern auf der linken Seite kann durch quadratische Ergänzung umgeformt werden:

$$\left(\hbar\omega_c k_y x + \frac{m^*\omega_c^2}{2}x^2\right) = \frac{m^*\omega_c^2}{2}(x - x_0)^2 - \frac{m^*\omega_c^2}{2}x_0^2 \tag{4.86}$$

Dabei ist

$$x_0 = -\frac{\hbar k_y}{m\omega_c} \tag{4.87}$$

Wenn wir schließlich alle Konstanten auf die rechte Seite bringen, finden wir

$$-\frac{\hbar^2}{2m^*}\frac{\mathrm{d}^2 f}{\mathrm{d}x^2} + \frac{m^*\omega_c^2}{2}(x - x_0)^2 f = \left(|a| - \frac{\hbar^2 k_z^2}{2m^*}\right) f \tag{4.88}$$

Gleichung (4.88) ist nichts anderes die Schrödinger-Gleichung für den harmonischen Oszillator, wenn der Koordinatenursprung von $x = 0$ nach $x = x_0$ verschoben wird. Der Term in Klammern auf der rechten Seite ist demzufolge die Energie des Oszillators,

$$\left(n + \frac{1}{2}\right)\hbar\omega_c = |a| - \frac{\hbar^2 k_z^2}{2m^*} \tag{4.89}$$

oder

$$\left(n + \frac{1}{2}\right)\hbar\omega_c + \frac{\hbar^2 k_z^2}{2m^*} = \dot{a}(T_c - T) \tag{4.90}$$

Die gesuchten Funktionen $f(x)$ sind einfach die Wellenfunktionen des harmonischen Oszillators für alle n, verschoben um x_0.

Nehmen wir nun an, dass wir einen Supraleiter in einem externen Feld H allmählich abkühlen. Bei der Übergangstemperatur T_c (Feld null) ist es wegen des Terms $\hbar\omega_c/2$

der Nullpunktsenergie auf der linken Seite unmöglich, Gleichung (4.90) zu erfüllen. Es gibt nur dann eine Lösung, wenn die Temperatur hinreichend weit unter T_c liegt, um

$$\frac{1}{2}\hbar\omega_c = \dot{a}(T_c - T) \tag{4.91}$$

zu erreichen, was der Lösung mit der kleinsten möglichen Energie entspricht ($n = 0$, $k_z = 0$). Diese Gleichung bestimmt das Absenken der Übergangstemperatur im Magnetfeld,

$$\begin{aligned} T_c(H) &= T_c(0) - \frac{1}{2\dot{a}}\,\hbar\omega_c \\ &= T_c(0) - \frac{2e\hbar\mu_0}{2\dot{a}m^*}\,H \end{aligned} \tag{4.92}$$

Alternativ können wir mit einem großen externen Feld oberhalb von H_{c2} starten, das bei festgehaltener Temperatur allmählich abnimmt, bis

$$\frac{1}{2}\hbar\frac{2eB}{m^*} = \dot{a}(T_c - T) \tag{4.93}$$

erreicht ist. Damit gilt

$$\begin{aligned} \mu_0 H_{c2} = B_{c2} &= \frac{2m^*\dot{a}(T_c - T)}{\hbar^2}\frac{\hbar}{2e} \\ &= \frac{\Phi_0}{2\pi\xi(T)^2} \end{aligned} \tag{4.94}$$

Interessanterweise folgt aus diesem Ergebnis, dass es bei H_{c2} je Flächeneinheit $2\pi\xi(T)^2$ genau ein Flussquant (also eine Vortexlinie) gibt. Dieser Ausdruck liefert außerdem die einfachste Möglichkeit, die GL-Kohärenzlänge $\xi(0)$ zu messen. Wegen $\xi(T) = \xi(0)t^{-1/2}$ mit $t = |T - T_c|/T_c$ ist

$$\mu_0 H_{c2} = \frac{\Phi_0}{2\pi\xi(0)^2}\frac{T_c - T}{T_c} \tag{4.95}$$

sodass man durch Messung des Gradienten von $H_{c2}(T)$ nahe T_c leicht das zugehörige $\xi(0)$ finden kann.

Interessant ist es auch, diesen Ausdruck für H_{c2} mit dem entsprechenden Ergebnis für H_c zu vergleichen. Mit dem Ginzburg-Landau-Ausdruck für die Gesamtenergie im Meißner-Zustand ist

$$\begin{aligned} H_c &= \frac{\dot{a}}{(\mu_0 b)^{1/2}}\,(T_c - T) \\ &= \frac{\Phi_0}{2\pi\mu_0\sqrt{2}\xi\lambda} \\ &= \frac{H_{c2}}{\sqrt{2}\kappa} \end{aligned} \tag{4.96}$$

und somit

$$H_{c2} = \sqrt{2}\kappa H_c \tag{4.97}$$

Hieraus können wir schließen, dass für Supraleiter mit $\kappa > 1/\sqrt{2}$ die Relation $H_{c2} > H_c$ gilt. Der Phasenübergang ist dann zweiter Art, d. h., der Ordnungsparameter wächst bei H_{c2} stetig aus null heraus. Wir haben also einen Supraleiter zweiter Art. Für Supraleiter mit $\kappa < 1/\sqrt{2}$ muss dagegen $H_{c2} < H_c$ gelten, und es gibt bei H_c einen Phasenübergang erster Art, d. h. der Ordnungsparameter springt dort unstetig auf einen endlichen Wert. Die Abrikosov-Theorie unterscheidet Supraleiter erster und zweiter Art also anhand des Kriteriums

$$\kappa \begin{cases} < \frac{1}{\sqrt{2}} & \text{Supraleiter erster Art} \\ > \frac{1}{\sqrt{2}} & \text{Supraleiter zweiter Art} \end{cases}$$

Die linearisierte Ginzburg-Landau-Gleichung erlaubt es uns, H_{c2} zu finden, sagt aber nichts Konkretes über die Form der Lösung unterhalb von diesem Feld. Um diese zu erhalten, müssen wir die nichtlineare Gleichung (4.80) lösen. Im Allgemeinen ist dies eine sehr schwierige Aufgabe, aber Abrikosov machte einen brillanten Ansatz, aus dem er eine nahezu exakte Lösung erhielt! Aus den Lösungen der linearisierten Gleichung sah er, dass nur die Grundzustandslösungen $n = 0$ und $k_z = 0$ des harmonischen Oszillators signifikant sind. Doch es gibt weiterhin unendlich viele entartete Zustände, die zu den verschiedenen möglichen k_y-Werten gehören. Diese sind durch

$$\psi(\mathbf{r}) = Ce^{i(k_y y)}e^{-(x-x_0)^2/\xi(T)^2} \tag{4.98}$$

mit einer Normierungskonstanten C gegeben. Dabei haben wir von der Tatsache Gebrauch gemacht, dass die Grundzustandswellenfunktion des quantenmechanischen harmonischen Oszillators eine Gauß-Funktion ist. Es stellt sich heraus, dass die Breite der durch (4.98) gegebenen Lösung die GL-Kohärenzlänge $\xi(T)$ ist.

Abrikosovs Testfunktion basiert auf der Annahme, dass wir diese Lösung zu einem **periodischen Gitter** kombinieren können. Wenn wir nach einer Lösung suchen, die periodisch in y ist und die Periode l_y hat, dann können wir die Werte von k_y auf

$$k_y = \frac{2\pi}{l_y} n \tag{4.99}$$

mit einer beliebigen positiven oder negativen ganzen Zahl n einschränken. Die zugehörige Verschiebung der Landau-Niveaus ist

$$x_0 = -\frac{2\pi\hbar}{m\omega_c l_y} n = -\frac{\Phi_0}{Bl_y} n \tag{4.100}$$

Wir wählen daher als periodische Testlösung

$$\psi(\mathbf{r}) = \sum_{n=-\infty,\infty} C_n e^{i(2\pi ny/l_y)} e^{-(x+n\Phi_0/Bl_y)^2/\xi(T)^2} \tag{4.101}$$

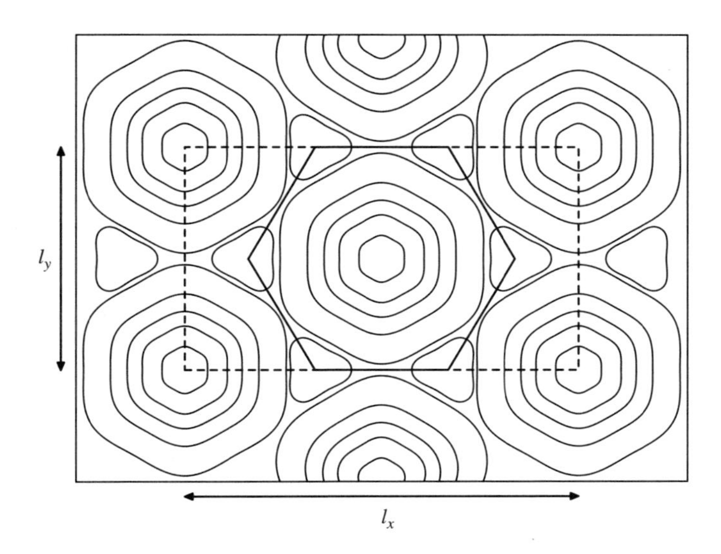

Abbildung 4.7: *Das Abrikosov-Gitter, auch Vortexgitter genannt. Die Abbildung zeigt die Amplitude $|\psi(\mathbf{r})|^2$ des Ordnungsparameters für die Lösung mit der niedrigsten Energie, was einem triangularen Gitter entspricht. Jede triangulare Zelle enthält ein Quant Φ_0 des magnetischen Flusses und genau einen Vortex. An diesem gilt $\psi(\mathbf{r}) = 0$. Für die in diesem Abschnitt verwendeten Gitterlängen gilt $l_y = \sqrt{3}l_x$. Die durch Strichlinien gekennzeichnete Rechteckzelle enthält zwei Vortizes und zwei Flussquanten.*

Die in dieser Lösung auftretenden Parameter C_n können wir als Variablen betrachten, die so gewählt werden, dass die freie Energie des Systems minimiert wird.

Die obige Lösung ist periodisch in y, aber nicht unbedingt in x. Abrikosov stellte fest, dass sie periodisch in x gemacht werden kann, wenn die Koeffizienten für eine ganze Zahl ν die Bedingung

$$C_{n+\nu} = C_n \tag{4.102}$$

erfüllen. Die Periode l_x ist gegeben durch

$$l_x = \nu \, \frac{\Phi_0}{B l_y} \tag{4.103}$$

Abrikosov untersuchte den einfachsten Fall, nämlich $\nu = 1$, der einem einfachen quadratischen Gitter entspricht. Später wurde gezeigt, dass man für $\nu = 2$ eine geringfügig kleinere Gesamtenergie erhält, wobei der Zustand minimaler Energie einem einfachen triangularen Gitter entspricht. In beiden Fällen geht der Ordnungsparameter $\psi(\mathbf{r})$ an jeweils einem Punkt jeder Gitterzelle gegen null und es gibt genau ein Flussquant pro Gitterzelle. Die Lösung ist daher ein **periodisches Gitter aus Vortizes**. Dies ist in Abbildung 4.7 dargestellt.

Die Idee des Abrikosov-Gitters wird durch eine Vielzahl experimenteller Ergebnisse gestützt. Beispielsweise wurde eine dünne Schicht kleiner paramagnetische Teilchen auf die Oberfläche eines Supraleiters gebracht, ähnlich wie in dem allseits bekannten Schulexperiment, bei dem das magnetische Feld eines Stabmagneten mithilfe von Eisenspänen auf einem Blatt Papier sichtbar gemacht wird. Die Teilchen konzentrieren sich an den Stellen, wo das Magnetfeld am größten ist, also an den Vortizes. Ähnliche Nachweismethoden arbeiten mit SQUIDs oder Hall-Sensoren, die die Oberfläche des Supraleiters abtasten und auf diese Weise die räumlichen Variationen der Flussdichte $\mathbf{B}(\mathbf{r})$ direkt messen. Für die meisten gewöhnlichen Supraleiter zweiter Art, wie Blei oder Niob, bestätigen diese Experimente tatsächlich die vorhergesagten, stark regulären hexagonalen Gitter. Die Gitter sind auf recht langen Skalen periodisch, doch wird die Periodizität hin und wieder durch Defekte unterbrochen. Diese Defekte, die in Analogie zu Gitterdefekten bei Kristallen stehen, konzentrieren sich vorzugsweise in der Nähe von Defekten des zugrunde liegenden Kristallgitters (Korngrenzen, Störstellen usw.)

Eine andere Methode zur Sichtbarmachung der Ordnung von Vortexgittern sind Neutronenstreuversuche. Neutronen haben ein magnetisches Moment und reagieren daher auf das Magnetfeld $\mathbf{B}(\mathbf{r})$. Wenn dieses periodisch ist (wie beim Abrikosov-Gitter), kommt es zu Beugungseffekten. Anhand des Beugungsmusters können Rückschlüsse auf die Geometrie des Flussgitters gezogen werden. Auch bei dieser Art von Versuchen wurden bei den meisten Systemen triangulare Gitter beobachtet. Ein interessantes Phänomen ist das Auftreten von quadratischen Gittern in einigen erst in jüngerer Zeit entdeckten Supraleitern. Konkret sind dies das „Borcarbid-System“ $ErNi_2B_2C$, der Hochtemperatursupraleiter $YBa_2Cu_3O_{7-\delta}$ und der vermutete p-Wellen-Supraleiter Sr_2RuO_4. In diesen wurden zumindest für einen bestimmten Bereich des äußeren Magnetfelds quadratische Vortexgitter gefunden. Möglicherweise lassen diese sich durch einfache Korrekturen an der ursprünglichen Theorie von Abrikosov erklären, etwa durch Terme höherer Ordnung, die in den (Standard-)Ginzburg-Landau-Gleichungen weggelassen werden. Das quadratische und das triangulare Gitter (Abrikosov-Lösungen) unterscheiden sich um eine Energiedifferenz von weniger als 1%. In einigen Fällen scheint die Ursache jedoch tiefer zu liegen: der Mechanismus der Supraleitung ist „unkonventionell“, und zwar haben die Cooper-Paare eine andere Symmetrie als im normalen BCS-Modell. Diese Ideen werden in Kapitel 7 vorgestellt.

Zum Schluss sei angemerkt, dass die Abrikosov-Lösung zwar für Felder dicht unterhalb von H_{c2} nahezu exakt ist, aber nicht notwendig auch fern von diesem Wert, etwa bei H_{c1}, anwendbar ist. Wie wir gesehen haben, liegen die Vortizes nahe H_{c2} sehr dicht zusammen: ihr Abstand liegt in der Größenordnung der Kohärenzlänge $\xi(T)$. Effektiv sind sie so dicht gepackt, dass sich ihre Kerne fast berühren. Bei H_{c1} dagegen gibt es in der gesamten Probe nur sehr wenige Vortizes, sodass sie gut voneinander separiert sind. Wir können das untere kritische Feld H_{c1} abschätzen, indem wir die Energiebalance der ersten wenigen, in der Meißner-Phase auftretenden Vortizes betrachten. Man kann zeigen, dass ein einzelner London-Vortex näherungsweise die Energie

$$E = \frac{\Phi_0^2}{4\pi\mu_0\lambda^2} \ln\left(\frac{\lambda}{\xi}\right) \tag{4.104}$$

pro Längeneinheit hat (siehe Aufgabe (3.3)). In einem Supraleiter der Dicke L mit N/A Vortizes pro Flächeneinheit sind die Energiekosten aufgrund der Vortizes insgesamt EN/A pro Volumeneinheit. Da andererseits jeder Vortex ein Flussquant Φ_0 trägt, ist die mittlere magnetische Induktion in der Spule $B = \Phi_0 N/A$. Die durch das Vorhandensein der Vortizes gewonnene magnetische Arbeit ist $\mu_0 H \mathrm{d}M = H \mathrm{d}B$ (bei konstantem H). Die Energiebalance favorisiert also das Auftreten von Vortizes, wenn die Relation

$$E\,\frac{N}{A} < H\Phi_0\,\frac{N}{A} \tag{4.105}$$

erfüllt ist. Es wird demnach energetisch vorteilhaft, dass Vortizes in die Probe eindringen, wenn $H > H_{c1}$ mit

$$H_{c1} = \frac{\Phi_0}{4\pi\mu_0\lambda^2}\ln\left(\frac{\lambda}{\xi}\right) \tag{4.106}$$

Dies ist offensichtlich die untere kritische Feldstärke, die wir in der Form

$$H_{c1} = \frac{H_c}{\sqrt{2}\kappa}\ln\kappa \tag{4.107}$$

schreiben können. Dieser Ausdruck ist nur gültig für $\kappa \gg 1/\sqrt{2}$, also im Grenzfall der London-Vortizes.

4.10 Thermische Fluktuationen

Die Ginzburg-Landau-Theorie in der oben beschriebenen Form ist eine **mean-field-Theorie.** Sie vernachlässigt **thermische Fluktuationen.** Insofern ähnelt sie dem Curie-Weiss-Modell oder dem Stoner-Modell aus der Theorie des Magnetismus (Blundell 2001). Tatsächlich aber liegt eine große Stärke der Ginzburg-Landau-Theorie gerade darin, dass die Berücksichtigung dieser Fluktuationen durch eine einfache Modifikation möglich ist. Es ist viel einfacher, sie in die Ginzburg-Landau-Theorie zu integrieren als in die wesentlich komplexere BCS-Theorie.

Bei einem mean-field-Ansatz gilt es immer, den Ordnungsparameter $\psi(\mathbf{r})$ zu finden, der die freie Energie des Systems minimiert. Wie vorn erläutert, führt diese Minimierung über eine Funktionalableitung. Die durch (4.29) gegebene freie Energie $F[\psi]$ des Systems ist ein Funktional des komplexen Ordnungsparameters $\psi(\mathbf{r})$. Sie hängt also von unendlich vielen Variablen, den möglichen Punkten $\mathbf{r}$, ab. Wie wir gesehen haben, lautet die Bedingung für die Minimierung der freien Energie, dass die Funktionalableitungen (4.37) null sind.

Um über den mean-field-Ansatz hinauszugehen, müssen wir Fluktuationen von $\psi(\mathbf{r})$ in der Nähe dieses Minimums berücksichtigen. Beispielsweise erwarten wir für eine kleine Variation von $\psi(\mathbf{r})$, beschrieben durch $\psi(\mathbf{r}) \to \psi'(\mathbf{r}) = \psi(\mathbf{r}) + \delta\psi(\mathbf{r})$, dass sich die Energien der durch $\psi'(\mathbf{r})$ bzw. $\psi(\mathbf{r})$ repräsentierten Systeme sehr ähneln. Wenn die Differenz der Gesamtenergien klein ist (oder nicht größer als $k_\mathrm{B}T$), dann dürfen wir erwarten, dass das System im thermischen Gleichgewicht eine gewisse Wahrscheinlichkeit besitzt, sich im Zustand $\psi'(\mathbf{r})$ aufzuhalten. Wir müssen eine effektive Wahrscheinlichkeit für jeden möglichen Zustand definieren. Offensichtlich sollte eine solche Wahrscheinlichkeit auf der vertrauten Boltzmann-Verteilung basieren. Wir können daher erwarten, dass

$$P[\psi] = \frac{1}{Z}e^{-\beta F[\psi]} \tag{4.108}$$

die Wahrscheinlichkeitsdichte für den Ordnungsparameter $\psi(\mathbf{r})$ des Systems ist. Dies ist wieder ein Funktional von $\psi(\mathbf{r})$, was durch die eckigen Klammern gekennzeichnet ist.

Die Zustandssumme Z tritt als Normierungsfaktor auf. Formal ist sie ein **Funktionalintegral**, nämlich

$$Z = \int \mathcal{D}[\psi]\mathcal{D}[\psi^*]e^{-\beta F[\psi]} \tag{4.109}$$

Aus dem gleichen Grund wie für die Funktionalableitungen nach ψ und ψ^* können wir die Integration über ψ und ψ^* unabhängig voneinander ausführen. Erlaubt ist dies, weil es im Grunde zwei unabhängige reelle Funktionen zu bestimmen gibt: die Real- und die Imaginärteile von ψ in allen Punkten $\mathbf{r}$.

Zur Bedeutung des neuen Integrationssymbols $\mathcal{D}$ in (4.119): Wir integrieren hier über unendlich viele Variable, nämlich über die Werte von ψ in allen Punkten $\mathbf{r}$. Die mathematische Präzisierung dieser Idee ist kompliziert und würde den Rahmen dieses Buches sprengen. Um wenigstens intuitiv klar zu machen, was eine solche Integration bedeutet, betrachten wir eine diskrete Menge von Punkten $\mathbf{r}_1, \mathbf{r}_2, \ldots, \mathbf{r}_N$ im Raum. Wir können für jeden dieser Punkte die Werte von ψ und ψ^* festlegen und dann die Wahrscheinlichkeit gemäß der Boltzmann-Verteilung berechnen. Die genäherte Zustandssumme für diese diskrete Punktmenge ist dann das Mehrfachintegral

$$\begin{aligned} Z(N) = \int \mathrm{d}\psi(\mathbf{r}_1)\mathrm{d}\psi^*(\mathbf{r}_1) \int \mathrm{d}\psi(\mathbf{r}_2)\mathrm{d}\psi^*(\mathbf{r}_2)\ldots \\ \int \mathrm{d}\psi(\mathbf{r}_N)\mathrm{d}\psi^*(\mathbf{r}_N)e^{-\beta F[\psi]} \end{aligned} \tag{4.110}$$

Das vollständige Funktionalintegral ist ein Grenzwert, der gebildet wird, indem man die diskrete Punktmenge unendlich dicht macht (was auf eine überabzählbare Menge führt!). Wir definieren also

$$Z = \lim_{N\to\infty} Z(N) \tag{4.111}$$

Eine Möglichkeit, dieses unendliche Produkt von Integralen auszuführen, ist die Fourier-Transformation von $\psi(\mathbf{r})$ und $\psi^*(\mathbf{r})$. Wenn wir $\psi_{\mathbf{k}}$ durch

$$\psi(\mathbf{r}) = \sum_{\mathbf{k}} \psi_{\mathbf{k}} e^{i\mathbf{k}\cdot\mathbf{r}} \tag{4.112}$$

definieren, dann bestimmen die Parameter $\psi_{\mathbf{k}}$ und $\psi^*_{\mathbf{k}}$ für alle Wellenvektoren $\mathbf{k} = (2\pi\, n_x/L_x, 2\pi\, n_y/L_y, 2\pi\, n_z/L_z)$ (oder äquivalent die Real- und Imaginärteile) vollständig die Funktionen $\psi(\mathbf{r})$ und $\psi^*(\mathbf{r})$. In dieser Darstellung können wir die Zustandssumme in der Form

$$Z = \prod_{\mathbf{k}} \left(\int \mathrm{d}\psi_{\mathbf{k}}\mathrm{d}\psi^*_{\mathbf{k}} \right) e^{-\beta F[\psi]} \tag{4.113}$$

schreiben. Wieder haben wir unendlich viele Integrale, zwei für jeden Punkt $\mathbf{k}$.

Als Beispiel für einen Effekt der thermischen Fluktuationen, der sich mit diesem Formalismus berechnen lässt, betrachten wir die spezifische Wärme eines Supraleiters nahe T_c. Für einen Supraleiter im Magnetfeld null haben wir das freie Energiefunktional

$$F[\psi] = \int \mathrm{d}^3 r \left(\frac{\hbar^2}{2m^*} |\nabla \psi|^2 + a|\psi|^2 + \frac{b}{2}|\psi|^4 \right) \tag{4.114}$$

Hierbei haben wir die konstante freie Energie F_n des normalleitenden Zustands weggelassen, da diese hier nicht relevant ist. Schreiben wir dies mithilfe der Fourier-Koeffizienten $\psi_{\mathbf{k}}$, so finden wir

$$F[\psi] = \sum_{\mathbf{k}} \left(\frac{\hbar^2 k^2}{2m^*} + a \right) \psi^*_{\mathbf{k}} \psi_{\mathbf{k}} + \frac{b}{2} \sum_{\mathbf{k}_1, \mathbf{k}_2, \mathbf{k}_3} \psi^*_{\mathbf{k}_1} \psi^*_{\mathbf{k}_2} \psi_{\mathbf{k}_3} \psi_{\mathbf{k}_1 + \mathbf{k}_2 - \mathbf{k}_3} \tag{4.115}$$

was wir im Prinzip direkt in (4.113) einsetzen könnten. Im Allgemeinen wird die Lösung sehr schwierig und erfordert entweder den massiven Einsatz von Monte-Carlo-Simulationen oder eine andere Näherung. Die einfachste solche Näherung ist die **Gaußsche Näherung**, bei der der Term vierter Ordnung in der freien Energie weggelassen wird. Damit finden wir das einfache Ergebnis

$$Z = \prod_{\mathbf{k}} \int \mathrm{d}\psi_{\mathbf{k}} \mathrm{d}\psi^*_{\mathbf{k}} \exp \left\{ -\beta \left(\frac{\hbar^2 k^2}{2m^*} + a \right) \psi^*_{\mathbf{k}} \psi_{\mathbf{k}} \right\} \tag{4.116}$$

Mit den beiden reellen Funktionen $\mathrm{Re}[\psi_{\mathbf{k}}]$ und $\mathrm{Im}[\psi_{\mathbf{k}}]$ erhalten wir

$$Z = \prod_{\mathbf{k}} \int \mathrm{dRe}[\psi_{\mathbf{k}}] \mathrm{dIm}[\psi_{\mathbf{k}}] \exp \left\{ -\beta \left(\frac{\hbar^2 k^2}{2m^*} + a \right) \left(\mathrm{Re}[\psi_{\mathbf{k}}]^2 + \mathrm{Im}[\psi_{\mathbf{k}}]^2 \right) \right\} \tag{4.117}$$

sodass wir für jedes $\mathbf{k}$ ein lediglich zweidimensionales Gaußsches Integral haben. Diese Integrale können exakt ausgeführt werden, und wir erhalten die Zustandssumme

$$Z = \prod_{\mathbf{k}} \frac{\pi}{\beta \left((\hbar^2 k^2 / 2m^*) + a \right)} \tag{4.118}$$

aus der wir alle uns interessierenden thermodynamischen Größen berechnen können. Beispielsweise ist die durch (2.57) gegebene innere Energie

$$\begin{aligned} U &= -\frac{\partial \ln Z}{\partial \beta} \\ &= +k_{\mathrm{B}} T^2 \frac{\partial \ln Z}{\partial T} \\ &\sim -\sum_{\mathbf{k}} \frac{1}{\left((\hbar^2 k^2 / 2m^*) + a \right)} \frac{\mathrm{d}a}{\mathrm{d}T} \end{aligned} \tag{4.119}$$

wobei wir im letzten Schritt nur den wichtigsten Beitrag behalten haben, welcher sich durch die Änderung des Ginzburg-Landau-Parameters a mit T ergibt.

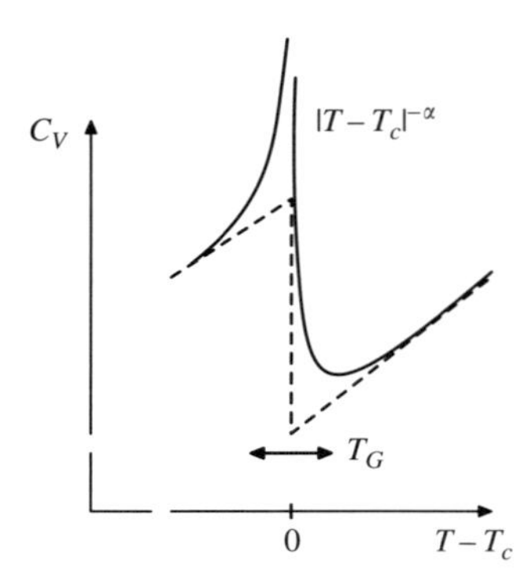

Abbildung 4.8: *Die spezifische Wärme eines Supraleiters nahe T_c in der Gaußschen Näherung. Die mean-field-Theorie von Ginzburg und Landau liefert eine Diskontinuität bei T_c. Doch zu dieser kommt ein Beitrag durch thermische Fluktuationen, der wie $|T - T_c|^{-\alpha}$ mit $\alpha = 1/2$ divergiert. Die vollständige Behandlung im Rahmen der Renormierungsgruppe (unter Vernachlässigung von Magnetfeld-Termen) zeigt, dass α durch den Wert aus dem dreidimensionalen XY-Modell gegeben ist, genau wie bei suprafluidem Helium (vgl. Abbildung 2.3).*

Die Gaußsche Näherung für die Wärmekapazität nahe T_c finden wir wieder durch Differenzieren:

$$\begin{aligned}
C_V = \frac{\mathrm{d}U}{\mathrm{d}T} &= \sum_{\mathbf{k}} \frac{1}{\left(\frac{\hbar^2 k^2}{2m^*} + a\right)^2} \dot{a}^2 \\
&= \frac{V}{(2\pi^3)} \frac{\dot{a}^2}{a^2} \int \mathrm{d}^3 k \frac{1}{(1 + \xi(T)^2 k^2)^2} \\
&\sim \frac{V}{(2\pi^3)} \frac{\dot{a}^2}{a^2} \frac{1}{\xi(T)^3} \\
&\sim \frac{1}{(T - T_c)^2} |T_c - T|^{3/2} \\
&\sim \frac{1}{|T - T_c|^{1/2}}
\end{aligned} \tag{4.120}$$

(Der Einfachheit halber wurden numerische Faktoren weggelassen.). Dieses Ergebnis zeigt, dass thermische Fluktuationen sehr große Beiträge zur Wärmekapazität liefern können und an der kritischen Temperatur T_c sogar divergieren. Wenn wir dieses Verhalten skizzieren (siehe Abbildung 4.8), dann sehen wir, dass die Berücksichtigung der Fluktuationen zu großen Unterschieden gegenüber dem ursprünglichen mean-field-Ergebnis (vgl. Abbildung 4.4) für die spezifische Wärme führen. Wenn man die Fluktuationen berücksichtigt, ähnelt die Wärmekapazität des Supraleiters viel stärker der von suprafluidem ^{4}He bei T_c (vgl. Abbildung 2.3).[9]

[9] Auch die Gaußsche Theorie ist in der hier ausgeführten Form nicht völlig korrekt, da Terme vierter Ordnung in der freien Energie vernachlässigt werden. Die Theorie, die auch diese Terme berücksichtigt, ist in der statistischen Physik als XY– oder $O(2)$-Modell bekannt. Das korrekte kritische Verhalten

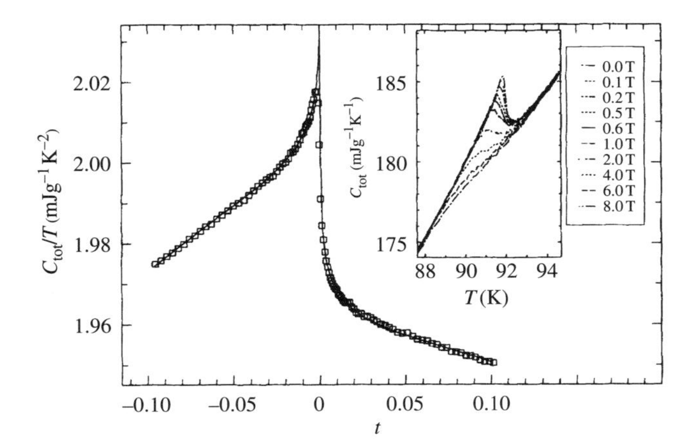

Abbildung 4.9: *Experimentelle Daten für die Wärmekapazität des Hochtemperatursupraleiters* $YBa_2Cu_3O_{7-\delta}$ *nahe* T_c*. Für den Fall, dass das Magnetfeld null ist, stimmen die experimentellen Daten hervorragend mit den Vorhersagen des dreidimensionalen XY-Modells überein. Ein externes Magnetfeld (kleines Bild) sorgt für das Verschwinden der Singularität, aber nicht für ein signifikantes Absenken von* T_c*. Genehmigter Nachdruck aus Overend, Howson, and Lawrie (1994).* © *American Physical Society.*

Diese thermischen Fluktuationen in gewöhnlichen Supraleitern (mit niedrigem T_c) wie Blei oder Niob zu beobachten, ist sehr schwierig. Es ist jedoch möglich, den Temperaturbereich um T_c abzuschätzen, in dem diese Fluktuationen signifikant sind. Dieser Bereich T_G ist durch das Ginzburg-Kriterium definiert. Ginzburg hatte festgestellt, dass dieser Temperaturbereich extrem klein ist, und zwar für die meisten low-T_c-Supraleiter viel kleiner als 1 μK. Damit wird der ursprüngliche mean-field-Ansatz der Ginzburg-Landau-Gleichungen perfekt bestätigt. Bei den 1986 entdeckten Hochtemperatursupraleitern hingegen liegt die Kohärenzlänge $\xi(0)$ in der Größenordnung von wenigen Ångstrom (siehe Tabelle 4.1), ist also sehr klein. Es zeigt sich, dass der zugehörige Ginzburg-Landau-Temperaturbereich T_G bei 1 bis 2 K liegt. Daher ist es in diesen Systemen leicht möglich, die Effekte der thermischen Fluktuationen tatsächlich zu beobachten. Die spezifische Wärme in der Umgebung von T_c zeigt eindeutig kritische thermische Fluktuationen (siehe Abbildung 4.9). In der Tat wurde bei diesen Experimenten eine sehr gute Übereinstimmung mit den Vorhersagen des dreidimensionalen XY-Modells für den Wert des kritischen Exponenten gefunden, exakt wie bei suprafluidem ^{4}He (vgl. Abbildung 2.4). Der Exponent $\alpha = 1/2$ aus der Gaußschen Näherung passt überhaupt nicht. Ein anderes Beispiel für die Effekte thermischer Fluktuationen zeigt sich im spezifischen Widerstand $\rho(T)$ unmittelbar oberhalb von T_c. Thermische Fluktuationen bewirken, dass $\rho(T)$ bei Temperaturen weit oberhalb von T_c nach unten in Richtung null abknickt. Deutlich zu sehen ist dieses Abknicken in der Widerstandskurve des Supraleiters $HgBa_2Ca_2Cu_3O_{8+\delta}$ ($T_c = 135$ K), die in Abbildung 3.2 dargestellt ist.

bei T_c kann mit verschiedenen Methoden berechnet werden, die auf dem Konzept der Renormierungsgruppe basieren. Der resultierende kritische Exponent α für die spezifische Wärme ist sehr klein und weicht stark von dem Wert $\alpha = 1/2$ ab, den die Gaußsche Näherung (4.120) liefert.

4.11 Vortexmaterie

Ein anderer sehr wichtiger Effekt thermischer Fluktuationen tritt in der gemischten Phase von Hochtemperatursupraleitern auf. Wie wir gesehen haben, bilden die Vortizes nach Abrikosovs Theorie des Vortexgitters periodische Gitteranordnungen, ganz ähnlich wie bei einem Kristallgitter, und diese Gitter sind triangular oder quadratisch. Allerdings ist dies wieder eine mean-field-Näherung! Wir müssen im Prinzip auch hier zusätzlich die thermischen Fluktuationen berücksichtigen.

Die Theorien der resultierenden **Vortexmaterie** zeigen eine große Bandbreite von Möglichkeiten. Die Vortizes formen eine Vielzahl unterschiedlicher Zustände, einschließlich flüssige und glasartige (zufällig angeordnet, aber nicht gefroren), aber auch nahezu perfekt geordnete kristalline Zustände. Man nimmt an, dass Flussgitter niemals echte Kristallstrukturen haben und dass thermische Fluktuationen letztendlich immer zum Verlust der langreichweitigen Ordnung führen (wenngleich die Periodizität über sehr große Abstände gut ausgebildet sein kann). Eine vollständige Abhandlung dieser Thematik erfordert ein eigenes Buch (Singer / Schneider 2000). Es gibt auch einige ausführliche Übersichtsartikel (Blatter 1994).

Für kommerzielle Anwendungen von Hochtemperatursupraleitern unter dem Einfluss von starken Strömen und Elektromagneten sind die thermischen Fluktuationen leider verheerend (Yeshrun 1998).[10] Das Problem ist, dass sich die Vortizes aufgrund thermischer Fluktuationen bewegen, und dies wiederum ist eine Quelle der Dissipation. Aus diesem Grund ist der Widerstand für Hochtemperatursupraleiter im Magnetfeld nicht null. Das Problem tritt auch in low-T_c-Supraleitern auf, jedoch in wesentlich geringerem Umfang. In diesen Systemen kann die Energiedissipation aufgrund der Bewegung durch sogenannte **Pinning-Zentren** („Festpinnen" des Vortexgitters zwecks Verhinderung der Bewegung) reduziert oder eliminiert werden. Meist sind dies einfach Störstellen oder natürlich vorkommende Kristalldefekte wie Korngrenzen oder Versetzungen.

Um zu verstehen, warum die Bewegung der Vortizes Dissipation von Energie bedeutet, betrachten wir die Stromdichte $\mathbf{j}$ im Vortexgitter. Diese ist senkrecht zum Magnetfeld gerichtet, sodass auf jeden Vortex eine Lorentz-Kraft wirkt (Magnus-Effekt). Die Gesamtkraft ist

$$\mathbf{f} = \mathbf{j} \times \mathbf{B} \tag{4.121}$$

pro Volumeneinheit des Vortexgitters. Diese Kraft lässt die Vortexflüssigkeit vorzugsweise senkrecht zum Strom fließen (siehe Abbildung 4.10).

Wenn die Vortizes infolge dieser Kraft fließen, wird Arbeit verrichtet und Energie dissipiert. Um die Arbeit zu berechnen, betrachten wir eine supraleitende Schleife, in der ein Strom zirkuliert. Die Vortizes beginnen, transversal durch den Draht zu driften, also

[10] Möglicherweise ist dies nicht die einzige Schwierigkeit bei der kommerziellen Anwendung von Hochtemperatursupraleitern. Die Materialien sind spröde und lassen sich nicht ohne weiteres zu Drähten verarbeiten. Zumindest teilweise konnten diese Probleme überwunden werden, sodass Hochtemperatursupraleiter inzwischen echte kommerzielle Anwendungen gefunden haben. Beispielsweise gibt es in den USA mindestens eine Stadt, die einen Teil ihrer Elektrizität über unterirdische supraleitende Kabel erhält. Auch manche Mikrowellenempfänger, beispielsweise in Mobilfunkmasten, verwenden supraleitende Bauelemente, die bei Temperaturen für flüssigem Stickstoff arbeiten.

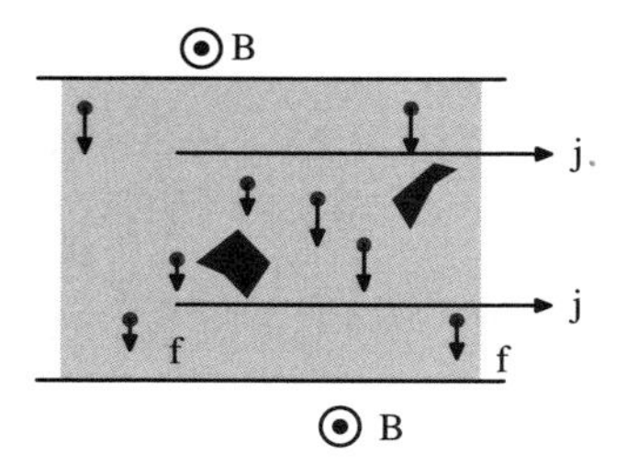

Abbildung 4.10: Energiedissipation infolge des Vortexflusses in einem Supraleiter. Jeder Vortex erfährt eine Lorentz-Kraft senkrecht zur Richtung des Suprastroms (Magnus-Effekt). Diese bewirkt, dass die Vortizes seitlich durch den Draht driften, bis sie durch Defekte festgepinnt werden (im Bild dargestellt durch die schwarzen Bereiche). An jedem Vortex, der im Supraleiter von der einen Seite auf die andere wandert, wird Arbeit verrichtet. Folglich wird Energie dissipiert.

etwa von innen nach außen. Dies ist in Abbildung 4.10 dargestellt. Jeder Vortex trägt ein Flussquant Φ_0, sodass sich der gesamte magnetische Fluss Φ im Ring mit jedem Vortex, der von einer Seite des Drahtes auf die andere wandert, um Φ_0 ändert. Nach den Gesetzen des Magnetismus wird dabei im Ring eine Quellenspannung $\mathcal{E} = -\mathrm{d}\Phi/\mathrm{d}t$ induziert. Die Kraft wird mit der Rate $P = \mathcal{E}I$ dissipiert, wobei I der Gesamtstrom ist. Deshalb führt die Vortexbewegung direkt zu einem **endlichen Widerstand!** In der gemischten Phase haben Supraleiter nur dann wirklich einen Widerstand null, wenn die Vortizes gepinnt sind und sich daher nicht bewegen können.

Bei Hochtemperatursupraleitern führt die thermische Bewegung der Vortizes zu besonders schlechtem Pinning und damit zu einem signifikanten Widerstand in der gemischten Phase. Schlimmer noch, das untere kritische Feld H_{c1} ist winzig, oft kleiner als das Erdmagnetfeld, sodass die Vortizes nie ganz eliminiert werden können. Man nimmt an, dass sich die Vortexmaterie bei hohen Temperaturen und nahe H_{c2} in einem flüssigen Zustand befindet, sodass sich die Vortizes frei bewegen können und Pinning so gut wie unmöglich wird.[11] Bei Verringerung der Temperatur bzw. weiter weg von H_{c2} scheint die Vortexmaterie in einem glasartigen Zustand „einzufrieren“. In einem Glas ist die Anordnung räumlich zufällig, aber zeitlich eingefroren. Da Gläser starr sind, können sich die Vortizes nicht bewegen; daher ist eine Verhinderung des Fließens durch Pinning möglich. Der Widerstand ist daher in diesem Zustand sehr niedrig. Aber auch in diesem glasartigen Zustand ist der Widerstand leider nicht völlig null, da es zum sogenannten **Flusskriechen** kommen kann. Die zufällige Pinning-Kraft liefert Energiebarrieren für die Vortexbewegung, doch thermische Bewegung bedeutet, dass die Vortizes hin und wieder über eine lokale Energiebarriere springen können und sich eine neue Konfiguration einstellt.[12] Die Linie im H-T-Diagramm (Abbildung 4.11), die das Einsetzen der Glasphase markiert, wird als „Irreversibilitätslinie“ bezeichnet. Ein Widerstand null wird nur unterhalb dieser Linie erreicht. Hierdurch wird der für Anwendungen

[11] Eine Flüssigkeit kann immer um Defekte herum fließen, weshalb Pinning-Zentren im flüssigen Vortexzustand keinen Effekt haben.

[12] Der Prozess ist wahrscheinlich analog zu einem Phänomen, das man aus alten Kathedralen kennt: Dort wurde beobachtet, dass Fensterglas im Laufe der Jahrhunderte nach unten geflossen ist.

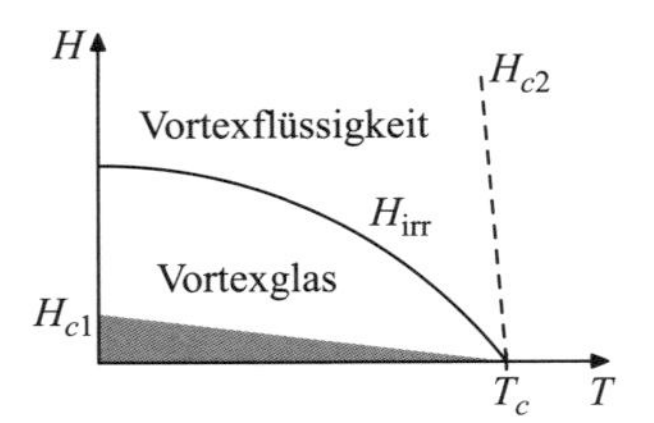

Abbildung 4.11: *Vorgeschlagenes H-T-Phasendiagramm bei einem Hochtemperatursupraleiter. Unterhablb von H_{c2} bilden sich Vortizes, doch sie befinden sich in einem flüssigen Zustand, was zu einem von null verschiedenen Widerstand führt. Unter der „Irreversibilitätslinie“ gefrieren die Vortizes (entweder zu einem glasartigen oder zu einem quasiperiodischen Gitter). In diesem Zustand ist der Widerstand weiterhin endlich (wegen des Flusskriechens), doch wird er weit unterhalb der Irreversibilitätslinie vernachlässigbar. H_{c1} ist extrem klein.*

von Hochtemperatursupraleitern infrage kommende Bereich magnetischer Felder effektiv beschränkt. Er liegt weit unter den einigen Hundert Tesla, die man aufgrund der nominalen Werte von $\mu_0 H_{c2} > 100\,\mathrm{T}$ hätte erwarten können (vgl. Tabelle 4.1).

4.12 Zusammenfassung

Wir haben gelernt, dass die Ginzburg-Landau-Theorie ein recht einfaches mathematisches Modell liefert, mit dem sich äußerst komplexe Phänomene in Supraleitern beschreiben lassen. Mit dem phänomenologischen Ordnungsparameter $\psi(\mathbf{r})$ und den vier empirisch bestimmten Parametern $\dot{a}, b, m^*$ und T_c können wir eine Theorie der Supraleitung aufstellen, die eine Vielzahl von Phänomenen zu beschreiben vermag. Dazu gehören das Abrikosov-Gitter und die Flussquantisierung, aus der man die London-Gleichung „ableiten“ kann.

Die Mächtigkeit der Theorie zeigt sich auch darin, dass durch eine kleine Modifikation thermische Fluktuationen berücksichtig werden können und sie in dieser Form auch zur Beschreibung von kritischen Phänomenen oder von Vortexmaterie geeignet ist. Es sei darauf hingewiesen, dass auf diesen Gebieten noch immer sehr rege geforscht wird, sowohl was experimentelle Untersuchungen als auch theoretische Arbeiten betrifft. Selbst ein paar sehr einfache und fundamentale Fragen werden noch heiß debattiert, etwa was die verschiedenen Vortexphasen in Hochtemperatursupraleitern betrifft. Große Bedeutung haben diese Fragen auch im Hinblick auf mögliche kommerzielle Anwendungen dieser Materialien.

Weiterführende Literatur

Eine ausführliche thermodynamische Betrachtung der magnetischen Arbeit findet sich in den Lehrbüchern von Mandl (1987) und Calen (1960).

Das Konzept des Ordnungsparameters und die Landau-Theorie im Allgemeinen (einschließlich ihrer Anwendung für Supraleiter) wird in Chakin / Lubensky (1995) sowie in Anderson (1984) diskutiert. Zu Anwendungen der Ginzburg-Landau-Theorie auf Vortexmaterie und andere Probleme finden Sie detaillierte Ausführungen in de Gennes (1966). Auch andere Bücher sind in diesem Zusammenhang von Nutzen, etwa Tilley / Tilley (1990) oder Tinkham (1996). Fast alle Bücher über Supraleitung enthalten zumindest ein Kapitel zur Ginzburg-Landau-Theorie und ihren Vorhersagen.

Thermische Fluktuationen und kritische Phämomene sind umfangreiche eigenständige Forschungsgebiete. Eine gute Einführung ist Goldenfeld (1992), während die Bücher von Amit (1984) und Ma (1976) sehr umfassend sind. In diesen Büchern werden sehr allgemeine Klassen von theoretischen Modellen abgehandelt. Die Ginzburg-Landau-Theorie, wie wir sie hier eingeführt und benutzt haben, ist äquivalent zu dem Modell, das dort XY oder $O(2)$ genannt wird.

Das Buch von Singer und Schneider (2000) wie auch die Übersichtsartikel von Blatter (1994) und Yeshrun (1996) vermitteln eine moderne Sichtweise auf Phänomene, die durch thermische Fluktuationen entstehen, sowie auf die Physik der Vortexmaterie, insbesondere deren Anwendung bei Hochtemperatursupraleitern.

Aufgaben

4.1 (a) Bei einem Supraleiter erster Art bestimmt $H_c(T)$ im H-T-Phasendiagramm die Grenze zwischen dem normalleitenden und dem supraleitenden Zustand. Überall auf dieser Grenze gilt wegen des thermischen Gleichgewichts

$$G_s(T,H) = G_n(T,H)$$

Wenden Sie diese Gleichung und $\mathrm{d}G = -S\,\mathrm{d}T - \mu_0 VM\,\mathrm{d}H$ auf zwei Punkte (H,T) und $(T+\delta T, H+\delta H)$ der Phasengrenze an (siehe auch Abbildung 4.12). Zeigen Sie so die Gültigkeit der Gleichung

$$-S_s\delta T - \mu_0 VM_s\delta H = -S_n\delta T - \mu_0 VM_n\delta H$$

für kleine δT und δH. Die Größen $S_{s/n}$ und $M_{s/n}$ sind die Entropie bzw. die Magnetisierung des supraleitenden bzw. des normalleitenden Zustands.

(b) Verwenden Sie Teil (a) sowie die Beziehungen $M_n = 0$ und $M_s = -H$ um zu zeigen, dass die latente Wärme pro Volumeneinheit, $L = T(s_n - s_s)$, durch

$$L = -\mu_0 T H_c \frac{\mathrm{d}H_c(T)}{\mathrm{d}T}$$

gegeben ist. $H_c(T)$ ist hierbei die Phasengrenze. (Dies ist das Analogon zur Clausius-Clapeyron-Gleichung bei einem Phasenübergang von gasförmig nach flüssig, wobei H den Druck und $-\mu_0 M$ das Volumen ersetzt. Siehe zum Beispiel Mandl 1987, S. 228.)

4.2 Bestimmen Sie $|\psi|^2$, die freie Energie $F_s - F_n$, die Entropie und die Wärmekapazität eines Supraleiters nahe T_c. Verwenden Sie dazu die freie Energie nach Ginzburg

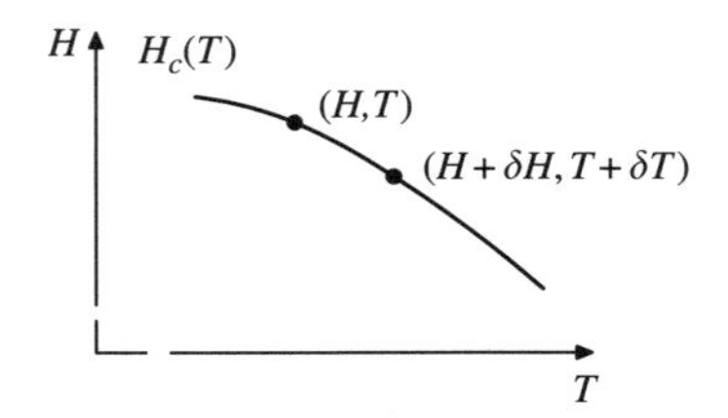

Abbildung 4.12: *Zu Aufgabe (4.1). Betrachten Sie die Gibbssche freie Energie in den Punkten* (T, H) *und* $(T + \delta T, H + \delta H)$*, die auf der Phasengrenze eines Supraleiters erster Art liegen. In beiden Punkten muss wegen der Gleichgewichtsbedingung* $G_n(T, H) = G_s(T, H)$ *gelten.*

und Landau für das Innere des Supraleiters. Skizzieren Sie den Verlauf der Größen in Abhängigkeit von der Temperatur unter der Annahme, dass $a = \dot{a} \times (T - T_c)$ und dass $\dot{a}$ und b in der Umgebung von T_c konstant sind.

4.3 (a) Zeigen Sie, dass die Ginzburg-Landau-Gleichung für $\psi(x)$ im Falle eindimensionaler Probleme wie für die in Abschnitt 4.5 behandelten Oberflächen in der Form

$$-\frac{\mathrm{d}^2}{\mathrm{d}y^2} f(y) - f(y) + f(y)^3 = 0$$

mit $\psi(x) = \psi_0 f(x/\xi)$, $y = x/\xi$ und $\psi_0 = \sqrt{|a|/b}$ geschrieben werden kann.

(b) Verifizieren Sie, dass

$$f(y) = \tanh(y/\sqrt{2})$$

eine Lösung der in Teil (b) auftretenden Gleichung für die Randbedingung $\psi(0) = 0$ ist. Skizzieren Sie den Verlauf von $\psi(x)$ nahe der Oberfläche eines Supraleiters.

(c) Oft betrachtet man als Oberflächenrandbedingung für einen Supraleiter nicht $\psi(x) = 0$, sondern $\psi(x) = C$ mit einer numerischen Konstante C. Zeigen Sie, dass wir für $C < \psi_0$ einfach die Lösung aus Aufgabe (4.2) verschieben können, um für jeden beliebigen Wert von C im Intervall $0 \leq C < \psi_0$ eine gültige Lösung zu erhalten.

(d) Der Proximity-Effekt tritt auf, wenn ein Metall (im Halbraum $x > 0$) im Kontakt mit einem Supraleiter (im Halbraum $x < 0$) ist. Nehmen Sie an, dass das normalleitende Metall durch ein Ginzburg-Landau-Modell mit $a > 0$ beschrieben werden kann. Zeigen Sie, dass der im Metall durch den Kontakt mit dem Supraleiter induzierte Ordnungsparameter $\psi(x)$ näherungsweise durch

$$\psi(x) = \psi(0)e^{-x/\xi(T)}$$

gegeben ist. Hierbei ist $\hbar^2/2m^*\xi(T)^2 = a > 0$, und $\psi(0)$ ist der Wert des Ordnungsparameters an der Grenzfläche.

4.4 (a) Mit (4.120) haben wir gezeigt, dass die Gaußsche Näherung zu einer Divergenz in der spezifischen Wärme führt, die die Form

$$C_V \sim \frac{1}{|T - T_c|^\alpha}$$

mit $\alpha = 1/2$ hat. Wiederholen Sie die Schritte in (4.120) für ein zweidimensionales System und zeigen Sie, dass die Gaußsche Näherung in diesem Fall $\alpha = 1$ liefert.

(b) Diese Argumentation kann auch leicht auf den allgemeinen, d-dimensionalen Fall ausgedehnt werden. Ersetzen Sie die in (4.120) auftretende Summe über **k** durch ein Integral der Form

$$\sum_{\mathbf{k}} \rightarrow \frac{1}{(2\pi)^d} \int \mathrm{d}^d k$$

Zeigen Sie, dass der kritische Exponent für d Dimensionen die allgemeine Form

$$\alpha = 2 - \frac{d}{2}$$

hat.

5 Der makroskopische kohärente Zustand

5.1 Einführung

In den vorherigen Kapiteln haben wir gelernt, dass das Konzept der makroskopischen Wellenfunktion $\psi(\mathbf{r})$ im Rahmen der Ginzburg-Landau-Theorie eine zentrale Rolle spielt, um Phänomene wie atomare Bose-Einstein-Kondensate, suprafluides ^{4}He und Supraleitung zu beschreiben. Die Verbindung zwischen diesen unterschiedlichen Systemen ist jedoch keineswegs klar, handelt es sich doch bei den atomaren Kondensaten und bei ^{4}He um bosonische Systeme, während die Supraleitung mit der Bewegung von Elektronen in Metallen verbunden ist, also mit Fermionen. Die physikalische Bedeutung des GL-Ordnungsparameters wurde erst klar, nachdem Bardeen, Cooper und Schrieffer 1957 die erste mikroskopische Theorie der Supraleitung vorgelegt hatten. Bald nach dieser Veröffentlichung fand Lev Gor'kov die fehlende Verbindung. Er konnte zeigen, dass sich die Ginzburg-Landau-Theorie zumindest im Temperaturbereich um T_c aus der BCS-Theorie ableiten lässt. Außerdem ergab sich hieraus eine physikalische Interpretation des Ordnungsparameters. Danach beschreibt der Ordnungsparameter eine makroskopische Wellenfunktion oder ein Kondensat aus Cooper-Paaren.

Das Anliegen dieses Kapitels ist die Verdeutlichung des Konzepts der makroskopischen Wellenfunktion. Dabei wird sich zeigen, wie sich diese auf natürliche Weise aus der Physik der **kohärenten Zustände** ergibt. Kohärente Zustände wurden ursprünglich in der Quantenoptik betrachtet und waren besonders in der Theorie des Lasers von Nutzen. Der Laser ist nichts anderes als eine Form des makroskopischen kohärenten Zustands und weist starke Ähnlichkeit mit atomaren Bose-Einstein-Kondensaten auf. In diesem Kapitel sollen zunächst das Konzept und die mathematischen Eigenschaften kohärenter Zustände vorgestellt werden. Es folgt die Anwendung auf bosonische Systeme. Diesem Ansatz folgend werden wir noch einmal die Gross-Pitaevskii-Gleichungen für das schwach wechselwirkende Bose-Gas herleiten, die wir bereits in Kapitel 1 eingeführt hatten.

Kohärente Zustände können sowohl für Fermionen als auch für Bosonen definiert werden. Allerdings sind kohärente Zustände einzelner Fermionen im Zusammenhang mit der Supraleitung nicht von unmittelbarem Nutzen, wenn sie es auch in anderem Kontext sein mögen. Denn was wir hier brauchen, ist ein kohärenter Zustand aus **Fermionenpaaren.** Solche kohärenten Zustände entsprechen genau dem Typ eines Vielteilchenzustands, der von Bardeen, Cooper und Schrieffer 1957 in ihrer Theorie der Supraleitung beschrieben wurde. Eine ausführliche Diskussion der BCS-Theorie folgt im nächsten Kapitel. Hier befassen wir uns speziell mit der Physik des kohärenten Zustands vom BCS-Typ ohne uns beispielsweise darum zu kümmern, warum dieser ein stabiler Grundzustand ist.

Diese Aufteilung hat den Vorteil, dass die wesentlichen Konzepte mit größerer Klarheit präsentiert werden können und gleichzeitig ihre Allgemeingültigkeit deutlich wird. In der Tat ist es nicht notwendig, bei jedem Detail den Bezug zur BCS-Theorie herzustellen, um die Eigenschaften des kohärenten Quantenzustands physikalisch zu verstehen. Wie wir sehen werden, ist der Zusammenhang zwischen dem BCS-Zustand und der Ginzburg-Landau-Theorie fundamental, denn der kohärente Zustand von Elektronenpaaren stellt eine sehr direkte Verbindung mit dem Ordnungsparameter $\psi(\mathbf{r})$ her.

Doch es gibt nicht nur didaktische, sondern auch physikalische Gründe dafür, die ausführliche Darstellung der BCS-Theorie von der Physik des Ordnungsparameters zu trennen. Beispielsweise gibt es Supraleiter, von denen wir nicht wissen, ob die BCS-Theorie anwendbar ist. Hochtemperatursupraleiter sind das offensichtlichste Beispiel hierfür. Immerhin wissen wir, dass es in diesen Systemen Cooper-Paare gibt, auch wenn wir den **Paarungsmechanismus** nicht kennen. Zum Beispiel tritt bei ihnen eine Flussquantisierung in den bekannten Einheiten von $\Phi_0 = h/2e$ auf, was zeigt, dass die fundamentale Ladungseinheit $2e$ ist. Des Weiteren können wir unabhängig vom konkreten Paarungsmechanismus annehmen, dass es einen GL-Ordnungsparameter gibt, und dieses Wissen liefert eine Basis für viele Theorien der Supraleitung (beispielsweise Theorien zur Beschreibung von Vortexmaterie in Hochtemperatursupraleitern). Wir können daher den Paarungsmechanismus und seine wichtigste Konsequenz, die Existenz des Ordnungsparameters, unabhängig voneinander behandeln.

5.2 Kohärente Zustände

Beginnen wir mit einer kurzen Wiederholung eines Themas aus der Einführungsvorlesung zur Quantenmechanik, dem quantenmechanischen harmonischen Oszillator. Der Hamilton-Operator lautet

$$\hat{H} = \frac{\hat{p}}{2m} + \frac{m\omega_c^2}{2}x^2 \tag{5.1}$$

Dabei ist $\hat{p} = -i\hbar(\mathrm{d}/\mathrm{d}x)$ der eindimensionale Impulsoperator, m die Teilchenmasse und ω_c die Frequenz. Die Eigenzustände des Oszillators sind gegeben durch

$$\hat{H}\psi_n(x) = E_n\psi_n(x) \tag{5.2}$$

mit den Energieniveaus E_n.

Die eleganteste Methode zur Bestimmung von E_n und $\psi_n(x)$ ist die Einführung der **Leiteroperatoren**

$$\begin{aligned}\hat{a} &= \frac{1}{(\hbar\omega_c)^{1/2}}\left(\frac{\hat{p}}{(2m)^{1/2}} - i\frac{(m\omega_c^2)^{1/2}x}{(2)^{1/2}}\right)\\ \hat{a}^+ &= \frac{1}{(\hbar\omega_c)^{1/2}}\left(\frac{\hat{p}}{(2m)^{1/2}} + i\frac{(m\omega_c^2)^{1/2}x}{(2)^{1/2}}\right)\end{aligned} \tag{5.3}$$

Diese Operatoren besitzen eine Reihe von nützlichen Eigenschaften,[1] die leicht herzu-

[1]Siehe Aufgabe (5.1).

leiten sind und die wir hier folgendermaßen zusammenfassen:

$$\hat{a}^+\psi_n(x) = (n+1)^{1/2}\psi_{n+1}(x) \tag{5.4}$$

$$\hat{a}\psi_n(x) = (n)^{1/2}\psi_{n-1}(x) \tag{5.5}$$

$$\hat{a}^+\hat{a}\psi_n(x) = n\psi_n(x) \tag{5.6}$$

$$[\hat{a}, \hat{a}^+] = 1 \tag{5.7}$$

Die erste dieser Beziehungen besagt, dass der Operator $\hat{a}^+$ jeden Zustand in den nächsthöheren auf der „Leiter" der n möglichen Werte überführt. Entsprechend überführt der Operator $\hat{a}$ jeden Zustand in den darunterliegenden (zweite Zeile). Die Relation besagt, dass die aufeinanderfolgende Anwendung von $\hat{a}$ und $\hat{a}^+$ zu keiner Änderung von n führt. Gleichung (5.6) legt daher nahe, die Kombination $\hat{n} = \hat{a}^+\hat{a}$ als den **Besetzungszahloperator** zu definieren, der für jeden Zustand die Quantenzahl n liefert, also

$$\hat{n}\psi_n(x) = n\psi_n(x) \tag{5.8}$$

Die Vertauschungsrelation (5.7) oder

$$[\hat{a}, \hat{a}^+] = \hat{a}\hat{a}^+ - \hat{a}^+\hat{a} = 1 \tag{5.9}$$

ist fundamental für die Quantenmechanik bosonischer Systeme, wie wir weiter unten sehen werden.

Mithilfe der Leiteroperatoren kann der Hamilton-Operator des harmonischen Oszillators in der Form

$$\hat{H} = \hbar\omega_c\left(\hat{a}^+\hat{a} + \frac{1}{2}\right) \tag{5.10}$$

geschrieben werden. Zusammen mit (5.6) erhalten wir hieraus unmittelbar die Energieniveaus

$$E_n = \hbar\omega_c\left(n + \frac{1}{2}\right) \tag{5.11}$$

Gemäß (5.4) können durch wiederholte Anwendung des Aufsteigeoperators $\hat{a}^+$ sämtliche Eigenvektoren $\psi_n(x)$ iterativ aus dem Grundzustand $\psi_0(x)$ konstruiert werden:

$$\psi_n(x) = \frac{1}{(n!)^{1/2}}(\hat{a}^+)^n\psi_0(x) \tag{5.12}$$

Um den vollständigen Satz von Zuständen zu finden, muss also lediglich der Grundzustand $\psi_0(x)$ bestimmt werden. (Und von diesem wissen wir aus der elementaren Quantenmechanik, dass er durch eine einfache Gauß-Funktion gegeben ist.) Alle weiteren Quantenzustände ergeben sich dann fast automatisch.

Für die Leiteroperatoren gibt es aber noch viele andere Anwendungen. Insbesondere wollen wir hier einen **kohärenten Zustand** durch

$$|\alpha\rangle = C\left(\psi_0(x) + \frac{\alpha}{1!^{1/2}}\psi_1(x) + \frac{\alpha^2}{2!^{1/2}}\psi_2(x) + \frac{\alpha^3}{3!^{1/2}}\psi_3(x) + \dots\right) \tag{5.13}$$

definieren. Dabei ist α eine beliebige komplexe Zahl und C eine Normierungskonstante. Diese Konstante erhalten wir leicht aus der Normierungsbedingung

$$\begin{aligned} 1 &= \langle\alpha|\alpha\rangle \\ &= |C|^2\left(1+\frac{|\alpha|^2}{1!}+\frac{(|\alpha|^2)^2}{2!}+\frac{(|\alpha|^2)^3}{3!}+\dots\right) \\ &= |C|^2 e^{|\alpha|^2} \end{aligned} \tag{5.14}$$

Es gilt also $C = e^{-|\alpha|^2/2}$.

Kohärente Zustände können interessante Eigenschaften haben. Besonders nützlich ist die Relation

$$|\alpha\rangle = e^{-|\alpha|^2/2}\left(1+\frac{\alpha\hat{a}^+}{1!}+\frac{(\alpha\hat{a}^+)^2}{2!}+\frac{(\alpha\hat{a}^+)^3}{3!}+\dots\right)|0\rangle \tag{5.15}$$

Dabei ist $|0\rangle = \psi_0(x)$ der Grundzustand und gleichzeitig der kohärente Zustand mit $\alpha = 0$. Den Ausdruck auf der rechten Seite können wir sehr kompakt schreiben:

$$|\alpha\rangle = e^{-|\alpha|^2/2}\exp(\alpha\hat{a}^+)|0\rangle \tag{5.16}$$

Die Exponentialfunktion eines Operators $\hat{X}$ ist durch die übliche Reihenentwicklung für Exponentialausdrücke

$$\exp(\hat{X}) = 1+\frac{\hat{X}}{1!}+\frac{\hat{X}^2}{1!}+\frac{\hat{X}^3}{1!}+\dots \tag{5.17}$$

definiert.

Eine andere interessante Relation kann aus (5.13) abgeleitet werden. Es gilt

$$\hat{a}|\alpha\rangle = \alpha|\alpha\rangle \tag{5.18}$$

d. h., die kohärenten Zustände sind Eigenzustände des Leiteroperators $\hat{a}$. Um dies zu beweisen, schreiben wir den Zustand $\hat{a}|\alpha\rangle$ explizit:

$$\hat{a}|\alpha\rangle = e^{-|\alpha|^2/2}\hat{a}\left(\psi_0(x)+\frac{\alpha}{1!^{1/2}}\psi_1(x)+\frac{\alpha^2}{2!^{1/2}}\psi_2(x)+\frac{\alpha^3}{3!^{1/2}}\psi_3(x)+\dots\right) \tag{5.19}$$

Andererseits ist $\hat{a}\psi_n(x) = n^{1/2}\psi_{n-1}(x)$, sodass

$$\hat{a}|\alpha\rangle = e^{-|\alpha|^2/2}\left(0+\frac{\alpha 1^{1/2}}{1!^{1/2}}\psi_0(x)+\frac{\alpha^2 2^{1/2}}{2!^{1/2}}\psi_1(x)+\frac{\alpha^3 3^{1/2}}{3!^{1/2}}\psi_2(x)+\dots\right) \tag{5.20}$$

was offensichtlich gleich $\alpha|\alpha\rangle$ ist.

Schließlich seien zwei weitere nützliche Eigenschaften erwähnt, die einfache Schlussfolgerungen aus der Relation (5.18) sind. Es gilt

$$\langle\alpha|\hat{a}|\alpha\rangle = \alpha \tag{5.21}$$

$$\langle\alpha|\hat{a}^+\hat{a}|\alpha\rangle = |\alpha|^2 \tag{5.22}$$

Dies bedeutet, dass $|\alpha|^2$ der Mittelwert des Besetzungszahloperators $\langle\hat{n}\rangle$ ist. Wenden wir dieses Argument auf $\hat{n}^2$ an, dann erhalten wir die Unschärfe Δn für die Besetzungszahl

$$\begin{aligned}\langle\hat{n}^2\rangle &= \langle\alpha|\hat{a}^+\hat{a}\hat{a}^+\hat{a}|\alpha\rangle \\ &= \langle\alpha|\hat{a}^+(\hat{a}^+\hat{a}+1)\hat{a}|\alpha\rangle \\ &= |\alpha|^4 + |\alpha|^2\end{aligned} \tag{5.23}$$

$$\begin{aligned}\Delta n &= \sqrt{\langle\hat{n}^2\rangle - \langle\hat{n}\rangle^2} \\ &= |\alpha|\end{aligned} \tag{5.24}$$

Kohärente Zustände haben keinen festgelegten Wert der Quantenzahl n, da sie keine Eigenzustände des Besetzungszahloperators sind. Der Wert von n bei einer Quantenmessung des Zustands $|\alpha\rangle$ besitzt eine Poisson-Verteilung mit den Einzelwahrscheinlichkeiten

$$P_n = \frac{|\alpha|^{2n}}{n!}\, e^{-|\alpha|^2} \tag{5.25}$$

wie aus (5.13) leicht abzulesen ist. Für diese Verteilung ist die Standardabweichung (definiert durch (5.24)) von n

$$\Delta n = \sqrt{\langle\hat{n}\rangle} \tag{5.26}$$

oder

$$\frac{\Delta n}{\langle n\rangle} \sim \frac{1}{\sqrt{\langle n\rangle}} \tag{5.27}$$

Wir sind vor allem an **makroskopischen** kohärenten Zuständen interessiert, in denen $\langle n\rangle$ nahezu unendlich ist. Für solche Zustände ist die Standardabweichung offensichtlich sehr klein im Vergleich zu $\langle n\rangle$. Daher können wir viele Erwartungswerte in guter Näherung durch ihre **mean-field-Werte** ersetzen, also $\hat{n} \approx \langle n\rangle$. Abbildung 5.1 zeigt, dass die Verteilung selbst für sehr kleine Werte von $\langle n\rangle$ einen gut ausgeprägten Peak um ihren Mittelwert $\langle n\rangle$ hat.

Wichtig ist, dass der kohärente Zustand $|\alpha\rangle$ eine festgelegte **Phase** θ hat, obwohl die Quantenzahl n nicht festgelegt ist. Der kohärente Zustand kann für eine beliebige Zahl α als

$$\alpha = |\alpha|\, e^{i\theta} \tag{5.28}$$

definiert werden. Schreiben wir (5.13) mithilfe dieser Variablen, so erhalten wir

$$|\alpha\rangle = C\left(\psi_0(x) + e^{i\theta}\frac{|\alpha|}{1!^{1/2}}\psi_1(x) + e^{2i\theta}\frac{|\alpha|^2}{2!^{1/2}}\psi_2(x) + \dots\right) \tag{5.29}$$

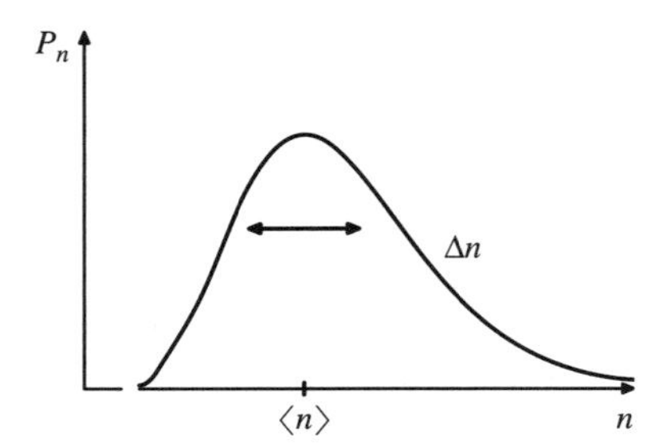

Abbildung 5.1: *Die Wahrscheinlichkeit für den kohärenten Zustand der Besetzungszahl* n *genügt einer Poisson-Verteilung. Die Breite* Δn *ist von der Ordnung* $\sqrt{\langle n\rangle}$*, und daher gilt* $\Delta n/\langle n\rangle$ *für große* $\langle n\rangle$*. Daraus folgt, dass* Δn *für kohärente Zustände mit makroskopisch großen Teilchenzahlen vernachlässigbar klein ist.*

Wir sehen, dass der Term mit ψ_n von $e^{in\theta}$ abhängt. Durch Differenzieren nach α erhalten wir

$$\frac{1}{i}\frac{\partial}{\partial\theta}|\alpha\rangle = \hat{n}|\alpha\rangle \tag{5.30}$$

Da aber die Zustände $|\alpha\rangle$ einen vollständigen Satz bilden (tatsächlich sogar einen überbestimmten Satz!), können wir auf die Gleichheit der Operatoren schließen, also

$$\frac{1}{i}\frac{\partial}{\partial\theta} = \hat{n} \tag{5.31}$$

Somit sind die Phase θ und die Besetzungszahl n **konjugierte Operatoren,** ähnlich wie der Impuls und der Ort. Es ist möglich, für diese Operatoren eine Variante der Unschärferelation zu formulieren[2], nämlich

$$\Delta n\Delta\theta \geq \frac{1}{2} \tag{5.32}$$

Kohärente Zustände haben eine feste Phase, aber keinen festgelegten Wert von n. Im Gegensatz dazu haben die Energieeigenzustände $\psi_n(x)$ einen wohldefinierten Wert von n, aber eine beliebige Phase.

Kohärente Zustände haben viele weitere schöne mathematische Eigenschaften, die wir hier nicht im Detail untersuchen können. Insbesondere gibt es zwischen ihnen zwangsläufig lineare Abhängigkeiten, da sie für alle Punkte der komplexen α-Ebene definiert werden können, sodass es überabzählbar viele solche Zustände gibt. Sie sind auch nicht orthogonal, dann wie man leicht zeigen kann (Aufgabe (5.2)), ist

$$|\langle\alpha|\beta\rangle|^2 = e^{-|\alpha-\beta|^2} \tag{5.33}$$

Wir können uns dies in der komplexen Zahlenebene klar machen (siehe Abbildung 5.2). Kohärente Zustände in benachbarten Punkten sind nicht streng orthogonal, doch für

[2] Der exakte Beweis für diese Unschärferelation erfordert ein paar mehr Tricks als bei der gewöhnlichen Heisenbergschen Unschärferelation, da θ nur zwischen 0 und 2π streng definiert ist.

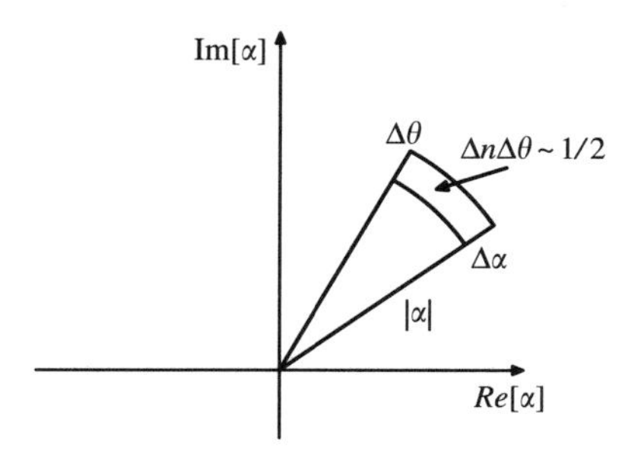

Abbildung 5.2: *Die komplexe Ebene der kohärenten Zustände* $|\alpha\rangle$. *Das Flächenelement* $\Delta\theta\,\Delta n$ *enthält im Mittel näherungsweise einen unabhängigen orthogonalen Quantenzustand.*

$|\alpha - \beta| \sim 1$ gibt es effektiv nur einen „unabhängigen" orthogonalen Quantenzustand pro Flächeneinheit in der komplexen Ebene. Unter Verwendung von Polarkoordinaten $|\alpha|$, θ ist

$$1 \sim |\alpha|\,\Delta\theta\,\Delta|\alpha| \tag{5.34}$$

die Bedingung dafür, dass es in einem Flächenelement genau einen Quantenzustand gibt. Dies ist wegen $\langle n\rangle = |\alpha|^2$ von der Ordnung $2\Delta n\Delta\theta$. Die Unschärferelation für Besetzungszahl und Phase definiert also die minimale Fläche pro Quantenzustand in der komplexen α-Ebene (siehe Abbildung 5.2).

5.3 Kohärente Zustände beim Laser

Erstmals ausführlich untersucht wurden kohärente Zustände im Zusammenhang mit der Theorie des Lasers. In der Quantenoptik enspricht die Anwendung der Operatoren $a^+_{\mathbf{k}s}$ und $a_{\mathbf{k}s}$ der **Erzeugung** und **Vernichtung** von Photonen einer speziellen Mode der elektromagnetischen Strahlung mit der Wellenzahl $\mathbf{k}$ und der Polarisierung s (links- oder rechtszirkular polarisiert). Ein allgemeiner Quantenzustand des Systems kann in der Besetzungszahldarstellung

$$|n_{\mathbf{k}_0 s_0}, n_{\mathbf{k}_1 s_1}, n_{\mathbf{k}_2 s_2}, n_{\mathbf{k}_3 s_3}, \ldots\rangle \tag{5.35}$$

geschrieben werden, wobei $\mathbf{k}_0, \mathbf{k}_1, \mathbf{k}_2$ usw. die verschiedenen ebenen Wellen des Systems kennzeichnen.

Im Falle von Licht ergeben sich die Erzeugungs- und Vernichtungsoperatoren auf ganz natürliche Weise bei der Quantisierung des elektromagnetischen Strahlungsfeldes. Jede spezielle Mode s des klassischen Strahlungsfeldes $\mathbf{k}$ genügt den Maxwellschen Gleichungen. Wenn diese Gleichungen quantisiert werden, wird aus jeder Mode ein harmonischer Oszillator. Die Quantenzustände $n_{\mathbf{k}s}$ der Oszillatoren werden als die jeweilige Anzahl der vorhandenen „Photonen" interpretiert. Der Erzeugungsoperator fügt ein Photon hinzu, während der Vernichtungsoperator eines entfernt,[3]

$$a^+_{\mathbf{k}s}|\ldots n_{\mathbf{k}s}\ldots\rangle = (n_{\mathbf{k}s}+1)^{1/2}|\ldots n_{\mathbf{k}s}+1\ldots\rangle \tag{5.36}$$

$$a_{\mathbf{k}s}|\ldots n_{\mathbf{k}s}\ldots\rangle = (n_{\mathbf{k}s})^{1/2}|\ldots n_{\mathbf{k}s}\ldots\rangle \tag{5.37}$$

Dies ist analog zu den Leiteroperatoren beim harmonischen Oszillator. Hieraus können wir schließen, dass die gleichen Vertauschungsregeln wie für die Leiteroperatoren gelten müssen. Die Operatoren für unabhängige Strahlungsfelder müssen hingegen kommutieren, sodass wir schreiben können

$$[a_{\mathbf{k}s}, a^+_{\mathbf{k}'s'}] = \delta_{\mathbf{k}s,\mathbf{k}'s'} \tag{5.38}$$

$$[a_{\mathbf{k}s}, a_{\mathbf{k}'s'}] = 0 \tag{5.39}$$

$$[a^+_{\mathbf{k}s}, a^+_{\mathbf{k}'s'}] = 0 \tag{5.40}$$

Im Falle des Lasers können wir auf natürliche Weise von der Besetzungszahldarstellung zu einer Darstellung durch kohärente Zustände übergehen. Ein allgemeiner kohärenter Zustand hat die Form

$$|\alpha_{\mathbf{k}_0 s_0}, \alpha_{\mathbf{k}_1 s_1}, \alpha_{\mathbf{k}_2 s_2}, \alpha_{\mathbf{k}_3 s_3}\ldots\rangle \equiv e^{-\sum_{\mathbf{k}s}|\alpha_{\mathbf{k}s}|^2/2}\exp\left(\sum_{\mathbf{k}s}\alpha_{\mathbf{k}s}a^+_{\mathbf{k}s}\right)|0\rangle \tag{5.41}$$

Dabei ist $|0\rangle$ der Vakuumzustand, in dem es keine Photonen gibt. In einer idealen Laserquelle hat genau eine dieser Moden eine makroskopische Besetzung $\langle\hat{n}_{\mathbf{k}s}\rangle = |\alpha_{\mathbf{k}s}|^2$, während die anderen eine Besetzung von nahezu null haben.

In herkömmlichen Lasern werden meist ein paar dicht gepackte **k**-Moden makroskopisch angeregt, und das System kann, angetrieben durch nichtlineares optisches Pumpen zur Aufrechterhaltung der makroskopischen Modenbesetzung, zufällig von einer Mode zu einer anderen springen. Die Frequenz dieser Sprünge und der endliche Bereich der **k**-Werte limitieren die ansonsten perfekte optische Kohärenz einer typischen Laserlichtquelle. Eine ausführlichere Diskussion optischer kohärenter Zustände und ihrer Anwendung in Lasern finden Sie in Loudon (1979).

5.4 Bosonische Quantenfelder

In diesem Abschnitt führen wir **Quantenfeldoperatoren** für den Fall bosonischer Teilchen ein. Das wird uns in die Lage versetzen, die Quantenzustände von atomaren Bose-Einstein-Kondensaten und suprafluidem ^{4}He zu betrachten. Das Bose-Einstein-Kondensat ist ein **schwach wechselwirkendes** Bose-System, während ^{4}He, wie wir aus Kapitel 2 wissen, eine stark wechselwirkende Flüssigkeit aus bosonischen Teilchen ist. Außerdem werden wir sehen, wie sich das Konzept der kohärenten Zustände auch auf bosonische Teilchen anwenden lässt. Damit wird es uns möglich sein, die makroskopische Wellenfunktion $\psi(\mathbf{r})$ zu definieren, die wir brauchen, um das Teilchenkondensat

[3] Aus Gründen der Bequemlichkeit wollen wir für diese Operatoren nicht mehr $\hat{a}^+$ und $\hat{a}$ schreiben, sondern einfach nur noch a^+ und a. Diese vereinfachte Schreibweise kann zu keinerlei Doppeldeutigkeiten führen, aber wir dürfen nicht vergessen, dass es sich um Operatoren handelt, die nicht kommutieren.

zu beschreiben. Auf diese Weise können wir den einfachen, intuitiven Zugang aus den Kapiteln 1 und 2 systematisch und streng ausformulieren.

Die Beschreibung von Bose-Einstein-Kondensaten und Suprafluiden macht es offensichtlich erforderlich, mit Vielteilchenzuständen für sehr große Teilchenzahlen zu arbeiten. In der elementaren Quantenmechanik würden wir eine Schrödinger-Gleichung für eine N-Teilchenwellenfunktion aufschreiben, aus der wir die Wellenfunktion

$$\Psi(\mathbf{r}_1, \mathbf{r}_2, \ldots, \mathbf{r}_N) \tag{5.42}$$

erhalten können. Aus den Kapiteln 1 und 2 wissen wir: Wenn wir ein System aus N wechselwirkenden Bose-Atomen betrachten, dann könnten wir im Prinzip eine Wellenfunktion $\psi(\mathbf{r}_1, \ldots, \mathbf{r}_N)$ aufschreiben, die die $3N$-dimensionale Schrödinger-Gleichung

$$\hat{H}\Psi(\mathbf{r}_1, \ldots, \mathbf{r}_N) = E\Psi(\mathbf{r}_1, \ldots, \mathbf{r}_N) \tag{5.43}$$

mit

$$\hat{H} = \sum_{i=1,N} \left(-\frac{\hbar^2}{2m}\nabla_i^2 + V_1(\mathbf{r}) \right) + \frac{1}{2} \sum_{i,j=1,N} V(\mathbf{r}_i - \mathbf{r}_j) \tag{5.44}$$

erfüllt. Dabei ist $V_1(\mathbf{r})$ ein externes Potential, und $V(\mathbf{r})$ beschreibt die paarweise Wechselwirkung der Teilchen. Im Falle von ^{4}He kann für diese Wechselwirkung ein Lennard-Jones-Potential für zwei Heliumatome angesetzt werden (siehe (2.1) oder (2.2)), während wir für ein atomares Bose-Einstein-Kondensat eine Deltafunktion (siehe (1.62)) verwenden würden. Die Tatsache, dass die Teilchen Bosonen sind, kommt darin zum Ausdruck, dass die Wellenfunktion invariant gegenüber Permutation zweier beliebiger Teilchenkoordinaten sein muss, also

$$\psi(\ldots \mathbf{r}_i, \ldots, \mathbf{r}_j, \ldots) = \psi(\ldots \mathbf{r}_j, \ldots, \mathbf{r}_i, \ldots) \tag{5.45}$$

Eine solche Permutation beschreibt die Vertauschung zweier identischer Teilchen $\mathbf{r}_i$ und $\mathbf{r}_j$.

Dieser Zugang eignet sich für Systeme aus wenigen Teilchen, doch für größere Systeme wird er schnell sehr unpraktikabel. Erfolgversprechender ist es, Methoden aus der Quantenfeldtheorie zu übertragen und **Feldoperatoren** einzuführen, die Teilchen zum System hinzufügen oder aus diesem entfernen. Betrachten wir ein einzelnes Teilchen in einem Kasten. Wir wissen, dass in diesem Fall die Wellenfunktionen durch

$$\psi_{\mathbf{k}}(\mathbf{r}) = \frac{1}{(V)^{1/2}} e^{i\mathbf{k}\cdot\mathbf{r}} \tag{5.46}$$

also ebene Wellen, gegeben sind. V ist hierbei das Volumen. In Kapitel 1 haben wir gesehen, dass jeder dieser Einteilchenzustände durch 0, 1, 2, 3 oder eine beliebige andere endliche Zahl von Bose-Teilchen besetzt sein kann. Wir beschreiben diese Besetzungsmöglichkeiten durch die Besetzungszahl $n_{\mathbf{k}}$. Ein allgemeiner Vielteilchenzustand des Systems ist eine Überlagerung der verschiedenen N-Teilchen-Zustände (ebene Wellen). Die vollständige Basis aller möglichen Zustände kann durch die Menge aller möglichen Besetzungszahlen jeder ebenen Welle repräsentiert werden. Ganz analog zum Laser können wir Erzeugungs- und Vernichtungsoperatoren $a_{\mathbf{k}}^{+}$ und $a_{\mathbf{k}}$ definieren, die diese Besetzungszahlen erhöhen oder erniedrigen. Damit die Wellenfunktion (5.45) die Symmetriebedingung für Bosonen erfüllt, muss

$$[a_{\mathbf{k}}, a_{\mathbf{k}}^{+}] = 1$$

gelten. Für zwei verschiedene ebenen Wellen sind die Besetzungszahlen unabhängig, sodass die Erzeugungsoperatoren kommutieren. Damit hat der vollständige Satz der Vertauschungsrelationen genau die in (5.38)–(5.40) angegebene Form. Entsprechend ist der Besetzungszahloperator

$$\hat{n}_{\mathbf{k}} = a_{\mathbf{k}} a_{\mathbf{k}}^{+} \tag{5.47}$$

Durch diese Relationen sind die Feldoperatoren für Bosonen vollständig definiert.

Die Menge der Vielteilchenzustände mit allen möglichen Besetzungszahloperatoren $\{n_{\mathbf{k}}\}$ bildet einen vollständigen Satz von Wellenfunktionen. Genau wie beim harmonischen Oszillator können wir ausgehend vom Grundzustand $|0\rangle$ jedes $n_{\mathbf{k}}$ durch wiederholte Anwendung des Operators $a_{\mathbf{k}}^{+}$ erzeugen. Die Interpretation ist nun aber eine andere. Der Zustand $|0\rangle$ ist der **Vakuumzustand,** also der Zustand, in dem überhaupt keine Teilchen vorhanden sind. Die wiederholte Anwendung von $a_{\mathbf{k}}^{+}$ fügt dem System immer mehr Teilchen hinzu. Jeder Vielteilchenzustand kann als Überlagerung von Zuständen aufgefasst werden, die auf diese Weise erzeugt wurden.

Die Feldoperatoren besitzen Entsprechungen im reellen Raum. Wir können die Feldoperatoren $\hat{\psi}^{+}(\mathbf{r})$ und $\hat{\psi}(\mathbf{r})$ definieren, die Teilchen im Punkt $\mathbf{r}$ erzeugen und vernichten. Die Definition erfolgt über die Fouriertransformierte der $\mathbf{k}$-Raum-Operatoren:

$$\hat{\psi}(\mathbf{r}) = \frac{1}{\sqrt{V}} \sum_{\mathbf{k}} e^{i\mathbf{k}\cdot\mathbf{r}} a_{\mathbf{k}} \tag{5.48}$$

$$\hat{\psi}^{+}(\mathbf{r}) = \frac{1}{\sqrt{V}} \sum_{\mathbf{k}} e^{-i\mathbf{k}\cdot\mathbf{r}} a_{\mathbf{k}}^{+} \tag{5.49}$$

Die Funktion $e^{i\mathbf{k}\cdot\mathbf{r}}/\sqrt{V}$ ist hierbei offensichtlich eine ebene Welle für ein freies Teilchen im Zustand $\mathbf{k}$. Die inversen Fouriertransformierten sind

$$a_{\mathbf{k}} = \frac{1}{\sqrt{V}} \int e^{-i\mathbf{k}\cdot\mathbf{r}} \hat{\psi}(\mathbf{r}) \mathrm{d}^3 r \tag{5.50}$$

$$a_{\mathbf{k}}^{+} = \frac{1}{\sqrt{V}} \int e^{i\mathbf{k}\cdot\mathbf{r}} \hat{\psi}^{+}(\mathbf{r}) \mathrm{d}^3 r \tag{5.51}$$

Mit diesen Definitionen und den Vertauschungsregeln für Bosonen kann man zeigen (Aufgabe (5.4)), dass die Feldoperatoren im reellen Raum die folgenden Vertauschungsrelationen erfüllen:

$$[\hat{\psi}(\mathbf{r}), \hat{\psi}^{+}(\mathbf{r}')] = \delta(\mathbf{r} - \mathbf{r}') \tag{5.52}$$

$$[\hat{\psi}(\mathbf{r}), \hat{\psi}(\mathbf{r}')] = 0 \tag{5.53}$$

$$[\hat{\psi}^{+}(\mathbf{r}), \hat{\psi}^{+}(\mathbf{r}')] = 0 \tag{5.54}$$

Jeden Operator können wir auch durch seine Wirkung auf Quantenzustände ausdrücken, die mithilfe dieser Operatoren beschrieben werden. Insbesondere wird der Hamilton-Operator in (5.54) zu

$$\begin{aligned}\hat{H} &= \int \left(\hat{\psi}^+(\mathbf{r}) \left[-\frac{\hbar^2}{2m}\nabla^2 + V_1(\mathbf{r}) \right] \hat{\psi}(\mathbf{r}) \right) \mathrm{d}^3 r \\ &+ \frac{1}{2} \int V(\mathbf{r}-\mathbf{r}')\hat{\psi}^+(\mathbf{r})\hat{\psi}(\mathbf{r})\hat{\psi}^+(\mathbf{r}')\hat{\psi}(\mathbf{r}')\mathrm{d}^3 r \mathrm{d}^3 r'\end{aligned} \tag{5.55}$$

Der kombinierte Operator $\hat{\psi}^+(\mathbf{r})\hat{\psi}(\mathbf{r})$ ist offensichtlich der Dichteoperator der Teilchen an der Position $\mathbf{r}$.

Es erweist sich als zweckmäßig, immer in „Normalordnung“ zu arbeiten, also zuerst alle Erzeugungsoperatoren und dann alle Vernichtungsoperatoren zu notieren. Wenn wir in der obigen Gleichung zwei Feldoperatoren vertauschen, dann erhalten wir

$$\begin{aligned}\hat{H} &= \int \left(\hat{\psi}^+(\mathbf{r}) \left[-\frac{\hbar^2}{2m}\nabla^2 + V_1(\mathbf{r}) \right] \hat{\psi}(\mathbf{r}) \right) \mathrm{d}^3 r \\ &+ \frac{1}{2} \int V(\mathbf{r}-\mathbf{r}')\hat{\psi}^+(\mathbf{r})\hat{\psi}^+(\mathbf{r}')\hat{\psi}(\mathbf{r})\hat{\psi}(\mathbf{r}')\mathrm{d}^3 r \mathrm{d}^3 r' \\ &+ \frac{1}{2} \int V(\mathbf{r}-\mathbf{r}')\hat{\psi}^+(\mathbf{r})\delta(\mathbf{r}-\mathbf{r}')\hat{\psi}(\mathbf{r}')\mathrm{d}^3 r \mathrm{d}^3 r'\end{aligned} \tag{5.56}$$

Der letzte Term entsteht durch den Kommutator von $[\hat{\psi}(\mathbf{r}), \hat{\psi}^+(\mathbf{r}')]$ und reduziert sich auf

$$V(0) \int \mathrm{d}^3 r \hat{\psi}^+(\mathbf{r})\hat{\psi}(\mathbf{r}) = V(0)\hat{N} \tag{5.57}$$

mit

$$\hat{N} = \int \mathrm{d}^3 r \hat{\psi}^+(\mathbf{r})\hat{\psi}(\mathbf{r}) \tag{5.58}$$

Letzteres ist offensichtlich der Operator für die Gesamtteilchenzahl des Systems. Der Term $\hat{N}V(0)$ ist eine Konstante, die bei der Definition des chemischen Potentials μ berücksichtigt werden kann und die wir deshalb von nun an weglassen.

Für das Innere eines Fluids können wir Translationsinvarianz voraussetzen und das externe Potential $V_1(\mathbf{r})$ vernachlässigen. Wir gehen wieder in den $\mathbf{k}$-Raum und verwenden die durch (5.48) und (5.49) definierten Fouriertransformierten, um den Hamilton-Operator durch $a_{\mathbf{k}}^+$ und $a_{\mathbf{k}}$ darzustellen. Der Term für die kinetische Energie ist

$$\begin{aligned}\hat{T} &= -\int \left(\hat{\psi}^+(\mathbf{r}) \frac{\hbar^2}{2m} \nabla^2 \hat{\psi}(\mathbf{r}) \right) \mathrm{d}^3 r \\ &= \frac{1}{V} \sum_{\mathbf{k}\mathbf{k}'} \int \left(a_{\mathbf{k}'}^+ e^{-i\mathbf{k}\cdot\mathbf{r}} \frac{\hbar^2 k^2}{2m} a_{\mathbf{k}} e^{i\mathbf{k}\cdot\mathbf{r}} \right) \mathrm{d}^3 r \\ &= \sum_{\mathbf{k}} \frac{\hbar^2 k^2}{2m} a_{\mathbf{k}}^+ a_{\mathbf{k}}\end{aligned} \tag{5.59}$$

Der Term für die potentielle Energie lautet

$$\begin{aligned}
\hat{V} &= \frac{1}{2}\int V(\mathbf{r}-\mathbf{r}')\hat{\psi}^{+}(\mathbf{r})\hat{\psi}^{+}(\mathbf{r}')\hat{\psi}(\mathbf{r})\hat{\psi}(\mathbf{r}')\mathrm{d}^3r\mathrm{d}^3r' \\
&= \frac{1}{2V^2}\sum_{\mathbf{k}_1\mathbf{k}_2\mathbf{k}_3\mathbf{k}_4}\int V(\mathbf{r}-\mathbf{r}')a^{+}_{\mathbf{k}_1}a^{+}_{\mathbf{k}_2}a_{\mathbf{k}_3}a_{\mathbf{k}_4} \\
&\qquad\qquad \times e^{i(-\mathbf{k}_1\cdot\mathbf{r}-\mathbf{k}_2\cdot\mathbf{r}'+\mathbf{k}_3\cdot\mathbf{r}'+\mathbf{k}_4\cdot\mathbf{r})}\mathrm{d}^3r\mathrm{d}^3r' \\
&= \frac{1}{2V}\sum_{\mathbf{k}_1\mathbf{k}_2\mathbf{k}_3\mathbf{k}_4} a^{+}_{\mathbf{k}_1}a^{+}_{\mathbf{k}_2}a_{\mathbf{k}_3}a_{\mathbf{k}_4}\delta_{\mathbf{k}_3+\mathbf{k}_4,\mathbf{k}_1+\mathbf{k}_2}\int V(\mathbf{r})e^{i(\mathbf{k}_4-\mathbf{k}_1)\cdot\mathbf{r}}\mathrm{d}^3r
\end{aligned}$$

Indem wir die Fouriertransformierte für die Wechselwirkung,

$$V_{\mathbf{q}} = \frac{1}{V}\int V(r)e^{i\mathbf{q}\cdot\mathbf{r}}\mathrm{d}^3r \tag{5.60}$$

einführen und die Variablentransformationen $\mathbf{k}_1 \to \mathbf{k}+\mathbf{q}$, $\mathbf{k}_2 \to \mathbf{k}'-\mathbf{q}$, $\mathbf{k}_3 \to \mathbf{k}'$ und $\mathbf{k}_4 \to \mathbf{k}$ ausführen, können wir den Hamilton-Operator des Gesamtsystems durch

$$\hat{H} = \sum_{\mathbf{k}}\frac{\hbar^2k^2}{2m}a^{+}_{\mathbf{k}}a_{\mathbf{k}} + \frac{1}{2}\sum_{\mathbf{k}\mathbf{k}'\mathbf{q}}V_{\mathbf{q}}a^{+}_{\mathbf{k}+\mathbf{q}}a^{+}_{\mathbf{k}'-\mathbf{q}}a_{\mathbf{k}'}a_{\mathbf{k}} \tag{5.61}$$

ausdrücken. Den Wechselwirkungsterm können wir einfach als einen Prozess interpretieren, bei dem ein Teilchenpaar aus den Anfangszuständen $\mathbf{k}$, $\mathbf{k}'$ in die Endzustände $\mathbf{k}+\mathbf{q}$, $\mathbf{k}'-\mathbf{q}$ gestreut wird. Der zwischen den Teilchen übertragene Impuls ist $\mathbf{q}$, und das Matrixelement für den Prozess ist $V_{\mathbf{q}}$.

5.5 Nichtdiagonale Fernordnung

Die im letzten Abschnitt eingeführten Feldoperatoren stellen eine allgemeine Möglichkeit zur Behandlung von Quantenkohärenzen in Kondensaten und Suprafluiden dar. Der Hamilton-Operator (5.61) ist zwar zu kompliziert für eine allgemeine Lösung, doch wir können sie nutzen, um die Konsequenzen makroskopischer Quantenkohärenzen in bosonischen Systemen zu untersuchen.

Betrachten wir zunächst noch einmal das Konzept des makroskopischen Quantenzustands, wie wir es in Kapitel 1 und 2 für Bose-Einstein-Kondensate und suprafluides ^{4}He eingeführt hatten. Unter Verwendung der Feldoperatoren können wir die Einteilchen-Dichtematrix durch

$$\rho_1(\mathbf{r}-\mathbf{r}') \equiv \langle\hat{\psi}^{+}(\mathbf{r})\,\hat{\psi}(\mathbf{r}')\rangle \tag{5.62}$$

definieren. Diese Definition ist offensichtlich kompakter als die äquivalente, die wir in Kapitel 2 verwendet hatten. Unter Verwendung der durch (5.48) und (5.49) gegebenen

Fouriertransformierten erhalten wir

$$\begin{aligned} \rho_1(\mathbf{r}-\mathbf{r}') &= \frac{1}{V}\sum_{\mathbf{k}\mathbf{k}'} e^{i(\mathbf{k}'\cdot\mathbf{r}'-\mathbf{k}\cdot\mathbf{r})}\langle a^+_{\mathbf{k}} a_{\mathbf{k}'}\rangle \\ &= \frac{1}{V}\sum_{\mathbf{k}} e^{-i\mathbf{k}(\mathbf{r}-\mathbf{r}')}\langle a^+_{\mathbf{k}} a_{\mathbf{k}}\rangle \end{aligned} \tag{5.63}$$

was exakt der Fouriertransformierten der Impulsverteilung

$$n_{\mathbf{k}} \equiv \langle a^+_{\mathbf{k}} a_{\mathbf{k}}\rangle \tag{5.64}$$

aus Kapitel 2 entspricht.

Betrachten wir nun die Schlussfolgerungen aus diesen Definitionen für den Fall eines kohärenten Vielteilchenzustands. Genau wie beim Laser definieren wir für jeden Satz komplexer Zahlen $\alpha_{\mathbf{k}_i}$ einen kohärenten Zustand durch

$$|\alpha_{\mathbf{k}_1}, \alpha_{\mathbf{k}_2}, \alpha_{\mathbf{k}_3}, \ldots\rangle$$

Unter Ausnutzung der Standardeigenschaften kohärenter Zustände erhalten wir

$$n_{\mathbf{k}} \equiv |\alpha_{\mathbf{k}}|^2 \tag{5.65}$$

und folglich

$$\rho_1(\mathbf{r}-\mathbf{r}') = \frac{1}{V}\sum_{\mathbf{k}} e^{-i\mathbf{k}\cdot(\mathbf{r}-\mathbf{r}')}|\alpha_{\mathbf{k}}|^2 \tag{5.66}$$

Typischerweise interessieren wir uns für Quantenzustände, in denen nur einer der $\mathbf{k}$ Zustände makroskopisch besetzt ist (gewöhnlich, aber nicht immer $\mathbf{k} = 0$). Nehmen wir also an, dass der Zustand $\mathbf{k}_0$ die Besetzung $N_0 = |\alpha_{\mathbf{k}_0}|^2$ mit einer makroskopisch großen Zahl N_0 hat (also einen von null verschiedener Anteil der Gesamtteilchenzahl N) und dass alle anderen $|\alpha_{\mathbf{k}_i}|^2$ klein sind. Ein solcher Zustand hat die Impulsverteilung

$$n_{\mathbf{k}} = N_0\delta_{\mathbf{k},\mathbf{k}_0} + f(\mathbf{k}) \tag{5.67}$$

mit einer glatten Funktion $f(\mathbf{k})$. Die zugehörige Dichtematrix ist

$$\rho_1(\mathbf{r}-\mathbf{r}') = n_0 + \frac{2}{(2\pi)^3}\int \mathrm{d}^3k e^{-i\mathbf{k}\cdot(\mathbf{r}-\mathbf{r}')} f(\mathbf{k})\ , \quad n_0 = N_0/V \tag{5.68}$$

Diese Ergebnisse hatten wir bereits in Kapitel 2 mit elementaren Methoden gefunden. Das Vorhandensein des Kondensates spiegelt sich wieder in dem konstanten Beitrag n_0 zur Dichtematrix. Für hinreichend glatte Funktionen $f(\mathbf{k})$ verschwindet die Fouriertransformierte für große $|\mathbf{r}-\mathbf{r}'|$, sodass für $|\mathbf{r}-\mathbf{r}'| \to \infty$ nur der konstante Beitrag

$$\langle\hat{\psi}^+(\mathbf{r})\,\hat{\psi}(\mathbf{r}')\rangle \to n_0 \tag{5.69}$$

übrig bleibt. Dies ist mit der Bezeichnung **nichtdiagonale Fernordnung** gemeint.

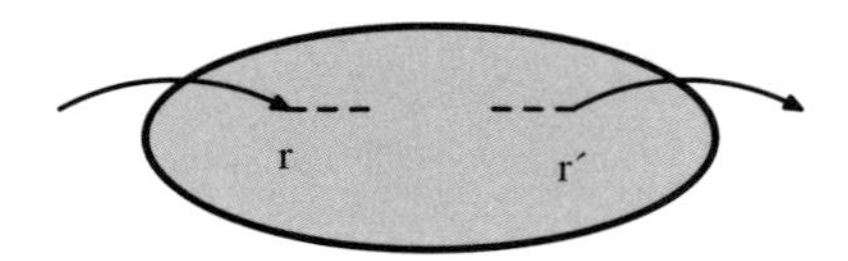

Abbildung 5.3: *Schematische Darstellung zur Interpretation der nichtdiagonalen Fernordnung in der Einteilchen-Dichtematrix* $\rho_1(\mathbf{r}-\mathbf{r}')$. *An der Stelle* $\mathbf{r}$ *wird ein Teilchen zum Kondensat hinzugefügt, und an der Stelle* $\mathbf{r}'$ *wird ein Teilchen entfernt. In einem Kondensat besitzt dieser Vorgang eine kohärente Amplitude und Phase, egal wie groß der Abstand zwischen* $\mathbf{r}$ *und* $\mathbf{r}'$ *ist.*

Abbildung 5.3 zeigt die physikalische Interpretation der nichtdiagonalen Fernordnung in Suprafluiden. Ein Teilchen kann an der Stelle $\mathbf{r}$ vernichtet und in das Kondensat absorbiert werden, während ein zweites Teilchen bei $\mathbf{r}'$ aus dem Kondensat heraus erzeugt wird. Dieser Vorgang hat wegen der Quantenkohärenz des Kondensats eine quantenmechanische Amplitude, und zwar unabhängig davon, wie weit die Punkte $\mathbf{r}$ und $\mathbf{r}'$ voneinander entfernt sind. Im Gegensatz dazu sind solche Vorgänge in einer normalen Flüssigkeit (und auch in einer normalen Quantenflüssigkeit) inkohärent, es sei denn, $\mathbf{r}$ und $\mathbf{r}'$ liegen dicht beieinander.

Mit dem Konzept des kohärenten Zustands können wir noch einen Schritt weiter gehen. Wenn die Dichtematrix

$$\langle\hat{\psi}^+(\mathbf{r})\,\hat{\psi}(\mathbf{r}')\rangle \tag{5.70}$$

eine Konstante ist (also unabhängig von der Entfernung zwischen den Punkten $\mathbf{r}$ und $\mathbf{r}'$), dann ist es plausibel, die Punkte als statistisch unabhängig zu behandeln. Dann können wir den obigen Term als den Mittelwert eines Produkts unabhängiger Zufallsgrößen betrachten und ihn folglich als Produkt der beiden unabhängig voneinander berechneten Mittel schreiben, also

$$\langle\hat{\psi}^+(\mathbf{r})\,\hat{\psi}(\mathbf{r}')\rangle \to \langle\hat{\psi}^+(\mathbf{r})\rangle\langle\hat{\psi}(\mathbf{r}')\rangle \tag{5.71}$$

für $|\mathbf{r}-\mathbf{r}'| \to \infty$.

In der Standardformulierung der Quantenmechanik für Vielteilchensysteme, in der die Teilchenzahl N fest ist, sind Mittelwerte wie $\langle\hat{\psi}^+(\mathbf{r})\rangle$ automatisch null, denn durch Anwendung des Erzeugungsoperators auf einen N-Teilchenzustand erhalten wir einen $(N+1)$-Teilchenzustand, und dieser ist notwendigerweise orthogonal zu $\langle N|$. Wenn wir dagegen auf der Basis des kohärenten Zustands arbeiten, gibt es dieses Problem nicht. Der kohärente Zustand besitzt eine festgelegte Phase, keine festgelegte Teilchenzahl N, und dieser Typ von Erwartungswert ist sehr wohl erlaubt.

Wir können daher sagen, dass es einen durch

$$\psi_0(\mathbf{r}) = \langle\hat{\psi}(\mathbf{r})\rangle \tag{5.72}$$

definierten **Ordnungsparameter** bzw. eine **makroskopische Wellenfunktion** gibt. Mit dieser Funktion erhalten wir[4]

$$\rho_1(\mathbf{r}-\mathbf{r}') = \psi_0^*(\mathbf{r})\psi_0(\mathbf{r}') \tag{5.73}$$

[4]Der Erzeugungsoperator $\hat{\psi}^+(\mathbf{r})$ ist hermitesch konjugiert zu $\hat{\psi}(\mathbf{r})$, sodass $\psi_0^*(\mathbf{r}) = \langle\hat{\psi}^+(\mathbf{r})\rangle$.

für $|\mathbf{r} - \mathbf{r}'| \to \infty$. In einem translationsinvarianten System (die Kondensation tritt im $\mathbf{k}$=0-Zustand auf) muss daher

$$\psi_0(\mathbf{r}) = \sqrt{n_0} e^{i\theta} \tag{5.74}$$

gelten, wobei θ ein beliebiger konstanter Phasenwinkel ist.

Natürlich ist diese Phase θ nichts anderes als der Phasenwinkel für das XY-Modell, der in Kapitel 2 eingeführt wurde (vgl. Abbildung 2.4). Doch nun sehen wir, dass dessen eigentliche Bedeutung darin liegt, dass wir einen kohärenten Zustand haben, in dem der $\mathbf{k}$=0-Zustand eine makroskopische Besetzung hat.

Da wir bisher keine Verbindung mit dem Hamilton-Operator (5.61) hergestellt haben, können wir auf der Basis dieser Argumente nicht beweisen, dass ein solcher kohärenter Zustand stabil ist. Doch zumindest sehen wir, wie kohärente Vielteilchenwellenfunktionen zu konstruieren sind, für die eine festgelegte Phase θ des Ordnungsparameters möglich ist. Im Falle des in Kapitel 1 behandelten idealen Bose-Einstein-Kondensats ist es weiterhin möglich, in der Darstellung mit fester Teilchenzahl zu arbeiten, sodass es dort keinen Vorteil bringt, den Formalismus des kohärenten Zustands explizit einzuführen. Doch sobald es irgendwelche Wechselwirkungen gibt (egal wie schwach), ist der Formalismus des kohärenten Zustands vorteilhaft. Im nächsten Abschnitt werden wir das schwach wechselwirkende Bose-Gas betrachten und dabei diese Vorteile demonstrieren.

5.6 Das schwach wechselwirkende Bose-Gas

Die Theorie des **schwach wechselwirkenden Bose-Gases** wurde in den 1940er-Jahren von Bogoliubov aufgestellt. Sie wurde als eine Theorie für suprafluides Helium entwickelt; allerdings können, wie wir gesehen haben, die interatomaren Wechselwirkungen in ^{4}He sehr stark sein. In diesem Fall hat die Theorie einige qualitative Merkmale, die mit den experimentell beobachteten Eigenschaften von ^{4}He übereinstimmen, insbesondere das Quasiteilchen-Spektrum $\epsilon_{\mathbf{k}} = ck$ bei kleinen Wellenvektoren (siehe Abbildung 2.16), das einem linearen Phonon entspricht. Jedoch kann die Theorie andere wichtige Eigenschaften nicht reproduzieren, beispielsweise das Roton-Minimum im Spektrum. Für atomare Bose-Einstein-Kondensate hingegen kann die Theorie als nahezu exakt angesehen werden, die die Annahmen, die bei ihrer Herleitung zugrunde gelegt wurden, dann in sehr guter Näherung tatsächlich gelten.

Betrachten wir zunächst den Fall, dass die Temperatur null oder dicht darüber ist, sodass sich das System nahe an seinem Grundzustand befindet. Wir nehmen an, dass das System in einem kohärenten Vielteilchenzustand ist, der durch eine makroskopische Wellenfunktion $\psi_0(\mathbf{r})$ wie in (5.72) charakterisiert werden kann. Weiter nehmen wir an, dass der Vielteilchenzustand $|\psi\rangle$ bei der Temperatur null ein idealer kohärenter Zustand ist. Dann ist er ein Eigenzustand des Vernichtungsoperators

$$\hat{\psi}(\mathbf{r})|\psi\rangle = \psi_0(\mathbf{r})|\psi\rangle \tag{5.75}$$

Wir können dies als Ansatzfunktion für die Vielteilchenwellenfunktion betrachten, wobei der Parameter $\psi_0(\mathbf{r})$ so variiert wird, dass er die Gesamtenergie minimiert. Die Energie finden wir durch Bildung des Erwartungswertes aus dem Hamilton-Operator

$$\begin{aligned}\hat{H} &= \int \hat{\psi}^+(\mathbf{r}) \left(-\frac{\hbar^2 \nabla^2}{2m} + V_1(\mathbf{r}) \right) \hat{\psi}(\mathbf{r}) \mathrm{d}^3 r \\ &+ \frac{1}{2} \int V(\mathbf{r}-\mathbf{r}') \hat{\psi}^+(\mathbf{r}) \hat{\psi}^+(\mathbf{r}') \hat{\psi}(\mathbf{r}) \hat{\psi}(\mathbf{r}')\, \mathrm{d}^3 r \mathrm{d}^3 r'\end{aligned} \tag{5.76}$$

Hierbei ist das Einteilchenpotential $V_1(\mathbf{r})$ das effektive äußere Potential der Atomfalle. Für das Innere von Suprafluiden ist dieses offensichtlich null.

Unter Verwendung der Definition für den kohärenten Zustand $|\psi\rangle$ erhalten wir aus (5.75) unmittelbar die Energie

$$\begin{aligned}E_0 &= \langle \psi | \hat{H} | \psi \rangle \\ &= \int \psi_0^*(\mathbf{r}) \left(-\frac{\hbar^2 \nabla^2}{2m} + V_1(\mathbf{r}) \right) \psi_0(\mathbf{r}) \mathrm{d}^3 r \\ &+ \frac{1}{2} \int V(\mathbf{r}-\mathbf{r}') \psi_0^*(\mathbf{r}) \psi_0^*(\mathbf{r}') \psi_0(\mathbf{r}) \psi_0(\mathbf{r}')\, \mathrm{d}^3 r\, \mathrm{d}^3 r'\end{aligned} \tag{5.77}$$

Das Minimum ergibt sich wie im Falle der Ginzburg-Landau-Gleichung aus der Funktionalableitung. Wenn wir

$$\frac{\partial E_0}{\partial \psi_0^*(\mathbf{r})} = 0$$

setzen, dann erhalten wir

$$\left(-\frac{\hbar^2 \nabla^2}{2m} + V_1(\mathbf{r}) - \mu \right) \psi_0(\mathbf{r}) + \int V(\mathbf{r}-\mathbf{r}') \psi_0(\mathbf{r}) \psi_0^*(\mathbf{r}') \psi_0(\mathbf{r}')\, \mathrm{d}^3 r' = 0 \tag{5.78}$$

Der Parameter μ ist ein Lagrange-Multiplikator, der notwendig ist, um eine konstante Normierung

$$N_0 = \int |\psi_0(\mathbf{r})|^2\, \mathrm{d}^3 r \tag{5.79}$$

der makroskopischen Wellenfunktion zu erhalten. Gleichung (5.78) hat offensichtlich die Form einer effektiven Schrödinger-Gleichung

$$\left(-\frac{\hbar^2 \nabla^2}{2m} + V_1(\mathbf{r}) + V_{\mathrm{eff}}(\mathbf{r}) - \mu \right) \psi_0(\mathbf{r}) = 0 \tag{5.80}$$

mit dem chemischen Potential μ und dem effektiven Potential

$$V_{\mathrm{eff}}(\mathbf{r}) = \int V(\mathbf{r}-\mathbf{r}') |\psi_0(\mathbf{r}')|^2 \cdot \mathrm{d}^3 r'$$

Diese Schrödinger-Gleichung entspricht exakt der Gross-Pitaevskii-Gleichung, die wir in Kapitel 2 auf einem anderen Weg hergeleitet hatten.

Um die Genauigkeit dieses Grundzustands sowie die angeregten Zustände niedriger Energie zu untersuchen, müssen wir mögliche Quantenzustände betrachten, die nicht zu weit von unserer Ansatzfunktion $|\psi\rangle$ abweichen. Die betrachteten Vielteilchenzustände müssen die Bedingung (5.75) für den kohärenten Zustand nicht exakt erfüllen, jedoch beinahe. Bogoliubov führte eine elegante Methode ein, um dies zu bewerkstelligen. Er nahm an, dass die Feldoperatoren näherungsweise durch den konstanten Wert des kohärenten Zustands zuzüglich einer kleinen Abweichung ausgedrückt werden können, also

$$\hat{\psi}(\mathbf{r}) = \psi_0(\mathbf{r}) + \delta\hat{\psi}(\mathbf{r}) \tag{5.81}$$

Unter Berücksichtigung der Vertauschungsrelationen für die Feldoperatoren erhalten wir hieraus

$$[\delta\hat{\psi}(\mathbf{r}), \hat{\psi}^+(\mathbf{r}')] = \delta(\mathbf{r} - \mathbf{r}') \tag{5.82}$$

Die Abweichungsoperatoren $\delta\hat{\psi}(\mathbf{r})$ und $\delta\hat{\psi}^+(\mathbf{r})$ sind also ebenfalls bosonische Quantenfelder.[5] Damit können wir den Hamilton-Operator durch $\psi_0(\mathbf{r})$ und $\delta\hat{\psi}(\mathbf{r})$ ausdrücken. Wir können die Terme nach der Anzahl des Auftretens von $\delta\hat{\psi}(\mathbf{r})$ gruppieren, also

$$\hat{H} = \hat{H}_0 + \hat{H}_1 + \hat{H}_2 + \ldots \tag{5.83}$$

und wir nehmen an, dass wir Terme höherer Ordnung als der quadratischen vernachlässigen können.

Der erste Term dieser Entwicklung, $\hat{H}_0$, ist einfach die gewöhnliche Energie des kohärenten Zustands gemäß (5.77), den wir unter Verwendung der Gross-Pitaevskii-Gleichungen minimieren können. Nachdem wir die Energie minimiert haben, gibt es keine Energiekorrekturen, die linear in den Abweichungsoperatoren $\delta\hat{\psi}(\mathbf{r})$ sind. Der erste signifikante Korrekturterm ist quadratisch in den Abweichungsoperatoren. Mehrere Terme tragen bei, doch das Nettoergebnis ist

$$\begin{aligned}
\hat{H}_2 = &\int \delta\hat{\psi}^+(\mathbf{r})\left(-\frac{\hbar^2\nabla^2}{2m} + V_1(\mathbf{r})\right)\delta\hat{\psi}(\mathbf{r})\,\mathrm{d}^3r \\
&+ \frac{1}{2}\int V(\mathbf{r}-\mathbf{r}')\mathrm{d}^3r\mathrm{d}^3r'(\delta\hat{\psi}^+(\mathbf{r})\delta\hat{\psi}^+(\mathbf{r}')\psi_0(\mathbf{r})\psi_0(\mathbf{r}') \\
&+ 2\delta\hat{\psi}^+(\mathbf{r})\psi_0^*(\mathbf{r}')\delta\hat{\psi}(\mathbf{r})\psi_0(\mathbf{r}') + 2\psi_0^*(\mathbf{r})\delta\hat{\psi}^+(\mathbf{r}')\delta\hat{\psi}(\mathbf{r})\psi_0(\mathbf{r}') \\
&+ \psi_0^*(\mathbf{r})\psi_0^*(\mathbf{r}')\delta\hat{\psi}(\mathbf{r})\delta\hat{\psi}(\mathbf{r}'))
\end{aligned} \tag{5.84}$$

Man kann die Bedeutung der einzelnen Terme durch einfache Graphen (Abbildung 5.4) veranschaulichen. Es gibt vier verschiedene Terme. Der erste ist in Teil (a) der Abbil-

[5] Eine andere Möglichkeit, um dies zu sehen, ist folgende: Wir stellen uns vor, dass wir den Ursprung der komplexen Ebene für den kohärenten Zustand verschieben (siehe Abbildung 5.2). Wenn wir den Ursprung von $\alpha = 0$ nach $\alpha = \psi_0(\mathbf{r})$ verschieben, können wir Zustände in der Nähe von $|\psi\rangle$ durch die kohärenten Zustände α beschreiben, die in der Nähe des Punktes $\psi_0(\mathbf{r})$ liegen.

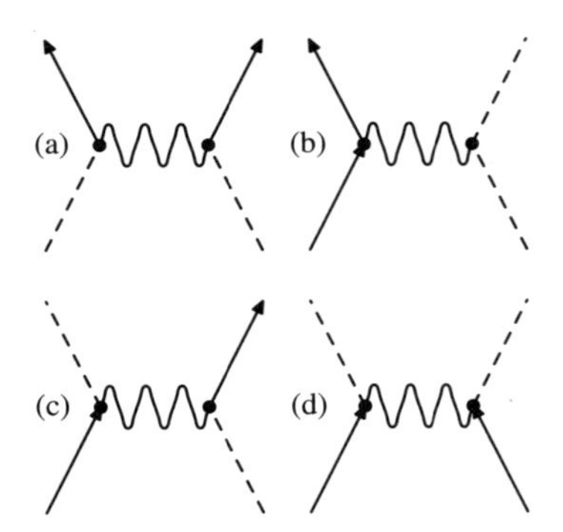

Abbildung 5.4: *Es gibt vier Typen von Wechselwirkungen zwischen Quasiteilchen und einem Bose-Kondensat. Die Quasiteilchen sind als durchgezogene Linie dargestellt, die Kondensatteilchen als gestrichelte Linien und die Wechselwirkung $V(\mathbf{r})$ als Wellenlinien. (a) Zwei Teilchen werden aus dem Kondensat heraus angeregt. (b) Ein existierendes Quasiteilchen wechselwirkt mit dem Kondensat. (c) Ein existierendes Quasiteilchen wird vom Kondensat absorbiert, während gleichzeitig ein zweites Quasiteilchen angeregt wird und aus diesem austritt. (d) Zwei Quasiteilchen werden vom Kondensat absorbiert.*

dung dargestellt und beschreibt die Erzeugung zweier Teilchen, eines bei $\mathbf{r}$ und eines bei $\mathbf{r}'$ unter Einfluss des Potentials $V(\mathbf{r}-\mathbf{r}')$. Natürlich werden sie nicht wirklich erzeugt, sondern aus dem Kondensat herausgelöst. Der zweite Term beschreibt die Streuung eines existierenden Quasiteilchens durch Wechselwirkung mit den im Kondensat gebundenen Teilchen. Er ist mit einem zusätzlichen Faktor 2 behaftet, da wir einen identischen Graphen zeichnen könnten, in dem $\mathbf{r}$ und $\mathbf{r}'$ vertauscht sind. Der dritte Graph (c) stellt ebenfalls eine Streuung eines existierenden Teilchens dar, doch hier wird das Quasiteilchen bei $\mathbf{r}$ vom Kondensat absorbiert, während gleichzeitig bei $\mathbf{r}'$ ein zweites Quasiteilchen erscheint. Wiederum können $\mathbf{r}$ und $\mathbf{r}'$ vertauscht werden, weshalb auch hier der Faktor 2 auftritt. Der letzte Graph (d) zeigt zwei Quasiteilchen, die vom Kondensat absorbiert werden.

Um die Rechnung übersichtlich zu halten, spezialisieren wir uns auf den Fall einer reinen Kontaktwechselwirkung, welcher für atomare Bose-Einstein-Kondensate relevant ist und der durch das Potential

$$V(\mathbf{r}-\mathbf{r}') = g\delta(\mathbf{r}-\mathbf{r}') \tag{5.85}$$

beschrieben wird. Aus Bequemlichkeitsgründen nehmen wir an, dass $\psi_0(\mathbf{r})$ reell ist und die Form $\psi_0(\mathbf{r}) = \sqrt{n_0(\mathbf{r})}$ hat, wobei $n_0(\mathbf{r})$ die räumlich variierende Kondensatdichte in der Atomfalle ist. Der quadratische Teil des Hamilton-Operators vereinfacht sich zu

$$\begin{aligned}\hat{H}_2 &= \int \delta\hat{\psi}^+(\mathbf{r})\left(-\frac{\hbar^2\nabla^2}{2m} + V_1(\mathbf{r}) - \mu\right)\delta\hat{\psi}(\mathbf{r})\mathrm{d}^3r \\ &+ \frac{g}{2}\int n_0(\mathbf{r})\left(\delta\hat{\psi}^+(\mathbf{r})\delta\hat{\psi}^+(\mathbf{r}) + 4\delta\hat{\psi}^+(\mathbf{r})\delta\hat{\psi}(\mathbf{r}) + \delta\hat{\psi}(\mathbf{r})\delta\hat{\psi}(\mathbf{r})\right)\mathrm{d}^3r\end{aligned} \tag{5.86}$$

Dieser Hamilton-Operator ist eine quadratische Form der Feldoperatoren. Solche Operatoren sind stets exakt diagonalisierbar. Das Verfahren macht Gebrauch von der **Bogoliubov-Transformation**, durch die die „anomalen“ Terme $\delta\hat{\psi}(\mathbf{r})\delta\hat{\psi}(\mathbf{r})$ und $\delta\hat{\psi}^+(\mathbf{r})\delta\hat{\psi}^+(\mathbf{r})$ eliminiert werden. Wir definieren ein weiteres Paar von Operatoren durch

$$\hat{\varphi}(\mathbf{r}) = u(\mathbf{r})\delta\hat{\psi}(\mathbf{r}) + v(\mathbf{r})\delta\hat{\psi}^+(\mathbf{r}) \tag{5.87}$$

$$\hat{\varphi}^+(\mathbf{r}) = u^*(\mathbf{r})\delta\hat{\psi}^+(\mathbf{r}) + v^*(\mathbf{r})\delta\hat{\psi}(\mathbf{r}) \tag{5.88}$$

Diese sind ebenfalls bosonische Quantenfeldoperatoren, sofern sie die Vertauschungsrelation

$$[\hat{\varphi}(\mathbf{r}), \hat{\varphi}^+(\mathbf{r})] = \delta(\mathbf{r} - \mathbf{r}') \tag{5.89}$$

erfüllen. Dies ist der Fall, wenn die Funktionen $u(\mathbf{r})$ und $v(\mathbf{r})$ der Bedingung

$$|u(\mathbf{r})|^2 - |v(\mathbf{r})|^2 = 1 \tag{5.90}$$

genügen.

Die allgemeine Lösung ist recht kompliziert, weshalb wir unsere Betrachtung weiter einschränken auf den Fall einer homogenen Bose-Flüssigkeit ohne das Potential $V_1(\mathbf{r})$ der Atomfalle. Wir nehmen wieder an, dass die makroskopische Wellenfunktion eine Konstante $\psi_0 = \sqrt{n_0}$ ist und gehen zum $\mathbf{k}$-Raum über. Der Operator (5.86) wird transformiert in

$$\hat{H}_2 = \sum_{\mathbf{k}} \left(\left(\frac{\hbar^2 k^2}{2m} - \mu \right) a_{\mathbf{k}}^+ a_{\mathbf{k}} + \frac{n_0 g}{2} (a_{\mathbf{k}}^+ a_{-\mathbf{k}}^+ + 4 a_{\mathbf{k}}^+ a_{\mathbf{k}} + a_{-\mathbf{k}} a_{\mathbf{k}}) \right) \tag{5.91}$$

Hierbei ist $\mu = n_0 g$ das chemische Potential, was aus Gleichung (5.80) folgt. Die Bogoliubov-Transformation im $\mathbf{k}$-Raum liefert die neuen Operatoren

$$b_{\mathbf{k}} = u_{\mathbf{k}} a_{\mathbf{k}} + v_{\mathbf{k}} a_{-\mathbf{k}}^+ \tag{5.92}$$

$$b_{-\mathbf{k}}^+ = u_{\mathbf{k}} a_{\mathbf{k}}^+ + v_{\mathbf{k}} a_{\mathbf{k}} \tag{5.93}$$

wobei $u_{\mathbf{k}}$ und $v_{\mathbf{k}}$ reell sind und die Gleichung

$$u_{\mathbf{k}}^2 - v_{\mathbf{k}}^2 = 1 \tag{5.94}$$

erfüllen.

Die Idee besteht nun darin, den Hamilton-Operator durch diese neuen Operatoren auszudrücken und dann die Parameter $u_{\mathbf{k}}$ und $v_{\mathbf{k}}$ so zu variieren, dass er diagonal wird. Insbesondere müssen die Koeffizienten der anomalen Terme $b_{\mathbf{k}}^+ b_{-\mathbf{k}}^+$ und $b_{-\mathbf{k}} b_{\mathbf{k}}$ auf null gebracht werden. Da die Rechnung langwierig ist, seien hier nur die Ergebnisse angeführt. Es zeigt sich, dass die durch die Operatoren $b_{\mathbf{k}}^+$ erzeugten neuen Quasiteilchen das Energiespektrum

$$E_{\mathbf{k}} = \left(\frac{\hbar^2 k^2}{2m} \right)^{1/2} \left(\frac{\hbar^2 k^2}{2m} + 2 n_0 g \right)^{1/2} \tag{5.95}$$

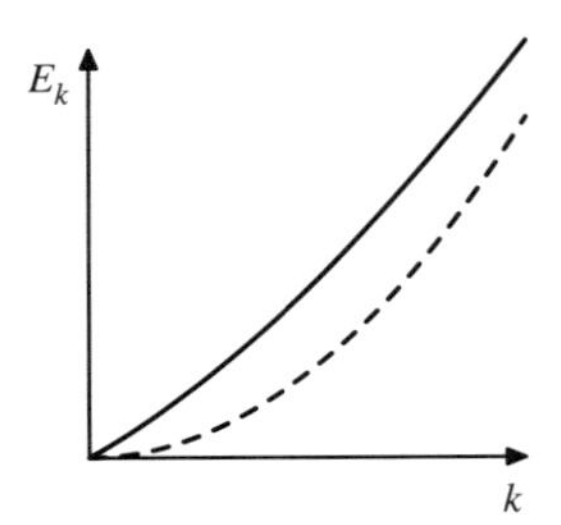

Abbildung 5.5: *Das Quasiteilchen-Spektrum eines schwach wechselwirkenden Bose-Gases (nach Bogoliubov). Das Spektrum ist für kleine* $\mathbf{k}$ *linear und nähert sich für große* $\mathbf{k}$ *der Energie* $\hbar^2 k^2/2m$ *eines freien Teilchens (gestrichelte Linie). Anders als bei suprafluidem* ^{4}He *(vgl. Abbildung 2.16) gibt es kein Roton-Minimum, und nahe* $\mathbf{k} = 0$ *gibt es eine leichte Aufwärtskrümmung.*

haben. Für kleine $|\mathbf{k}|$ (kleiner als $\sim \sqrt{4n_0 gm}/\hbar$) ist das Spektrum linear, also

$$E_{\mathbf{k}} \sim ck \tag{5.96}$$

mit der „Phonon"-Geschwindigkeit

$$c = \left(\frac{\hbar^2 n_0 g}{m}\right)^{1/2} \tag{5.97}$$

Dieses Bogoliubov-Quasiteilchen-Spektrum ist in Abbildung 5.5 skizziert. Für kleine $\mathbf{k}$ ist das Spektrum linear, und für große $\mathbf{k}$ geht es glatt in die Energie $\hbar^2 k^2/2m$ des unabhängigen Teilchens über. Der Erfolg der Bogoliubov-Theorie zeigt sich darin, dass sie die lineare Aufspaltung in das Anregungsspektrum nahe $\mathbf{k} = 0$ erklärt, welches wir im Falle von suprafluidem ^{4}He kennengelernt haben (vgl. Abbildung 2.16). In Kapitel 2 hatten wir außerdem gesehen, dass ein lineares Spektrum notwendig ist, um das Streuen von Quasiteilchen an den Wänden zu verhindern und somit einen dissipationsfreien Suprastrom zu gewährleisten. Daraus können wir schließen, dass ein sehr schwach wechselwirkendes Bose-Gas suprafluide ist, auch wenn dies für das ideale, nicht wechselwirkende Bose-Gas nicht der Fall ist. Die kritische Geschwindigkeit für das Suprafluid ist kleiner als c, sodass sie gemäß (5.97) im Limes schwacher Wechselwirkung ($g \to 0$) bzw. geringer Dichte ($n_0 \to 0$) den Wert null erreicht.

Natürlich gibt es auch signifikante Unterschiede zwischen dem Bogoliubov-Quasiteilchen-Spektrum in Abbildung 5.5 und dem experimentell bestimmten Quasiteilchen-Spektrum von Helium gemäß Abbildung 2.16. Der wichtigste Unterschied ist, dass es kein Roton-Minimum gibt. Das Bogoliubov-Spektrum ist für kleine $\mathbf{k}$ linear und nähert sich für große $\mathbf{k}$ dem Spektrum für das freie Teilchen, $\hbar^2 k^2/2m$, ohne für mittlere $\mathbf{k}$ ein lokales Minimum zu haben. Das Roton-Minimum ist demnach ein Effekt, der nur in stark wechselwirkenden Bose-Flüssigkeiten auftritt. Dieser Unterschied bewirkt einen weiteren Effekt, nämlich dass das Bogoliubov-Spektrum $E_{\mathbf{k}}$ bei kleinen $\mathbf{k}$ leicht nach oben gekrümmt ist, während das tatsächliche Spektrum eine leichte Krümmung nach unten aufweist. Diese Krümmung bedeutet, dass ein Quasiteilchen mit dem Impuls

$\hbar\mathbf{k}$ und der Energie $E_{\mathbf{k}}$ einen von null verschiedenen Wirkungsquerschnitt hat, in drei Quasiteilchen mit niedrigerer Energie und Impuls zu zerfallen. Daher ist das Bogoliubov-Quasiteilchen kein exakter Eigenzustand, sondern nur eine langlebige Resonanz.[6]

5.7 Kohärenz und nichtdiagonale Fernordnung in Supraleitern

Die im letzten Abschnitt dargelegten Ideen wurden ursprünglich entwickelt, um das stark wechselwirkende Bose-Suprafluid ^{4}He zu beschreiben. Sie sind jedoch auch für Supraleiter anwendbar. Allerdings müssen wir in diesem Fall unseren Ansatz modifizieren, da die Elektronen in einem Supraleiter Fermionen sind. Zwar ist es problemlos möglich, kohärente Zustände für Fermionen zu definieren, doch sind sie für die Beschreibung der Supraleitung nicht von unmittelbarem Nutzen. Dies liegt daran, dass ein einzelner Fermionenzstand aufgrund des Ausschließungsprinzips immer nur durch höchstens ein Fermion besetzt sein kann. Daher ist es nicht möglich, dass sich eine makroskopische Anzahl von Fermionen in einem kollektiven ebenen Wellenzustand befindet.

Eine kohärente Vielteilchenwellenfunktion für Fermionen wurde erstmals von Robert Schrieffer vorgeschlagen. Seine Kollegen Bardeen und Cooper hatten bereits festgestellt, dass die Elektronen in einem Supraleiter Paare bilden. Außerdem gibt es eine ältere Theorie (von Schafroth, Blatt und Butler), die die Supraleitung als ein Bose-Kondensat von Elektronenpaaren ansieht.[7] Doch Bardeen, Cooper und Schrieffer wussten, dass die Elektronen in Supraleitern nicht einfach als Bosonen behandelt werden können. Das Problem bestand darin, eine valide Vielteilchenwellenfunktion für die Elektronen aufzuschreiben, bei der jedes Elektron an der Paarbildung beteiligt ist. Die brillante Lösung, die Schrieffer fand, ist im Prinzip ein anderer Typ des kohärenten Zustands und ähnelt den uns bereits bekannten. Der entscheidende Punkt ist jedoch, dass wir es hier mit einem kohärenten Zustand zu tun haben, in dem sich eine makroskopische Anzahl von **Paaren** im gleichen Zustand befinden.

Doch auch in der BCS-Theorie gilt es, eine nichtdiagonale Fernordnung und einen Ordnungsparameter zu finden, was uns im nächsten Abschnitt beschäftigen wird. Ihr Auftreten ist ein sehr allgemeines Phänomen. Hier wollen wir uns auf die grundlegenden

[6] Es macht hier tatsächlich Sinn, die Konzepte aus der Elementarteilchenphysik zu adaptieren und von einem Teilchen zu sprechen, das in eine Menge anderer Teilchen zerfällt. Wie in der Teilchenphysik können wir solche „Teilchen“ als Resonanzen bezeichnen. In diesem Kontext sind die Bogoliubov-Quasiteilchen nichts anderes als die „Elementarteilchen“ des Bose-Gases, und das Kondensat ist das Analogon zum Vakuum. Tatsächlich sind die Bogoliubov-Quasiteilchen in der Terminologie der Teilchenphysik die „Goldstone-Bosonen“ des Systems.

[7] Leider konnte diese Theorie keine quantitativen Vorhersagen für damals bereits bekannte Supraleiter machen. Deshalb wurde sie zugunsten der BCS-Theorie verworfen, die wesentlich erfolgreicher bei der quantitativen Vorhersage war. Die Elektronenpaare der BCS-Theorie **sind keine Bosonen.** Allgemein ist ein Fermionenpaar nicht äquivalent mit einem Boson. Im BCS-Fall sind die Elektronenpaare sehr groß, sodass sie sich stark überlappen. In diesem Grenzfall ist es nicht möglich, das Paar als Boson aufzufassen, weshalb die BCS-Theorie normalerweise nicht als Bose-Kondensation beschrieben wird. In den letzten Jahren haben Theorien, die auf den Ideen von Schafroth, Blatt und Butler aufbauen, zumindest als mögliche Modelle für Hochtemperatursupraleiter eine gewisse Wiederbelebung erfahren.

Aussagen über die nichtdiagonale Fernordnung beschränken. Mehr zur BCS-Theorie und ihren spezifischen Vorhersagen folgt im nächsten Kapitel.

Zunächst müssen wir die korrekten Quantenfeldoperatoren definieren, mit denen die Leitungselektronen in einem Festkörper beschrieben werden können. Aus der Einteilchen-Quantenmechanik für Festkörper wissen wir, dass die Wellenfunktionen Bloch-Wellen

$$\psi_{n\mathbf{k}}(\mathbf{r}) = e^{i\mathbf{k}\cdot\mathbf{r}} u_{n\mathbf{k}}(\mathbf{r}) \tag{5.98}$$

sind. Hierbei muss der Wellenvektor $\mathbf{k}$ in der ersten Brillouin-Zone liegen. Um die Notation einfach zu halten, nehmen wir an, dass nur eines der Energiebänder (das auf der Fermi-Fläche), relevant ist. Im Folgenden lassen wir deshalb den Index n weg.

Ein spezieller Bloch-Zustand $\psi_{\mathbf{k}\sigma}(\mathbf{r})$ mit einem gegebenen Spin σ kann entweder leer oder durch genau ein Elektron besetzt sein. Ein Quantenzustand aus N Teilchen ist dann durch die Angabe spezifiziert, welche der individuellen Zustände besetzt sind und welche nicht. Das ist die **Besetzungszahldarstellung** der Quantenmechanik. Wir können nun Operatoren einführen, die diese Besetzungszahlen ändern. Je nachdem, ob der gegebene Bloch-Zustand $\psi_{\mathbf{k}\sigma}(\mathbf{r})$ leer oder besetzt ist, bezeichnen wir ihn mit $|0\rangle$ oder $|1\rangle$. Damit können wir die Operatoren

$$\begin{aligned} c^+|0\rangle &= |1\rangle \\ c|1\rangle &= |0\rangle \end{aligned}$$

definieren, die die Besetzungszahl ändern. Sie erinnern an die entsprechenden Feldoperatoren für den Bose-Fall bzw. an die Leiteroperatoren $\hat{a}^+$ und $\hat{a}$ für den harmonischen Oszillator. Der einzige Unterschied besteht darin, dass der Besetzungszustand beim harmonischen Oszillator die Werte $n = 0, 1, 2, \ldots$ annehmen kann, während die Besetzung für Fermionen lediglich zwischen 0 und 1 wechselt. Die Operatoren c^+ und c werden auch in diesem Fall Erzeugungs- und Vernichtungsoperator genannt. Da Elektronen in Festkörpern weder erzeugt noch vernichtet werden, mögen diese Bezeichnungen etwas irreführend erscheinen, doch entscheidend ist, dass die Operatoren in der gleichen Weise arbeiten wie in der Teilchenphysik, wo tatsächlich Teilchen erzeugt oder vernichtet (zurück ins Vakuum versetzt) werden, etwa Elektron-Positron-Paare, die sich gegenseitig vernichten. In einem Festkörper kann man sich die Sache so vorstellen, dass Elektronen zum Festkörper hinzugefügt werden (etwa über eine externe Stromquelle über die Oberfläche) oder aus diesem entfernt werden (beispielsweise durch Photoemission).

Diese Operatoren haben mehrere wichtige Eigenschaften. Erstens ist die Kombination c^+c wie bei Bosonen ein Maß für die Besetzungszahl $|n\rangle$, denn es gelten die Beziehungen

$$\begin{aligned} c^+c|0\rangle &= 0 \\ c^+c|1\rangle &= |1\rangle \end{aligned}$$

und somit $c^+c|n\rangle = n|n\rangle$. Zweitens kann wegen des Ausschließungsprinzips kein Zustand mit mehr als einem Fermion besetzt sein. Folglich gilt $c^+c^+|n\rangle = 0$ und $cc|n\rangle = 0$. Wegen der fermionischen Natur der Teilchen gilt

$$\{c, c^+\} \equiv cc^+ + c^+c = 1 \tag{5.99}$$

wobei $\{A, B\} = AB + BA$ der **Antikommutator** der Operatoren A und B ist. Die Antisymmetrie der Vielteilchenwellenfunktion für Fermionen bedeutet, dass die Operatoren für unterschiedliche Bloch-Zustände oder Spinzustände **antikommutativ** sind, sodass allgemein die Relationen

$$\{c_{\mathbf{k}\sigma}, c^+_{\mathbf{k}'\sigma'}\} = \delta_{\mathbf{k}\sigma,\mathbf{k}'\sigma'} \tag{5.100}$$

$$\{c_{\mathbf{k}\sigma}, c_{\mathbf{k}'\sigma'}\} = 0 \tag{5.101}$$

$$\{c^+_{\mathbf{k}\sigma}, c^+_{\mathbf{k}'\sigma'}\} = 0 \tag{5.102}$$

gelten. Hierbei bezeichnet $\sigma = \pm 1$ die beiden verschiedenen Spinzustände. Selbstverständlich können wir diese Operatoren wie im Bosonen-Fall im realen Raum darstellen, indem wir eine Fouriertransformation durchführen. Wir erhalten

$$\{\hat{\psi}_\sigma(\mathbf{r}), \hat{\psi}^+_{\sigma'}(\mathbf{r}')\} = \delta(\mathbf{r} - \mathbf{r}')\delta_{\sigma\sigma'} \tag{5.103}$$

$$\{\hat{\psi}_\sigma(\mathbf{r}), \hat{\psi}_{\sigma'}(\mathbf{r}')\} = 0 \tag{5.104}$$

$$\{\hat{\psi}^+_\sigma(\mathbf{r}), \hat{\psi}^+_{\sigma'}(\mathbf{r}')\} = 0 \tag{5.105}$$

Die mathematische Herausforderung besteht nun darin, eine Vielteilchenwellenfunktion zu finden, bei der alle Elektronen in der Nähe der Fermi-Fläche an der Paarbildung teilnehmen. Bardeen, Cooper und Schrieffer wussten, dass sich ein einzelnes Paar von Elektronen als Spinsingulett mit der Zweiteilchenwellenfunktion

$$\Psi(\mathbf{r}_1\sigma_1, \mathbf{r}_2\sigma_2) = \varphi(\mathbf{r}_1 - \mathbf{r}_2)\frac{1}{\sqrt{2}}(|\uparrow\downarrow\rangle - |\downarrow\uparrow\rangle) \tag{5.106}$$

bindet (was in Abschnitt 6.3 bewiesen wird). Sie schrieben nun zunächst eine Vielteilchenwellenfunktion auf, in der jedes Teilchen gepaart auftritt,

$$\begin{aligned}\Psi(\mathbf{r}_1\sigma_1, \ldots, \mathbf{r}_N\sigma_N) = &\frac{1}{\sqrt{N!}}\sum_P (-1)^P \Psi(\mathbf{r}_1\sigma_1, \mathbf{r}_2\sigma_2)\Psi(\mathbf{r}_3\sigma_3, \mathbf{r}_4\sigma_4)\ldots \\ &\ldots \Psi(\mathbf{r}_{N-1}\sigma_{N-1}, \mathbf{r}_N\sigma_N)\end{aligned} \tag{5.107}$$

Die Summe über P bedeutet hierbei die Summe über alle $N!$ Permutationen der N Teilchen mit den Indizes $\mathbf{r}_1\sigma_1, \mathbf{r}_2\sigma_2$ usw. Das Vorzeichen $(-1)^P$ ist positiv für gerade Permutationen und negativ für ungerade Permutationen. Dieses alternierende Vorzeichen sorgt für die korrekte Antisymmetrie

$$\Psi(\ldots, \mathbf{r}_i\sigma_i, \ldots, \mathbf{r}_j\sigma_j, \ldots) = -\Psi(\ldots, \mathbf{r}_j\sigma_j, \ldots, \mathbf{r}_i\sigma_i, \ldots) \tag{5.108}$$

die für Fermionen gelten muss.

Doch diese Vielteilchendarstellung mit festem N ist schwierig zu handhaben. Wenn wir N festlegen, gibt es im Unterschied zur Darstellung über kohärente Zustände keine festgelegte, allgemeingültige Phase. Wenn wir dagegen kohärente Zustände verwenden, ist es möglich, ein Kondensat mit festgelegter Phase zu beschreiben. Der entscheidende

Schritt, den Schrieffer beitrug, war das Aufzeigen einer Möglichkeit, wie man einen kohärenten Zustand von Fermionenpaaren ausdrücken kann. Wir definieren

$$\hat{\varphi}^{+}(\mathbf{R}) \equiv \int \mathrm{d}^3 r \varphi(\mathbf{r}) \hat{\psi}_{\uparrow}^{+}(\mathbf{R}+\mathbf{r}/2) \hat{\psi}_{\downarrow}^{+}(\mathbf{R}-\mathbf{r}/2) \tag{5.109}$$

und sehen, dass die Anwendung dieses Operators auf einen Quantenzustand mit N Elektronen auf einen neuen Quantenzustand mit $N+2$ Elektronen führt. Der Operator erzeugt ein Spinsingulett-Paar, dessen Elektronen den Abstand $\mathbf{r}$ haben und dessen Massezentrum bei $\mathbf{R}$ liegt.[8]

Naiv könnte man ein solches Fermionenpaar als ein Boson betrachten, was jedoch nicht korrekt wäre. Wenn wir versuchen, den Kommutator auszuwerten, dann stellen wir Folgendes fest:

$$[\hat{\varphi}(\mathbf{R}), \hat{\varphi}^{+}(\mathbf{R}')] \neq \delta(\mathbf{R}-\mathbf{R}') \tag{5.110}$$

$$[\hat{\varphi}(\mathbf{R}), \hat{\varphi}(\mathbf{R}')] = 0 \tag{5.111}$$

$$[\hat{\varphi}^{+}(\mathbf{R}), \hat{\varphi}^{+}(\mathbf{R}')] = 0 \tag{5.112}$$

Die Operatoren kommutieren nur dann, wenn $\mathbf{R}$ und $\mathbf{R}'$ weit entfernt sind, was nichtüberlappenden Paaren entspricht. Aus diesem Grund können wir diese Paare nicht einfach zu einem Bose-Kondensat erklären.

Doch auch wenn diese Operatoren nicht wirklich Bose-Operatoren sind, können wir trotzdem das Analogon zur nichtdiagonalen Fernordnung entsprechend der Bose-Kondensation definieren. Nun ist es möglich, für **Cooper-Paare** einen Zustand mit nichtdiagonaler Fernordnung zu definieren. Wir definieren eine neue Dichtematrix durch

$$\rho_1(\mathbf{R}-\mathbf{R}') = \langle \hat{\varphi}^{+}(\mathbf{R}) \hat{\varphi}(\mathbf{R}') \rangle \tag{5.113}$$

Dies ist eine Einteilchendichtematrix für Paare. Sie steht mit der Zweiteilchendichte für Elektronen in der Beziehung

$$\rho_2(\mathbf{r}_1\sigma_1, \mathbf{r}_2\sigma_2, \mathbf{r}_3\sigma_3, \mathbf{r}_4\sigma_4) = \langle \hat{\psi}_{\sigma_1}^{+}(\mathbf{r}_1) \hat{\psi}_{\sigma_2}^{+}(\mathbf{r}_2) \hat{\psi}_{\sigma_3}(\mathbf{r}_3) \hat{\psi}_{\sigma_4}(\mathbf{r}_4) \rangle \tag{5.114}$$

Unter Verwendung der Definition des Paaroperators erhalten wir die Paardichtematrix, ausgedrückt durch die Elektrondichtematrix

$$\rho_1(\mathbf{R}-\mathbf{R}') = \int \varphi(\mathbf{r}) \varphi(\mathbf{r}') \rho_2\left(\mathbf{R}+\frac{\mathbf{r}}{2}\uparrow, \mathbf{R}-\frac{\mathbf{r}}{2}\downarrow, \mathbf{R}'-\frac{\mathbf{r}'}{2}\downarrow, \mathbf{R}'+\frac{\mathbf{r}'}{2}\uparrow\right) \mathrm{d}^3 r \, \mathrm{d}^3 r' \tag{5.115}$$

Die Paarwellenfunktion $\varphi(\mathbf{r})$ ist ein gebundener Zustand, weshalb sie für große $|\mathbf{r}|$ null wird. Wenn die zugehörige Längenskala durch eine Länge ξ_0 definiert wird (welche sich als die BCS-Kohärenzlänge des Supraleiters herausstellt), dann kommen die Hauptbeiträge zur Paardichtematrix von den Teilen der Elektrondichtematrix, für die $\mathbf{r}_1$ und $\mathbf{r}_2$

[8] Beachten Sie hierbei unsere Annahme, dass die Wellenfunktion für gebundene Elektronenpaare die Bedingung $\varphi(\mathbf{r}) = \varphi(-\mathbf{r})$ erfüllt.

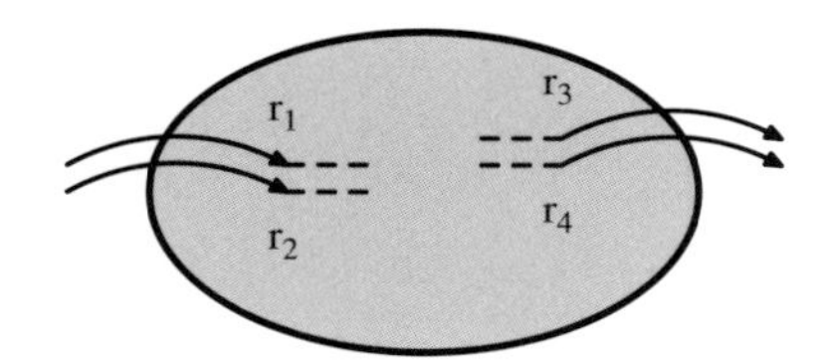

Abbildung 5.6: *Die Zweiteilchendichtematrix* $\rho_2(\mathbf{r}_1\sigma_1, \mathbf{r}_2\sigma_2, \mathbf{r}_3\sigma_3, \mathbf{r}_4\sigma_4)$ *für Elektronen in einem Metall. Nichtdiagonale Fernordnung für Elektronenpaare tritt dann auf, wenn sie einen von null verschiedenen Wert hat, egal wie weit das Paar* $\mathbf{r}_1, \mathbf{r}_2$ *von dem Paar* $\mathbf{r}_3, \mathbf{r}_4$ *entfernt ist. Die Elektronen eines Paares können hingegen einen Abstand in der Größenordnung der Kohärenzlänge* ξ_0 *voneinander haben.*

sowie $\mathbf{r}_3$ und $\mathbf{r}_4$ um weniger als ξ_0 separiert sind. Die Paare $\mathbf{r}_1, \mathbf{r}_2$ und $\mathbf{r}_3, \mathbf{r}_4$ können beliebig weit voneinander entfernt sein.

Nun kann es in der Paar-Dichtematrix nichtdiagonale Fernordnung geben, wenn

$$\rho_1(\mathbf{R} - \mathbf{R}') \to \text{const.} \tag{5.116}$$

für $|\mathbf{R} - \mathbf{R}'| \to \infty$. Die BCS-Theorie entspricht daher einer makroskopischen Quantenkohärenz, ähnlich der gewöhnlichen Theorie der nichtdiagonalen Fernordnung in Suprafluiden. Hier haben wir es jedoch mit einer nichtdiagonalen Fernordnung von Cooper-Paaren, nicht von einzelnen Elektronen, zu tun.

Wenn wir diese nichtdiagonale Fernordnung durch die Elektrondichtematrix $\rho_2(\mathbf{r}_1\sigma_1, \mathbf{r}_2\sigma_2, \mathbf{r}_3\sigma_3, \mathbf{r}_4\sigma_4)$ ausdrücken, denn sehen wir folgende Bedeutung: Wenn die Koordinaten $\mathbf{r}_1, \mathbf{r}_2$ sowie die Koordinaten $\mathbf{r}_3, \mathbf{r}_4$ jeweils dicht benachbart sind, aber diese beiden Paare einen sehr großen Abstand aufweisen, dann nähert sich die Dichtematrix einem konstanten Wert. Dieses Konzept wird durch Abbildung 5.6 illustriert.

Wie bei der Behandlung der nichtdiagonalen Fernordnung im Falle des schwach wechselwirkenden Bose-Gases nehmen wir an, dass das Verhalten in sehr weit voneinander entfernten Punkten $\mathbf{R}$ und $\mathbf{R}'$ unabhängig voneinander ist. Unter dieser Annahme ist es gerechtfertigt, für $|\mathbf{R} - \mathbf{R}'| \to \infty$

$$\rho_1(\mathbf{R} - \mathbf{R}') \sim \langle \hat{\varphi}^+(\mathbf{R}) \rangle \langle \hat{\varphi}(\mathbf{R}') \rangle \tag{5.117}$$

zu schreiben. Außerdem können wir eine **makroskopische Wellenfunktion** durch

$$\psi(\mathbf{R}) = \langle \hat{\varphi}(\mathbf{R}) \rangle \tag{5.118}$$

definieren. Effektiv ist dies der **GL-Ordnungsparameter** für den Supraleiter.

Natürlich haben wir damit noch nicht wirklich gezeigt, wie man einen Vielteilchenzustand für Elektronen konstruiert, der diese Form der nichtdiagonalen Fernordnung für Cooper-Paare gestattet. Diese Aufgabe verschieben wir auf das nächste Kapitel. Trotzdem können wir aus der hier geführten Diskussion die Bedingungen ableiten, die an einen Quantenzustand gestellt werden müssen, damit er das Phänomen der Supraleitung zeigt. Es war vielleicht die wichtigste Errungenschaft der BCS-Theorie, dass sie es möglich

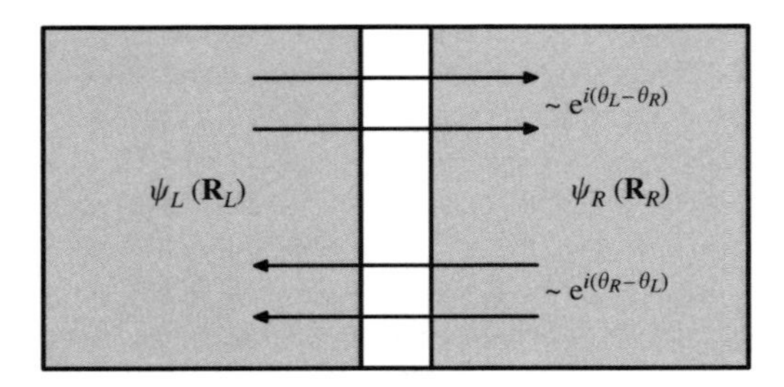

Abbildung 5.7: *Schematische Darstellung eines Josephson-Kontakts zwischen zwei Supraleitern. In zweiter Ordnung des Tunneloperators gibt es zwei mögliche Tunnelprozesse, über die ein Cooper-Paar von einer Seite auf die andere wechseln kann. Bezeichnen wir mit θ_L und θ_R die Phasen des Ordnungsparameters auf der linken bzw. rechten Seite des Kontakts, dann hängen die Amplituden der Prozesse von $e^{i(\theta_L-\theta_R)}$ und $e^{i(\theta_R-\theta_L)}$ ab. Wenn man diese addiert, ergibt sich der Netto-Tunnelstrom als proportional zu $\sin(\theta_L-\theta_R)$.*

machte, einen solchen nichttrivialen Vielteilchenzustand zu konstruieren. Tatsächlich können wir aus Gleichung (5.118) unmittelbar ablesen, dass wir einen kohärenten Zustand mit festgelegter Phase θ suchen. Oder anders formuliert: Wir sollten nicht mit festgelegter Teilchenzahl N arbeiten. Nach der Veröffentlichung der BCS-Theorie im Jahr 1957 war dies der umstrittenste Punkt der ganzen Theorie. Auch das explizite Auftreten der Phase θ wurde stark diskutiert, schien es doch das Prinzip der Eichinvarianz zu verletzen. Doch vor allem wegen der nahezu perfekten Übereinstimmung der Vorhersagen der BCS-Theorie mit den experimentellen Ergebnissen, aber auch wegen der Klärung des Problems der Eichinvarianz durch Anderson und andere, wurde die BCS-Theorie letztlich allgemein akzeptiert.

5.8 Der Josephson-Effekt

Der **Josephson-Effekt** ist eine direkte physikalische Bestätigung der Quantenkohärenz aufgrund der supraleitenden nichtdiagonalen Fernordnung. Bald nach der Veröffentlichung der BCS-Theorie untersuchte der damalige Doktorand Brian Josephson in Cambridge das Tunneln von Elektronen zwischen zwei Supraleitern.[9]

Betrachten wir zwei Supraleiter, die durch eine dünne isolierende Schicht separiert sind (siehe Abbildung 5.7). Wenn beide Supraleiter eine makroskopische Wellenfunktion besitzen, wie sie durch Gleichung (5.118) definiert ist, dann können wir ihnen festgelegte Werte ψ_L und ψ_R zuordnen (die Indizes stehen für „links“ und „rechts“ der Barriere).

[9] Brian Josephson erhielt 1973 für seine Entdeckung den Nobelpreis für Physik. Vermutlich gehört dieser Nobelpreis zu den wenigen, die für eine Entdeckung im Rahmen einer Doktorarbeit vergeben wurde. Als Josephson den Effekt 1962 vorhersagte, stieß er bei den etablierten Forschern auf dem Gebiet der Supraleitung zunächst auf Ablehnung. Es wurde argumentiert, der vorhergesagte Effekt sei entweder gar nicht vorhanden oder zu schwach, um ihn tatsächlich zu beobachten. Doch Josephsons Doktorvater Philip Anderson suchte und fand zusammen mit J.M. Rowell nach einer experimentellen Bestätigung des Effekts, die er 1963 veröffentlichte.

Wir schreiben also

$$\psi_L(\mathbf{R}_L) = \langle L|\hat{\varphi}(\mathbf{R}_L)|L\rangle$$
$$\psi_R(\mathbf{R}_R) = \langle R|\hat{\varphi}(\mathbf{R}_R)|R\rangle$$

Dabei sind $\mathbf{R}_L$ und $\mathbf{R}_R$ Punkte links bzw. rechts der Barriere; $|L\rangle$ und $|R\rangle$ sind Vielteilchenzustände des Supraleites auf der linken bzw. rechten Seite. Josephson nahm an, dass Elektronen die Barriere durchtunneln können. Unter Verwendung der Feldoperatoren für Elektronen schreiben wir

$$\hat{H} = \sum_\sigma \int T(\mathbf{r}_L, \mathbf{r}_R) \left(\hat{\psi}_\sigma^+(\mathbf{r}_L)\hat{\psi}_\sigma(\mathbf{r}_R) + \hat{\psi}_\sigma^+(\mathbf{r}_R)\hat{\psi}_\sigma(\mathbf{r}_L)\right) \mathrm{d}^3 r_L \mathrm{d}^3 r_R \tag{5.119}$$

Dieser Operator bewirkt das Tunneln von Elektronen mit dem Spin σ vom Punkt $\mathbf{r}_L$ auf der linken Seite der Barriere zum Punkt $\mathbf{r}_R$ auf der rechten Seite. Der Term $T(\mathbf{r}_L, \mathbf{r}_R)$ ist das entsprechende Element der Übergangsmatrix für das Tunneln der Elektronen durch die Barriere. Unter Verwendung BCS-Vielteilchenwellenfunktionen für beide Seiten der Anordnung und mittels Störungstheorie für den Tunneloperator $\hat{H}$ kam Josephson zu seinem bemerkenswerten Ergebnis. Demnach fließt im Kontakt zwischen den beiden Supraleitern ein Strom, der durch

$$I = I_c \sin(\theta_L - \theta_R) \tag{5.120}$$

gegeben ist. Hierbei sind θ_L und θ_R die Phasen der makroskopischen Wellenfunktionen links und rechts der Barriere.

Die Details, wie Josephson zu diesem Ergebnis kam, sind hier unwichtig. Die folgenden Ausführungen sollen zumindest eine grobe Vorstellung vermitteln. Wenn wir Effekte der zweiten Ordnung im Tunneloperator $\hat{H}$ betrachten, dann stellen wir fest, dass $\hat{H}^2$ viele Terme enthält, darunter vier fermionische Terme der Form

$$\begin{aligned}\hat{H}^2 \sim T^2(&\hat{\psi}_\sigma^+(\mathbf{r}_L)\hat{\psi}_{\sigma'}^+(\mathbf{r}'_L)\hat{\psi}_\sigma(\mathbf{r}_R)\hat{\psi}_{\sigma'}^+(\mathbf{r}'_R)) \\ &+ \hat{\psi}_\sigma^+(\mathbf{r}_R)\hat{\psi}_{\sigma'}^+(\mathbf{r}'_R)\hat{\psi}_\sigma(\mathbf{r}_L)\hat{\psi}_{\sigma'}^+(\mathbf{r}'_L) + \cdots)\end{aligned} \tag{5.121}$$

Der Nettoeffekt des ersten Terms ist die Überführung eines Elektronenpaares vom rechten Supraleiter zum linken. Entsprechend überführt der zweite Term ein Paar von links nach rechts. Da die Vielteilchenzustände auf beiden Seiten des Kontakts kohärente Paarzustände sind, haben die Operatoren von null verschiedene Erwartungswerte, also

$$\langle L|\hat{\psi}_\sigma^+(\mathbf{r}_L)\hat{\psi}_{\sigma'}^+(\mathbf{r}'_L)|L\rangle \neq 0 \tag{5.122}$$

$$\langle R|\hat{\psi}_\sigma(\mathbf{r}_R)\hat{\psi}_{\sigma'}(\mathbf{r}'_R)|R\rangle \neq 0 \tag{5.123}$$

was mit der nichtdiagonalen Fernordnung konsistent ist. Genauer gesagt erwarten wir, dass der erste dieser Erwartungswerte proportional zu $e^{-i\theta_L}$ ist und der zweite zu $e^{i\theta_R}$. Insgesamt ergibt sich hieraus für die Tunnelwahrscheinlichkeit eines Paares von rechts nach links die phasenabhängige Amplitude $e^{i(\theta_R - \theta_L)}$. Der umgekehrte Vorgang, also das Tunneln von links nach rechts, hat die entgegengesetzte Phase. Der sich durch Addition ergebende Nettostrom ist proportional zu $\sin(\theta_L - \theta_R)$, wie in (5.120) angegeben.

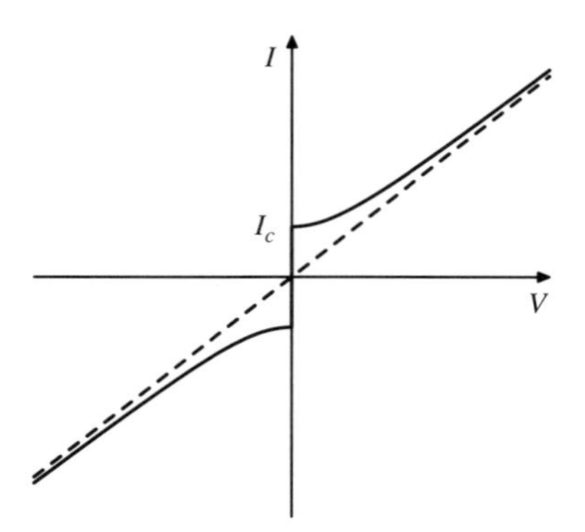

Abbildung 5.8: *I-V-Kennlinie eines Josephson-Kontakts. Solange der Strom unter dem kritischen Wert I_c liegt, gibt es keinen Spannungsabfall. Über diesem Wert tritt ein von null verschiedener Spannungsabfall auf. Für große Ströme nähert sich dieser dem Wert, der durch das Ohmsche Gesetz $I = V/R$ gegeben ist. Der AC-Josephson-Effekt tritt im Regime mit $V \neq 0$ oberhalb von I_c auf.*

Gleichung (5.120) zeigt, dass der Strom die Antwort auf die Phasendifferenz $\theta_L - \theta_R$ ist. Daher ist sie im Prinzip ein direkter Nachweis für die Existenz kohärenter Zustände in Supraleitern. Die Proportionalitätskonstante I_c ist der maximale Josephson-Strom, der durch den Kontakt fließen kann. Er wird als der **kritische Strom** des Kontakts bezeichnet.

Für Ströme $I < I_c$ ist der Josephson-Strom dissipationsfrei, also ein Suprastrom. Wird er jedoch auf einen Wert größer I_c gebracht, entsteht im Kontakt ein von null verschiedener Spannungsabfall V. Die typische I-V-Kennlinie des Kontakts hat daher die in Abbildung 5.8 gezeigte Form.

Für Werte $I > I_c$ fand Josephson eine zweite überraschende Konsequenz des Tunnelstroms. Die von null verschiedene Spannungsdifferenz V zwischen den beiden Supraleitern bedeutet, dass die makroskopischen Wellenfunktionen zeitunabhängig werden. Mithife einer Variante der Heisenberg-Gleichung für die Bewegung auf der linken und der rechten Seite, nämlich

$$\begin{aligned} i\hbar\frac{\partial\psi_L(t)}{\partial t} &= -2eV_L\psi_L(t) \\ i\hbar\frac{\partial\psi_R(t)}{\partial t} &= -2eV_R\psi_R(t) \end{aligned} \tag{5.124}$$

konnte Josephson zeigen, dass der von null verschiedene Spannungsabfall $V = V_L - V_R$ zu einer stetig anwachsenden Phasendifferenz

$$\Delta\theta(t) = \Delta\theta(0) + \frac{2eV}{\hbar}t \tag{5.125}$$

führt und dass folglich der Josephson-Strom

$$I = I_c \sin\left(\Delta\theta(0) + \frac{2eV}{\hbar}t\right) \tag{5.126}$$

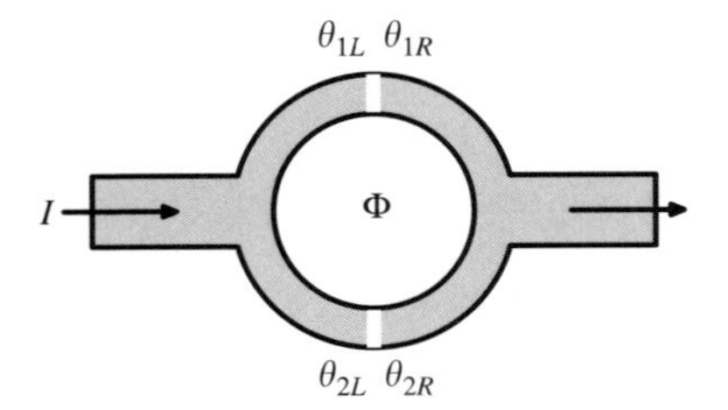

Abbildung 5.9: *Schematische Darstellung eines SQUID-Rings. In den beiden Josephson-Kontakten fließen Ströme, die durch die Phasendifferenzen $\Delta\theta_1 = \theta_{1L} - \theta_{1R}$ und $\Delta\theta_2 = \theta_{2L} - \theta_{2R}$ angetrieben werden. Der kritische Strom des gesamten Ringes wird durch den magnetischen Fluss Φ durch den Ring moduliert.*

mit der Frequenz

$$\nu = \frac{2eV}{\hbar} \tag{5.127}$$

oszilliert. Dieser überraschende Effekt wird AC-Josephson-Effekt genannt (in Abgrenzung zum DC-Josephson-Effekt für $I < I_c$ mit $V = 0$).

Die experimentelle Beobachtung des AC-Josephson-Effektes bestätigte nicht nur die Theorie und die Gültigkeit des BCS-Modells für den makroskopischen kohärenten Zustand. Sie lieferte auch einen weiteren, direkten empirischen Hinweis dafür, dass die relevante Teilchenladung hier $2e$ und nicht e ist. Auf diese Weise bestätigt sie wiederum die Paarungshypothese von Cooper. Noch überraschender war, dass die Josephson-Frequenz durch (5.127) scheinbar **exakt** gegeben ist. Tatsächlich ist sie sogar so genau, dass sie zu dem Standard hinzugenommen wurde, auf dessen Basis das SI-System definiert ist. Durch Messung der Frequenz (mit einer Genauigkeit von mindestens $1 : 10^{12}$) und der Spannung V erhält man mit großer Genauigkeit das Verhältnis der Naturkonstanten e und $\hbar$. Alternativ kann man die gegebenen Werte für e und $\hbar$ zusammen mit dem Josephson-Effekt verwenden, um einen verlässlichen Standard für die Spannung zu definieren.

Der Josephson-Effekt ist außerdem das Herzstück vieler unterschiedlicher Anwendungen der Supraleitung. Zu den einfachsten Bauelementen zählen SQUIDs (Abkürzung für englisch **S**uperconducting **Qu**antum **I**nterference **D**evice). Ein SQUID ist einfach ein kleiner (oder auch großer) supraleitender Ring, der an zwei Stellen unterbrochen ist. Jeder Halbring ist mit externen Drähten verbunden (siehe Abbildung 5.9). Die Unterbrechung kann entweder eine Tunnelbarriere (SIS-Kontakt) wie in Abbildung 5.7 sein oder aber ein dünnes Stück normalleitendes Metall (SNS-Kontakt). Der durch die beiden Kontakte fließende Strom hängt von der Phasendifferenz innerhalb des Kontakts ab. Somit ist

$$I = I_{c1} \sin(\Delta\theta_1) + I_{c2} \sin(\Delta\theta_2) \tag{5.128}$$

die Summe der Ströme durch die beiden Josephson-Kontakte. Die Phasendifferenzen $\Delta\theta_1$ und $\Delta\theta_2$ entsprechen den Phasendifferenzen der Wellenfunktionen in den Punkten links und rechts des jeweiligen Kontakts in Abbildung 5.9.

Wenn die Kontakte perfekt ausbalanciert sind, sodass $I_{c1} = I_{c2}$ gilt, und ein kleiner externer Strom $I < I_c$ an das SQUID angelegt wird, dann sollten wir erwarten, dass sich in den beiden Halbringen gleichgroße stationäre Ströme ausbilden und dass sich in den beiden Kontakten eine konstante, gleichgroße Phasendifferenz $\Delta\theta = \sin^{-1}(I/2I_c)$ einstellt. Doch dies trifft nur dann zu, wenn es keinen magnetischen Fluss durch den Ring gibt. Unter Ausnutzung der Eichinvarianz können wir schlussfolgern, dass ein Fluss Φ bewirkt, dass die Phasendifferenzen nicht mehr gleich sind:

$$\begin{aligned}\Phi &= \int \mathbf{B} \cdot \mathrm{d}\mathbf{S} \\ &= \oint \mathbf{A} \cdot \mathrm{d}\mathbf{r} \\ &= \frac{2e}{\hbar} \oint (\nabla\theta) \cdot \mathrm{d}\mathbf{r} \\ &= \frac{2e}{\hbar}(\Delta\theta_1 - \Delta\theta_2) \\ &= 2\pi\Phi_0(\Delta\theta_1 - \Delta\theta_2)\end{aligned} \tag{5.129}$$

Ein magnetischer Fluss durch den Ring führt also zu einer Differenz zwischen den beiden Phasen. Für einen ausbalancierten SQUID-Ring können wir

$$\begin{aligned}\Delta\theta_1 &= \Delta\theta + \frac{\pi\Phi}{\Phi_0} \\ \Delta\theta_2 &= \Delta\theta - \frac{\pi\Phi}{\Phi_0}\end{aligned} \tag{5.130}$$

annehmen. Damit ergibt sich für den Gesamtstrom im SQUID

$$\begin{aligned}I &= I_c \sin(\Delta\theta_1) + I_c \sin(\Delta\theta_2) \\ &= I_c \sin\left(\Delta\theta + \frac{\pi\Phi}{\Phi_0}\right) + I_c \sin\left(\Delta\theta - \frac{\pi\Phi}{\Phi_0}\right) \\ &= 2I_c \sin(\Delta\theta) \cos\left(\frac{\pi\Phi}{\Phi_0}\right)\end{aligned} \tag{5.131}$$

Der kritische Strom wird also durch einen Faktor moduliert, der vom Nettofluss durch den Ring abhängt. Es gilt[10]

$$I_c(\Phi) = I_0 \left|\cos\left(\frac{\pi\Phi}{\Phi_0}\right)\right| \tag{5.132}$$

Die Modulation des kritischen Stroms im SQUID-Ring ist in Abbildung 5.10 dargestellt. Dieses Muster entspricht im Wesentlichen einem idealen Fraunhoferschen Interferenzmuster wie wir es vom Youngschen Doppelspaltversuch aus der Optik kennen. Beim SQUID spielen die Josephson-Kontakte die Rolle des Doppelspalts, und das, was interferiert, sind die Supraströme, die durch die beiden Ringhälften fließen. Die Supraströme

[10] Der kritische Strom des SQUID-Rings hat immer das gleiche Vorzeichen wie der treibende Strom. Dies ist der Grund für die Betragstriche in (5.132).

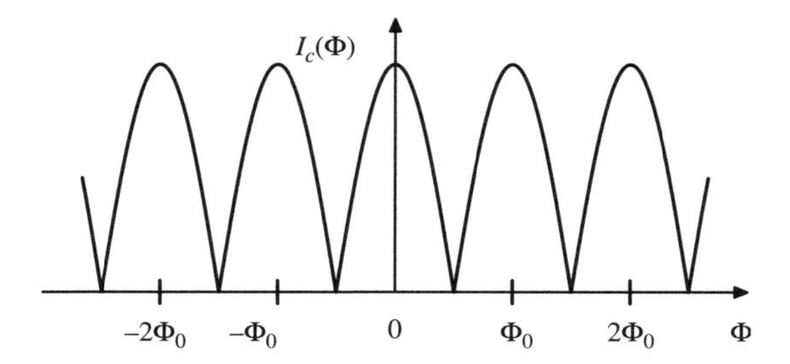

Abbildung 5.10: *Modulation des kritischen Stroms in einem SQUID-Ring. Diese ist im Wesentlichen äquivalent mit den (optischen) Fraunhoferschen Interferenzmustern beim Doppelspaltversuch. Beim SQUID kommt es zu Interferenzen zwischen den beiden Strömen, die durch die verschiedenen Hälften des Ringes fließen.*

erlangen aufgrund des Magnetfeldes unterschiedliche Phasen. Dieser Effekt kann auch als ein Analogon zum Aharonov-Bohm-Effekt (Feynman 1964) aufgefasst werden.

Mit dem SQUID steht ein einfaches, aber äußerst genaues System zur Messung von magnetischen Flüssen zur Verfügung. Da das Flussquant Φ_0 einen Wert von nur etwa 2×10^{-15} Wb in SI-Einheiten hat und es möglich ist, SQUIDs mit Flächen von bis zu $1\,\text{cm}^2$ herzustellen, können im Prinzip magnetische Felder mit einer Genauigkeit von bis zu 10^{-10} T gemessen werden. Insbesondere ist es sehr einfach, **Änderungen** des Feldes in dieser Genauigkeit zu messen – hierfür genügt es, die Anzahl der Minima im kritischen Strom des SQUIDs zu zählen.

5.9 Makroskopische Quantenkohärenz

Inwieweit können der Josephson-Effekt und SQUIDs als echte Belege für Quantenkohärenzen angesehen werden? Auch bei sehr tiefen Temperaturen kann ein SQUID-Ring, der bei einer Temperatur unter T_c, also beispielsweise bei nur 1 bis 2 Kelvin betrieben wird, nur schwer von seiner Umgebung isoliert werden. Bei Verwendung von Hochtemperatursupraleitern lassen sich in der Tat nahezu perfekte SQUIDs herstellen, die bei Temperaturen über 100 K arbeiten. SQUID-Ringe werden gewöhnlich in einer Art isolierendem Substrat hergestellt. Im Labor sind sie dem normalen äußeren elektromagnetischen Rauschen ausgesetzt, wenn sie nicht gut abgeschirmt werden.

Wenn man die relativ verrauschte thermische Umgebung bedenkt, erweisen sich SQUIDs als bemerkenswert unempfindlich gegenüber diesen Effekten. Dies ist eine fundamentale Eigenschaft, da die oben definierte makroskopische Wellenfunktion $\psi(\mathbf{r})$ mit ihrer Phase θ keine echte Wellenfunktion im Sinne der elementaren Quantenmechanik ist. Insbesondere genügt sie nicht dem fundamentalen **Superpositionsprinzip,** und man kann auf sie nicht wie üblich die **Quantentheorie des Messprozesses** oder die Kopenhagener Deutung anwenden. Die makroskopische Wellenfunktion verhält sich eher wie eine thermodynamische Variable, ähnlich wie die Magnetisierung in einem Ferromagneten, anstatt wie eine reine Wellenfunktion, obwohl sie eine Phase besitzt und lokal eichinvariant ist.

Seit den frühen 1980er-Jahren gab es Versuche, echte Quanten-Superpositionen in Supraleitern zu beobachten (Leggett, 1980). Das Kriterium hierfür ist, ob man einen Quantenzustand konstruieren kann, der „Schrödingers Katze" entspricht. Macht beispielsweise ein Zustand wie

$$|\psi\rangle = \frac{1}{\sqrt{2}}(|\psi_1\rangle + |\psi_2\rangle) \tag{5.133}$$

in einem SQUID-Ring Sinn? Wenn $|\psi_1\rangle$ und $|\psi_2\rangle$ zwei reine Quantenzustände sind, dann folgt aus dem allgemeinen Linearitätsprinzip der Quantenmechanik, dass jede Superposition wie das obige $|\psi\rangle$ ebenfalls ein zulässiger Quantenzustand ist. Nur durch Messung einer **physikalischen Observablen** kann man die Wellenfunktion zum „Kollabieren" bringen und herausfinden, ob das System im Zustand $|\psi_1\rangle$ oder $|\psi_2\rangle$ war. Für kleine Systeme wie einzelne Atome oder Photonen gehören solche Superpositionen zum Standardprogramm der Quantenmechanik. Doch in seinem berühmten Aufsatz aus dem Jahr 1935 zeigte Schrödinger, dass dieses fundamentale Prinzip zu Widersprüchen mit unserem intuitiven Verständnis der Welt führt, wenn wir es auf makroskopische Systeme wie die berühmte Katze in der Kiste anwenden.

Noch immer ist nicht ganz klar, wo die Trennlinie zwischen „makroskopischer" Welt (bestimmt durch die Gesetze der klassischen Physik und ohne Superposition) und der mikroskopischen (bestimmt durch die Gesetze der Quantenmechanik) zu ziehen ist. Das Konzept der **Dekohärenz** weist einen möglichen Weg, auf dem Quantensysteme klassisches Verhalten erreichen können. Wechselwirkungen mit der Umgebung führen zu Verschränkungen zwischen den Quantenzuständen des Systems und denen der Umgebung. Im Rahmen der meisten modernen Beschreibungsansätze geht dabei die „Quanteninformation" verloren.

Ein großer SQUID-Ring, beispielsweise von 1 cm (oder gar 100 m!) Durchmesser, unterliegt der Dekohärenz infolge seiner Umgebung und liegt daher effektiv im Geltungsbereich der klassischen Physik. Doch angenommen, man macht den Ring kleiner oder betreibt ihn bei tieferen Temperaturen: Gibt es dann ein Regime, bei dem echte quantenmechanische Superpositionen auftreten? Die Antwort auf diese Frage lautet ja! Tatsächlich wurden in drei unterschiedlichen Systemen starke Hinweise auf Superpositionszustände beobachtet.

Der erste dieser Hinweise wurde 1996 im Zusammenhang mit Bose-Einstein-Kondensaten beobachtet (Ketterle 2002). Da diese Systeme extrem tiefe Temperaturen erfordern (ein Mikrokelvin oder weniger) und größtenteils von thermischen Rauschquellen isoliert sind (da sie im Vakuum gefangen sind) könnte man erwarten, dass in großem Umfang Quantenkohärenzen auftreten. In der Tat wurde nachgewiesen, dass es möglich ist, ein Kondensat in zwei Hälften „aufzuspalten", ähnlich wie ein Strahlteiler Photonen separiert. Wenn die beiden Hälften des Kondensats anschließend wieder zusammengebracht werden, beobachtet man ein Interferenzmuster. Dieses Experiment ist das Analogon zum Youngschen Doppelspaltversuch mit Licht. Abbildung 5.11 zeigt die Interferenzstreifen, die durch die Kollision zweier Bose-Einstein-Kondensate entstanden sind.

Die zweite Gruppe von Experimenten, bei denen sich echte Quanteninterferenzen zeigten, wurde an supraleitenden Inseln oder „Cooper-Paar-Boxen" durchgeführt. Dieses

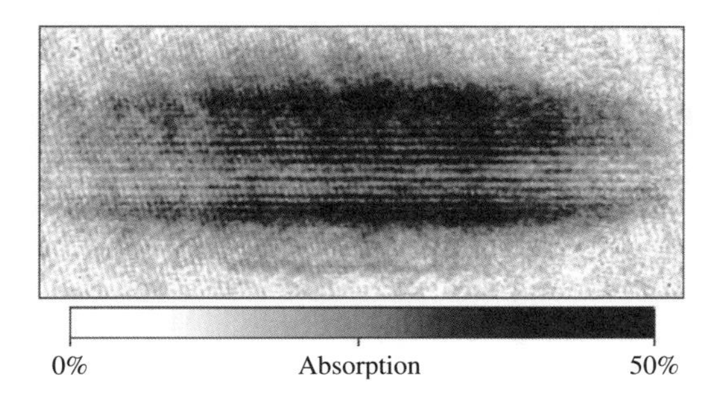

Abbildung 5.11: *Nachweis makroskopischer Quantenkohärenz in einem Bose-Einstein-Kondensat. Ein Kondensat wird in zwei Hälften aufgespalten, die anschließend wie in Versuchen mit optischen Strahlteilern miteinander interferieren. Die Interferenzstreifen sind deutlich sichtbar als horizontale Bänder, die durch räumliche Modulation der Kondensatdichte und entsprechend unterschiedlich starke Absorption entstehen. Genehmigter Nachdruck, Ketterle (2002). ©American Physical Society.*

System besteht aus einer kleinen supraleitenden Insel (konkret wurde Al verwendet) mit einer Kantenlänge von etwa 0,1 μm (siehe Abbildung 5.12).

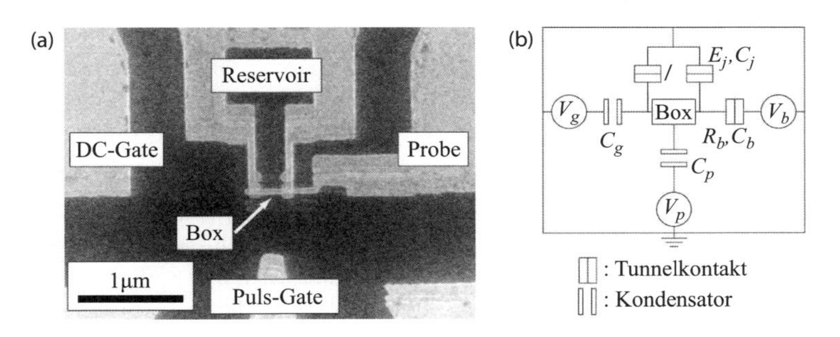

Abbildung 5.12: *Elektronenmikroskopaufnahme einer Cooper-Paar-Box, mit deren Hilfe makroskopische Quantenkohärenz in Supraleitern demonstriert wird. Die Cooper-Paar-Box wird per Josephson-Kopplung mit einem Ladungsreservoir verbunden, sowie mit einer Sonde, mit der die Anzahl der Cooper-Paare in der Box gemessen wird. Das Bauelement wird über zwei elektrische Gates manipuliert, von denen eines eine DC-Vorspannung liefert und das andere Pikosekunden-Pulse, die das Bauelement von einem Quantenzustand in einen anderen schalten. Genehmigter Nachdruck (Nature. Nakamura, Pashkin, and Tsai, 1999). ©Macmillan Publishers Ltd.*

Bei Temperaturen von wenigen Millikelvin, also weit unterhalb von T_c, können die Quantenzustände der Box vollständig durch die Zahl der vorhandenen Cooper-Paare charakterisiert werden. Beispielsweise kann die Box einen Zustand $|N\rangle$ mit N Cooper-Paaren oder einen Zustand $|N+1\rangle$ usw. haben. Die Energien dieser unterschiedlichen Zustände lassen sich durch externe Spannungs-Gates manipulieren, da sie Zustände unterschiedlicher Gesamtladung sind. Das Analogon zu Schrödingers Katze erhält man

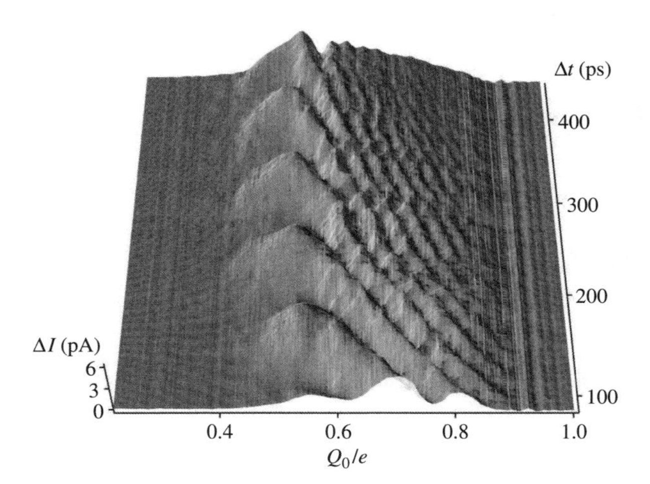

Abbildung 5.13: *Quantenoszillationen der Ladung, beobachtet in der Cooper-Paar-Box aus Abbildung 5.12. Der gemessene Strom I ist proportional zur Anzahl N der Cooper-Paare in der Box. Die Oszillationen demonstrieren daher Superpositionen der Zustände $|N\rangle$ und $|N+1\rangle$. Sie hängen von der Amplitude und der Dauer der Pulse ab. Die beiden Parameter sind auf den Achsen des Diagramms aufgetragen. Genehmigter Nachdruck aus Nature (Nakamura, Pashkin, and Tsai, 1999). ©Macmillan Publishers Ltd.*

für dieses System durch Superposition, also etwa

$$|\psi\rangle = \frac{1}{\sqrt{2}}(|N\rangle + |N+1\rangle) \tag{5.134}$$

Nakamura, Pashkin und Tsai gelang es, die Existenz eben dieser Superpositionen in ihrem System nachzuweisen. Indem sie eine Cooper-Paar-Box mit einem zweiten Supraleiter über einen Josephson-Kontakt verbanden, ermöglichten sie effektiv quantenmechanische Übergänge zwischen den beiden Zuständen, da Cooper-Paare zur Insel oder von dieser weg tunneln können. Die Experimentatoren verbanden pulsierende externe Spannungs-Gates mit dem System und konnten auf diese Weise schöne Interferenzstreifen erzeugen (siehe Abbildung 5.13), die mit den Superpositionszuständen assoziiert sind. Die Abbildung zeigt die finale Ladung der Box (also $N+1$ oder N) als Funktion der Spannungsamplitude und der Dauer der Spannungspulse. Die beobachteten Oszillationen stimmen hervorragend mit den theoretischen Vorhersagen überein, die auf der Annahme der Existenz von makroskopischen Superpositionszuständen basieren.

Die dritte Gruppe von Systemen, in denen makroskopische Quantenkohärenz nachgewiesen wurde, sind kleine supraleitende Ringe wie der in Abbildung 4.6 dargestellte. Wie wir in Kapitel 4 gesehen haben, besitzt ein supraleitender Ring unterschiedliche Grundzustände, die unterschiedlichen Windungszahlen des Ordnungsparameters entsprechen. Diese können wieder durch abstrakte Vielteilchenzustände wie $|n\rangle$ und $|n+1\rangle$ dargestellt werden. In einem großen Ring gibt es keine Möglichkeit, zwischen diesen Zuständen zu tunneln, doch wenn der Ring klein genug ist (unter 1 μm Durchmesser), dann werden solche Übergänge möglich. In zwei Experimenten aus dem Jahr 2000 konnten in solchen

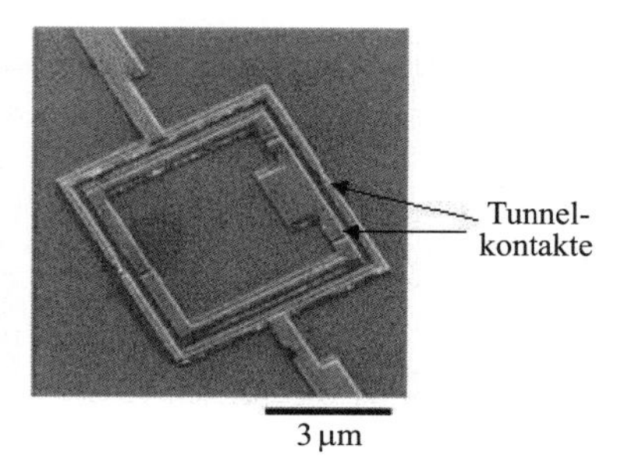

Abbildung 5.14: *Eine kleine supraleitende SQUID-Anordnung, ca. 5 μm Kantenlänge. Dieses Bauelement zeigt kohärente Superpositionszustände. Da der Ring makroskopisch ist (er enthält 10^{10} supraleitende Elektronen), demonstriert er die Existenz von Superpositionen makroskopisch unterschiedlicher Zustände (also „Schrödingers Katze“). Genehmigter Nachdruck aus van der Wal (2001).*

Systemen quantenmechanische Kohärenzen direkt nachgewiesen werden (Friedman *et al.* 2000, van der Wal *et al.* 2000). Das Faszinierende an diesen Ergebnissen ist, dass hier kohärentes Tunneln in Systemen mit 10^{10} und mehr Elektronen beobachtet wurde. Abbildung 5.14 zeigt eine elektronenmikroskopische Aufnahme eines kleinen supraleitenden Stromkreises von etwa 5 μm Kantenlänge, in dem Superpositionszustände beobachtet wurden. Wenig später wurden Rabi-Oszillationen beobachtet (Chiorescu *et al.* 2003). Diese Oszillationen demonstrieren die Existenz quantenmechanischer Superpositionszustände, bei denen sich das System gleichzeitig in zwei makroskopisch verschiedenen Quantenzuständen befindet!

Haben diese Quantensuperpositionen irgendeinen praktischen Nutzen? In den vergangen Jahren hat sich auf dem Gebiet der **Quanteninformationstheorie** bzw. der **Quanteninformatik** viel getan. Ausgangspunkt ist die Tatsache, dass die in Computern in Form von Bits verwendete und manipulierte „Information“ immer eine reale physikalische Größe ist, beispielsweise die Ladungen in den Zellen eines RAM-Speichers. Demzufolge ist sie den Gesetzen der Physik unterworfen. Konventionelle Computer basieren im Wesentlichen auf den Gesetzen der klassischen Physik. Das heißt unter anderem, dass ein Bit gemessen werden kann, ohne seinen Zustand zu ändern. Wenn wir uns nun aber vorstellen, dass Computer mit jeder neuen Generation immer kleiner werden, dann muss diese Entwicklung irgendwann zu Bauelementen führen, die so klein sind, dass die Gesetze der Quantenmechanik angewendet werden müssen. Bei einem solchen Quantenbit oder **Qubit** wird die Information vom gesamten Quantenzustand getragen, also nicht einfach klassisch durch 0 oder 1. Überraschenderweise hat sich gezeigt, dass die Manipulation dieser Qubits für bestimmte Typen von Algorithmen wesentlich effizienter ist als klassische Computer. Doch ob das Ziel eines praktisch einsetzbaren Quantencomputers jemals erreicht wird, hängt davon ab, ob sich geeignete physikalische Systeme finden lassen, mit denen Qubits realisiert werden können. Derzeit werden hierfür viele Möglichkeiten intensiv erforscht, darunter Supraleiter und Bose-Einstein-Kondensate, die in dieser Hinsicht mehrere Vorteile haben. Zumindest zeigen die oben beschriebenen Experimente, dass Supraleiter und Bose-Einstein-Kondensate eine brauchbare Option für physikalische Qubits sind. Ausführlicher diskutiert wird die Möglichkeit supraleitender Qubits in Mahklin *et al.* (2001) und Annett *et al.* (2002).

5.10 Zusammenfassung

In diesem Kapitel haben wir uns mit den Implikationen von **kohärenten Quantenzuständen** in der Theorie von Bose- und Fermi-Systemen beschäftigt. Wir haben gesehen, dass kohärente Zustände im Bose-Fall einen guten Ansatz bieten, um den Laser und das schwach wechselwirkende Bose-Gas zu verstehen. Der entscheidende Punkt ist, dass die Darstellung über den kohärenten Zustand es erlaubt, Quantenzustände mit festgelegter Phase θ zu betrachten, anstatt ein System mit festgelegter Teilchenzahl N. Aus dem Ansatz des kohärenten Zustands folgen auf natürliche Weise die Konzepte der effektiven makroskopischen Wellenfunktion und der nichtdiagonalen Fernordnung.

Für fermionische Systeme ist das Arbeiten mit dem kohärenten Zustand eine natürliche Wahl, allerdings muss man kohärente Zustände von Cooper-Paaren, nicht von einzelnen Elektronen, betrachten. Wir haben bislang noch nichts darüber gesagt, wie man einen solchen Zustand explizit konstruiert (siehe nächstes Kapitel), doch wissen wir bereits, wie sich die nichtdiagonale Fernordnung und der GL-Ordnungsparameter aus diesem Formalismus ergeben. Ebenso ist ein qualitatives Verständnis des Josephson-Effekts und seiner Anwendung bei SQUIDs möglich, auch wenn die vollständige Beschreibung durch die BCS-Wellenfunktion noch aussteht.

Zum Schluss wurden Experimente angesprochen, die zeigen, dass in Bose-Einstein-Kondensaten und Supraleitern tatsächlich **makroskopische Quantenkohärenzen** auftreten. Allerdings zeigt sich dieses Verhalten bei Supraleitern nur dann, wenn die Bauelemente hinreichend klein und hinreichend kalt sind, da es ansonsten zur Dekohärenz kommen kann. Obwohl der gewöhnliche Josephson-Effekt und die Streifenmuster von SQUIDs Interferenzphänomene sind, sind sie selbst kein Nachweis für Quantensuperpositionszustände wie Schrödingers Katze.

Weiterführende Literatur

In Loudon (1979) werden optische kohärente Zustände und ihre Anwendung beim Laser ausführlicher behandelt. Einen allgemeinen Überblick über sämtliche Anwendungen kohärenter Zustände sowie eine anspruchsvolle Behandlung dieser Themen bieten Klauder und Skagerstan (1985).

Die Theorie des schwach wechselwirkenden Bose-Gases wird ausführlich in Pines (1961) behandelt. Dieses Buch enthält außerdem einen Reprint der Originalarbeit von Bogoliubov (1947). Mathematisch anspruchsvollere Abhandlungen, die unter anderem Methoden der Greenschen Funnktion verwenden, wurden von Fetter und Walecka (1971) sowie von Abrikosov, Gor'kov und Dzyaloshinski (1963) vorgelegt.

Philip W. Anderson leistete viele entscheidende Beiträge zur Entwicklung von Konzepten wie der nichtdiagonalen Fernordnung und der makroskopischen Kohärenz in Supraleitern. Sein Buch *Basic Notions in Condensed Matter Physics* (Anderson 1984) umfasst mehrere Reprints wichtiger Arbeiten im Zusammenhang mit der Entdeckung der nichtdiagonalen Fernordnung in Supraleitern, dem Josephson-Effekt und verwandten Themen. Tinkham (1996) enthält ebenfalls eine sehr detaillierte Behandlung des Josephson-Effekts und von SQUIDs.

Die sich aus makroskopischen Quantenkohärenzen ergebenden Probleme und Paradoxa werden in Arbeiten von Leggett (1980 und 2002) diskutiert. Mit der Möglichkeit, supraleitende Qubit-Realisierungen für Quantencomputer herzustellen, beschäftigen sich die Artikel von Mahklin *et al.* (2001) sowie von Annett *et al.* (2002).

Aufgaben

5.1 (a) Verwenden Sie die durch (5.12) gegebenen Definitionen der Leiteroperatoren, um zu zeigen, dass

$$[\hat{a}, \hat{a}^+] = 1$$

und

$$\hat{H} = \hbar\omega_c \left(\hat{a}^+\hat{a} + \frac{1}{2}\right)$$

(b) Zeigen Sie, dass

$$[\hat{H}, \hat{a}^+] = \hbar\omega_c \hat{a}^+$$

Zeigen Sie damit, dass für einen Eigenzustand $\psi_n(x)$ (Energie E_n) des Hamilton-Operators der Zustand ψ_{n+1} (definiert durch (5.2)) ebenfalls ein Eigenzustand ist und dass dieser die Energie

$$E_{n+1} = E_n + \hbar\omega_c$$

hat.

(c) Nehmen Sie an, dass $\psi_n(x)$ normiert ist und zeigen Sie, dass der durch (5.2) definierte Zustand ψ_{n+1} dann ebenfalls ein korrekt normierter Quantenzustand ist.

5.2 Benutzen Sie die fundamentale Definitionsgleichung (5.13) für den kohärenten Zustand um zu zeigen, dass zwei kohärente Zustände $|\alpha\rangle$ und $|\beta\rangle$ die Überlappung

$$\langle\alpha|\beta\rangle = e^{-|\alpha|^2/2} e^{-|\beta|^2/2} e^{\alpha^*\beta}$$

haben. Leiten Sie auf diese Weise Gleichung (5.33) her.

5.3 Zeigen Sie, dass ein kohärenter Zustand $|\alpha\rangle$ für alle positiven, ganzen Zahlen p und q die Gleichung

$$\langle\alpha|(\hat{a}^+)^p\hat{a}^q|\alpha\rangle = (\alpha^*)^p\alpha^q$$

erfüllt.

5.4 Der Beweis, dass kohärente Zustände eine vollständige Basis bilden, beruht auf der folgenden nützlichen Identität:

$$\hat{I} = \frac{1}{4\pi}\int \mathrm{d}^2\alpha|\alpha\rangle\langle\alpha|$$

Dabei ist $\hat{I}$ der Identitätsoperator und $\mathrm{d}^2\alpha$ bedeutet eine Integration über alle möglichen Werte von α in der komplexen Ebene.

(a) Zeigen Sie unter Verwendung der Definition des kohärenten Zustands (5.13)

$$|\alpha\rangle\langle\alpha| = e^{-|\alpha^2|}\sum_{n,m}\frac{(\alpha^*)^n\alpha^m}{(n!m!)^{1/2}}|\psi_m\rangle\langle\psi_n|$$

Dabei sind die $|\psi_n\rangle$ die Eigenzustände des harmonischen Oszillators mit der Quantenzahl n.

(b) Gehen Sie zu Polarkoordinaten in der komplexen Ebene über ($\alpha = re^{i\theta}$) und zeigen Sie

$$\frac{1}{4\pi}\int \mathrm{d}^2\alpha|\alpha\rangle\langle\alpha| = \sum_n |\psi_n\rangle\langle\psi_n|$$

(c) Verifizieren Sie, dass der Ausdruck in (b) der Identitätsoperator

$$\hat{I} = \sum_n |\psi_n\rangle\langle\psi_n|$$

ist, indem Sie seine Wirkung auf einen beliebigen allgemeinen Quantenzustand

$$|\psi\rangle = \sum_m c_m|\psi_m\rangle$$

mit $c_m = \langle\psi_m|\psi\rangle$ betrachten.

5.5 (a) Schreiben Sie das Gleichungspaar (5.92) und (5.32) in Matrixform

$$\begin{pmatrix} b_{\mathbf{k}} \\ b^+_{-\mathbf{k}} \end{pmatrix} = \begin{pmatrix} u_{\mathbf{k}} & v_{\mathbf{k}} \\ v_{\mathbf{k}} & u_{\mathbf{k}} \end{pmatrix}\begin{pmatrix} a_{\mathbf{k}} \\ a^+_{-\mathbf{k}} \end{pmatrix}$$

und zeigen Sie, dass das Gleichungspaar in die Form

$$\begin{pmatrix} a_{\mathbf{k}} \\ a^+_{-\mathbf{k}} \end{pmatrix} = \begin{pmatrix} u_{\mathbf{k}} & -v_{\mathbf{k}} \\ -v_{\mathbf{k}} & u_{\mathbf{k}} \end{pmatrix}\begin{pmatrix} b_{\mathbf{k}} \\ b^+_{-\mathbf{k}} \end{pmatrix}$$

gebracht werden kann.

(b) Überführen Sie den Bogoliubov-Hamilton-Operator (5.91) in die Matrixform

$$\hat{H} = \sum_{\mathbf{k}} \begin{pmatrix} a_{\mathbf{k}}^+ & a_{-\mathbf{k}} \end{pmatrix} \begin{pmatrix} \epsilon_{\mathbf{k}} + n_0 g & \frac{1}{2} n_0 g \\ \frac{1}{2} n_0 g & 0 \end{pmatrix} \begin{pmatrix} a_{\mathbf{k}} \\ a_{-\mathbf{k}}^+ \end{pmatrix}$$

mit $\epsilon_{\mathbf{k}} = \hbar^2 k^2 / 2m$.

(c) Setzen Sie den Matrix-Ausdruck (b) in den Hamilton-Operator (c) ein und zeigen Sie, dass der durch die b-Operatoren ausgedrückte Hamilton-Operator die Form

$$\hat{H} = \sum_{\mathbf{k}} \begin{pmatrix} b_{\mathbf{k}}^+ & b_{-\mathbf{k}} \end{pmatrix} \begin{pmatrix} M_{11} & M_{12} \\ M_{21} & M_{22} \end{pmatrix} \begin{pmatrix} b_{\mathbf{k}} \\ b_{-\mathbf{k}}^+ \end{pmatrix}$$

hat, wobei die neue Matrix wie folgt aussieht:

$$\begin{pmatrix} M_{11} & M_{12} \\ M_{21} & M_{22} \end{pmatrix} = \begin{pmatrix} u_{\mathbf{k}} & -v_{\mathbf{k}} \\ -v_{\mathbf{k}} & u_{\mathbf{k}} \end{pmatrix} \times \begin{pmatrix} \epsilon + n_0 g & \frac{1}{2} n_0 g \\ \frac{1}{2} n_0 g & 0 \end{pmatrix} \times \begin{pmatrix} u_{\mathbf{k}} & -v_{\mathbf{k}} \\ -v_{\mathbf{k}} & u_{\mathbf{k}} \end{pmatrix}$$

(d) Zeigen Sie, dass die Bedingung für die Diagonalität der transformierten Matrix

$$\frac{2 u_{\mathbf{k}} v_{\mathbf{k}}}{u_{\mathbf{k}}^2 + v_{\mathbf{k}}^2} = \frac{n_0 g}{\epsilon_{\mathbf{k}} + n_0 g}$$

lautet.

(e) Zeigen Sie, dass die Summe der Diagonalelemente der Matrix M (die Spur) durch

$$E = (\epsilon_{\mathbf{k}} + n_0 g)(u_{\mathbf{k}}^2 + v_{\mathbf{k}}^2) - 2 n_0 g u_{\mathbf{k}} v_{\mathbf{k}}$$

gegeben ist. Verwenden Sie die Darstellungen $u_{\mathbf{k}} = \cosh\theta, v_{\mathbf{k}} = \sinh\theta$ und zeigen Sie mithilfe von (d), dass

$$\tanh(2\theta) = \frac{n_0 g}{\epsilon_{\mathbf{k}} + n_0 g}$$

Beweisen Sie hiermit, dass

$$E = \left[\epsilon_{\mathbf{k}}(\epsilon_{\mathbf{k}} + 2 n_0 g)\right]^{1/2}$$

konsistent mit der durch (5.95) gegebenen Quasiteilchenenergie nach Bogoliubov ist.

6 Die BCS-Theorie

6.1 Einführung

Im Jahr 1957 veröffentlichten Bardeen, Cooper und Schrieffer (BCS) die erste mikroskopische Theorie der Supraleitung. Es wurde schnell klar, dass diese Theorie in allen wesentlichen Aspekten korrekt ist und eine Vielzahl wichtiger experimentell beobachteter Phänomene erklären kann. Beispielsweise erklärt sie völlig korrekt den Isotopen-Effekt

$$T_c \propto M^{-\alpha} \tag{6.1}$$

also die Änderung der Übergangstemperatur mit der Masse M der Ionen im Kristallgitter. In ihrer ursprünglichen Form sagt die BCS-Theorie vorher, dass der Exponent α gleich 1/2 ist. Für die meisten herkömmlichen Supraleiter stimmt der tatsächliche Wert hervorragend mit dieser Vorhersage überein, wie in Tabelle 6.1 zu sehen ist.

Tabelle 6.1: *Isotopeneffekt bei ausgewählten Supraleitern.*

	T_c [K]	α
Zn	0,9	0,45
Pb	7,2	0,49
Hg	4,2	0,49
Mo	0,9	0,33
Os	0,65	0,2
Ru	0,49	0,0
Zr	0,65	0,0
Nb_3Sn	23	0,08
MgB_2	39	0,35
$YBa_2Cu_3O_7$	90	0,0

Offensichtlich ist allerdings auch, dass es dabei Ausnahmen gibt. Bei Übergangsmetallen wie Molybdän und Osmium (Mo, Os) ist der Effekt reduziert, während andere, wie beispielsweise Ruthenium (Ru) fast gar keinen Isotopeneffekt zeigen. Für diese Materialien muss die BCS-Theorie um sogenannte starke Kopplungseffekte erweitert werden. Bei anderen Systemen wie dem Hochtemperatursupraleiter $YBa_2Cu_3O_7$ könnte das Fehlen des Isotopeneffekts ein Hinweis darauf sein, dass Gitterphononen beim Paarungsmechanismus nicht berücksichtigt sind.[1]

[1]Hier ist die Situation sogar noch komplizierter. Wenn das Material mit einem geringeren als dem

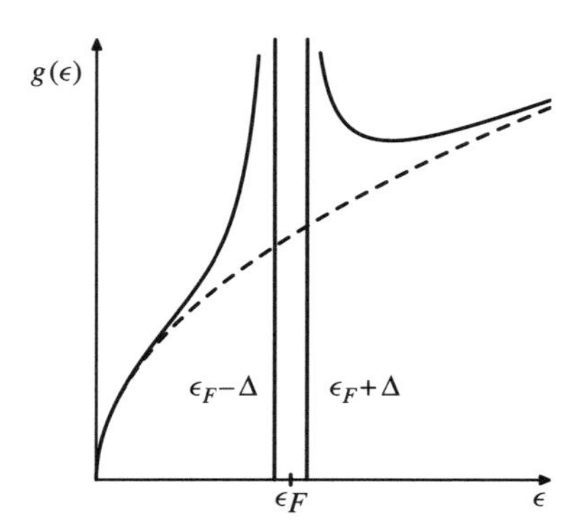

Abbildung 6.1: *Die BCS-Energielücke* 2Δ *in einem Supraleiter. Die Lücke ist immer am Fermi-Niveau verankert (im Unterschied zu der Lücke in Isolatoren oder Halbleitern), sodass die elektrische Leitfähigkeit immer erhalten bleibt.*

Die zweite wesentliche Vorhersage der BCS-Theorie ist die Existenz einer Energielücke 2Δ im Fermi-Niveau (siehe Abbildung 6.1). Im normalleitenden Metall sind die Elektronenzustände bis zum Fermi-Niveau ϵ_F gefüllt, und es gibt eine endliche Dichte $g(\epsilon_F)$ der Zustände am Fermi-Niveau. In einem BCS-Supraleiter dagegen hat die Elektronendichte unterhalb von T_c eine kleine Lücke 2Δ, die die besetzten von den unbesetzten Zuständen separiert. Diese Lücke ist an der Fermi-Energie verankert und daher verhindert sie nicht, dass das Material elektrisch leitend ist (im Unterschied zur Lücke in Halbleitern und Isolatoren).

Die Energielücke wurde etwa zur selben Zeit entdeckt, als die BCS-Theorie veröffentlicht wurde. Zahlreiche Messungen der Energielücke brachten Ergebnisse, die hervorragend mit den Vorhersagen der Theorie übereinstimmten. Besonders wichtig war hierbei die Tunnelspektroskopie. Damit wurde nicht nur die Existenz der Energielücke nachgewiesen, sondern auch gezeigt, dass die Lücke aus der Elektron-Phonon-Kopplung resultiert. Auch wurde klar, dass der Lückenparameter Δ noch eine andere wichtige Bedeutung hat. 1960 gelang es Gor'kov, aus der BCS-Theorie die Ginzburg-Landau-Gleichungen abzuleiten. Auf diese Weise konnte er eine mikroskopische Interpretation für den Ordnungsparameter ψ geben. Er fand nicht nur, dass ψ direkt mit der Wellenfunktion für Cooper-Paare zusammenhängt, sondern auch, dass der Ordnungsparameter direkt proportional zum Lückenparameter Δ ist.

Die BCS-Theorie fußt auf drei wichtigen Einsichten: (i) Die effektive Kraft zwischen Elektronen in einem Festkörper kann manchmal **anziehend** anstatt abstoßend sein. Zurückzuführen ist dies auf die Kopplung zwischen den Elektronen und den Phononen des zugrunde liegenden Kristallgitters. (ii) Cooper betrachtete ein einfaches System aus nur zwei Elektronen außerhalb einer besetzten Fermi-Fläche (dies ist das berühmte

optimalen Sauerstoffanteil präpariert wird, beispielsweise $YBa_2Cu_3O_{6.5}$, dann gibt es wieder einen deutlichen Isotopeneffekt, wenn auch kleiner als nach der BCS-Vorhersage. Die Interpretation dieser Beobachtung unterliegt derzeit noch einer intensiven Debatte. Möglicherweise spielen Phononen bei der Paarung eine Rolle, oder aber die Abweichungen resultieren aus Variationen in den Gittereigenschaften, der Bandstruktur usw., die T_c nur indirekt beeinflussen.

„Cooper-Problem"). Er fand, dass die Elektronen einen stabilen gebundenen Paarzustand bilden, und zwar **unabhängig davon, wie schwach die attraktive Kraft ist.** (iii) Schrieffer konstruierte eine Vielteilchenwellenfunktion, in der alle Elektronen nahe der Fermi-Fläche gepaart vorkommen. Diese Wellenfunktion hat die Form eines kohärenten Zustands, ähnlich wie wir sie im letzten Kapitel behandelt haben. Die BCS-Energielücke 2Δ resultiert aus dieser Analyse, denn 2Δ entspricht der Energie, die für das Aufbrechen eines Paares in zwei freie Elektronen notwendig ist.

Die vollständige Herleitung der BCS-Theorie erfordert elaborierte Methoden der Vielteilchentheorie und würde den Rahmen dieses Buches sprengen. Beispielsweise kann die BCS-Theorie auf elegante Weise mithilfe von Vielteilchen-Green-Funktionen und Feynman-Graphen (Abrikosov, Gor'kov, Dzyaloshinski 1963; Fetter, Walecka 1971) formuliert werden. Andererseits kann man auf der Basis einfacher Quantenmechanik zumindest die Grundzüge der Theorie verstehen. In diesem Buch wird dieser einfache Ansatz verfolgt, um die BCS-Theorie in groben Zügen darzustellen zu können und die wichtigsten Aussagen zusammenzufassen. Wer seine Kenntnisse hierzu vertiefen möchte, der sei auf entsprechende Bücher für Fortgeschrittene verwiesen.

6.2 Die Elektron-Phonon-Wechselwirkung

Die erste Schlüsselidee, die der BCS-Theorie zugrunde liegt, ist die Beobachtung, dass es für Elektronen nahe der Fermi-Fläche eine effektive Anziehung gibt. Erstmals wurde diese 1950 von Herbert Fröhlich formuliert. Zunächst mag diese Vorstellung überraschen, da Elektronen einander bekanntlich stark abstoßen, und zwar gemäß dem elektrostatischen Coulomb-Potential

$$V(\mathbf{r}-\mathbf{r}') = \frac{e^2}{4\pi\epsilon_0|\mathbf{r}-\mathbf{r}'|} \tag{6.2}$$

Während dies für **freie Elektronen** offensichtlich immer gilt, ist zu bedenken, dass wir es in einem Metall genau genommen mit **Quasiteilchen** und nicht einfach mit Elektronen zu tun haben. Ein Quasiteilchen ist eine Anregung in einem Festkörper und besteht aus einem sich bewegenden Elektron und dem dieses umgebenden **Austauschkorrelationsloch.** Diese Idee ist in Abbildung 6.2 illustriert. Der entscheidende Punkt ist, dass dem sich bewegenden Elektron auf seinem Weg andere Elektronen ausweichen müssen. Sie müssen dies aus zwei Gründen tun: zum einen, weil das Pauli-Prinzip verbietet, dass sich zwei Elektronen mit dem gleichen Spin an der gleichen Stelle aufhalten (Austauschwechselwirkung), und zum anderen, weil sie versuchen, die abstoßende Coulomb-Energie (6.2) zu minimieren.[2] Das Konzept des Quasiteilchens wurde von Landau entwickelt. Wir bezeichnen ein solches System stark wechselwirkender Fermionen als **Landau-Fermi-Flüssigkeit** und werden dieses im nächsten Abschnitt einer näheren Betrachtung unterziehen.

[2]Die Austauschwechselwirkung tritt auf, wenn man den Vielteilchenzustand des Metalls im Rahmen der Hartree-Fock-Theorie behandelt. Doch für Metalle ist dies kein geeigneter Ansatz, und moderne Methoden der **Dichtefunktionaltheorie** berücksichtigen Austausch- und Korrelationseffekte explizit.

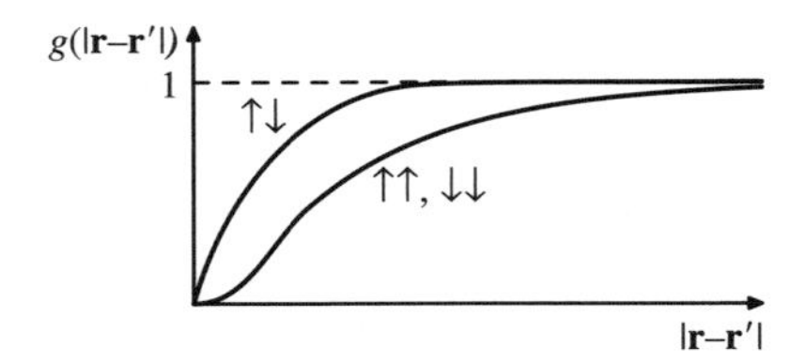

Abbildung 6.2: *Das Austauschkorrelationsloch für ein sich im Metall bewegendes Elektron. Hierbei ist $g(|\mathbf{r}-\mathbf{r}'|)$ die Paar-Korrelationsfunktion des Elektronengases. Sie misst die Wahrscheinlichkeit, ein Elektron an der Stelle $\mathbf{r}'$ vorzufinden unter der Bedingung, dass sich ein anderes Elektron an der Stelle $\mathbf{r}$ aufhält. Für Teilchen mit parallelem Spin (↑↑ und ↓↓) muss diese Wahrscheinlichkeit nach dem Pauli-Prinzip für $\mathbf{r} = \mathbf{r}'$ null sein. Dies ist das* ***Austauschloch.*** *Doch die abstoßende Coulomb-Wechselwirkung $e^2/4\pi\epsilon_0 r$ liefert zusätzlich hohe Energiekosten für zwei dicht benachbarte Elektronen, und zwar unabhängig von ihren Spins. Dies ist der* ***Korrelationsanteil*** *des Austauschkorrelationslochs.*

Wenn wir in einem Metall das Elektron zusammen mit seinem Austauschkorrelationsloch betrachten, dann stellen wir fest, dass die effektive Coulomb-Kraft zwischen den Quasiteilchen durch **Abschirmung** erheblich reduziert wird. Wenn wir das einfachste Modell für die Abschirmung in Metallen, das Thomas-Fermi-Modell, zugrunde legen, dann erwarten wir eine effektive Wechselwirkung der Form

$$V_{\mathrm{TF}}(\mathbf{r}-\mathbf{r}') = \frac{e^2}{4\pi\epsilon_0|\mathbf{r}-\mathbf{r}'|}\, e^{-|\mathbf{r}-\mathbf{r}'|/r_{\mathrm{TF}}} \tag{6.3}$$

Hierbei ist r_{TF} die Thomas-Fermi-Länge. Wie man sieht, reduziert die Abschirmung die Coulomb-Abstoßung erheblich. Insbesondere hat die effektive Abstoßungskraft nun eine kurze räumliche Reichweite und verschwindet für $|\mathbf{r}-\mathbf{r}'| > r_{\mathrm{TF}}$. Insgesamt ist die abstoßende Wechselwirkung daher wesentlich schwächer als nach dem ursprünglichen $1/r$-Potential.

Außerdem interagieren die Elektronen miteinander über ihre Wechselwirkung mit den Phononen des Kristallgitters. In der Sprache der Feynman-Graphen kann ein Elektron im Bloch-Zustand $\psi_{n\mathbf{k}}(\mathbf{r})$ ein Phonon mit dem Gitterimpuls $\hbar\mathbf{q}$ anregen, wobei ein Elektron im Zustand $\psi_{n\mathbf{k}'}(\mathbf{r})$ mit dem Gitterimpuls $\hbar\mathbf{k}' = \hbar\mathbf{k} - \hbar\mathbf{q}$ zurückbleibt. Später kann ein zweites Elektron das Phonon absorbieren und den Impuls $\hbar\mathbf{q}$ aufnehmen. Zusammen ergibt dies für die effektive Wechselwirkung zwischen den Elektronen einen Feynman-Graphen wie den in Abbildung 6.3 gezeigten.

Wie kommt es zu dieser Elektron-Phonon-Wechselwirkung? Betrachten wir ein Phonon mit dem Wellenvektor $\mathbf{q}$ in einem Festkörper. Der effektive Hamilton-Operator für die Phononen in einem Festkörper ergibt sich aus einem Satz quantenmechanischer harmonischer Oszillatoren, nämlich einen für jeden Wellenvektor $\mathbf{q}$ und jede Phonon-Mode:

$$\hat{H} = \sum_{\mathbf{q},\lambda} \hbar\omega_{\mathbf{q}\lambda}\left(a^+_{\mathbf{q}\lambda}a_{\mathbf{q}\lambda} + \frac{1}{2}\right) \tag{6.4}$$

Die hier auftretenden Operatoren $a^+_{\mathbf{q}\lambda}$ und $a_{\mathbf{q}\lambda}$ erzeugen bzw. vernichten ein Phonon in der Mode λ. In einem Gitter gibt es $3N_a$ Phonon-Moden (Zweige) mit N_a Atomen

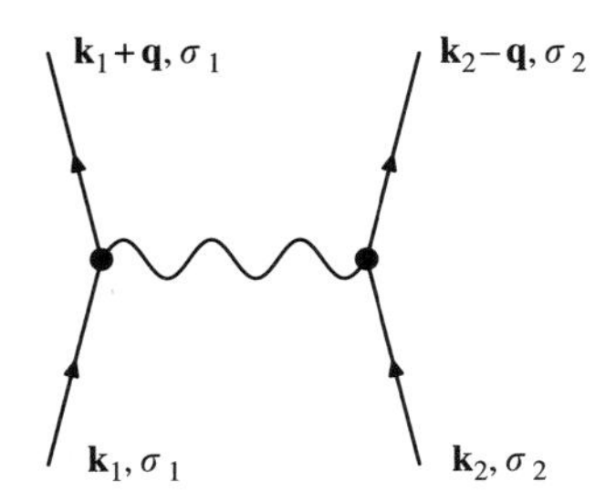

Abbildung 6.3: *Wechselwirkung von Fermionen über den Austausch eines Bosons. In der Teilchenphysik repräsentieren solche Graphen zum Beispiel Wechselwirkungen zwischen Quarks über den Austausch von Gluonen, Wechselwirkungen zwischen Elektronen durch den Austausch von Photonen oder den Austausch von W- und Z-Bosonen. In der BCS-Theorie liefert das gleiche Prinzip einen Mechanismus für die Wechselwirkung zwischen Elektronen an der Fermi-Fläche aufgrund des Austauschs von Gitterphononen.*

pro Zelle. Der Einfachheit halber nehmen wir an, dass es nur ein Atom pro Zelle und folglich nur drei Phonon-Moden gibt (eine longitudinale und zwei transversale). Unter Verwendung der in (5.3) definierten Leiteroperatoren erhalten wir folgenden Ausdruck für die Verschiebung der in $\mathbf{R}_i$ lokalisierten Atome:

$$\delta\mathbf{R}_i = \sum_{\mathbf{q}\lambda} \mathbf{e}_{\mathbf{q}\lambda} \left(\frac{\hbar}{2M\omega_{\mathbf{q}\lambda}}\right)^{1/2} \left(a^+_{\mathbf{q}\lambda} + a_{-\mathbf{q}\lambda}\right) e^{i\mathbf{q}\cdot\mathbf{R}_i} \tag{6.5}$$

Hierbei ist $\mathbf{e}_{\mathbf{q}\lambda}$ der Einheitsvektor in Richtung der atomaren Verschiebung für die Mode $\mathbf{q}\lambda$. Für die longitudinale Mode zeigt dieser Vektor beispielsweise in Richtung der Propagation, also $\mathbf{q}$.

Eine solche Verschiebung des Kristallgitters erzeugt eine Modulation der Ladungsdichte für die Elektronen sowie für das effektive Potential $V_1(\mathbf{r})$ der Elektronen im Festkörper. Wir können das **Deformationspotential**

$$\delta V_1(\mathbf{r}) = \sum_i \frac{\partial V_1(\mathbf{r})}{\partial \mathbf{R}_i} \delta\mathbf{R}_i \tag{6.6}$$

definieren, welches in Abbildung 6.4 skizziert ist.

Dies ist eine periodische Modulation des Potentials mit der Wellenlänge $2\pi/q$. Ein sich durch das Gitter bewegendes Elektron spürt dieses periodische Potential und wird gebeugt. Wenn es sich anfangs im Bloch-Zustand $\psi_{n\mathbf{k}}(\mathbf{r})$ befindet, dann kann es in einen anderen Bloch-Zustand $\psi_{n'\mathbf{k}-\mathbf{q}}(\mathbf{r})$ gebeugt werden. Der Nettoeffekt ist, dass ein Elektron aus einem Zustand mit Gitterimpuls $\mathbf{k}$ in einen Zustand mit Impuls $\mathbf{k}-\mathbf{q}$ gestreut wird. Der zusätzliche „Impuls“ wurde von dem Phonon geliefert. Wir sehen, dass entweder ein Phonon mit dem Impuls $\mathbf{q}$ erzeugt oder eines mit dem Impus $-\mathbf{q}$ vernichtet wurde, was konsistent ist mit der Erhaltung des Gesamtimpulses im Kristall.[3] Eine solche Wechselwirkung können wir als **Vertex** eines Feynman-Graphen wie in Abbildung 6.5 zeichnen. In dem Vertex wird ein Elektron von einem Impulszustand in einen

[3] Außerdem gibt es **Umklappprozesse,** bei denen das Phonon gleichzeitig am reziproken Gitter von

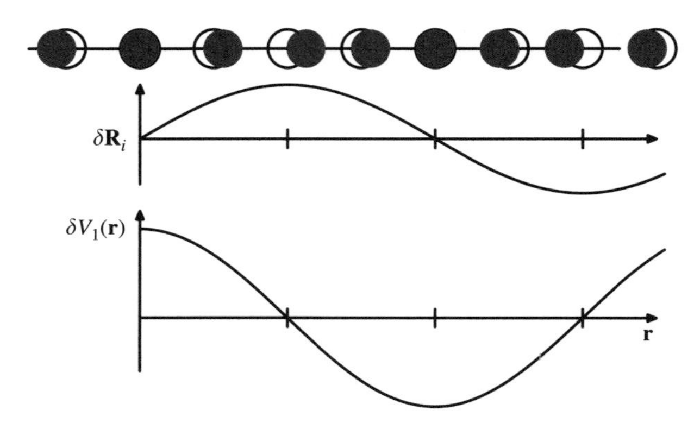

Abbildung 6.4: *Ein Phonon in einem Festkörper und die resultierenden atomaren Verschiebungen $\delta\mathbf{R}_i$ sowie das Deformationspotential $\delta V_1(\mathbf{r})$. Beispielsweise sieht man in diesem Diagramm, dass das im Ursprung befindliche Atom nicht verschoben wird und dass seine Nachbarn weiter entfernt sind als um den mittleren Abstand. Dies führt zu einem lokal abstoßenden Potential für die Elektronen, da es eine reduzierte positive Ladungsdichte aufgrund der Ionen gibt. In Bereichen mit einer gegenüber dem Mittel erhöhten Atomdichte ist das Deformationspotential für Elektronen dagegen anziehend.*

anderen gestreut, während gleichzeitig ein Phonon erzeugt oder vernichtet wird.

Wenn wir zwei solche Vertizes zusammenfügen, erhalten wir einen Graphen wie in Abbildung 6.3. Dieser Graph zeigt, dass ein Elektron ein Phonon emittiert, welches für eine gewisse Zeit propagiert und dann durch ein zweites Elektron absorbiert wird. Der Nettoeffekt des Prozesses besteht in der Übertragung des Impulses $\hbar\mathbf{q}$ von dem einen Elektron auf das andere. Effektiv führt er also zu einer Wechselwirkung zwischen den Elektronen. Beachten Sie, dass wir hierbei nicht spezifizieren müssen, welches Elektron das Phonon erzeugt oder vernichtet hat. Deshalb gibt es auch keine Notwendigkeit, einen Pfeil an die Phononlinie zu zeichnen, um die Progagationsrichtung anzuzeigen. Es zeigt sich, dass diese effektive Wechselwirkung zwischen den Elektronen aufgrund des Austauschs von Phononen die Form

$$V_{\text{eff}}(\mathbf{q}, \omega) = |g_{\mathbf{q}\lambda}|^2 \frac{1}{\omega^2 - \omega_{\mathbf{q}\lambda}^2} \tag{6.7}$$

hat. Dabei ist $\mathbf{q}$ der Wellenvektor und $\omega_{\mathbf{q}\lambda}$ die Frequenz des virtuellen Phonons. Der Parameter $g_{\mathbf{q}\lambda}$ entspricht dem Matrixelement für die Streuung eines Elektrons vom Zustand $\mathbf{k}$ in den Zustand $\mathbf{k} + \mathbf{q}$ gemäß Abbildung 6.5.

Ein wichtiges Ergebnis geht auf den sowjetischen Physiker Arkadi Migdal zurück. Demnach ist der Elektron-Phonon-Vertex $g_{\mathbf{q}\lambda}$ von der Ordnung

$$g_{\mathbf{q}\lambda} \sim \sqrt{\frac{m}{M}} \tag{6.8}$$

$\psi_{n\mathbf{k}}(\mathbf{r})$ in $\psi_{n'\mathbf{k}+\mathbf{q}+\mathbf{G}}(\mathbf{r})$ gestreut wird. Solche Prozesse werden wir hier nicht betrachten. Sie tragen zwar zur Elektron-Phonon-Wechselwirkung bei, doch der Effekt ist im Allgemeinen weniger wichtig als der direkte Streuterm.

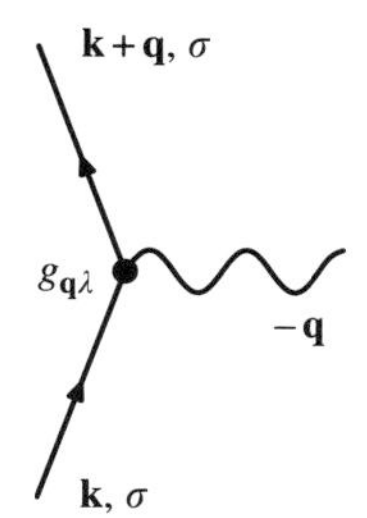

Abbildung 6.5: *Vertex für die Elektron-Phonon-Wechselwirkung. Das Elektron wird durch die Erzeugung eines Phonons mit dem Wellenvektor* $\mathbf{q}$ *oder durch die Vernichtung eines Phonons mit dem Wellenvektor* $-\mathbf{q}$ *von* $\mathbf{k}$ *in* $\mathbf{k}+\mathbf{q}$ *gestreut. Das Phonon kann real oder virtuell sein, was von der zur Verfügung stehenden Energie abhängt.*

wobei m die effektive Masse der Elektronen auf der Fermi-Fläche ist und M die Masse der Ionen (Migdal-Theorem). Das Verhältnis m/M hat die Größenordnung 10^{-4}, sodass die Elektronen und Phononen nur schwach gekoppelt sind. Es ist daher gerechtfertigt, nur den einfachen Graphen in Abbildung 6.5 für die Elektron-Phonon-Kopplung zu verwenden und Graphen höherer Ordnung, die mehr Vertizes enthalten, zu vernachlässigen.

Die vollständige Behandlung dieser effektiven Wechselwirkung ist noch immer zu komplex für analytische Rechnungen. Aus diesem Grund führten Bardeen, Cooper und Schrieffer eine stark vereinfachte Form der oben besprochenen effektiven Wechselwirkung ein. Zunächst vernachlässigten sie die Abhängigkeit der Wechselwirkung vom Wellenvektor $\mathbf{q}$ und dem Phononzweig, indem sie die Wechselwirkung durch eine Näherung ersetzten, die über alle Werte von $\mathbf{q}$ mittelt. Die Frequenz $\omega_{\mathbf{q}}$ wird durch ω_D ersetzt, eine typische Phonon-Frequenz, für die gewöhnlich die Debye-Frequenz der Phononen gewählt wird. Der von $\mathbf{q}$ abhängige Vertex $g_{\mathbf{q}\lambda}$ der Elektron-Phonon-Wechselwirkung wird durch eine Konstante g_{eff} ersetzt, sodass wir insgesamt das Potential

$$V_{\text{eff}}(\mathbf{q},\omega) = |g_{\text{eff}}|^2 \frac{1}{\omega^2 - \omega_D^2} \tag{6.9}$$

erhalten. Diese Wechselwirkung ist anziehend, wenn die Phononfrequenz ω kleiner ist als ω_D, und abstoßend für $\omega > \omega_D$. Bardeen, Cooper und Schrieffer erkannten jedoch, dass der abstoßende Teil nicht wichtig ist. Wir sind nur an den Elektronen interessiert, die in den Grenzen $\pm k_{\text{B}}T$ um die Fermi-Energie liegen, und bezüglich der für die Supraleitung interessanten Temperaturen betrachten wir das Regime $\hbar\omega_D \gg k_{\text{B}}T$. Unter diesen Annahmen gelangten Bardeen, Cooper und Schrieffer schließlich zu der einfachen Form

$$V_{\text{eff}}(\mathbf{q},\omega) = -|g_{\text{eff}}|^2 \qquad |\omega| < \omega_D \tag{6.10}$$

für das Wechselwirkungspotential. Der zugehörige Hamilton-Operator für die effektive Elektron-Elektron-Wechselwirkung ist

$$\hat{H}_1 = -|g_{\text{eff}}|^2 \sum c^+_{\mathbf{k}_1+\mathbf{q}\sigma_1} c^+_{\mathbf{k}_2-\mathbf{q}\sigma_2} c_{\mathbf{k}_1\sigma_1} c_{\mathbf{k}_2\sigma_2} \tag{6.11}$$

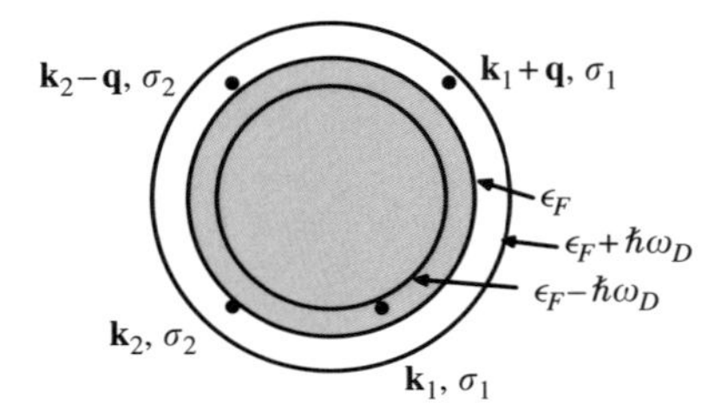

Abbildung 6.6: *Die effektive Elektron-Elektron-Wechselwirkung nahe der Fermi-Fläche. Die Elektronen bei $\mathbf{k}_1$, σ_1 und $\mathbf{k}_2$, σ_2 werden in $\mathbf{k}_1 + \mathbf{q}, \sigma_1$ und $\mathbf{k}_2 - \mathbf{q}, \sigma_2$ gestreut. Die Wechselwirkung ist anziehend, wenn alle Wellenvektoren in einem Bereich liegen, in dem $\epsilon_\mathbf{k}$ in den Grenzen $\pm\hbar\omega_D$ von der Fermi-Fläche entfernt liegt.*

Die Summe läuft hierbei über alle Werte von $\mathbf{k}_1$, σ_1, $\mathbf{k}_2$, σ_2 und $\mathbf{q}$ mit der Einschränkung, dass die beitragenden Elektronenenergien in den Grenzen $\pm\hbar\omega_D$ um die Fermi-Fläche liegen, also

$$|\epsilon_{\mathbf{k}_i} - \epsilon_F| < \hbar\omega_D$$

Damit haben wir wechselwirkende Elektronen nahe der Fermi-Fläche, aber die Bloch-Zustände weit weg davon bleiben unbeeinflusst (siehe Abbildung 6.6). Das Verhalten wird von den Elektronen in dieser dünnen Schale von Zuständen um ϵ_F bestimmt.

Wenn wir die beiden Tatsachen zusammenfügen, dass einerseits nach Migdal der Vertex proportional zu $1/M^{1/2}$ ist und andererseits die effektive Wechselwirkung mit $1/\omega_D^2$ skaliert, dann erhalten wir die Proportionalität $|g_{\text{eff}}|^2 \sim 1/(M\omega_D^2)$. Dies erweist sich wegen $\omega_D \sim (k/M)^{1/2}$ als unabhängig von der Ionenmasse M. Dabei ist k die effektive harmonische Federkonstante für die Gitterschwingungen. Demnach resultiert der Isotopeneffekt beim BCS-Modell aus der Breite $\hbar\omega_D$ der Energieschale um die Fermi-Fläche und nicht aus Variationen der Kopplungskonstante $|g_{\text{eff}}|^2$.

6.3 Cooper-Paare

Von der Erkenntnis, dass es zwischen den Elektronen nahe des Fermi-Niveaus eine Anziehung gibt, bis zu einer Theorie der Supraleitung ist es noch ein weiter Weg. Den nächsten Meilenstein verdanken wir Cooper. Cooper sah, dass die effektive Wechselwirkung nur nahe der Fermi-Fläche anziehend ist (Abbildung 6.6) und fragte sich, wie sich diese Anziehung auf ein einzelnes Paar von Elektronen außerhalb des besetzten Fermi-Sees auswirkt. Er fand heraus, dass diese Elektronen einen gebundenen Zustand bilden. Dieses Ergebnis war völlig unerwartet, da zwei Elektronen im freien Raum sich nicht mit der gleichen schwach anziehenden Wechselwirkung binden. Dieses „Cooper-Problem“ zeigt also, dass der flüssige Fermi-Zustand (unabhängige Bloch-Elektronen) selbst gegenüber schwach anziehenden Wechselwirkungen zwischen den Teilchen instabil ist. Diese Idee wies schließlich den Weg zum vollständigen BCS-Zustand, bei dem jedes Elektron an der Fermi-Fläche Teil eines Paares ist.

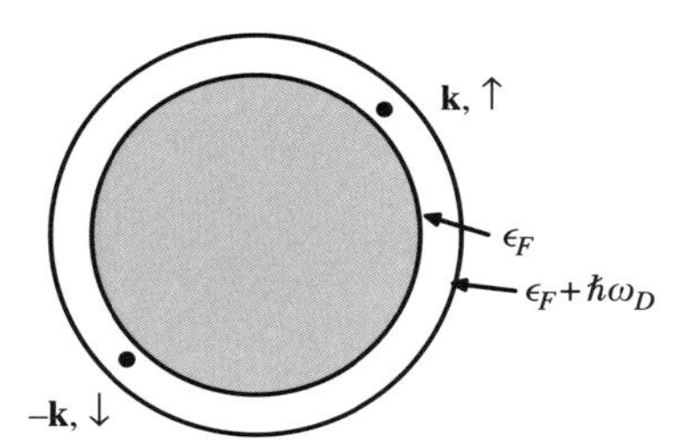

Abbildung 6.7: *Das Cooper-Problem: Zwei Elektronen außerhalb eines voll besetzten Fermi-Sees. Die Wechselwirkung ist attraktiv, wenn die Elektronenenergien im Bereich* $\epsilon_F < \epsilon_{\mathbf{k}} < \epsilon_F + \hbar\omega_D$ *liegen.*

Coopers Modell ist folgendermaßen konstruiert. Angenommen wird eine sphärische Fermi-Fläche bei der Temperatur null, wobei alle Zustände mit $k < k_F$ besetzt sind. Dann werden zwei weitere Elektronen außerhalb der Fermi-Fläche platziert. Diese interagieren über Elektron-Phonon-Wechselwirkung (siehe Abbildung 6.7).

Die Zweiteilchen-Wellenfunktion dieser zusätzlichen Elektronen ist

$$\Psi(\mathbf{r}_1, \sigma_1, \mathbf{r}_2, \sigma_2) = e^{i\mathbf{k}_{\mathrm{cm}}\cdot\mathbf{R}_{\mathrm{cm}}}\varphi(\mathbf{r}_1 - \mathbf{r}_2)\phi^{\mathrm{Spin}}_{\sigma_1,\sigma_2} \tag{6.12}$$

wobei $\mathbf{R}_{\mathrm{cm}} = (\mathbf{r}_1 + \mathbf{r}_2)/2$ und $\hbar\mathbf{k}_{\mathrm{cm}}$ der Gesamtimpuls des Paares ist. Es stellt sich heraus, dass die minimale Energie einem Paar ohne Bewegung des Massezentrums entspricht, also einem Paar im Grundzustand $\mathbf{k}_{\mathrm{cm}} = 0$. Dies werden wir von nun an voraussetzen.

Die Spin-Wellenfunktion ist entweder ein Spinsingulett (Gesamtspin $S = 0$)

$$\phi^{\mathrm{Spin}}_{\sigma_1,\sigma_2} = \frac{1}{\sqrt{2}}(|\uparrow\downarrow\rangle - |\downarrow\uparrow\rangle) \tag{6.13}$$

oder ein Spintriplett ($S = 1$)

$$\phi^{\mathrm{Spin}}_{\sigma_1,\sigma_2} = \begin{cases} |\uparrow\uparrow\rangle \\ \frac{1}{\sqrt{2}}(|\uparrow\downarrow\rangle - |\downarrow\uparrow\rangle) \\ |\downarrow\downarrow\rangle \end{cases} \tag{6.14}$$

Fast alle bekannten Supraleiter (mit wenigen, sehr interessanten Ausnahmen) haben Singulett-Cooper-Paare, weshalb wir diese Variante für den Rest dieses Kapitel voraussetzen.

Aus der Antisymmetrie von Fermionen folgt

$$\Psi(\mathbf{r}_1, \sigma_1, \mathbf{r}_2, \sigma_2) = -\Psi(\mathbf{r}_2, \sigma_2, \mathbf{r}_1, \sigma_1) \tag{6.15}$$

Da das Spinsingulett eine ungerade Funktion von σ_1 und σ_2 ist, muss die Wellenfunktion $\varphi(\mathbf{r}_1 - \mathbf{r}_2)$ gerade sein, d. h., es gilt $\varphi(\mathbf{r}_1 - \mathbf{r}_2) = +\varphi(\mathbf{r}_2 - \mathbf{r}_1)$. Im Unterschied dazu ist die Wellenfunktion für ein Spintriplett eine ungerade Funktion.

Wir entwickeln $\varphi(\mathbf{r}_1 - \mathbf{r}_2)$ in Bloch-Wellen (die als einfache ebene Wellen des freien Elektrons angenommen werden) und schreiben

$$\varphi(\mathbf{r}_1 - \mathbf{r}_2) = \sum_{\mathbf{k}} \varphi_{\mathbf{k}} e^{i\mathbf{k}(\mathbf{r}_1 - \mathbf{r}_2)} \tag{6.16}$$

mit den noch zu bestimmenden Entwicklungskoeffizienten $\varphi_{\mathbf{k}}$. Da $\varphi(\mathbf{r})$ gerade ist, muss $\varphi_{\mathbf{k}} = \varphi_{-\mathbf{k}}$ gelten. Die vollständige Paar-Wellenfunktion ist somit eine Summe aus Slater-Determinanten

$$\Psi(\mathbf{r}_1, \sigma_1, \mathbf{r}_2, \sigma_2) = \sum_{\mathbf{k}} \varphi_{\mathbf{k}} \begin{vmatrix} \psi_{\mathbf{k}\uparrow}(\mathbf{r}_1) & \psi_{\mathbf{k}\downarrow}(\mathbf{r}_2) \\ \psi_{-\mathbf{k}\uparrow}(\mathbf{r}_1) & \psi_{-\mathbf{k}\downarrow}(\mathbf{r}_2) \end{vmatrix} \tag{6.17}$$

mit dem Einteilchen-Bloch-Zustand $\psi_{\mathbf{k}}(\mathbf{r}) = e^{i\mathbf{k}\cdot\mathbf{r}}$. Jede Slater-Determinante enthält einen Spin „up" und einen Spin „down" sowie ein Elektron bei $\mathbf{k}$ und bei $-\mathbf{k}$. Der Zustand ist also eine Paarung aus Elektronenwellen bei $\mathbf{k}$ und solchen mit umgekehrtem Spin bei $-\mathbf{k}$. Die Einschränkung, dass alle Zustände unter k_F bereits gefüllt sind, wird dadurch umgesetzt, dass die Summe über $\mathbf{k}$ den Bereich $k > k_F$ umfasst.

Einsetzen dieser Ansatzfunktion in die Schrödinger-Gleichung ergibt

$$E\varphi_{\mathbf{k}} = 2\epsilon_{\mathbf{k}}\varphi_{\mathbf{k}} - |g_{\text{eff}}|^2 \sum_{\mathbf{k}'} \varphi_{\mathbf{k}'} \tag{6.18}$$

wobei E die Gesamtenergie des Zweiteilchenzustands ist. Der Einfachheit halber wird die Energie $\epsilon_{\mathbf{k}}$ relativ zu ϵ_F gemessen. Um diese Gleichung zu erhalten, schreiben wir zunächst

$$|\Psi\rangle = \sum_{\mathbf{k}} \varphi_{\mathbf{k}} |\Psi_{\mathbf{k}}\rangle \tag{6.19}$$

mit der Zweiteilchen-Slater-Determinante

$$|\Psi_{\mathbf{k}}\rangle = \begin{vmatrix} \psi_{\mathbf{k}\uparrow}(\mathbf{r}_1) & \psi_{\mathbf{k}\downarrow}(\mathbf{r}_2) \\ \psi_{-\mathbf{k}\uparrow}(\mathbf{r}_1) & \psi_{-\mathbf{k}\downarrow}(\mathbf{r}_2) \end{vmatrix} \tag{6.20}$$

Diese Wellenfunktion erfüllt die Zweiteilchen-Schrödinger-Gleichung

$$\hat{H}|\Psi\rangle = E|\Psi\rangle \tag{6.21}$$

Durch Multiplikation dieser Gleichung mit $\langle\Psi_{\mathbf{k}}|$ von links werden die Terme für das gegebene $\mathbf{k}$ selektiert. Der Hamilton-Operator besteht aus den Energien der Bloch-Zustände $\epsilon_{\mathbf{k}}$ (beachten Sie $\epsilon_{\mathbf{k}} = \epsilon_{-\mathbf{k}}$) und der effektiven Wechselwirkung $-|g_{\text{eff}}|^2$. Die effektive Wechselwirkung überträgt einen Impuls $\mathbf{q} = \mathbf{k}' - \mathbf{k}$ von einem Elektron auf das andere. Ein Elektronenpaar $\mathbf{k}, -\mathbf{k}$ wird so zu $\mathbf{k}', -\mathbf{k}'$ mit einem Matrixelement $-|g_{\text{eff}}|^2$. Die Forderung $\epsilon(\mathbf{k}) < \hbar\omega_D$ führt zu einer weiteren Restriktion an die möglichen Werte von $\mathbf{k}$, die in einer dünnen Schale zwischen $k = k_F$ und $k = k_F + \omega_D/v$ liegen müssen (v ist die Gruppengeschwindigkeit der Bloch-Welle an der Fermi-Fläche).

Die Energie E finden wir durch ein Selbstkonsistenzargument. Wir definieren

$$C = \sum_{\mathbf{k}} \varphi_{\mathbf{k}} \tag{6.22}$$

Nun können wir Gleichung (6.18) nach den $\varphi_{\mathbf{k}}$ auflösen und erhalten

$$\varphi_{\mathbf{k}} = -C|g_{\text{eff}}|^2 \frac{1}{E - 2\epsilon_{\mathbf{k}}} \tag{6.23}$$

Die Selbstkonsistenz erfordert

$$C = \sum_{\mathbf{k}} \varphi_{\mathbf{k}} = -C|g_{\text{eff}}|^2 \frac{1}{E - 2\epsilon_{\mathbf{k}}} \tag{6.24}$$

oder

$$1 = -|g_{\text{eff}}|^2 \frac{1}{E - 2\epsilon_{\mathbf{k}}} \tag{6.25}$$

Wir ersetzen die Summe über $\mathbf{k}$ durch ein Integral über die Dichte der Zustände und erhalten

$$1 = -|g_{\text{eff}}|^2 g(\epsilon_F) \int_0^{\hbar\omega_D} \mathrm{d}\epsilon \frac{1}{E - 2\epsilon} \tag{6.26}$$

Die Integrationsgrenzen ergeben sich aus der Restriktion von $\mathbf{k}$ auf die dünne Schale um die Fermi-Fläche. Die Integration ist leicht auszuführen, und das Ergebnis, umgestellt nach E, ist

$$-E = 2\hbar\omega_D e^{-1/\lambda} \tag{6.27}$$

Dabei ist der **Elektron-Phonon-Kopplungsparameter** λ durch

$$\lambda = |g_{\text{eff}}|^2 g(\epsilon_F) \tag{6.28}$$

definiert und wird als klein angenommen ($\lambda \ll 1$).

Es existiert also ein gebundener Zustand, und seine Energie ist exponentiell klein, wenn λ klein ist. Wie bei der vollständigen BCS-Lösung ist die Energieskala für die Supraleitung durch die Debye-Energie gesetzt, jedoch mit einem sehr kleinen Faktor multipliziert. Dies erklärt, warum die kritische Temperatur T_c verglichen mit anderen Energieskalen in Festkörpern so klein ist. Die Debye-Energien für die meisten Materialien liegen in der Größenordnung 100 bis 300 K, und es ist der sehr kleine exponentielle Faktor, der für die meisten metallischen Supraleiter in den Bereich $T_c \sim 1$ K führt.

Interessant ist, dass der gebundene Zustand unabhängig davon existiert, wie klein die Wechselwirkungskonstante λ ist. Dies wäre ohne den gefüllten Fermi-See nicht der Fall. Eine attraktive Wechselwirkung in drei Dimensionen führt nicht zwangsläufig dazu, dass es einen gebundenen Zustand gibt. Das Faktum des gefüllten Fermi-Sees ist also ein ganz wesentlicher Aspekt der BCS-Theorie.

Zum Schluss sei angemerkt, dass wir auch Zweiteilchenzustände mit anderen Quantenzahlen konstruieren könnten. Beispielsweise hätten wir Spintripletts anstelle von Singuletts betrachten können. Die oben verwendete Wellenfunktion $\varphi(\mathbf{r}_1 - \mathbf{r}_2)$ mit relativen Koordinaten ist unabhängig von der Richtung des Vektors $\mathbf{r}_1 - \mathbf{r}_2$, d. h., das gefundene Paar ist in einem s-Wellenzustand (wie der Grundzustand des Wasserstoffatoms). Andererseits ist es möglich, Lösungen mit Wellenfunktionen vom p- oder d-Typ zu finden wie

$$\varphi(\mathbf{r}_1 - \mathbf{r}_2) = f(|\mathbf{r}_1 - \mathbf{r}_2|)Y_{lm}(\theta, \phi)$$

wobei Y_{lm} eine Kugelfunktion ist. Im Allgemeinen sind diese unterschiedlichen Paarzustände allesamt möglich, doch wie es aussieht, ist bei den meisten Supraleitern ein s-Wellen-Singulett-Zustand selektiert. Tatsächlich erlaubt die Elektron-Elektron-Wechselwirkung gemäß dem von uns gewählten BCS-Modell ausschließlich Lösungen von diesem Typ, da dieses unabhängig vom Phonon-Wellenvektor $\mathbf{q}$ ist. Wenn wir dieses Ergebnis durch Fouriertransformation in den reellen Raum überführen, sehen wir, dass es einer Punktkontakt-Wechselwirkung der Form

$$V_{\text{eff}}(\mathbf{r}_1 - \mathbf{r}_2) = -|g_{\text{eff}}|^2 \delta(\mathbf{r}_1 - \mathbf{r}_2)$$

entspricht. Nur Kugelfunktionen vom s-Wellen-Typ ($l = 0$) erlauben Paar-Wellenfunktionen, die bei $\mathbf{r}_1 = \mathbf{r}_2$ endlich sind. Jedoch kann es für andere Arten der Wechselwirkung, möglicherweise nicht durch Elektron-Phonon-Kopplung, zu anderen Paarungen kommen. Suprafluides ^{3}He entsteht durch Cooper-Paarung der (fermionischen) ^{3}He-Atome. Diese Cooper-Paare sind p-Wellen und Spintripletts. Was die Natur der Cooper-Paare bei Hochtemperatursupraleitern betrifft, gibt es noch kontroverse Diskussionen. Eine ganze Reihe von Hinweisen legt jedoch nahe, dass es sich um Spinsinguletts handelt, die aber vom d-Wellen-Typ sind. Auf diese Problematik werden wir im nächsten Kapitel zurückkommen.

6.4 Die BCS-Wellenfunktion

Ausgehend von den im Zusammenhang mit dem Cooper-Problem gewonnenen Einsichten erkannten Bardeen, Cooper und Schrieffer, dass die gesamte Fermi-Fläche instabil bezüglich der Erzeugung solcher Paare ist. Sobald es eine effektiv anziehende Wechselwirkung gibt, wird nahezu jedes Elektron an der Fermi-Fläche in einem Cooper-Paar gebunden.

Das nächste Problem bestand darin, eine Vielteilchen-Wellenfunktion zu finden, in der alle Elektronen gepaart auftreten. Als erstes könnte man es mit einer Art Produktzustand wie in (5.107) versuchen. Doch mit dieser Funktion lässt es sich nicht gut arbeiten. Auch macht sie das Konzept der makroskopischen Quantenkohärenz nicht klar, das, wie wir gesehen haben, wesentlich für die Bildung eines Kondensats und damit für die Supraleitung ist.

Stattdessen schlug Schrieffer einen **kohärenten Zustand** von Cooper-Paaren vor. Wie im vorhergehenden Kapitel diskutiert, ist es möglich, Operatoren $\hat{\varphi}^+(\mathbf{R})$ und $\hat{\varphi}(\mathbf{R})$ zu konstruieren, die in $\mathbf{R}$ zentrierte Elektronenpaare erzeugen bzw. vernichten. Wie wir gesehen haben, genügen diese Operatoren **nicht** den üblichen Vertauschungsregeln für den Bose-Fall, sodass man sie nicht in dem Sinne interpretieren kann, dass sie bosonische Teilchen erzeugen oder vernichten.

Da wir nach einer homogenen, translationsinvarianten Lösung suchen, ist es praktikabler, im $\mathbf{k}$-Raum zu arbeiten. Wir definieren den Paar-Erzeugungsoperator durch

$$\hat{P}_{\mathbf{k}}^{+} = c_{\mathbf{k}\uparrow}^{+} c_{-\mathbf{k}\downarrow}^{+} \tag{6.29}$$

Dieser erzeugt ein Elektronenpaar mit Gesamtgitterimpuls null und antiparallelen Spins. Schrieffer schlug die Vielteilchen-Wellenfunktion

$$|\Psi_{\mathrm{BCS}}\rangle = \text{const.} \exp\left(\sum_{\mathbf{k}} \alpha_{\mathbf{k}} \hat{P}_{\mathbf{k}}^{+}\right) |0\rangle \tag{6.30}$$

für den kohärenten Zustand vor, die durch diesen Operator ausgedrückt wird. Die komplexen Zahlen $\alpha_{\mathbf{k}}$ sind hierbei Parameter, die so justiert werden können, dass die Gesamtenergie minimal wird. Im Vakuumzustand $|0\rangle$ gibt es überhaupt keine Elektronen im Band der Bloch-Zustände an der Fermi-Fläche.

Diese Paar-Operatoren erfüllen die Vertauschungsregeln für den Bose-Fall nicht,

$$\left[\hat{P}_{\mathbf{k}}, \hat{P}_{\mathbf{k}}^{+}\right] \neq 1 \tag{6.31}$$

doch sie kommutieren miteinander. Es lässt sich leicht überprüfen, dass für $\mathbf{k} \neq \mathbf{k}'$

$$\left[\hat{P}_{\mathbf{k}}^{+}, \hat{P}_{\mathbf{k}'}^{+}\right] = 0 \tag{6.32}$$

gilt. Für $\mathbf{k} = \mathbf{k}'$ dagegen enthält das Produkt $\hat{P}_{\mathbf{k}}^{+}\hat{P}_{\mathbf{k}}^{+}$ vier Elektron-Erzeugungsoperatoren und ist daher wegen $c_{\mathbf{k}\uparrow}^{+}c_{\mathbf{k}\uparrow}^{+}$ immer null:

$$\hat{P}_{\mathbf{k}}^{+}\hat{P}_{\mathbf{k}}^{+} = c_{\mathbf{k}\uparrow}^{+} c_{-\mathbf{k}\downarrow}^{+} c_{\mathbf{k}\uparrow}^{+} c_{-\mathbf{k}\downarrow}^{+} = 0 \tag{6.33}$$

Als nützlich wird sich auch die Feststellung erweisen, dass hieraus

$$\left(\hat{P}_{\mathbf{k}}^{+}\right)^{2} = 0 \tag{6.34}$$

folgt.

Unter Verwendung der Tatsache, dass diese Operatoren kommutieren, können wir den kohärenten Zustand in (6.30) als Produkt von Exponentialtermen über $\mathbf{k}$ schreiben:

$$|\Psi_{\mathrm{BCS}}\rangle = \text{const.} \prod_{\mathbf{k}} \exp(\alpha_{\mathbf{k}} \hat{P}_{\mathbf{k}}^{+}) |0\rangle \tag{6.35}$$

Nun verwenden wir die Eigenschaft (6.34), um den Exponenten zu entwickeln. Dabei sind alle Terme null, die $\hat{P}_{\mathbf{k}}^{+}$ in quadratischer oder höherer Ordnung enthalten. So erhalten wir

$$|\Psi_{\mathrm{BCS}}\rangle = \text{const.} \prod_{\mathbf{k}} \left(1 + \alpha_{\mathbf{k}} \hat{P}_{\mathbf{k}}^{+}\right) |0\rangle \tag{6.36}$$

Die Normierungskonstante ergibt sich aus

$$1 = \langle 0| \left(1 + \alpha_{\mathbf{k}}^* \hat{P}_{\mathbf{k}}\right) \left(1 + \alpha_{\mathbf{k}} \hat{P}_{\mathbf{k}}^+\right) |0\rangle = 1 + |\alpha_{\mathbf{k}}|^2 \tag{6.37}$$

Somit können wir schließlich mit

$$|\Psi_{\mathrm{BCS}}\rangle = \prod_{\mathbf{k}} \left(u_{\mathbf{k}}^* + v_{\mathbf{k}}^* \hat{P}_{\mathbf{k}}^+\right) |0\rangle \tag{6.38}$$

einen normierten BCS-Zustand aufschreiben, wobei

$$u_{\mathbf{k}}^* = \frac{1}{(1 + |\alpha_{\mathbf{k}}|^2)^{\frac{1}{2}}} \tag{6.39}$$

$$v_{\mathbf{k}}^* = \frac{\alpha_{\mathbf{k}}}{(1 + |\alpha_{\mathbf{k}}|^2)^{\frac{1}{2}}} \tag{6.40}$$

mit

$$|u_{\mathbf{k}}|^2 + |v_{\mathbf{k}}|^2 = 1 \tag{6.41}$$

Bei der Verwendung der Konjugierten $u_{\mathbf{k}}^*, v_{\mathbf{k}}^*$ folgen wir der Konvention, die in den meisten neueren Forschungsarbeiten auf dem Gebiet verwendet wird, jedoch von der in manchen anderen Lehrbüchern abweicht. Beachten Sie, dass die Konstanten $\alpha_{\mathbf{k}}$, wie bei einem kohärenten Zustand üblich, beliebige komplexe Zahlen sein können. Daher können wir dem BCS-Zustand einen komplexen Phasenwinkel θ zuordnen. Eine feste Teilchenzahl N hat die Wellenfunktion dagegen nicht, da sie eine Superposition aus dem ursprünglichen Vakuumzustand $|0\rangle$ und dem Vakuum plus $2, 4, 6 \ldots$ Elektronen ist. Diese Unschärferelation zwischen Teilchenzahl und Phase ist freilich typisch für kohärente Zustände. Bardeen, Cooper und Schrieffer argumentierten, dass die Gesamtzahl N der beteiligten Elektronen makroskopisch und von der Ordnung der Systemgröße ist. Für diesen Zustand ist die Unschärfe ΔN von der Ordnung $N^{1/2}$ und somit vernachlässigbar klein gegenüber N. Trotzdem wurde diese Argumentation erst einige Jahre nach Veröffentlichung der Originalarbeit von Bardeen, Cooper und Schrieffer vollständig akzeptiert.

Die Art und Weise, wie der BCS-Zustand ursprünglich formuliert wurde (und auch in der obigen Darstellung), behandelt Elektronen und Löcher relativ unsymmetrisch. Wir beginnen mit einem Vakuumzustand $|0\rangle$ und fügen einen Elektronenpaar hinzu. Aber was ist mit Lochpaaren? Tatsächlich beinhaltet die Theorie auch diese. Wir müssen lediglich den ursprünglichen Referenzzustand $|0\rangle$ so umdefinieren, dass wir den BCS-Zustand in einer Form schreiben können, der Elektronen und Löcher ausgewogener behandelt, also etwa

$$|\Psi_{\mathrm{BCS}}\rangle = \prod_{k>k_F} \left(u_{\mathbf{k}}^* + v_{\mathbf{k}}^* P_{\mathbf{k}}^+\right) \prod_{k'<k_F} \left(u_{\mathbf{k}'}^* P_{\mathbf{k}'} + v_{\mathbf{k}'}^*\right) |\psi_0\rangle \tag{6.42}$$

Hierbei ist $|\psi_0\rangle$ der Fermi-See bei der Temperatur null, bei dem alle Zustände mit $k < k_F$ besetzt sind und der Rest unbesetzt. Ebenso gut kann man den BCS-Zustand als ein Kondensat von Elektronenpaaren über einem gefüllten Fermi-See betrachten, oder als ein Kondensat aus Lochpaaren unter einem leeren „Lochsee". In der Tat tragen Elektronen und Löcher mehr oder weniger gleich bei.[4]

6.5 Der mean-field-Hamilton-Operator

Mit der obigen Ansatzfunktion können wir nun den nächsten Schritt angehen, nämlich die Parameter $u_{\mathbf{k}}$ und $v_{\mathbf{k}}$ bestimmen, welche die Energie minimieren.

Unter Verwendung der BCS-Näherung für die effektive Wechselwirkung (6.11) lautet der uns interessierende Hamilton-Operator

$$\hat{H} = \sum_{\mathbf{k},\sigma} \epsilon_{\mathbf{k}} c^{+}_{\mathbf{k}\sigma} c_{\mathbf{k}\sigma} - |g_{\text{eff}}|^2 \sum c^{+}_{\mathbf{k}_1+\mathbf{q}\sigma_1} c^{+}_{\mathbf{k}_2-\mathbf{q}\sigma_2} c_{\mathbf{k}_1\sigma_1} c_{\mathbf{k}_2\sigma_2} \tag{6.43}$$

Dabei beschränken wir uns aus den oben genannten Gründen auf Werte von $\mathbf{k}$, für die $\epsilon_{\mathbf{k}}$ in den Grenzen $\pm\hbar\omega_D$ um das Fermi-Niveau liegt.

Wenn wir als die wichtigsten Wechselwirkungen diejenigen annehmen, an denen Cooper-Paare $\mathbf{k}, \uparrow$ und $-\mathbf{k}, \downarrow$ beteiligt sind, dann sind die wichtigsten Terme jene, für die $\mathbf{k}_1 = -\mathbf{k}_2$ und $\sigma_1 = -\sigma_2$ gilt. Unter Vernachlässigung aller anderen Wechselwirkungen ergibt sich für den Hamilton-Operator

$$\hat{H} = \sum_{\mathbf{k},\sigma} \epsilon_{\mathbf{k}} c^{+}_{\mathbf{k}\sigma} c_{\mathbf{k}\sigma} - |g_{\text{eff}}|^2 \sum_{\mathbf{k},\mathbf{k}'} c^{+}_{\mathbf{k}\uparrow} c^{+}_{-\mathbf{k}\downarrow} c_{-\mathbf{k}'\downarrow} c_{\mathbf{k}'\uparrow} \tag{6.44}$$

wobei für die Wechselwirkung V_{eff} das gleiche Modell verwendet wird wie zuvor beim Cooper-Problem.

Das durch diesen Hamilton-Operator beschriebene System wechselwirkender Elektronen ist noch immer zu kompliziert für eine exakte Lösung. Doch indem wir von der Ansatzfunktion für die BCS-Wellenfunktion Gebrauch machen, können wir $u_{\mathbf{k}}$ und $v_{\mathbf{k}}$ als Variationsparameter behandeln, die so zu einzustellen sind, dass die Gesamtenergie

$$E = \langle \Psi_{\text{BCS}} | \hat{H} | \Psi_{\text{BCS}} \rangle \tag{6.45}$$

minimiert wird. Bei dieser Minimierung muss die mittlere Gesamtteilchenzahl $\langle \hat{N} \rangle$ konstant gehalten werden, und die Parameter müssen die Nebenbedingung $|u_{\mathbf{k}}|^2 + |v_{\mathbf{k}}|^2 = 1$ erfüllen.

[4] Die gleiche Dualität tritt in Diracs Theorie des Elektronensees auf. Nach dieser Theorie bewegen sich die Elektronen positiver Energie über einem gefüllten Dirac-See von besetzten Elektronenzuständen negativer Energie. In diesem Bild sind Positronen Löcher im Dirac-See der Elektronen. Doch die umgekehrte Betrachtungsweise ist ebenso gültig! Danach bewegen sich Positronen positiver Energie über einem gefüllten See von Positronen negativer Energie. Dann wären Elektronen Löcher in diesem gefüllten See von Positronen! Keine dieser Betrachtungsweisen ist korrekter als die andere, da sie unter **Teilchen-Loch-Symmetrie** äquivalent sind.

Wir können die Variationsenergie folgendermaßen berechnen. Zunächst halten wir fest, dass die Besetzung des Bloch-Zustandes **k** durch

$$\begin{aligned}\langle\hat{n}_{\mathbf{k}\uparrow}\rangle &= \langle\Psi_{\mathrm{BCS}}|c^+_{\mathbf{k}\uparrow}c_{\mathbf{k}\uparrow}|\Psi_{\mathrm{BCS}}\rangle \\ &= \langle 0|(u_{\mathbf{k}} + v_{\mathbf{k}}c_{-\mathbf{k}\downarrow}c_{\mathbf{k}\uparrow})c^+_{\mathbf{k}\uparrow}c_{\mathbf{k}\uparrow}(u^*_{\mathbf{k}} + v^*_{\mathbf{k}}c^+_{\mathbf{k}\uparrow}c^+_{-\mathbf{k}\downarrow})|0\rangle \\ &= \langle 0|v_{\mathbf{k}}c_{-\mathbf{k}\downarrow}v^*_{\mathbf{k}}c^+_{-\mathbf{k}\downarrow}|0\rangle \\ &= |v_{\mathbf{k}}|^2\end{aligned} \tag{6.46}$$

gegeben ist. Auf ähnliche Weise kann man zeigen, dass $\langle\hat{n}_{\mathbf{k}\downarrow}\rangle = |v_{\mathbf{k}}|^2$ gilt. Bei den mittleren Schritten in der obigen Rechnung wurden die Anti-Kommutationsregeln für Fermionen angewendet, um die Produkte von Operatoren in **Normalordnung** zu bringen, d. h. so zu ordnen, dass die Erzeugungsoperatoren links und die Vernichtungsoperatoren rechts stehen. Nachdem der Ausdruck in Normalreihenfolge vorliegt, sehen wir, dass alle Terme, in denen Vernichtungsoperatoren auf den Vakuumzustand wirken, wegen $c_{\mathbf{k}\sigma}|0\rangle = 0$ null ergeben, und entsprechend verschwinden alle Terme mit $\langle 0|c^+_{\mathbf{k}\sigma}$. In diesem Fall hat der einzige von null verschiedene Term das Gewicht $|v_{\mathbf{k}}|^2$. Aus (6.46) folgt für die Gesamtanzahl der Elektronen

$$\langle\hat{N}\rangle = 2\sum_{\mathbf{k}}|v_{\mathbf{k}}|^2 \tag{6.47}$$

wobei der Faktor 2 wegen der beiden Spinzustände auftaucht. Entsprechend erhalten wir für den Beitrag der kinetischen Energie zur Gesamtenergie

$$\left\langle\sum_{\mathbf{k}\sigma}\epsilon_{\mathbf{k}}c^+_{\mathbf{k}\sigma}c_{\mathbf{k}\sigma}\right\rangle = 2\sum_{\mathbf{k}}\epsilon_{\mathbf{k}}|v_{\mathbf{k}}|^2 \tag{6.48}$$

Der Erwartungswert des Wechselwirkungsanteils am BCS-Hamilton-Operator kann unter Verwendung der Beziehung

$$\langle c^+_{\mathbf{k}\uparrow}c^+_{-\mathbf{k}\downarrow}c_{-\mathbf{k}'\downarrow}c_{\mathbf{k}'\uparrow}\rangle = v_{\mathbf{k}}v^*_{\mathbf{k}'}u_{\mathbf{k}'}u^*_{\mathbf{k}} \tag{6.49}$$

ausgewertet werden. Der Beweis hierfür wird dem Leser in Aufgabe (6.2) überlassen. Die Gesamtenergie, ausgedrückt durch die Variationsparameter $u_{\mathbf{k}}$ und $v_{\mathbf{k}}$ ist daher

$$E = 2\sum_{\mathbf{k}}\epsilon_{\mathbf{k}}|v_{\mathbf{k}}|^2 - |g_{\mathrm{eff}}|^2\sum_{\mathbf{k}\mathbf{k}'}v_{\mathbf{k}}v^*_{\mathbf{k}'}u_{\mathbf{k}'}u^*_{\mathbf{k}} \tag{6.50}$$

Nun können wir mithilfe von Lagrange-Multiplikatoren die Lösung mit minimaler Energie bestimmen. Dabei erweist es sich als nützlich, zunächst die Normierungsbedingung $|u_{\mathbf{k}}|^2 + |v_{\mathbf{k}}|^2 = 1$ zu verwenden, um die Energie in der Form

$$E = \sum_{\mathbf{k}}\epsilon_{\mathbf{k}}\left(|v_{\mathbf{k}}|^2 - |u_{\mathbf{k}}|^2 + 1\right) - |g_{\mathrm{eff}}|^2\sum_{\mathbf{k}\mathbf{k}'}v_{\mathbf{k}}v^*_{\mathbf{k}'}u_{\mathbf{k}'}u^*_{\mathbf{k}} \tag{6.51}$$

aufzuschreiben. Entsprechend schreiben wir für die Gesamtteilchenzahl

$$N = \sum_{\mathbf{k}}\left(|v_{\mathbf{k}}|^2 - |u_{\mathbf{k}}|^2 + 1\right) \tag{6.52}$$

Durch Differenzieren nach $u_{\mathbf{k}}^*$ und $v_{\mathbf{k}}^*$ (wobei wir diese Variablen als unabhängig von $u_{\mathbf{k}}$ und $v_{\mathbf{k}}$ betrachten) erhalten wir als Bedingung für ein Minimum

$$0 = \frac{\partial E}{\partial u_{\mathbf{k}}^*} - \mu \frac{\partial N}{\partial u_{\mathbf{k}}^*} + E_{\mathbf{k}} u_{\mathbf{k}}$$
$$0 = \frac{\partial E}{\partial v_{\mathbf{k}}^*} - \mu \frac{\partial N}{\partial v_{\mathbf{k}}^*} + E_{\mathbf{k}} v_{\mathbf{k}}$$

Hierbei tritt das chemische Potential μ als Lagrange-Multiplikator auf, der die konstante Gesamtteilchenzahl erzwingt. $E_{\mathbf{k}}$ ist der mit der Zwangsbedingung $|u_{\mathbf{k}}|^2 + |v_{\mathbf{k}}|^2 = 1$ verbundene Lagrange-Multiplikator.

Nach Berechnung der Ableitungen und Umordnen der Terme erhalten wir hieraus ein Paar linearer Gleichungen

$$(\epsilon_{\mathbf{k}} - \mu) u_{\mathbf{k}} + \Delta v_{\mathbf{k}} = E_{\mathbf{k}} u_{\mathbf{k}} \tag{6.53}$$
$$\Delta^* u_{\mathbf{k}} - (\epsilon_{\mathbf{k}} - \mu) v_{\mathbf{k}} = E_{\mathbf{k}} v_{\mathbf{k}} \tag{6.54}$$

wo wir (endlich!) den **BCS-Lückenparameter** Δ einführen, der durch

$$\Delta = |g_{\text{eff}}|^2 \sum_{\mathbf{k}} u_{\mathbf{k}} v_{\mathbf{k}}^* \tag{6.55}$$

definiert ist. Unter Verwendung von $|\Psi_{\text{BCS}}\rangle$ kann dies auch elegant in der Form

$$\Delta = |g_{\text{eff}}|^2 \sum_{\mathbf{k}} \langle c_{-\mathbf{k}\downarrow} c_{\mathbf{k}\uparrow} \rangle \tag{6.56}$$

geschrieben werden. Dies ist der Erwartungswert $\langle P_{\mathbf{k}} \rangle$ des Cooper-Paar-Operators $P_{\mathbf{k}}$. Er ist nur deshalb nicht null, weil die BCS-Grundzustandswellenfunktion ein kohärenter Zustand mit Komponenten unterschiedlicher Teilchenzahlen $N, N+2, N+4, \ldots$ ist. Doch wie wir bereits bei der Behandlung kohärenter Zustände in Kapitel 5 gesehen haben, kann man zeigen, dass dieser Erwartungswert endlich sein kann, weil wir uns für makroskopische Systeme mit quasi unendlich großen Werten von $\langle N \rangle$ interessieren. Für so große Werte von $\langle N \rangle$ können Fluktuationen um den Mittelwert ohne Konsequenzen ignoriert werden.

Um den Parameter Δ zu bestimmen, müssen wir die gekoppelten Gleichungen (6.53) und (6.54) für $u_{\mathbf{k}}$ und $v_{\mathbf{k}}$ lösen. Diese Gleichungen können auf elegante Weise in Matrixform geschrieben werden:

$$\begin{pmatrix} \epsilon_{\mathbf{k}} & \Delta \\ \Delta^* & -(\epsilon_{\mathbf{k}} - \mu) \end{pmatrix} \begin{pmatrix} u_{\mathbf{k}} \\ v_{\mathbf{k}} \end{pmatrix} = E_{\mathbf{k}} \begin{pmatrix} u_{\mathbf{k}} \\ v_{\mathbf{k}} \end{pmatrix} \tag{6.57}$$

In dieser Schreibweise wird offensichtlich, dass $(u_{\mathbf{k}}, v_{\mathbf{k}})$ ein Eigenvektor der 2×2-Matrix ist und der Parameter $E_{\mathbf{k}}$ einer ihrer Eigenwerte. Eine einfache Rechnung zeigt, dass die Eigenwerte $\pm E_{\mathbf{k}}$ sind mit

$$E_{\mathbf{k}} = \sqrt{(\epsilon_{\mathbf{k}} - \mu)^2 + |\Delta|^2} \tag{6.58}$$

Im nächsten Abschnitt werden wir sehen, dass die physikalische Bedeutung dieses Wertes darin besteht, dass er die Anregungsenergie für ein zusätzliches Elektron oder Loch angibt, welches zum BCS-Grundzustand hinzugefügt wird. Wir können auch den Eigenvektor $(u_{\mathbf{k}}, v_{\mathbf{k}})$ berechnen. Aus der Eigenwertgleichung (6.57) erhalten wir nach einiger Rechnung

$$|u_{\mathbf{k}}|^2 = \frac{1}{2}\left(1 + \frac{\epsilon_{\mathbf{k}} - \mu}{E_{\mathbf{k}}}\right) \tag{6.59}$$

$$|v_{\mathbf{k}}|^2 = \frac{1}{2}\left(1 - \frac{\epsilon_{\mathbf{k}} - \mu}{E_{\mathbf{k}}}\right) \tag{6.60}$$

Nunmehr haben wir ein geschlossenes System von Gleichungen, aus denen wir Δ bestimmen können. Zunächst müssen wir $u_{\mathbf{k}}$ und $v_{\mathbf{k}}$ eliminieren. Ausgehend von (6.57) können wir zeigen, dass

$$u_{\mathbf{k}} v_{\mathbf{k}}^* = \frac{\Delta}{2E_{\mathbf{k}}} \tag{6.61}$$

Wenn wir dieses Ergebnis mit (6.55) kombinieren, dann erhalten wir ein sehr wichtiges Ergebnis, das unter der Bezeichnung **BCS-Lückengleichung** bekannt ist, nämlich

$$\Delta = |g_{\text{eff}}|^2 \sum_{\mathbf{k}} \frac{\Delta}{2E_{\mathbf{k}}} \tag{6.62}$$

oder, nach Kürzen von Δ und Einsetzen von (6.58),

$$1 = \frac{|g_{\text{eff}}|^2}{2} \sum_{\mathbf{k}} \frac{1}{\left((\epsilon_{\mathbf{k}} - \mu)^2 + |\Delta|^2\right)^{1/2}} \tag{6.63}$$

Diese Gleichung ist in der BCS-Theorie von zentraler Bedeutung, da sie den Betrag $|\Delta|$ des Lückenparameters bei der Temperatur null bestimmt. Beim Auswerten der Summe über $\mathbf{k}$ ist zu beachten, dass wir stets innerhalb der dünnen Schale $|\epsilon_{\mathbf{k}} - \mu| < \hbar\omega_{\text{D}}$ von Bloch-Zuständen um die Fermi-Energie arbeiten, wo die Elektron-Phonon-Wechselwirkung anziehend ist. Innerhalb dieser Schale können wir die Summe über $\mathbf{k}$ durch eine Integration ersetzen,

$$\sum_{\mathbf{k}} \to g(\epsilon_F) \int \mathrm{d}\epsilon$$

wobei $g(\epsilon_F)$ die Dichte der Zustände (pro Spin) bei der Fermi-Energie ist. Die Lückengleichung wird dann zu

$$1 = \lambda \int_0^{\hbar\omega_D} \frac{1}{(\epsilon^2 + |\Delta|^2)^{1/2}} \mathrm{d}\epsilon \tag{6.64}$$

mit der dimensionslosen **Elektron-Phonon-Kopplungskonstante**

$$\lambda = |g_{\text{eff}}|^2 g(\epsilon_F) \tag{6.65}$$

Das Energieintegral wird dominiert von einer näherungsweise logarithmischen Divergenz an der oberen Grenze, und das genäherte Ergebnis ist

$$1 = \lambda \ln \left(\frac{2\hbar\omega_D}{|\Delta|} \right) \tag{6.66}$$

Dies liefert uns schließlich den berühmten BCS-Wert des Lückenparameters bei der Temperatur null:

$$|\Delta| = 2\hbar\omega_D e^{-1/\lambda} \tag{6.67}$$

Interessanterweise zeigt dieses Ergebnis starke Ähnlichkeit mit der Bindungsenergie eines einzelnen Cooper-Paares, die wir in Abschnitt 6.3 gefunden hatten. Klar ist auch, dass es immer eine Lösung der Lückengleichung gibt, egal wie klein die Kopplungskonstante λ ist. Aus dem Ergebnis können wir außerdem schlussfolgern, dass die typische Energieskala, die für die Supraleitung relevant ist, sehr viel kleiner ist als die Debye-Energie $\hbar\omega_D$. Hieraus wird unmittelbar klar, warum die kritischen Werte der Supraleitung typischerweise so viel kleiner sind als andere relevante Energieskalen in Metallen, wie etwa die Fermi-Energie oder die Phonon-Energien.

6.6 Die BCS-Energielücke und Quasiteilchen-Zustände

Die BCS-Wellenfunktion ist ein hervorragendes Beispiel für einen Vielteilchen-Grundzustand. Es gibt nur eine Handvoll Probleme in der Vielteilchenphysik, die nahezu exakte Grundzustände mit stark nichttrivialen Eigenschaften haben. In diesem Fall ist, wie wir noch sehen werden, der BCS-Grundzustand ein **mean-field**-Grundzustand. Als solcher ist er keine exakte Lösung des Vielteilchenproblems, kann aber in einem bestimmtem Limes für alle Zwecke als nahezu exakt angesehen werden. Im Falle der BCS-Theorie ist dieser Limes der der **schwachen Kopplung**, bei dem angenommen wird, dass der dimensionslose Kopplungsparameter klein gegen eins ist. Wenn dies der Fall ist, dann ist $|\Delta|$ sehr viel kleiner als alle anderen relevanten Energieskalen des Problems, wie ϵ_F und $\hbar\omega_D$. Es ist möglich, die BCS-Theorie auf größere Werte von λ auszuweiten, also eine Theorie für die **starke Kopplung** aufzustellen, was aber über den Rahmen dieses Buches hinausgeht.[5]

Nachdem wir die Grundzustandswellenfunktion $|\Psi_{\mathrm{BCS}}\rangle$ gefunden haben, besteht der nächste Schritt darin, ihre Vorhersagen bezüglich der physikalischen Eigenschaften des Supraleiters zu untersuchen. Eine naheliegende Frage ist, wie wir die im letzten Abschnitt dargestellte Behandlung des Problems bei $T > 0$ auf den Fall starker Kopplung ausdehnen können. Das Gleiche gilt für die Bestimmung der Energien der ersten angeregten Zustände. Die Methode zur Bestimmung der angeregten Zustände ähnelt der, die wir im letzten Kapitel angewendet haben, um die Quasiteilchenanregungen des

[5] Eine umfassende Einführung in die Theorie der Supraleitung bei starker Kopplung finden Sie in Alexandrov (2003).

schwach wechselwirkenden Bose-Gases zu finden. Die Idee ist, $|\Psi_{\mathrm{BCS}}\rangle$ als Referenzzustand zu betrachten und die Auswirkung kleiner Anregungen (etwa durch Hinzufügen eines Teilchens oder eines Lochs) auf diesen Zustand zu untersuchen.

Um die Anregungsenergien für das Hinzufügen eines Teilchens zu finden, verwenden wir die Näherung

$$c^+_{\mathbf{k}\uparrow}c^+_{-\mathbf{k}\downarrow}c_{-\mathbf{k}'\downarrow}c_{\mathbf{k}'\uparrow} \approx \langle c^+_{\mathbf{k}\uparrow}c^+_{-\mathbf{k}\downarrow}\rangle c_{-\mathbf{k}'\downarrow}c_{\mathbf{k}'\uparrow} + c^+_{\mathbf{k}\uparrow}c^+_{-\mathbf{k}\downarrow}\langle c_{-\mathbf{k}'\downarrow}c_{\mathbf{k}'\uparrow}\rangle \tag{6.68}$$

Dies ist aus einem Ergebnis der Vielteilchentheorie abgeleitet, welches als Wicksches Theorem bekannt ist. Danach können die Erwartungswerte eines Produkts aus vier Teilchenoperatoren durch die Mittelwerte für die Paaroperatoren approximiert werden. Das Theorem beinhaltet normalerweise alle möglichen Paare bei den Mittelwerten, doch wir haben hier die „uninteressanten“ Mittelwerte wie $\langle c^+_{\mathbf{k}\uparrow}c_{\mathbf{k}\uparrow}\rangle$ weglassen. Denn diese Mittelwerte sind im normalleitenden Zustand im Wesentlichen die Gleichen wie im supraleitenden Zustand, sodass sie ohne signifikanten Fehler in den Definitionen der Einteilchenergien $\epsilon_{\mathbf{k}}$ aufgehen können.

Mit dieser Approximation auf der Basis des Wickschen Theorems können wir den in (6.44) gegebenen Hamilton-Operator durch den folgenden effektiven Hamilton-Operator ersetzen:

$$\begin{aligned}\hat{H} = &\sum_{\mathbf{k}\sigma}(\epsilon_{\mathbf{k}} - \mu)c^+_{\mathbf{k}\sigma}c_{\mathbf{k}\sigma} \\ &- |g_{\mathrm{eff}}|^2 \sum_{\mathbf{k}\mathbf{k}'}\left(\langle c^+_{\mathbf{k}\uparrow}c^+_{-\mathbf{k}\downarrow}\rangle c_{-\mathbf{k}'\downarrow}c_{\mathbf{k}'\uparrow} + c^+_{\mathbf{k}\uparrow}c^+_{-\mathbf{k}\downarrow}\langle c_{-\mathbf{k}'\downarrow}c_{\mathbf{k}'\uparrow}\rangle\right)\end{aligned} \tag{6.69}$$

Unter Beachtung von

$$\Delta = |g_{\mathrm{eff}}|^2 \sum_{\mathbf{k}}\langle c_{-\mathbf{k}\downarrow}c_{\mathbf{k}\uparrow}\rangle \tag{6.70}$$

kann dieser Hamilton-Operator in der Form

$$\hat{H} = \sum_{\mathbf{k}\sigma}(\epsilon_{\mathbf{k}} - \mu)c^+_{\mathbf{k}\sigma}c_{\mathbf{k}\sigma} - \sum_{\mathbf{k}}\left(\Delta^* c_{-\mathbf{k}\downarrow}c_{\mathbf{k}\uparrow} + \Delta c^+_{\mathbf{k}\uparrow}c^+_{-\mathbf{k}\downarrow}\right) \tag{6.71}$$

geschrieben werden. Dieser effektive Hamilton-Operator ist im Gegensatz zum ursprünglichen quadratisch in der Teilchenoperatoren. Solche quadratischen Hamilton-Operatoren können durch eine **Bogoliubov-Valatin-Transformation** exakt gelöst werden. Diese Methode hat große Ähnlichkeit mit der, die wir im letzten Kapitel für das schwach wechselwirkende Bose-Gas angewendet haben. Die Grundidee besteht darin, neue Feldoperatoren zu finden, die den Hamilton-Operator diagonalisieren. Die neuen Operatoren müssen so definiert sein, dass sie die gleichen fermionischen (oder bosonischen) Anti-Vertauschungsregeln (oder Vertauschungsregeln) erfüllen wie die ursprünglichen.

Im Falle der BCS-Theorie kann die geeignete Transformation am einfachsten so hergeleitet werden, dass man den durch (6.71) gegebenen Hamilton-Operator explizit in Matrixform schreibt:

$$\hat{H} = \sum_{\mathbf{k}}\begin{pmatrix} c^+_{\mathbf{k}\uparrow} & c_{-\mathbf{k}\downarrow}\end{pmatrix}\begin{pmatrix}\epsilon_{\mathbf{k}} - \mu & -\Delta \\ -\Delta^* & -(\epsilon_{\mathbf{k}} - \mu)\end{pmatrix}\begin{pmatrix} c_{\mathbf{k}\uparrow} \\ c^+_{-\mathbf{k}\downarrow}\end{pmatrix} \tag{6.72}$$

Die Matrix

$$\begin{pmatrix} \epsilon_{\mathbf{k}} - \mu & -\Delta \\ -\Delta^* & -(\epsilon_{\mathbf{k}} - \mu) \end{pmatrix}$$

ist fast die gleiche, die uns bereits im letzten Abschnitt begegnet ist; der Unterschied ist lediglich das Minuszeichen vor Δ. Sie besitzt zwei Eigenvektoren

$$\begin{pmatrix} u_{\mathbf{k}} \\ -v_{\mathbf{k}} \end{pmatrix} \qquad \begin{pmatrix} v_{\mathbf{k}}^* \\ u_{\mathbf{k}}^* \end{pmatrix}$$

mit den Energien $E_{\mathbf{k}} = +\sqrt{(\epsilon_{\mathbf{k}} - \mu)^2 + |\Delta|^2}$ und $-E_{\mathbf{k}}$.

Mithilfe dieser Matrixdarstellung können wir zu einer neuen „Basis" übergehen, in der die Matrix diagonal ist. Aus der linearen Algebra wissen wir, dass jede hermitesche Matrix in Diagonalform gebracht werden kann, indem man sie von beiden Seiten mit einer unitären Matrix U multipliziert. Es muss also gelten

$$U^+ \begin{pmatrix} \epsilon_{\mathbf{k}} - \mu & \Delta \\ \Delta^* & -(\epsilon_{\mathbf{k}} - \mu) \end{pmatrix} U = \begin{pmatrix} E_{\mathbf{k}} & 0 \\ 0 & -E_{\mathbf{k}} \end{pmatrix} \tag{6.73}$$

Die Transformationsmatrix U, durch die dies erreicht wird, hat die Eigenschaft, dass jeder ihrer Spaltenvektoren ein Eigenvektor der ursprünglichen Matrix ist. In unserem Fall bedeutet dies

$$U = \begin{pmatrix} u_{\mathbf{k}} & v_{\mathbf{k}}^* \\ -v_{\mathbf{k}} & u_{\mathbf{k}}^* \end{pmatrix} \tag{6.74}$$

Wie man leicht überprüfen kann, ist diese Matrix unitär ($UU^+ = I$), denn es gilt $|u_{\mathbf{k}}|^2 + |u_{\mathbf{k}}|^2 = 1$. Mit dieser unitären Transformation wird der quadratische Hamilton-Operator zu

$$\hat{H} = -\sum_{\mathbf{k}} \left(c_{\mathbf{k}\uparrow}^+ \; c_{-\mathbf{k}\downarrow}\right) U \begin{pmatrix} E_{\mathbf{k}} & 0 \\ 0 & -E_{\mathbf{k}} \end{pmatrix} U^+ \begin{pmatrix} c_{\mathbf{k}\uparrow} \\ c_{-\mathbf{k}\downarrow}^+ \end{pmatrix} \tag{6.75}$$

Nun führen wir ein neues Paar von Operatoren ein, die durch

$$\begin{pmatrix} b_{\mathbf{k}\uparrow} \\ b_{-\mathbf{k}\downarrow}^+ \end{pmatrix} = U^+ \begin{pmatrix} c_{\mathbf{k}\uparrow} \\ c_{-\mathbf{k}\downarrow}^+ \end{pmatrix} \tag{6.76}$$

definiert sind, ausgeschrieben:

$$b_{\mathbf{k}\uparrow} = u_{\mathbf{k}}^* c_{\mathbf{k}\uparrow} - v_{\mathbf{k}}^* c_{-\mathbf{k}\downarrow}^+ \tag{6.77}$$

$$b_{-\mathbf{k}\downarrow}^+ = v_{\mathbf{k}}^* c_{\mathbf{k}\uparrow} + u_{\mathbf{k}}^* c_{-\mathbf{k}\downarrow}^+ \tag{6.78}$$

Ausgedrückt durch diese Operatoren ist der Hamilton-Operator diagonal:

$$\hat{H} = -\sum_{\mathbf{k}} \left(b_{\mathbf{k}\uparrow}^+ \; b_{-\mathbf{k}\downarrow}\right) \begin{pmatrix} E_{\mathbf{k}} & 0 \\ 0 & -E_{\mathbf{k}} \end{pmatrix} \begin{pmatrix} b_{\mathbf{k}\uparrow} \\ b_{-\mathbf{k}\downarrow}^+ \end{pmatrix} \tag{6.79}$$

Ausgeschrieben hat er die Form

$$\begin{aligned}\hat{H} &= \sum_{\mathbf{k}} \left(E_{\mathbf{k}} b^+_{\mathbf{k}\uparrow} b_{\mathbf{k}\uparrow} - E_{\mathbf{k}} b_{-\mathbf{k}\downarrow} b^+_{-\mathbf{k}\downarrow} \right) \\ &= \sum_{\mathbf{k}} E_{\mathbf{k}} \left(b^+_{\mathbf{k}\uparrow} b_{-\mathbf{k}\uparrow} + b^+_{-\mathbf{k}\downarrow} b_{-\mathbf{k}\uparrow} \right)\end{aligned} \tag{6.80}$$

wobei wir ein paar konstante (Nichtoperator-)Terme weggelassen haben, die bei der Umordnung des letzten Ausdrucks in Normalreihenfolge aufgetaucht sind.

Was ist die physikalische Interpretation dieser neuen Operatoren? Halten wir zunächst fest, dass es sich um fermionische Teilchenoperatoren handelt, denn sie erfüllen die Anti-Vertauschungsregeln

$$\left\{ b_{\mathbf{k}\sigma}, b^+_{\mathbf{k}'\sigma'} \right\} = \delta_{\mathbf{k}\mathbf{k}'} \delta_{\sigma\sigma'} \tag{6.81}$$

$$\left\{ b^+_{\mathbf{k}\sigma}, b^+_{\mathbf{k}'\sigma'} \right\} = 0 \tag{6.82}$$

$$\left\{ b_{\mathbf{k}\sigma}, b_{\mathbf{k}'\sigma'} \right\} = 0 \tag{6.83}$$

Mithilfe der obigen Definitionen sind diese Relationen leicht zu beweisen. Außerdem kann man leicht zeigen, dass die durch diese Operatoren erzeugten und vernichteten neuen „Teilchen“ im BCS-Grundzustand nicht vorkommen, da

$$b_{\mathbf{k}\uparrow} |\Psi_{\mathrm{BCS}}\rangle = 0 \tag{6.84}$$

$$b_{-\mathbf{k}\downarrow} |\Psi_{\mathrm{BCS}}\rangle = 0 \tag{6.85}$$

Der BCS-Grundzustand ist also für diese Teilchen das „Vakuum“, ein Zustand ohne Teilchen. Die angeregten Zustände entstehen dann durch Hinzufügen von neuen Quasiteilchen zum Grundzustand. Die Anregungsenergie hierfür ist $E_{\mathbf{k}}$.

Bei endlicher Temperatur sind die Quasiteilchen gemäß der Fermi-Dirac-Statistik besetzt. Daher gilt

$$\langle b^+_{\mathbf{k}\uparrow} b_{\mathbf{k}\uparrow} \rangle = f(E_{\mathbf{k}}) \tag{6.86}$$

$$\langle b_{-\mathbf{k}\downarrow} b^+_{\mathbf{k}\downarrow} \rangle = 1 - f(E_{\mathbf{k}}) \tag{6.87}$$

mit $f(E) = 1/(e^{\beta E} + 1)$. Ausgehend hiervon kann man zeigen, dass der endliche Temperaturwert des BCS-Lückenparameters durch

$$\begin{aligned}\Delta &= |g_{\mathrm{eff}}|^2 \langle c_{-\mathbf{k}\downarrow} c_{\mathbf{k}\uparrow} \rangle \\ &= |g_{\mathrm{eff}}|^2 u_{\mathbf{k}} v^*_{\mathbf{k}} (1 - 2f(E))\end{aligned} \tag{6.88}$$

gegeben ist. Der Ausdruck (6.55) ist hierin als Spezialfall für die $T = 0$ enthalten.

Abbildung 6.8 zeigt die Energien $\pm E_{\mathbf{k}}$ (dargestellt als Funktion von $\mathbf{k}$) der durch die Operatoren $b^+_{\mathbf{k}}$ erzeugten Anregungen. Im normalleitenden Zustand ist $\Delta = 0$ und die Anregungsenergien sind $+\epsilon_{\mathbf{k}}$ für das Einfügen eines Elektrons an einen leeren Platz und $-\epsilon_{\mathbf{k}}$ für das Entfernen eines Elektrons (Einfügen eines Lochs).

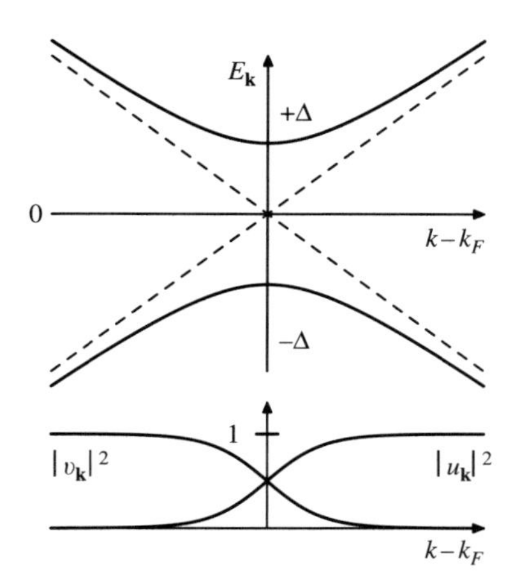

Abbildung 6.8: *Oben: Energieeigenwerte $E_{\mathbf{k}}$ als Funktion von $\mathbf{k}$ in der Nähe des Fermi-Wellenvektors $\mathbf{k}_F$. Die gestrichelten Linien zeigen die Energieniveaus $\epsilon_{\mathbf{k}} - \epsilon_F$ und $-\epsilon_{\mathbf{k}} + \epsilon_F$ im normalleitenden Metall. Im Supraleiter werden diese Zustände hybridisiert, und die resultierenden Eigenwerte sind $\pm E_{\mathbf{k}}$ relativ zu ϵ_F. Wie man sieht, gibt es keine Zustände, deren Energie kleiner ist als $\pm\Delta$. Unten: Die Parameter $|u_{\mathbf{k}}|^2$ und $|v_{\mathbf{k}}|^2$ für $\mathbf{k}$ nahe der Fermi-Fläche. Der Zustand ist unterhalb von k_F ($|v_{\mathbf{k}}|^2 \approx 1$) überwiegend elektronenähnlich und weit weg von der Fermi-Fläche ($|u_{\mathbf{k}}|^2 \approx 1$) überwiegend lochähnlich. Nahe $\mathbf{k}_F$ hat das Quasiteilchen jedoch gemischten Charakter.*

Im supraleitenden Zustand sind diese Energien modifiziert in $+E_{\mathbf{k}}$ für das Einfügen eines b-Teilchens und $-E_{\mathbf{k}}$ für das Entfernen. Da $+E_{\mathbf{k}}$ größer ist als Δ und $-E_{\mathbf{k}}$ kleiner als $-\Delta$, ist die minimale Energie für eine Anregung 2Δ. Dies ist also die **Energielücke** des Supraleiters. Die b-Teilchen werden als Quasiteilchen bezeichnet.

Die Operatoren b^+ und b sind eine Mischung aus dem Erzeugungsoperator c^+ und dem Vernichtungsoperator c. Dies impliziert, dass die von ihnen erzeugten oder vernichteten Zustände weder reine Elektronen- noch reine Lochanregungen sind. Vielmehr sind sie Quantensuperpositionen aus Elektron und Loch. Die physikalische Interpretation von u und v ist folgende. Die Größe

$$|v_{\mathbf{k}}|^2$$

ist die in Ladungen gemessene Wahrscheinlichkeit dafür, dass die Anregung ein Elektron ist, und

$$|u_{\mathbf{k}}|^2$$

ist die Wahrscheinlichkeit, dass sie ein Loch ist.[6]

[6]Auch hier gibt es interessante Analogien zur Teilchenphysik. Das neutrale K-Meson K_0 besitzt das Antiteilchen $\bar{K}_0$. Keines der beiden ist ein Eigenzustand der Gesamtenergie (Masse), und folglich oszilliert das propagierende Teilchen zwischen diesen beiden Zuständen. Wenn es an irgendeinem Punkt gemessen wird, dann gibt es eine gewisse Wahrscheinlichkeit, dass es als K_0 gefunden wird, und eine gewisse Wahrscheinlichkeit, dass es $\bar{K}_0$ ist. In unserem Fall sind die BCS-Quasiteilchen die Energie-Eigenzustände, und sie sind quantenmechanische Superpositionen aus Elektron und Loch.

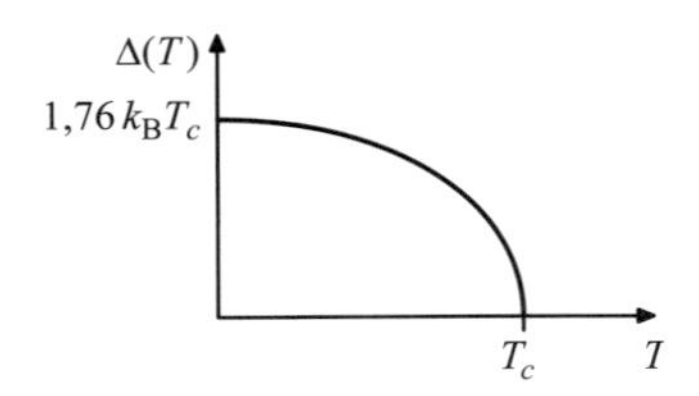

Abbildung 6.9: *Δ als Funktion der Temperatur gemäß der BCS-Theorie.*

Um schließlich Δ zu finden, nutzen wir wieder die Selbstkonsistenz. Δ war definiert als

$$\Delta = |g_{\text{eff}}|^2 \sum_{\mathbf{k}} \langle c_{-\mathbf{k}\downarrow} c_{\mathbf{k}\uparrow} \rangle \tag{6.89}$$

Die Besetzungswahrscheinlichkeit eines Quasiteilchenzustands mit der Energie $E_{\mathbf{k}}$ bei der Temperatur T ist durch die Fermi-Dirac-Statistik gegeben. Durch Bestimmung des Erwartungswertes aus (6.88) und (6.57) erhielten Bardeen, Cooper und Schrieffer

$$\Delta = |g_{\text{eff}}|^2 \sum_{\mathbf{k}} \frac{\Delta}{2E_{\mathbf{k}}} \tanh\left(\frac{E_{\mathbf{k}}}{2k_{\text{B}}T}\right) \tag{6.90}$$

Wenn wir die Summe in ein Integral über die Energie umwandeln, erhalten wir die **BCS-Lückengleichung**

$$1 = \lambda \int_0^{\hbar\omega_D} \mathrm{d}\epsilon \, \frac{1}{E} \tanh\left(\frac{E}{2k_{\text{B}}T}\right) \tag{6.91}$$

mit $E = \sqrt{\epsilon^2 + |\Delta|^2}$ und dem dimensionslosen Elektron-Phonon-Kopplungsparameter $\lambda = |g_{\text{eff}}|^2 g(\epsilon_F)$.

Die BCS-Lückengleichung legt implizit die Lücke $\Delta(T)$ für alle Temperaturen T fest. Dies ist die zentrale Gleichung der Theorie, da sie sowohl die Übergangstemperatur T_c als auch $\Delta(0)$, den Wert der Energielücke bei der Temperatur null, vorhersagt. Die Temperaturabhängigkeit von $\Delta(T)$ ist in Abbildung 6.9 dargestellt.

Aus der BCS-Lückengleichung können wir durch Bildung des Limes $\Delta \to 0$ folgende Gleichung für T_c ableiten:

$$k_{\text{B}}T_c = 1{,}13\,\hbar\omega_D \exp(-1/\lambda) \tag{6.92}$$

Diese hat nahezu die gleiche Form wie die Gleichung für die Bindungsenergie beim Cooper-Problem. Auch hier können wir für $T = 0$ das Integral ausführen und auf diese Weise $\Delta(0)$ bestimmen. Das berühmte BCS-Ergebnis

$$2\Delta(0) = 3{,}52\,k_{\text{B}}T_c \tag{6.93}$$

wird mit großer Genauigkeit von einer Vielzahl unterschiedlicher Supraleiter erfüllt.

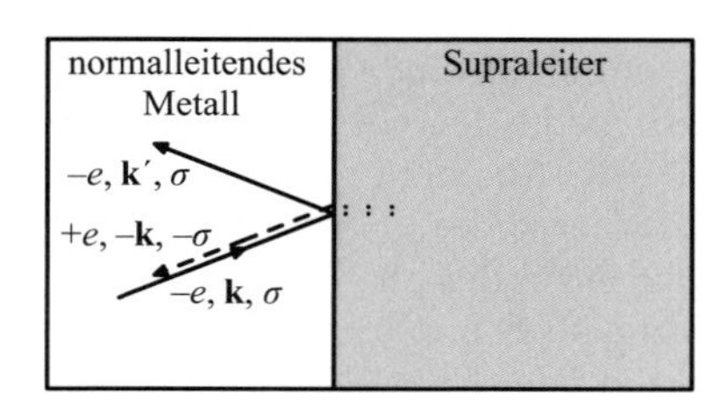

Abbildung 6.10: *Andereev-Streuung von Elektronen in einem normalleitenden Metall. Das auf den Supraleiter einfallende Elektron kann entweder normal reflektiert werden, was ein Elektron mit dem gleichen Spin hinterlässt, oder es durchläuft eine Andreev-Reflexion, bei der es zu einem Loch mit entgegengesetztem Impuls und Spin wird. Bei der Andreev-Streuung wird eine Nettoladung von $-2e$ an das supraleitende Kondensat übertragen. Die Leitfähigkeit des Kontakts ist doppelt so groß wie für Elektronen mit den Energien V oberhalb der Lücke Δ.*

6.7 Vorhersagen der BCS-Theorie

Die BCS-Theorie konnte viele weitere physikalische Eigenschaften des supraleitenden Zustands vorhersagen. Für die meisten einfachen metallischen Supraleiter wie Al, Hg usw. stimmen diese Vorhersagen sehr gut mit den experimentellen Befunden überein und stützen somit die Theorie. Zwei zentrale Vorhersagen betrafen zum Beispiel das Verhalten der NMR-Relaxationsrate $1/T_1$ unterhalb der kritischen Temperatur T_c und die Temperaturabhängigkeit des Dämpfungskoeffizienten beim Ultraschall. Beide Phänomene hängen empfindlich von der Elektronendichte der Zustände im Supraleiter ab (siehe Abbildung 6.1); daneben sind sie jedoch auch von **Kohärenzfaktoren** abhängig, bestimmten Kombinationen der BCS-Parameter $u_{\mathbf{k}}$ und $v_{\mathbf{k}}$. Es zeigt sich (Schrieffer 1964), dass die gute Übereinstimmung zwischen Theorie und Experiment im Detail von den Werten dieser Parameter abhängt. Insbesondere hat die NMR-Relaxationsrate $1/T_1$ einen charakteristischen Peak dicht unterhalb von T_c. Die Existenz dieses Hebel-Slitcher-Peaks wurde von Bardeen, Cooper und Schrieffer vorhergesagt, und sie hängt in starkem Maße von den Kohärenzfaktoren ab. Daher kann man sagen, dass die BCS-Theorie nicht nur auf der Ebene der Quasiteilchen-Energien $E_{\mathbf{k}}$ getestet wurde, sondern auch auf einer fundamentaleren Ebene. Insofern wurde nicht nur die Existenz von Cooper-Paaren bestätigt, sondern auch ihre genauen Wellenfunktionen $u_{\mathbf{k}}$ und $v_{\mathbf{k}}$.

Eine weitere Bestätigung sowohl der Cooper-Paare als auch der BCS-Energielücke lieferte die **Andreev-Streuung.** Dazu betrachten wir eine Grenzfläche zwischen einem normalleitenden Metall und einem Supraleiter (siehe Abbildung 6.10). Angenommen, ein Elektron bewegt sich im Metall in einem Bloch-Zustand $\mathbf{k}$ mit der Energie $\epsilon_{\mathbf{k}}$. Wenn die Energie dieses Elektrons kleiner ist als die Energielücke des Supraleiters, also

$$\epsilon_{\mathbf{k}} - \epsilon_F < \Delta \tag{6.94}$$

dann kann das Elektron nicht in den Supraleiter eindringen und wird daher an der Grenzfläche reflektiert. Dies ist die normale Teilchenreflexion. Aber Andreev bemerkte, dass noch ein anderer Prozess möglich ist. Das Elektron kann sich mit einem anderen Elektron zu einem Cooper-Paar verbinden, und dieses Paar kann ungehindert in den Supraleiter eindringen. Wegen der Ladungserhaltung muss dabei ein Loch zurückbleiben. Aus der Impulserhaltung wiederum folgt, dass dieses Loch exakt den entgegengesetzten Impuls haben muss wie das ursprüngliche Elektron, also $-\mathbf{k}$. Aus dem gleichen Grund hat es außerdem entgegengesetzten Spin, sodass sich insgesamt die in Abbildung 6.10 dargestellte Situation ergibt. Das einfallende Elektron wird entweder als Elektron reflektiert, wobei der Wellenvektor gespiegelt wird, oder es wird als Loch mit entgegengesetztem Spin und Impuls reflektiert, wobei sich das Loch exakt auf der Bahn des einfallenden Elektrons zurückbewegt! Derartige Streuereignisse lassen sich direkt nachweisen, indem man Elektronen auf eine solche Grenzfläche bringt, beispielsweise durch Tunneln. Da das zurückkehrende Loch eine positive Ladung trägt und sich in die entgegengesetzte Richtung bewegt wie das einfallende Elektron, ist der Tunnelstrom tatsächlich doppelt so groß wie er für $\Delta = 0$ wäre oder wenn das Tunnelelektron mit einer Spannung über der Energielücke injiziert würde.

Eine interessante Eigenschaft der Andreev-Reflexion ist, dass Elektron und Loch Zustände mit exakter **Zeitumkehr** sind, wobei für Ladung, Impuls und Spin gemäß

$$\begin{aligned} -e &\to e \\ \mathbf{k} &\to -\mathbf{k} \\ \sigma &\to -\sigma \end{aligned} \tag{6.95}$$

transformiert werden. Dies resultiert aus der Tatsache, dass die Cooper-Paare in der BCS-Wellenfunktion als Paare von zeitlich gespiegelten Einteilchenzuständen auftreten. Auf eine recht überraschende Konsequenz hieraus wies Philip W. Anderson hin. Er bemerkte, dass bei Unordnungen im Gitter (infolge von Defekten) das Bloch-Theorem nicht mehr gilt und der Gitterimpuls $\mathbf{k}$ keine geeignete Quantenzahl mehr ist. Doch selbst in einem stark ungeordneten System treten die Einteilchen-Wellenfunktionen in **zeitlich gespiegelten Paaren**

$$\psi_{i\uparrow}(\mathbf{r}) \qquad \psi^*_{i\downarrow}(\mathbf{r}) \tag{6.96}$$

auf. Der Einteilchen-Hamilton-Operator $\hat{H} = -\hbar^2\nabla^2/2m + V(\mathbf{r})$ ist reell, auch wenn das Potential $v(\mathbf{r})$ nicht periodisch ist, und hieraus folgt, dass $\psi_{i\uparrow}(\mathbf{r})$ und $\psi^*_{i\downarrow}(\mathbf{r})$ Eigenzustände und **exakt entartet** sein müssen. Anderson argumentierte, dass man die BCS-Theorie so umformulieren könnte, dass sie vollständig durch diese neuen Zustände des ungeordneten Gitters ausgedrückt ist und dass dabei Größen wie T_c (die nur von $g(\epsilon_F)$ und λ abhängen) in erster Näherung fast unverändert bleiben. Dies erklärt, warum die BCS-Theorie selbst in stark ungeordneten Systemen wie Legierungen gut funktioniert. Wenn die mittlere freie Weglänge l für die Elektronen im Festkörper größer ist als die Kohärenzlänge, also

$$l > \xi_0$$

dann sagt man, dass sich die Legierung im **clean limit** befindet; gilt dagegen

$$l < \xi_0$$

dann sagt man, die Legierung sei im **dirty limit.** Andersons Argument ist jedoch nicht anwendbar, wenn die Kristalldefekte selbst die Zeitumkehrinvarianz brechen, beispielsweise bei magnetischen Defekten.[7] Die Supraleitung wird also in starkem Maße von magnetischen Defekten beeinflusst. Diese werden als **paarbrechend** bezeichnet, da sie die Cooper-Paare aufbrechen.[8]

Bei einigen Supraleitern schließlich muss die BCS-Theorie dahingehend erweitert werden, dass eine **starke Kopplung** erlaubt ist. Die von Bardeen, Cooper und Schrieffer getroffenen Annahmen sind im Limes schwacher Kopplung (also für $\lambda \ll 1$) nahezu exakt gegeben. Doch wenn der Kopplungsparameter größer wird, also etwa in den Bereich 0,2 bis 0,5 kommt, dann muss man unter Berücksichtigung der Selbstkonsistenz sowohl den Einfluss der Phononen auf die Elektronen als auch den Einfluss der Elektronen auf die Phononen berücksichtigen. Beispielsweise werden die Phononfrequenzen durch die Kopplung an die Elektronen beeinflusst. Alle diese Effekte lassen sich konsistent in die Theorie integrieren, indem man systematisch alle Terme der Ordnung m/M beibehält (M ist die Masse der Gitterionen). Nach dem weiter vorn formulierten Migdal-Theorem, wonach jeder Elektron-Phonon-Vertex von der Ordnung $\sqrt{m/M}$ ist, müssen systematisch alle Feynman-Graphen berücksichtigt werden, die zwei Elektron-Phonon-Vertizes haben. Außerdem ist es notwendig, die Phonondichte vollständig zu berücksichtigen sowie die Matrixelemente der Elektron-Phonon-Kopplung. Die von Eliashberg entwickelte Theorie charakterisiert beides durch eine einzige Funktion $\alpha^2(\omega)F(\omega)$, wobei $F(\omega)$ die Phonondichte ist und $\alpha(\omega)$ ein Matrixelement der effektiven Elektron-Phonon-Kopplung. Mit diesen Größen kann die Kopplungskonstante in der Form

$$\lambda = 2\int_0^\infty \frac{\alpha^2(\omega)F(\omega)}{\omega}\mathrm{d}\omega \tag{6.97}$$

geschrieben werden. Als Näherung für die kritische Temperatur fand McMillan

$$k_\mathrm{B}T_c = \frac{\hbar\omega_D}{1{,}45}\exp\left(\frac{1{,}04(1+\lambda)}{\lambda - \mu^*(1+0{,}62\lambda)}\right) \tag{6.98}$$

Der Parameter μ^* ist das **Coulomb-Pseudopotential,** welches die direkte (abgeschirmte) Coulomb-Abstoßung zwischen den Elektronen beschreibt. Die Formel ist eine gute Näherung für Supraleiter wie Blei oder Niob, die starke Abweichungen von der BCS-Theorie zeigen. Beispielsweise erklärt sie den reduzierten Isotopeneffekt (vgl. Tabelle 6.1). Eine umfassendere Behandlung des Themas finden Sie in Alexandrov (2003).

[7] Unter Zeitumkehr wird der Spin vertauscht, weshalb Atome mit magnetischem Defekt die Zeitumkehrinvarianz brechen. Auch ein externes Magnetfeld bricht die Symmetrie.

[8] Interessanterweise beginnt sich bei Supraleitern mit magnetischen Defekten die Energielücke Δ zu füllen. Je mehr Defekte hinzukommen, umso mehr sinkt die Übergangstemperatur T_c, während immer mehr Zustände die Lücke füllen. Es stellt sich heraus, dass es ein schmales Regime der **lückenlosen Supraleitung** gibt, in dem die Energielücke vollständig verschwindet, während das System noch supraleitend ist und die Temperatur unter T_c liegt. Das Vorhandensein der Energielücke ist also für die Supraleitung nicht unabdingbar.

Weiterführende Literatur

Es gibt viele exzellente Bücher zur BCS-Theorie. Hierzu gehören neben vielen anderen Schrieffer (1964), de Gennes (1966), Tinkham (1996), Ketterson / Song (1999), Waldram (1996) und Alexandrov (2003). Die erwähnten Bücher sind in vielen Punkten wesentlich ausführlicher, als es im Rahmen des vorliegenden möglich ist. Der BCS-Zustand wird in den meisten ähnlich beschrieben wie hier.

Wer tiefer in die Problematik einsteigen möchte, sollte sich zunächst formal mit der Vielteilchentheorie beschäftigen. Bücher auf diesem fortgeschrittenen Niveau wurden von Fetter und Walecka (1971), Abrikosov, Gor'kov und Dzyaloshinski (1963) sowie von Rickayzen (1980) vorgelegt. Auch in Schrieffer (1964) werden diese Methoden im Zusammenhang mit der BCS-Theorie eingeführt.

Aufgaben

6.1 (a) Zeigen Sie, dass die Paaroperatoren $\hat{P}_{\mathbf{k}}^{+}$ und $\hat{P}_{\mathbf{k}'}^{+}$ wie in (6.33) angegeben kommutieren. Zeigen Sie, dass sie nicht die Vertauschungsregeln für Bosonen erfüllen, also

$$\left[\hat{P}_{\mathbf{k}}, \hat{P}_{\mathbf{k}'}^{+}\right] \neq \delta_{\mathbf{k},\mathbf{k}'}$$

6.2 Leiten Sie den Erwartungswert (6.49) her, indem Sie die Operatoren, wie in (6.46) beschrieben, in Normalreihenfolge bringen.

6.3 Demonstrieren Sie, dass die Quasiteilchenoperatoren $b_{\mathbf{k}\sigma}^{+}$ und $b_{\mathbf{k}\sigma}$ die Anti-Vertauschungsregeln für Fermionen erfüllen, also

$$\left\{b_{\mathbf{k}\sigma}, b_{\mathbf{k}'\sigma'}^{+}\right\} = \delta_{\mathbf{k},\mathbf{k}'} \cdot \delta_{\sigma,\sigma'}$$

6.4 (a) Zeigen Sie, dass für den durch (6.38) gegebenen kohärenten BCS-Zustand $b_{\mathbf{k}\sigma}|\Psi_{\mathrm{BCS}}\rangle = 0$ gilt.

(b) Zeigen Sie, dass

$$\langle\Psi_{\mathrm{BCS}}|c_{\mathbf{k}\uparrow}^{+}c_{-\mathbf{k}\downarrow}^{+}|\Psi_{\mathrm{BCS}}^{*}\rangle = u_{\mathbf{k}}^{*}v_{\mathbf{k}}$$

6.5 (a) Die BCS-Lückengleichung wird an der kritischen Temperatur T_c zu

$$1 = \lambda \int_0^{\hbar\omega_D} \frac{1}{\epsilon} \tanh\left(\frac{\epsilon}{2k_{\mathrm{B}}T_c}\right) \mathrm{d}\epsilon$$

Zeigen Sie, dass der Integrand hinreichend gut durch

$$\frac{1}{\epsilon} \tanh\left(\frac{\epsilon}{2k_{\mathrm{B}}T_c}\right) \approx \begin{cases} 1/\epsilon & \text{für } \epsilon > 2k_{\mathrm{B}}T_c \\ 0 & \text{sonst} \end{cases}$$

genähert wird. Schreiben Sie auf dieser Basis eine einfache analytische Abschätzung für T_c auf. Wie nahe liegt Ihre Abschätzung am exakten BCS-Wert?

(b) Zeigen Sie, dass die Lückengleichung für $T = 0$ zu

$$1 = \lambda \int_0^{\hbar\omega_D} \frac{1}{(\epsilon^2 + |\Delta|^2)^{1/2}}\, \mathrm{d}\epsilon$$

wird. Verwenden Sie die Näherung

$$\frac{1}{(\epsilon^2 + |\Delta|^2)^{1/2}} \approx \begin{cases} 1/\epsilon & \text{für } \epsilon > |\Delta| \\ 0 & \text{sonst} \end{cases}$$

um eine einfache analytische Abschätzung für $|\Delta|$ zu bekommen. Vergleichen Sie Ihre Ergebnisse mit dem berühmten BCS-Ergebnis $|\Delta| = 1{,}76\, k_\mathrm{B} T_c$.

7 Suprafluides ^{3}He und unkonventionelle Supraleitung

7.1 Einführung

Etwa um 1970 hatte sich die BCS-Theorie etabliert. Es folgten viele wichtige neue Entdeckungen wie etwa der Josephson-Effekt. Auch die Theorie der Suprafluidität in ^{4}He war in den Grundzügen klar, auch wenn die numerischen Probleme bei der Berechnung von Observablengrößen für eine dichte und stark wechselwirkende Bose-Flüssigkeit angesichts der seinerzeit verfügbaren Rechentechnik beträchtlich waren. Viele Forscher hatten damals den Eindruck, dass die Tieftemperaturphysik ein Gebiet ist, das im Prinzip vollständig verstanden ist.

Diese Gewissheit wurde erschüttert, als 1972 völlig überraschend suprafluide Phasen von ^{3}He entdeckt wurden.[1] Die kritische Temperatur lag ungefähr drei Größenordnungen unter der von ^{4}He (etwa 2,7 mK). Überraschend war auch, dass es offensichtlich zwei Übergänge bzw. zwei verschiedene Phasen A und B gibt. Abbildung 7.1 zeigt einen Ausschnitt aus dem p-T-Phasendiagramm von flüssigem ^{3}He im Bereich zwischen 2 und 3 mK (Wheatley 1975).

Da ^{3}He-Atome Fermionen sind, lag die Vermutung nahe, dass diese neuen suprafluiden Zustände ein analoges Phänomen zur BCS-Supraleitung sind. Allerdings gibt es in ^{3}He kein offensichtliches Analogon zu den Phononen, die für das anziehende Potential und somit für die Bildung von Cooper-Paaren sorgen. Die direkten Van-der-Waals-Kräfte zwischen den ^{3}He-Atomen (vgl. Abbildung 2.1) werden dominiert durch die starke interatomare Abstoßung. Der attraktive Teil der Wechselwirkung ist vermutlich zu schwach, um selbst für die Übergangstemperatur von 2 mK verantwortlich zu sein.

Tatsächlich wurden die relevanten theoretischen Modelle bereits in den 1960er-Jahren untersucht (Pitaevskii, Emery und Sessler, Anderson und Morel, Bailian und Werthamer). In diesen Theorien wurde das Konzept der BCS-Paarbildung für Systeme entwickelt, bei denen der gebundene Zustand des Cooper-Paares nicht die gewöhnliche Form eines s-**Wellenzustands** mit $l = 0$ hat, sondern ein gebundener Zustand mit $l = 1$ oder $l = 2$ ist. Für diese Paarungszustände verschwinden die Paar-Wellenfunktionen $\varphi(\mathbf{r} - \mathbf{r}')$

[1] Die erste Beobachtung von zwei neuen Phasenübergängen in ^{3}He gelang David Lee, Douglas Osheroff und Robert Richardson an der Cornell University. Zuerst vermuteten die Forscher, dass die von ihnen gemessenen Anomalien in der spezifischen Wärme mit einer festen ^{3}He-Phase verbunden sind, möglicherweise mit einem magnetischen Zustand. Doch bald war klar, dass es sich in Wirklichkeit um eine flüssige Phase handelt und dass die beiden, als A und B bezeichneten Übergänge zwei unterschiedlichen suprafluiden Phasen entsprechen. Für die Identifizierung dieser Zustände erhielt Leggett 2003 den Nobelpreis für Physik.

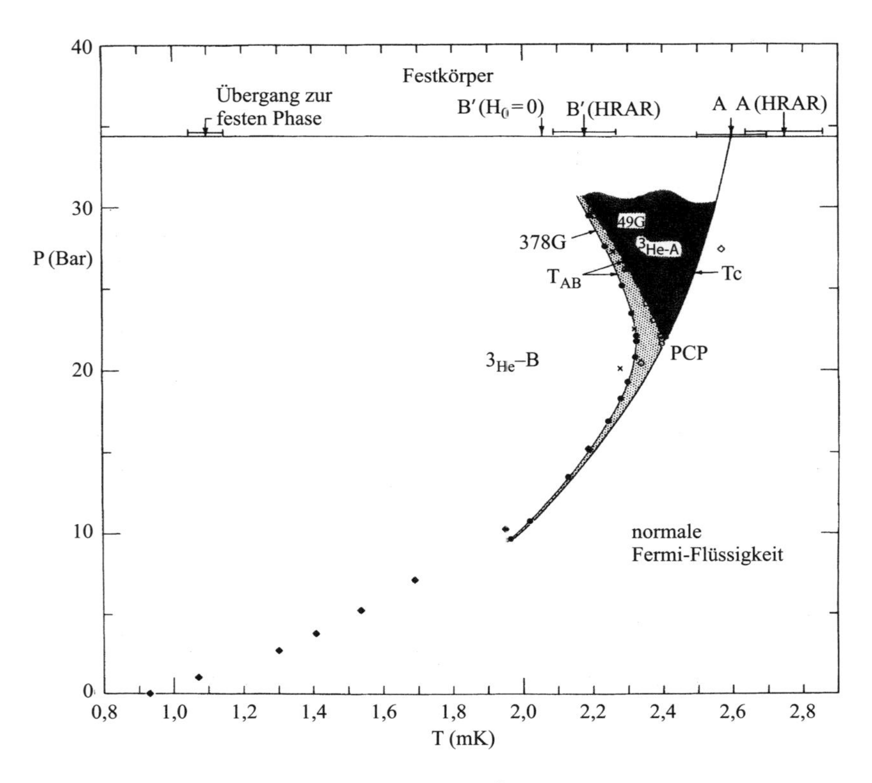

Abbildung 7.1: *p-T-Phasendiagramm von* ^{3}He *bei schwachem Magnetfeld. Genehmigter Nachdruck aus Wheatley (1975).* *© American Physical Society.*

für $\mathbf{r} = \mathbf{r}'$. Das bedeutet, dass die gepaarten Teilchen niemals an der gleichen Position sind. In einem System wie ^{3}He, in dem es eine stark abstoßende Wechselwirkung gibt, ist dies offensichtlich von Vorteil. Im Falle von ^{3}He hat sich herausgestellt, dass die Cooper-Paare in einem gebundenen Zustand mit $l = 1$ oder als p-**Wellenzustand** vorliegen.

Ähnliche **unkonventionelle** Cooper-Paare sind auch in Supraleitern möglich. Heute wird weithin angenommen, dass viele Supraleiter Beispiele hierfür sind, wenn es auch noch Kontroversen um diese Frage gibt. Die am längsten etablierte Gruppe solcher Materialien sind „Schwerfermionen-Systeme“ wie UPt_3 und UBe_{13}, die seit den 1980er-Jahren bekannt sind. Wie es sich mit Hochtemperatursupraleitern verhält, darunter $YBa_2Cu_3O_7$, ist stärker umstritten. Immerhin gibt es inzwischen überzeugende experimentelle Hinweise, dass in diesen Materialien Cooper-Paare vom d-**Wellen-Typ** auftreten, was einem gebundenen Spinsingulett mit $l = 2$ entspricht.

Dieses Kapitel soll eine kurze Einführung in diese Thematik geben. Das Forschungsgebiet unterliegt einer sehr schnellen Entwicklung, und allein die exotischen Eigenschaften von suprafluidem ^{3}He könnten ein ganzes Buch füllen (tatsächlich gibt es mehrere solche Bücher!). Auch die Diskussion der verschiedenen exotischen Supraleiter könnte vertieft werden, doch in diesem Buch soll die Abhandlung so knapp wie möglich gehalten werden. Es werden nur die bekanntesten Beispiele exotischer Supraleiter vorgestellt, wobei der Fokus auf jenen liegt, die gegenwärtig ein besonders starkes wissenschaftliches Interesse erfahren.

7.2 Fermi-flüssiges ^{3}He

Die durch $V(\mathbf{r}_i - \mathbf{r}_j)$ beschriebenen paarweisen Van-der-Waals-Wechselwirkungen zwischen den ^{3}He-Atomen sind im Wesentlichen die gleichen wie in ^{4}He (siehe Abbildung 2.1). Wir können also den gleichen Hamilton-Operator

$$\hat{H} = \sum_{i=1,N} -\frac{\hbar^2}{2m}\nabla_i^2 + \frac{1}{2}\sum_{i \neq j} V(\mathbf{r}_i - \mathbf{r}_j) \tag{7.1}$$

verwenden. Es gibt jedoch einen fundamentalen Unterschied: ^{3}He-Atome sind Fermionen mit Spin 1/2 und keine Bosonen. Aus diesem Grund besitzt die Vielteilchen-Schrödinger-Gleichung

$$\hat{H}\Psi_n(\mathbf{r}_1\sigma_1, \ldots, \mathbf{r}_N\sigma_N) = E_n\Psi_n(\mathbf{r}_1\sigma_1, \ldots, \mathbf{r}_N\sigma_N) \tag{7.2}$$

Eigenfunktionen, die unter beliebiger paarweiser Vertauschung der Orts- und Spinkoordinaten $\{\mathbf{r}_i, \sigma_i\} \leftrightarrow \{\mathbf{r}_j, \sigma_j\}$ ungerade sind. Hierbei bezeichnen die σ_i die beiden möglichen Spinzustände $\uparrow$ und $\downarrow$ für Teilchen i.

Dieser Unterschied zwischen Fermi-Dirac- und Bose-Einstein-Statistik ist der Ursprung für die vielen unterschiedlichen Eigenschaften von ^{3}He und ^{4}He. Wenn wir die Wechselwirkungen zwischen den Teilchen vernachlässigen, dann können wir einen vollständigen Satz solcher antisymmetrischer Funktionen aufschreiben. Die geeigneten Funktionen sind **Slater-Determinanten**

$$\Psi_n^{(0)}(\mathbf{r}_1\sigma_1, \ldots, \mathbf{r}_N\sigma_N) = \frac{1}{\sqrt{N!}}\begin{vmatrix} \psi_1(\mathbf{r}_1\sigma_1) & \psi_1(\mathbf{r}_2\sigma_2) & \ldots & \psi_1(\mathbf{r}_N\sigma_N) \\ \psi_2(\mathbf{r}_1\sigma_1) & \psi_2(\mathbf{r}_2\sigma_2) & \ldots & \psi_2(\mathbf{r}_N\sigma_N) \\ \vdots & \vdots & & \vdots \\ \psi_N(\mathbf{r}_1\sigma_1) & \psi_N(\mathbf{r}_2\sigma_2) & \ldots & \psi_N(\mathbf{r}_N\sigma_N) \end{vmatrix} \tag{7.3}$$

Die Einteilchenzustände $\psi_i(\mathbf{r}\sigma)$ sind ebene Wellen

$$\psi(\mathbf{r}\sigma) = \frac{1}{\sqrt{V}}e^{i\mathbf{k}\cdot\mathbf{r}}\chi(\sigma) \tag{7.4}$$

wobei V das Systemvolumen ist und $\chi(\sigma)$ der Spinanteil der Wellenfunktion. Wir definieren

$$\chi(\uparrow) = \begin{pmatrix} 1 \\ 0 \end{pmatrix} \qquad \chi(\downarrow) = \begin{pmatrix} 0 \\ 1 \end{pmatrix} \tag{7.5}$$

für Spin-up und Spin-down, bezogen auf die (frei wählbare) z-Achse.

Nehmen wir an, wir könnten die Teilchen-Wechselwirkung $V(\mathbf{r}_i - \mathbf{r}_j)$ vernachlässigen. Dann ergibt sich der Grundzustand $\Psi_0^{(C)}$ bei der Temperatur null einfach durch Besetzung aller ebenen-Wellen-Zustände bis zur Fermi-Fläche. Da ^{3}He isotrop ist (im Unterschied zu einem Kristall), ist die Fermi-Fläche eine Kugel mit dem Radius

$$k_F = (3\pi^2 n)^{1/3} \tag{7.6}$$

genau wie in der Sommerfeld-Theorie für die Elektronen in Metallen (Singleton 2001). Bei einer Massendichte von $\rho \approx 81\,\mathrm{kg\,m^{-3}}$ für ^{3}He entspricht dies $k_F = 0{,}78\,\text{Å}^{-1}$ und einer Fermi-Energie $\epsilon_F = (\hbar k_F)^2/2m$ von etwa 0,49 meV oder 4,9 K. Daher sind die Temperaturen, bei denen Suprafluidität auftritt, mindestens um den Faktor 1000 kleiner als die durch ϵ_F gesetzte Energieskala, was bedeutet, dass es sich um ein **entartetes Fermi-Gas** handelt.

Die Wechselwirkungen $V(\mathbf{r}_i - \mathbf{r}_j)$ zwischen den Teilchen sind in ^{3}He jedoch sehr stark und können nicht vernachlässigt werden. Es handelt sich um ein sehr dichtes Fluid aus nahezu perfekten harten Kugeln. Wir haben es also nicht mit einem idealen, nicht wechselwirkenden Quantengas zu tun, sondern mit einem System, das wir als dichte **Fermi-Flüssigkeit** bezeichnen. Dieses Konzept wurde von Landau eingeführt. Die Grundidee ist, dass sich die Anregungen trotz der starken Wechselwirkungen und der daraus resultierenden, extrem komplizierten Form der Grundzustandswellenfunktion wie schwach wechselwirkende Teilchen verhalten. Diese schwach wechselwirkenden Teilchen werden **Quasiteilchen** genannt.

Betrachten wir die erste Grundzustandswellenfunktion in einem wechselwirkenden System aus Fermionen. Wir können uns ein System vorstellen, in dem die Wechselwirkung kontinuierlich eingestellt werden kann und das durch den Hamilton-Operator

$$\hat{H}^{(\lambda)} = \sum_{i=1,N} -\frac{\hbar^2}{2m}\nabla_i^2 + \frac{\lambda}{2}\sum_{i \neq j} V(\mathbf{r}_i - \mathbf{r}_j) \tag{7.7}$$

beschrieben wird. Der Fall $\lambda = 0$ entspricht dem idealen nicht wechselwirkenden Fermi-Gas. Von diesem wissen wir, dass der Grundzustand $\Psi_0^{(0)}$ durch die obige Slater-Determinante gegeben ist. Für größere Werte des Parameters λ erhalten wir eine Familie von Grundzustandswellenfunktionen, die die Gleichung

$$\hat{H}^{(\lambda)}\Psi_0^{(\lambda)}(\mathbf{r}_1\sigma_1, \ldots, \mathbf{r}_N\sigma_N) = E_0^{(\lambda)}\Psi_0^{(\lambda)}(\mathbf{r}_1\sigma_1, \ldots, \mathbf{r}_N\sigma_N) \tag{7.8}$$

erfüllen. Bei $\lambda = 1$ wird dies die Grundzustandswellenfunktion $\Psi_0^{(1)}$ des physikalischen Systems.

Landaus Theorie der Fermi-Flüssigkeit liegt die Annahme der **adiabatischen Kontinuität** zugrunde. Dies bedeutet, dass sich die Wellenfunktionen stetig ändern, wenn λ langsam von 0 auf 1 erhöht wird:[2]

$$\Psi_n^{(0)} \to \Psi_n^{(\lambda)} \to \Psi^{(1)} \tag{7.9}$$

[2]Die Kontinuitätsannahme wird verletzt, wenn es eine abrupte Änderung der Wellenfunktion in Abhängigkeit von λ gibt. Beispielsweise gilt sie nicht bei einem Phasenübergang von der flüssigen zu einer festen Phase oder von einer normalen Flüssigkeit zu einem Suprafluid.

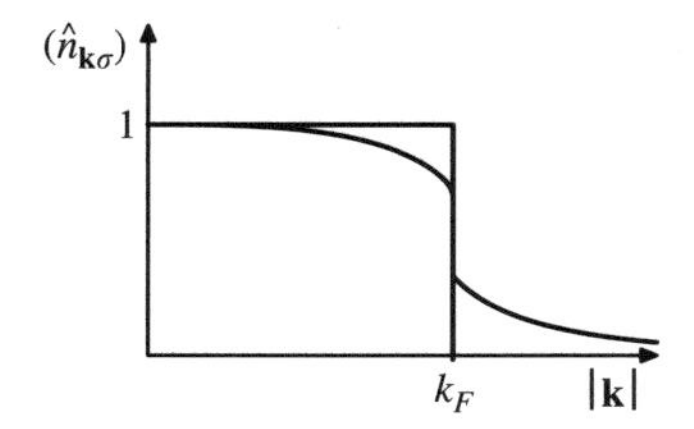

Abbildung 7.2: *Impulsverteilung des idealen (nicht wechselwirkenden) Fermi-Gases und eine wechselwirkende Fermiflüssigkeit. Die Diskontinuität bei k_F bleibt bestehen, allerdings wird die Höhe des Sprungs von 1 auf einen kleineren Wert Z reduziert.*

Unter dieser Annahme können wir untersuchen, wie sich bestimmte physikalische Eigenschaften entwickeln, wenn λ langsam erhöht wird. Betrachten wir zum Beispiel die **Impulsverteilung,** die mittlere Besetzung eines $(\mathbf{k}, \sigma)$-Quantenzustandes

$$\langle \hat{n}_{\mathbf{k}\sigma} \rangle = \langle \Psi^{(\lambda)} | c^+_{\mathbf{k}\sigma} c_{\mathbf{k}\sigma} | \Psi^{(\lambda)} \rangle \tag{7.10}$$

Für $\lambda = 0$ ist dies einfach die Fermi-Dirac-Verteilung bei der Temperatur null,

$$n_{\mathbf{k}\sigma} = \begin{cases} 1 & \text{für } k < k_F \\ 0 & \text{für } k > k_F \end{cases} \tag{7.11}$$

Da sich die Wellenfunktion bei Erhöhung von λ kontinuierlich ändert, muss dies auch für die Impulsverteilung gelten. Daraus folgt, dass die Impulsverteilung des wechselwirkenden Systems ihre Diskontinuität bei k_F beibehält. Die Höhe des Sprungs muss nun nicht mehr eins sein. Sie wird um einen Faktor $Z < 1$ reduziert, bleibt aber grundsätzlich bestehen (siehe Abbildung 7.2). Die Stelle, bei der die Diskontinuität auftritt definiert den Fermi-Wellenvektor k_F auch für die wechselwirkende Fermi-Flüssigkeit. Für ein sphärisches System wie ^{3}He bedeutet dies außerdem, dass der Wert von k_F durch (7.6) gegeben ist und auch für das stark wechselwirkende System der Fermi-Flüssigkeit unverändert bleibt. Dieses Ergebnis ist unter dem Namen Luttinger-Theorem bekannt.

Wir können das Argument der adiabatischen Kontinuität auch auf die ersten angeregten Zustände des Systems anwenden. Danach können wir zumindest für die angeregten Zustände mit niedriger Energie eine ähnliche Kontinuität der Energieeigenwerte und Wellenfunktionen erwarten. Im Grenzfall $\lambda = 0$ (keine Wechselwirkung) können wir die Anregungen leicht bestimmen, indem wir Elektronen zu den besetzten Zuständen der Slater-Determinante (7.3) hinzufügen oder aus diesen entfernen.

Den einfachsten angeregten Zustand des nicht wechselwirkenden Systems erhalten wir beispielsweise, indem wir ein Teilchen in einen unbesetzten Zustand oberhalb von k_F einfügen. Die zugehörige Wellenfunktion ist[3]

$$|\Psi^{(0)}_{\mathbf{k}\sigma}\rangle = \hat{c}^+_{\mathbf{k}\sigma} |\Psi^{(0)}_0\rangle \tag{7.12}$$

[3]Natürlich könnten wir ebenso gut durch Anwendung des Vernichtungsoperators $\hat{c}_{\mathbf{k}\sigma}$ ein Loch unterhalb von k_F einfügen.

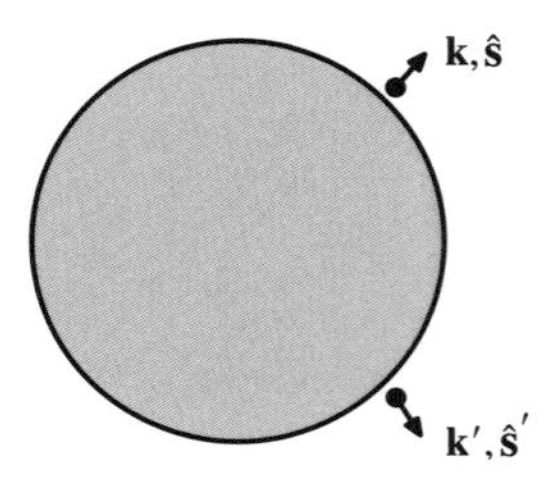

Abbildung 7.3: *Wechselwirkungen zwischen Quasiteilchen nahe der Fermi-Fläche in einer Landauschen Fermi-Flüssigkeit. Die Wechselwirkung hängt von zwei Beiträgen ab, von denen der eine von den relativen Orientierungen der Spins* $\hat{\mathbf{s}}, \hat{\mathbf{s}}'$ *unabhängig ist und der andere abhängig. Beide Wechselwirkungen sind Funktionen von* $\mathbf{k}$ *und* $\mathbf{k}'$.

Im nicht wechselwirkenden System ist die Energie des angeregten Zustands

$$\epsilon_{\mathbf{k}}^{(0)} = \frac{\hbar^2(k^2 - k_F^2)}{2m} \tag{7.13}$$

(relativ zur Fermi-Energie $\hbar^2 k_F^2/2m$ des nicht wechselwirkenden Systems). Aus dem Prinzip der adiabatischen Kontinuität können wir schlussfolgern, dass die Teilchenenergie auch im wechselwirkenden System eine ähnliche Form hat. Sie muss für $k \longrightarrow k_F$ weiterhin gegen null gehen, und daher erwarten wir

$$\epsilon_{\mathbf{k}} \approx \frac{\hbar^2(k^2 - k_F^2)}{2m^*} \tag{7.14}$$

für das vollständig wechselwirkende System. Hierdurch ist die **effektive Masse** m^* des Systems definiert. Nahe k_F ist dies näherungsweise linear in der **Fermi-Geschwindigkeit** v_F des wechselwirkenden Systems, also

$$\epsilon_{\mathbf{k}} \approx \hbar(|\mathbf{k}| - k_F)v_F \tag{7.15}$$

Für ^{3}He hat die effektive Masse bei niedrigem Druck die Größenordnung $m^* \sim 3m$ und steigt für Drücke nahe der fest-flüssig-Phasengrenze (siehe Abbildung 7.1) auf etwa $m^* \sim 6m$. Die Fermi-Energie $\epsilon_F = \hbar^2 k_F^2/2m^*$ ist daher von der Größenordnung 1 K.

Auf die gleiche Weise können wir uns die Erzeugung eines Teilchenpaares (oder eines Lochpaares, oder eines Teilchens und eines Lochs) vorstellen (siehe Abbildung 7.3). Die Erzeugung eines Teilchens bei $\mathbf{k}\sigma$ und eines weiteren Teilchens bei $\mathbf{k}'\sigma'$ liefert die Wellenfunktion für das nicht wechselwirkende System

$$|\Psi_{\mathbf{k}\sigma\mathbf{k}'\sigma'}^{(0)}\rangle = \hat{c}_{\mathbf{k}\sigma}^{+}\hat{c}_{\mathbf{k}'\sigma'}^{+}|\Psi_0^{(0)}\rangle \tag{7.16}$$

Die entsprechende Energie für nicht wechselwirkende Teilchen ist einfach die Summe aus den beiden einzelnen Teilchenenergien

$$\epsilon_{\mathbf{k}}^{(0)} + \epsilon_{\mathbf{k}'}^{(0)}$$

Im wechselwirkenden System dagegen ist die entsprechende Energie des Zweiteilchenzustands **nicht** einfach die Summe aus den nicht wechselwirkenden Teilchenenergien. Wir können die Zweiteilchenenergie in der Form

$$\epsilon_{\mathbf{k}} + \epsilon_{\mathbf{k}'} + f(\mathbf{k}\sigma, \mathbf{k}'\sigma')$$

schreiben, wobei der Term $f(\mathbf{k}\sigma, \mathbf{k}'\sigma')$ eine **effektive Wechselwirkung** zwischen zwei Quasiteilchen ist. Dehnen wir dieses Argument auf ein System aus vielen Quasiteilchen aus, dann erhalten wir für die Gesamtenergie

$$E = E_0 + \sum_{\mathbf{k}\sigma} \epsilon_{\mathbf{k}} \delta n_{\mathbf{k}\sigma} + \frac{1}{2} \sum_{\mathbf{k}\sigma, \mathbf{k}'\sigma'} f(\mathbf{k}\sigma, \mathbf{k}'\sigma') \delta n_{\mathbf{k}\sigma} \delta n_{\mathbf{k}'\sigma'} \tag{7.17}$$

Hierbei ist E_0 die Grundzustandsenergie (keine Quasiteilchen) und $\delta n_{\mathbf{k}\sigma}$ die Änderung der Besetzung des Quasiteilchenzustands $\mathbf{k}\sigma$ (+1 für ein hinzugefügtes Teilchen bei $\mathbf{k}$ und -1 für ein Loch).

Unter Verwendung von Symmetrieargumenten können wir die effektive Wechselwirkung $f(\mathbf{k}\sigma, \mathbf{k}'\sigma')$ durch eine geringe Anzahl numerischer Parameter beschreiben. Zunächst einmal ist es hilfreich, das Quasiteilchen in allgemeinerer Form durch seine Spinrichtung im dreidimensionalen Raum darzustellen. Ein Quasiteilchen mit einem Spin in beliebiger Richtung kann mithilfe einer 2×2-Matrix

$$\delta n_{\mathbf{k}\alpha\beta} = \delta n_{\mathbf{k}} \left(\frac{1}{2} \delta_{\alpha\beta} + \hat{\mathbf{s}} \cdot \boldsymbol{\sigma}_{\alpha\beta} \right) \tag{7.18}$$

definiert werden. Dabei ist $\boldsymbol{\sigma} = \{\sigma_x, \sigma_y, \sigma_z\}$ der Vektor der Pauli-Matrizen

$$\sigma_x = \begin{pmatrix} 0 & 1 \\ 1 & 0 \end{pmatrix}$$

$$\sigma_y = \begin{pmatrix} 0 & -i \\ i & 0 \end{pmatrix}$$

$$\sigma_z = \begin{pmatrix} 1 & 0 \\ 0 & -1 \end{pmatrix}$$

Der Vektor $\hat{\mathbf{s}}$ hat die Länge 1/2 und zeigt in Richtung des Quasiteilchen-Spins. Damit kann die Gesamtenergie der Fermi-Flüssigkeit in der Form

$$\begin{aligned} E =& E_0 + \sum_{\mathbf{k}\sigma} \epsilon_{\mathbf{k}} \delta n_{\mathbf{k}\sigma} \\ &+ \frac{1}{2} \sum_{\mathbf{k}, \mathbf{k}'} \delta n_{\mathbf{k}} \delta n_{\mathbf{k}'} \left(f_1(\mathbf{k}, \mathbf{k}') + f_2(\mathbf{k}, \mathbf{k}') \, \hat{\mathbf{s}}_{\mathbf{k}} \cdot \hat{\mathbf{s}}_{\mathbf{k}'} \right) \end{aligned} \tag{7.19}$$

geschrieben werden. Die Spinrichtungen gehen wegen der allgemeinen Rotationsinvarianz des Spins nur über die Skalarprodukte $\hat{\mathbf{s}}_{\mathbf{k}} \cdot \hat{\mathbf{s}}_{\mathbf{k}'}$ ein.[4]

[4] Äquivalent können wir sagen, dass die vier möglichen Spinkombinationen der beiden Quasiteilchen (↑↑, ↑↓, ↓↑ und ↓↓) in einen Singulett- und einen Triplett-Spinbeitrag unterteilt werden können. Für zwei Spin-1/2-Teilchen ist $\hat{\mathbf{s}}_1 \cdot \hat{\mathbf{s}}_2$ für die Spinsingulett-Kombination gleich $-3/4$ und für die drei Spintriplett-Zustände gleich $+1/4$. Die Wechselwirkungen zwischen Singulett- und Triplettpaaren von Quasiteilchen werden durch f_1 bzw. f_2 beschrieben.

Die Quasiteilchen-Wellenvektoren $\mathbf{k}, \mathbf{k}'$ müssen sehr nahe an der Fermi-Fläche liegen (wegen $k_\mathrm{B}T \ll \epsilon_F$), sodass wir diese als Einheitsvektoren auf der Fermi-Kugel betrachten können. Außerdem wissen wir wegen der Rotationsinvarianz, dass die Quasiteilchenenergie nur von $\mathbf{k} \cdot \mathbf{k}' = k_F^2 \cos\theta$ abhängen kann. Daher können wir die Funktionen $f_1(\mathbf{k}, \mathbf{k}')$ und $f_2(\mathbf{k}, \mathbf{k}')$ nach Legendre-Polynomen $P_l(\cos\theta)$ entwickeln. Wir definieren die Entwicklungskoeffizienten F_l und Z_l durch

$$g(\epsilon_F) f_1(\mathbf{k}, \mathbf{k}') = \sum_l F_l P_l(\cos\theta)$$

$$g(\epsilon_F) f_2(\mathbf{k}, \mathbf{k}') = \sum_l Z_l P_l(\cos\theta)$$

Der Faktor $g(\epsilon_F)$, also die Dichte der Zustände, sorgt dafür, dass die Parameter F_l und Z_l dimensionslos sind.

Der Erfolg von Landaus Theorie der Fermi-Flüssigkeit für ^{3}He zeigt sich unter anderem darin, dass nur eine Handvoll Parameter (m^*, F_0, F_1, Z_0 und Z_1) aus den Experimenten gefittet werden muss. Alle höheren Koeffizienten F_l und Z_l können vernachlässigt werden. Mit diesem Fitting liefert die Theorie eine im Wesentlichen vollständige Erklärung der Tieftemperatur-Thermodynamik und der Anregungen des Fluids im Normalzustand. Nach Leggett (1975) sind F_0 und F_1 groß und positiv, Z_0 ist etwa -3 und Z_1 ist klein.

Der negative Parameter Z_0 zeigt, dass der normale Flüssigzustand von ^{3}He in der Nähe des Ferromagnetismus liegt. Eine Berechnung der Spinsuszeptibilität führt auf

$$\chi = \frac{\chi_0}{1 + (Z_0/4)} \tag{7.20}$$

wobei χ_0 die Pauli-Spinsuszeptibilität des nicht wechselwirkenden Fermi-Gases ist (Blundell 2001). Aus diesem Ausdruck ist ersichtlich, dass die Suszeptibilität χ für $Z_0 = -3$ viermal so groß ist wie der Wert für das nicht wechselwirkende System. Dies weist auf die Tendenz zum Ferromagnetismus hin und legt die Vermutung nahe, dass es im normalen Fluidzustand starke **ferromagnetische Spinfluktuationen** gibt (Leggett 1975). Man nimmt an, dass diese Spinfluktuationen in ^{3}He den Übergang zur Suprafluidität antreiben.

7.3 Die Paarwechselwirkung in flüssigem ^{3}He

Anders als bei ^{4}He kann die Suprafluidität von ^{3}He nicht durch Bose-Einstein-Kondensation erklärt werden. Vielmehr ähnelt der Mechanismus dem der Supraleitung, wie er durch die BCS-Theorie beschrieben wird. Es ist daher zu erwarten, dass es ein Analogon zu den Cooper-Paaren gibt und ein kohärenter Zustand mit nichtdiagonaler Fernordnung existiert (siehe Kapitel 5 und 6). Ein Analogon zum Meißner-Effekt wird es wegen der Neutralität der ^{3}He-Atome allerdings nicht geben. Dauerströme und folglich Suprafluidität sind wiederum auch in diesem System zu erwarten.

Um die Bildung von Cooper-Paaren in ^{3}He zu beschreiben, müssen wir die effektive Paarwechselwirkung zwischen den Teilchen betrachten. Allerdings gibt es in diesem

System (zumindest auf den ersten Blick) kein Analogon, das der Elektron-Phonon-Wechselwirkung bei der BCS-Supraleitung entsprechen würde. Falls also eine BCS-ähnliche Cooper-Paarung auftreten sollte, dann müssen die anziehenden Kräfte zwischen den Teilchen direkt von den ^{3}He-Teilchen selbst kommen. Naiv könnte man annehmen, dass zur Beschreibung der Wechselwirkung zwischen den Teilchen das Van-der-Waals-Potential $V(\mathbf{r}_i - \mathbf{r}_j)$ aus Abbildung 2.1 geeignet ist. Der zugehörige Hamilton-Operator für die Paarung hat im k-Raum das Wechselwirkungspotential

$$V(\mathbf{k}, \mathbf{k}') = \int e^{-i(\mathbf{k}-\mathbf{k}')\cdot\mathbf{r}} V(\mathbf{r})\, \mathrm{d}^3 r \tag{7.21}$$

Da wir am Verhalten bei niedrigen Temperaturen (weit unter ϵ_F/k_B) interessiert sind, können wir uns auf Werte von $\mathbf{k}$ und $\mathbf{k}'$ auf der Fermi-Kugel beschränken. Wegen der Kugelsymmetrie kann die Wechselwirkung nur von $\mathbf{k} \cdot \mathbf{k}' = k_F^2 \cos\theta$ bzw. dem Winkel θ abhängen. Daher können wir die effektive Paarwechselwirkung durch Legendre-Polynome in $\cos\theta$ ausdrücken. Wir schreiben

$$V(\mathbf{k}, \mathbf{k}') = \sum_l \frac{(2l+1)}{2} V_l P_l(\cos\theta) \tag{7.22}$$

mit

$$V_l = \frac{1}{4\pi} \int V(\hat{\mathbf{n}}(\theta, \phi), \hat{e}_z) P_l(\cos\theta) \sin\theta \, \mathrm{d}\theta \, \mathrm{d}\phi \tag{7.23}$$

Dabei ist $\hat{\mathbf{n}}(\theta, \phi)$ der Normalenvektor im Punkt θ, ϕ auf der Fermi-Fläche. Der Faktor $(2l+1)/2$ resultiert aus der Normierungsbedingung

$$\int P_l^2(\cos\theta) \sin\theta \mathrm{d}\theta = \frac{2}{2l+1} \tag{7.24}$$

für die Legendre-Polynome.

Wenn wir in diesem Ausdruck eine reine Van-der-Waals-Wechselwirkung zwischen den beiden Heliumatomen ansetzen, dann können wir die Parameter V_l direkt berechnen. Als Ergebnis erhalten wir, dass V_0 stark abstoßend ist, während V_2 und V_3 schwach anziehend sind (Leggett 1975). Doch diese Kräfte sind zu schwach, um für die beobachtete Übergangstemperatur zur Suprafluidität bei ^{3}He verantwortlich sein zu können.

Wie wir gesehen haben, sollten wir bei niedrigen Temperaturen besser mit einer **effektiven Wechselwirkung** zwischen Quasiteilchen arbeiten, anstatt mit dieser „reinen" Wechselwirkung. Die effektive Wechselwirkung umfasst die Effekte der direkten Wechselwirkung, aber auch indirekte Effekte wie diejenigen, die aus den Spinfluktuationen resultieren. Ein Quasiteilchen mit Spin $\uparrow$ verursacht über die Austauschwechselwirkung eine lokale Polarisierung der benachbarten Quasiteilchen.[5] Diese Tendenz benachbarter

[5] Die direkte Spin-Spin-Wechselwirkung zwischen ^{3}He-Atomen ist die Dipol-Dipol-Kraft zwischen den Heliumkernen (Spin 1/2). Aber diese direkte Wechselwirkung ist sehr klein. Nach dem Pauli-Prinzip müssen Teilchen mit parallelen Spins räumlich separiert bleiben, was zur **Austauschenergie** führt. Diese Austauschenergie ist ein wesentlich stärkerer Effekt und deshalb die dominante Spin-Spin-Wechselwirkung in ^{3}He. Sie favorisiert parallele Spins, also eine ferromagnetische Ausrichtung. Dies hat starke Ähnlichkeit mit dem Mechanismus, der in Eisen und Nickel Ferromagnetismus hervorruft.

Quasiteilchen, eine ferromagnetische Ordnung anzunehmen, führt zu einem anziehenden Potential, was wiederum zu einer Cooper-Instabilität führen kann.

Die effektive Paarwechselwirkung $V(\mathbf{k}, \mathbf{k}')$ kann nicht aus den Landau-Parametern für die Fermi-Flüssigkeit berechnet werden. Für kleine Impulsüberträge $|\mathbf{k} - \mathbf{k}'| \ll k_F$ ist es jedoch möglich, diese Wechselwirkung unter Verwendung der Theorie der Fermi-Flüssigkeiten abzuschätzen. Demnach gilt in diesem Bereich

$$V(\mathbf{k}, \mathbf{k}') \approx \frac{1}{g(\epsilon_F)} \frac{Z_0}{1 + \frac{1}{4} Z_0} \, \hat{\mathbf{s}}_{\mathbf{k}} \cdot \hat{\mathbf{s}}_{\mathbf{k}'} \tag{7.25}$$

(Leggett 1975). Die Wechselwirkung ist spinabhängig, wie aufgrund ihres physikalischen Ursprungs aus dem Austausch von Spinfluktuationen zu erwarten war. Wegen $Z_0 \sim -3$ ist dieses Paarungspotential für parallele Spins negativ, also für Spintriplett-Paare (für die $\hat{s}_{\mathbf{k}} \cdot \hat{s}_{\mathbf{k}'} = +1/4$ gilt). Für Spinsingulett-Paare gilt dagegen $\hat{s}_{\mathbf{k}} \cdot \hat{s}_{\mathbf{k}'} = -3/4$, und der Nettoeffekt ist eine abstoßende Wechselwirkung. Aus der Tatsache, dass Z_0 dicht bei -3 liegt, folgt außerdem, dass diese Wechselwirkung durch den Faktor im Nenner erheblich verstärkt wird.

7.4 Suprafluide Phasen von ^{3}He

Um die BCS-Paarung für allgemeineres $\mathbf{k}$ und spinabhängiges Wechselwirkungspotential zu modellieren, betrachten wir den Hamilton-Operator

$$\hat{H} = \sum_{\mathbf{k}\sigma} (\epsilon_{\mathbf{k}} - \mu) \, c^+_{\mathbf{k}\sigma} c_{\mathbf{k}\sigma} + \hat{H}_{\text{int}} \tag{7.26}$$

mit

$$\hat{H}_{\text{int}} = \sum_{\mathbf{k}\mathbf{k}'\alpha\beta\gamma\delta} V_{\alpha\beta\gamma\delta}(\mathbf{k}, \mathbf{k}') \, c^+_{\mathbf{k}'\alpha} c^+_{-\mathbf{k}'\beta} c_{-\mathbf{k}\gamma} c_{\mathbf{k}\delta} \tag{7.27}$$

Dabei haben wir beliebige Abhängigkeiten des Wechselwirkungspotentials V von den vier Indizes $\alpha, \beta, \gamma, \delta$ der Teilchenspins zugelassen, jedoch die k-Abhängigkeit auf die Streuung eines Copper-Paares von $(\mathbf{k}, -\mathbf{k})$ in $(\mathbf{k}', -\mathbf{k}')$ beschränkt. Dies sind die Terme, die die gewöhnliche Cooper-Instabilität in Metallen liefern. Sie entsprechen Cooper-Paaren mit dem Gesamtimpuls null im Massenzentrum.

Nach der üblichen mean-field-Argumentation der BCS-Theorie müssen wir den Wechselwirkungsterm der vier Fermionen H_{int} durch seinen Mittelwert über alle Paare von Fermionen ersetzen. Wir schreiben also

$$\hat{H}_{\text{int}} \approx \sum_{\mathbf{k}\mathbf{k}'\alpha\beta\gamma\delta} V_{\alpha\beta\gamma\delta}(\mathbf{k}, \mathbf{k}') \left(\langle c^+_{\mathbf{k}'\alpha} c^+_{-\mathbf{k}'\beta} \rangle c_{-\mathbf{k}\gamma} c_{\mathbf{k}\delta} + c^+_{\mathbf{k}'\alpha} c^+_{-\mathbf{k}'\beta} \langle c_{-\mathbf{k}\gamma} c_{\mathbf{k}\delta} \rangle \right) \tag{7.28}$$

wobei die weggelassenen Terme für die BCS-Paarung nicht wichtig sind. Wie wir sehen, ist das Analogon zum BCS-Ordnungsparameter der Erwartungswert

$$F_{\alpha\beta}(\mathbf{k}) = \langle c_{-\mathbf{k}\alpha} c_{\mathbf{k}\beta} \rangle \tag{7.29}$$

Dies ist eine Matrix der vier komplexen Paaramplituden

$$F(\mathbf{k}) = \begin{pmatrix} \langle c_{-\mathbf{k}\uparrow} c_{\mathbf{k}\uparrow} \rangle & \langle c_{-\mathbf{k}\uparrow} c_{\mathbf{k}\downarrow} \rangle \\ \langle c_{-\mathbf{k}\downarrow} c_{\mathbf{k}\uparrow} \rangle & \langle c_{-\mathbf{k}\downarrow} c_{\mathbf{k}\downarrow} \rangle \end{pmatrix} \tag{7.30}$$

Das Analogon zum BCS-Lückenparameter Δ

$$\Delta_{\alpha\beta}(\mathbf{k}) = \sum_{\mathbf{k}'\gamma\delta} V_{\alpha\beta\gamma\delta}(\mathbf{k}, \mathbf{k}') \langle c_{-\mathbf{k}'\gamma} c_{\mathbf{k}'\delta} \rangle \tag{7.31}$$

hängt auch vom Spin und von $\mathbf{k}$ ab, sodass sich für den effektiven mean-field-Hamilton-Operator die Form

$$\hat{H} = \sum_{\mathbf{k}\sigma} (\epsilon_{\mathbf{k}} - \mu) c^+_{\mathbf{k}\sigma} c_{\mathbf{k}\sigma} + \sum_{\mathbf{k},\alpha,\beta} c^+_{\mathbf{k}\alpha} c^+_{-\mathbf{k}\beta} \Delta_{\alpha\beta}(\mathbf{k}) + \Delta^*_{\alpha\beta}(\mathbf{k}) c_{-\mathbf{k}\alpha} c_{\mathbf{k}\beta} \tag{7.32}$$

ergibt, die wir mit dem gewöhnlichen BCS-Hamilton-Operator (6.69) vergleichen können.

Dieser mean-field-Hamilton-Operator kann durch eine spinabhängige Verallgemeinerung der Bogoliubov-Valatin-Transformation diagonalisiert werden, die wir in Kapitel 6 in der BCS-Theorie verwendet hatten. Die im letzten Kapitel angegebene BCS-Lückengleichung wird nun eine 4×4-Matrixgleichung

$$\begin{pmatrix} \epsilon_{\mathbf{k}} - \mu & 0 & \Delta_{\uparrow\uparrow}(\mathbf{k}) & \Delta_{\uparrow\downarrow}(\mathbf{k}) \\ 0 & \epsilon_{\mathbf{k}} - \mu & \Delta_{\downarrow\uparrow}(\mathbf{k}) & \Delta_{\downarrow\downarrow}(\mathbf{k}) \\ \Delta^*_{\uparrow\uparrow}(\mathbf{k}) & \Delta^*_{\downarrow\uparrow}(\mathbf{k}) & -\epsilon_{\mathbf{k}} + \mu & 0 \\ \Delta^*_{\uparrow\downarrow}(\mathbf{k}) & \Delta^*_{\downarrow\downarrow}(\mathbf{k}) & 0 & -\epsilon_{\mathbf{k}} + \mu \end{pmatrix} \begin{pmatrix} u_{\mathbf{k}\uparrow n} \\ u_{\mathbf{k}\downarrow n} \\ v_{\mathbf{k}\uparrow n} \\ v_{\mathbf{k}\downarrow n} \end{pmatrix} = E_{\mathbf{k}n} \begin{pmatrix} u_{\mathbf{k}\uparrow n} \\ u_{\mathbf{k}\downarrow n} \\ v_{\mathbf{k}\uparrow n} \\ v_{\mathbf{k}\downarrow n} \end{pmatrix} \tag{7.33}$$

Es gibt zwei positive Energieeigenwerte $E_{\mathbf{k}n}$ ($n = 1, 2$) und zwei negative Eigenwerte $-E_{\mathbf{k}n}$. Der zugehörige Bogoliubov-Transformationsoperator ist

$$b_{\mathbf{k}n} = \sum_{\sigma} (u^*_{\mathbf{k}\sigma n} c_{\mathbf{k}\sigma} - v^*_{\mathbf{k}\sigma n} c^+_{-\mathbf{k}\sigma}) \tag{7.34}$$

was eine Verallgemeinerung von (6.76) darstellt.

Diese allgemeine Lückengleichung lässt als Paarzustände sowohl **Spinsinguletts** als auch **Spintripletts** zu. Diese können anhand der jeweiligen Symmetrie unterschieden werden. Aus den Anti-Vertauschungseigenschaften der Fermionenoperatoren folgt, dass die Paaramplitude die folgende Symmetrieeigenschaft hat:

$$\begin{aligned} F_{\alpha\beta}(\mathbf{k}) &= \langle c_{-\mathbf{k}\alpha} c_{\mathbf{k}\beta} \rangle \\ &= -\langle c_{\mathbf{k}\beta} c_{-\mathbf{k}\alpha} \rangle \\ &= -F_{\beta\alpha}(-\mathbf{k}) \end{aligned} \tag{7.35}$$

Entsprechend erfüllen die Lückenparameter die Gleichung

$$\Delta_{\alpha\beta}(\mathbf{k}) = -\Delta_{\beta\alpha}(-\mathbf{k}) \tag{7.36}$$

Es ist nun zweckmäßig, die vier Lückenkomponenten $\Delta_{\alpha\beta}(\mathbf{k})$ mithilfe eines Skalars $\Delta_{\mathbf{k}}$ und einem Vektor $\mathbf{d}(\mathbf{k})$ auszudrücken:

$$\begin{pmatrix} \Delta_{\uparrow\uparrow}(\mathbf{k}) & \Delta_{\uparrow\downarrow}(\mathbf{k}) \\ \Delta_{\downarrow\uparrow}(\mathbf{k}) & \Delta_{\downarrow\downarrow}(\mathbf{k}) \end{pmatrix} = i(\Delta_{\mathbf{k}} I + \mathbf{d}(\mathbf{k}) \cdot \boldsymbol{\sigma})\sigma_y \tag{7.37}$$

Dabei ist $\boldsymbol{\sigma} = (\sigma_x, \sigma_y, \sigma_z)$ ein Vektor von Pauli-Matrizen und I die 2×2-Einheitsmatrix. Explizit ausgeschrieben haben wir

$$\begin{pmatrix} \Delta_{\uparrow\uparrow}(\mathbf{k}) & \Delta_{\uparrow\downarrow}(\mathbf{k}) \\ \Delta_{\downarrow\uparrow}(\mathbf{k}) & \Delta_{\uparrow\uparrow}(\mathbf{k}) \end{pmatrix} = \begin{pmatrix} -d_x(\mathbf{k}) + id_y(\mathbf{k}) & \Delta_{\mathbf{k}} + d_z(\mathbf{k}) \\ -\Delta_{\mathbf{k}} + d_z(\mathbf{k}) & d_x(\mathbf{k}) + id_y(\mathbf{k}) \end{pmatrix} \tag{7.38}$$

Aus der oben formulierten Paritätseigenschaft folgt in dieser Notation

$$\Delta_{\mathbf{k}} = \Delta_{-\mathbf{k}} \tag{7.39}$$
$$\mathbf{d}(\mathbf{k}) = -\mathbf{d}(-\mathbf{k}) \tag{7.40}$$

Die skalare Komponente ist also unter einer Punktspiegelung $\mathbf{k} \to -\mathbf{k}$ gerade, während die Vektorkomponente ungerade ist. Daraus folgt, dass die Lösungen der Lückengleichung generell entweder gerade oder ungerade sind, aber niemals eine Mischung aus beidem.[6] Daher können wir die beiden Möglichkeiten unterscheiden, nämlich zum einen die Spinsingulett-Paarung, für die die Lücke durch

$$\begin{pmatrix} \Delta_{\uparrow\uparrow}(\mathbf{k}) & \Delta_{\uparrow\downarrow}(\mathbf{k}) \\ \Delta_{\downarrow\uparrow}(\mathbf{k}) & \Delta_{\uparrow\uparrow}(\mathbf{k}) \end{pmatrix} = \begin{pmatrix} 0 & \Delta_{\mathbf{k}} \\ -\Delta_{\mathbf{k}} & 0 \end{pmatrix} \tag{7.41}$$

gegeben ist, und zum anderen die Spintriplett-Paarung mit dem Lückenparameter

$$\begin{pmatrix} \Delta_{\uparrow\uparrow}(\mathbf{k}) & \Delta_{\uparrow\downarrow}(\mathbf{k}) \\ \Delta_{\downarrow\uparrow}(\mathbf{k}) & \Delta_{\uparrow\uparrow}(\mathbf{k}) \end{pmatrix} = \begin{pmatrix} -d_x(\mathbf{k}) + id_y(\mathbf{k}) & d_z(\mathbf{k}) \\ d_z(\mathbf{k}) & d_x(\mathbf{k}) + id_y(\mathbf{k}) \end{pmatrix} \tag{7.42}$$

Es gibt starke experimentelle Hinweise, dass die Paarung in suprafluidem ^{3}He im Spintriplett-Zustand erfolgt (Leggett 1975). Dies steht im Gegensatz zu normalen, durch die herkömmliche BCS-Theorie beschriebenen Supraleitern, wo die Paarung immer in Spinsinguletts auftritt. Der Unterschied resultiert daraus, dass die effektive paarweise Teilchenwechselwirkung in ^{3}He anders ist als der Elektron-Phonon-Mechanismus bei BCS-Supraleitern. Das BCS-Paarungspotential ist für alle $\mathbf{k}$-Vektoren nahe der Fermi-Fläche stark anziehend. Im Gegensatz dazu sind im normalen Zustand von flüssigem ^{3}He nach der Theorie der Fermi-Flüssigkeiten die Quasiteilchenwechselwirkungen am Fermi-Niveau sowohl von $\mathbf{k}$ als auch vom Spin abhängig.

Wenn wir uns auf $\mathbf{k}$-Vektoren beschränken, die auf oder nahe dem Fermi-Niveau von flüssigem ^{3}He liegen, dann können wir Kugelkoordinaten verwenden und die Komponenten von $\mathbf{d}(\mathbf{k})$ nach Kugelfunktionen zu entwickeln. Wir schreiben

$$d_\nu(\mathbf{k}) = \sum \eta_{\nu lm} Y_{lm}(\theta_{\mathbf{k}}, \phi_{\mathbf{k}}) \tag{7.43}$$

[6]Nahe T_c ist dies immer garantiert, da die Lösung dort linear ist und es eine festgelegte Parität gibt. Unterhalb von T_c wird die Lückengleichung nichtlinear und erlaubt im Prinzip Lösungen mit gemischter Parität. In der Praxis treten diese jedoch niemals auf, da die beiden Lösungen verschiedener Parität sehr unterschiedliche kritische Temperaturen haben und jeder Paarungsmechanismus eine der beiden Lösungen stark favorisiert.

wobei der Index ν über die drei Vektorkomponenten x, y, z läuft. Aus der Symmetrieeigenschaft (7.40) folgt, dass nur **ungerade Werte** der Drehimpulsquantenzahl l für Spintripletts erlaubt sind. Umgekehrt treten für Spinsinguletts nur gerade Werte von l auf.

Im Prinzip kann die Summe in (7.43) alle möglichen Drehimpulsquantenzahlen enthalten. Doch in der Praxis ist nur ein einziger Wert l relevant. Wenn wir die BCS-Lückengleichung nahe T_c betrachten, dann sehen wir, dass jeder l-Wert einem anderen T_c entspricht. Eines davon liegt zwangsläufig viel höher als die anderen, da die effektive Paarwechselwirkung für jeden Drehimpuls anders ist. In Anbetracht dessen, wie schnell der BCS-Ausdruck für T_c mit der Kopplungskonstante λ fällt ($T_c \sim e^{-1/\lambda}$), ist klar, dass nur der Paarzustand mit dem größten λ eine Rolle spielt. Daher nehmen wir an, dass nur ein l-Wert relevant ist. Doch welcher l-Wert ist für suprafluides ^{3}He zu erwarten? Zuerst wurde vorgeschlagen, dass suprafluides ^{3}He in einem (l=3)-Zustand (f-Wellenzustand) sein könnte. Doch schon bald erkannte man, dass das stärkste anziehende Paarpotential aus Spinfluktuationen resultiert, und dies entspricht einem (l=1)-Zustand oder einer p-Wellenpaarung.

Nehmen wir also eine p-Wellenpaarung an, dann können wir (7.43) in der Form

$$d_\nu(\mathbf{k}) = \sum \eta_{\nu i} f_i(\theta_\mathbf{k}, \phi_\mathbf{k}) \tag{7.44}$$

schreiben, wobei $f_i(\theta_\mathbf{k}, \phi_\mathbf{k})$ die aus der Atomphysik bekannten Funktionen für $l = 1$ sind:

$$f_x(\theta_\mathbf{k}, \phi_\mathbf{k}) = \left(\frac{3}{4\pi}\right)^{1/2} \cos\phi_\mathbf{k} \sin\theta_\mathbf{k} \tag{7.45}$$

$$f_y(\theta_\mathbf{k}, \phi_\mathbf{k}) = \left(\frac{3}{4\pi}\right)^{1/2} \sin\phi_\mathbf{k} \sin\theta_\mathbf{k} \tag{7.46}$$

$$f_z(\theta_\mathbf{k}, \phi_\mathbf{k}) = \left(\frac{3}{4\pi}\right)^{1/2} \cos\theta_\mathbf{k} \tag{7.47}$$

Der Lückenparameter $\mathbf{d}(\mathbf{k})$ auf der Fermi-Fläche ist somit abhängig von den insgesamt **neun komplexen Koeffizienten**

$$[\eta_{\nu i}] = \begin{pmatrix} \eta_{xx} & \eta_{xy} & \eta_{xz} \\ \eta_{yx} & \eta_{yy} & \eta_{yz} \\ \eta_{zx} & \eta_{zy} & \eta_{zz} \end{pmatrix}$$

Dabei bezeichnen griechische Buchstaben in den Indizes die Richtung des Vektors $\mathbf{d}$ (Spinorientierung) und lateinische Buchstaben die Bahnorientierung oder räumlichen Koordinaten $(\theta_\mathbf{k}, \phi_\mathbf{k})$ auf der Fermi-Fläche.

Um diese Koeffizienten zu bestimmen, müssen wir das Analogon zur BCS-Lückengleichung lösen. Dabei zeigt sich, dass eine Reihe unterschiedlicher Zustände möglich ist. Die wichtigsten sind der **Anderson-Brinkman-Morrel**-Zustand (ABM)

$$[\eta_{\nu i}] = \eta \begin{pmatrix} 1 & i & 0 \\ 0 & 0 & 0 \\ 0 & 0 & 0 \end{pmatrix} \tag{7.48}$$

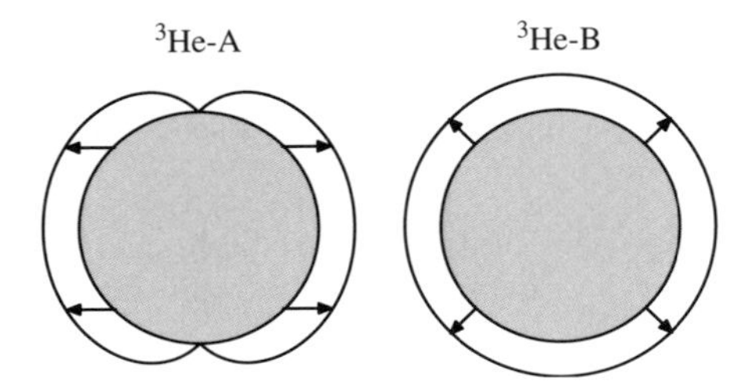

Abbildung 7.4: *Die beiden wichtigsten Phasen von suprafluidem* ^{3}He. *Die A-Phase hat einen* **d**-*Vektor in konstanter Richtung und zwei Lückenknoten, die sich am „Nord-“ und „Südpol“ der Fermi-Kugel befindet. In der B-Phase hat der* **d**-*Vektor überall auf der Fermi-Fläche einen konstanten Betrag und folglich einen konstanten Lückenwert.*

(dies impliziert $\mathbf{d}(\mathbf{k}) = (f_x + if_y, 0, 0)$) und der **Balain-Werthamer**-Zustand (BW)

$$[\eta_{\mu\nu}] = \eta \begin{pmatrix} 1 & 0 & 0 \\ 0 & 1 & 0 \\ 0 & 0 & 1 \end{pmatrix} \tag{7.49}$$

(dies impliziert $\mathbf{d}(\mathbf{k}) = (f_x, f_y, f_z)$). Beide sind in Abbildung 7.4 skizziert. Im ABM-Zustand hat der Vektor $\mathbf{d}(\mathbf{k})$ eine konstante räumliche Richtung, und er verschwindet in den beiden Punkten $\mathbf{k} = (0, 0, \pm k_f)$. Im BW-Zustand zeigt der Vektor $\mathbf{d}(\mathbf{k})$ in jedem Punkt der Fermi-Fläche senkrecht nach außen und hat einen konstanten Betrag. Das Analogon zur BCS-Quasiteilchenenergie in einem Triplett-Supraleiter ist

$$E^n_{\mathbf{k}} = \sqrt{(\epsilon_{\mathbf{k}} - \mu)^2 + |\mathbf{d}(\mathbf{k})|^2 \pm |\mathbf{d}(\mathbf{k}) \times \mathbf{d}^*(\mathbf{k})|} \tag{7.50}$$

Sowohl für die ABM-Lösung als auch für BW ist das Kreuzprodukt $\mathbf{d}(\mathbf{k}) \times \mathbf{d}^*(\mathbf{k})$ gleich null. (Zustände, für die dies gilt, werden **unitäre Zustände** genannt.) Damit sind die Quasiteilchenenergien einfach

$$E^n_{\mathbf{k}} = \pm\sqrt{(\epsilon_{\mathbf{k}} - \mu)^2 + |\mathbf{d}(\mathbf{k})|^2} \tag{7.51}$$

Hieraus ist ersichtlich, dass der Betrag des Vektors $\mathbf{d}(\mathbf{k})$ die gleiche Rolle spielt wie die BCS-Energielücke $|\Delta|$.

Vergleichen wir die beiden Zustände in Abbildung 7.4, dann sehen wir, dass der BW-Zustand eine Lücke hat, deren Betrag über die gesamte Fermi-Fläche konstant ist (wie bei einem BCS-Supraleiter). Der ABM-Zustand dagegen hat eine Lücke, die an zwei Stellen auf der Fermi-Fläche verschwindet, nämlich bei $\mathbf{k} = (0, 0, \pm k_f)$. Dieser Unterschied bewirkt, dass die beiden Phasen ganz unterschiedliche physikalische Eigenschaften besitzen. Dies führte dazu (Leggett 1975), dass der ABM-Zustand als die ^{3}He A-Phase in Abbildung 7.1 identifiziert wurde, während der BW-Zustand mit der B-Phase korrespondiert. Wie Abbildung 7.1 zeigt, die B-Phase allgemein die stabilere ist, außer im Bereich hoher Drücke nahe T_c.

Die komplexe Lückenstruktur in suprafluidem ^{3}He hat viele interessante Konsequenzen. Die Bücher von Vollhardt und Wölfe (1990) sowie Volovik (1992) bieten eine umfassende, moderne Einführung. Der vielleicht interessanteste Aspekt der Theorie – im Vergleich zur gewöhnlichen BCS-Theorie der Supraleitung – ist die Rolle der **topologischen Defekte.** In der BCS-Theorie oder auch bei suprafluidem ^{4}He entspricht dem Lückenparameter bzw. der makroskopischen Wellenfunktion bzw. dem GL-Ordnungsparameter eine einzige komplexe Funktion $\psi(\mathbf{r})$. In Abbildung 2.9 haben wir gesehen, dass eine nichttriviale topologische Eigenschaft einer solchen komplexen Wellenfunktion darin besteht, dass ihre Windungszahl quantisiert ist. Dies führte uns zur Quantisierung der Vortizität in suprafluidem ^{4}He und zur Flussquantisierung in Supraleitern. Aber im Falle von suprafluidem ^{3}He sind, wie wir festgestellt haben, neun komplexe Zahlen nötig, um die Lückenfunktion zu beschreiben. Das Analogon zum GL-Ordnungsparameter ist also eine 3×3-Matrix, deren Elemente komplexe Zahlen sind:

$$[\psi_{\nu i}] = \begin{pmatrix} \psi_{xx} & \psi_{xy} & \psi_{xz} \\ \psi_{yx} & \psi_{yy} & \psi_{yz} \\ \psi_{zx} & \psi_{zy} & \psi_{zz} \end{pmatrix}$$

Die zugehörige freie Energiedichte ist demnach wesentlich komplizierter als gewöhnlich:

$$\begin{aligned} f_s^{\text{Innen}} - f_n = {} & a\psi^*_{\nu i}\psi_{\nu i} + \frac{b_1}{2}\psi^*_{\nu i}\psi^*_{\nu i}\psi_{\mu j}\psi_{\mu j} + \frac{b_2}{2}\psi^*_{\nu i}\psi_{\nu i}\psi^*_{\mu j}\psi_{\mu j} \\ & + \frac{b_3}{2}\psi^*_{\nu i}\psi^*_{\mu i}\psi_{\nu j}\psi_{\mu j} + \frac{b_4}{2}\psi^*_{\nu i}\psi^*_{\mu i}\psi^*_{\mu j}\psi_{\nu j} \\ & + \frac{b_5}{2}\psi^*_{\nu i}\psi_{\mu i}\psi_{\mu j}\psi^*_{\nu j} \end{aligned} \tag{7.52}$$

Dabei haben wir für die Summationen über alle möglichen Indizes die Einsteinsche Summenkonvention benutzt. Entsprechend schreiben wir

$$f_s = f_s^{\text{Innen}} + \frac{\hbar^2}{2m_1}\nabla_i\psi^*_{\nu j}\nabla_i\psi_{\nu j} + \frac{\hbar^2}{2m_2}\nabla_i\psi^*_{\nu i}\nabla_j\psi_{\nu j} + \frac{\hbar^2}{2m_3}\nabla_i\psi^*_{\nu j}\nabla_j\psi_{\nu i}\psi_{\mu\nu} \tag{7.53}$$

Solche komplizierten Ausdrücke haben eine gewisse Ähnlichkeit mit verwandten Theorien der Flüssigkristalle (Jones 2002). Wie in einem nematischen Flüssigkristall führt die nichttriviale Struktur des Ordnungsparameters zu einer Vielzahl neuartiger topologischer Defekte, für die es keine Analoga in gewöhnlichen Supraleitern gibt. Suprafluides ^{3}He besitzt eine reiche Struktur solcher topologischer Defekte. Hierzu zählen **Disklinationen** (ähnlich den bei Flüssigkristallen auftretenden), Vortizes mit halbzahliger Zirkulation und ein exotischer Oberflächeneffekt, der unter dem Namen „Boojum“ bekannt ist![7]

[7]Das „Boojum“ wurde dem Nonsense-Gedicht *The Hunting of the Snark* von Lewis Carroll entlehnt. In dem Gedicht geht es um die Jagd nach einer zwielichtigen Kreatur, dem Snark, der sich allen Einfangversuchen erfolgreich widersetzt. Die letzte Strophe offenbart den Grund: *“He had softly and suddenly vanished away –, For the Snark was a Boojum, you see.“* (deutsch etwa: Auf einmal war er verschwunden, weil... weißt du, der Snark war ein Boojum.)

7.5 Unkonventionelle Supraleiter

Die Identifizierung der suprafluiden Phasen von ^{3}He als Verallgemeinerungen des Konzepts der Cooper-Paare auf Spintriplett-p-Wellen führten zu der Frage, ob es weitere Supraleiter gibt, die ähnliche exotische Paarzustände haben. Das ursprüngliche BCS-Modell der Elektron-Phonon-Kopplung (6.11) erlaubt offensichtlich neben den bekannten BCS-Lösungen keine anderen Lösungen. Die Frage ist jedoch, ob in bestimmten Supraleitern andere Typen der Wechselwirkungen relevant werden können. Im Falle von ^{3}He ist klar, dass es zwei Hauptgründe für den p-Wellen-Paarungszustand gibt. Zum einen ist die Teilchen-Teilchen-Wechselwirkung im Nahbereich stark abstoßend, da es viel Energie kostet, zwei wie harte Kugeln wirkende Heliumatome eng zusammenzuhalten. Zum anderen sind die Quasiteilchen-Quasiteilchen-Wechselwirkungen nahe der Fermi-Fläche wegen der starken ferromagnetischen Spinsuszeptibilität (Stoner-Modell) spinabhängig. Grundsätzlich sind die Quasiteilchen nahe an einer ferromagnetischen Instabilität, was zu effektiv anziehenden Wechselwirkungen für die Spintriplett-Cooper-Paare führt. Für eine räumliche Wellenfunktion mit $l = 1$ haben die Cooper-Paare die Wahrscheinlichkeitsamplitude null, dass sich beide Teilchen im gleichen räumlichen Punkt befinden, da die Cooper-Paar-Wellenfunktion $\phi(\mathbf{r}_1, \mathbf{r}_2)$ für $\mathbf{r}_1 = \mathbf{r}_2$ null ist. Dagegen hat die Paarwellenfunktion im k-Raum auf der Fermi-Fläche große Amplituden, was die anziehende Wechselwirkung vorteilhaft macht.

Es gibt überhaupt keinen Grund, warum es einen ähnlichen Paarungsmechanismus nicht auch in Supraleitern geben sollte. Zwischen den Leitungselektronen in Metallen gibt es eine starke Coulomb-Abstoßung, die eine gewisse Ähnlichkeit mit dem abstoßenden Potential bei Helium hat. Um diese starke Abstoßung zu minimieren, ist es vorteilhaft, Cooper-Paare zu bilden, deren Paarwellenfunktionen bei $\mathbf{r}_1 = \mathbf{r}_2$ null sind. Bewerkstelligen lässt sich dies durch Paarzustände mit $l \neq 0$. Andererseits ist die wesentliche Bedingung dafür, dass es zur Paarung kommt, dass die effektiven Quasiteilchen-Quasiteilchen-Wechselwirkungen nahe der Fermi-Fläche anziehend sind. Es ist sicher vernünftig anzunehmen, dass dies in manchen Systemen vorkommt, auch wenn die Elektron-Phonon-Kopplung nicht stark ist. Wieder kann man nach Systemen suchen, in denen der Normalzustand der Landau-Fermi-Flüssigkeit nahe an einer Instabilität ist (beispielsweise Ferromagnetismus oder Antiferromagnetismus).

Es gibt gegenwärtig eine ganze Reihe guter Kandidaten, in denen **unkonventionelle Supraleitung** auftreten könnte. Diese ist definiert als eine Form der Supraleitung, in der der Grundzustand eine andere **Symmetrie** als der gewöhnliche BCS-Grundzustand hat. Da wir Elektronen in Metallen betrachten, sollten wir allgemein die Symmetrie der ersten Brillouin-Zone oder der ersten Fermi-Fläche als Referenz ansehen. In einem Kristall ist die Fermi-Fläche unter allen Symmetrieoperationen der **Punktgruppe** des Kristalls invariant. (In einem kubischen Gitter gehören beispielsweise alle Drehungen um 90° um die Kristallachsen zur Punktgruppe.) In der herkömmlichen BCS-Theorie wie sie in Kapitel 6 beschrieben wurde, gibt es einen einzelnen Parameter Δ, doch wie wir in diesem Kapitel sehen werden, lässt sich dies auf eine $\mathbf{k}$-abhängige Funktion $\Delta_{\mathbf{k}}$ verallgemeinern.

Wir definieren die Supraleitung als konventionell, falls

$$\Delta_{\hat{R}\mathbf{k}} = \Delta_{\mathbf{k}} \tag{7.54}$$

wobei $\hat{R}$ eine beliebige Symmetrieoperation der Punktgruppe ist. Für kubische Gitter können wir beispielsweise die 90°-Drehung um die z-Achse folgendermaßen schreiben:

$$\hat{R}\begin{pmatrix} k_x \\ k_y \\ k_z \end{pmatrix} = \begin{pmatrix} -k_y \\ k_x \\ k_z \end{pmatrix} \tag{7.55}$$

Im Gegensatz dazu definieren wir die Supraleitung als unkonventionell, falls $\Delta_{\hat{R}\mathbf{k}} \neq \Delta_{\mathbf{k}}$ für wenigstens eine Symmetrieoperation $\hat{R}$.

Interessanterweise sind die Fermi-Flächen aller nichtmagnetischen Metalle inversionsinvariant, auch wenn dies für den Kristall im realen Raum nicht gilt. Somit ist

$$\epsilon_{\mathbf{k}} = \epsilon_{-\mathbf{k}} \tag{7.56}$$

Die konventionelle Supraleitung muss diese Symmetrie ebenfalls aufweisen. Draus folgt

$$\Delta_{\mathbf{k}} = \Delta_{-\mathbf{k}} \tag{7.57}$$

Tatsächlich haben wir bereits gesehen, dass diese Eigenschaft in (7.39) für die Spinsingulett-Paarung auftritt und dass sie eine Konsequenz der Anti-Vertauschungsregeln für Fermionen ist. Dagegen gilt bei der Spintriplett-Supraleitung nach (7.40) immer $\mathbf{d}(\mathbf{k}) = -\mathbf{d}(-\mathbf{k})$, sodass die Triplettpaarung per Definition immer unkonventionell ist.

Eine weitere Symmetrieoperation in nichtmagnetischen Festkörpern ist die Rotation der Quantisierungsachse für den Spin (zumindest wenn man die Spin-Bahn-Kopplung vernachlässigt). Die BCS-Theorie für die Spinsingulett-Paarung ist invariant unter solchen Rotationen der Achse (auch wenn dies aus der Darstellung in Kapitel 6 nicht unmittelbar ersichtlich ist). Die Spinsingulett-Paarung ist immer invariant unter Rotationen des Spins. Bei der Spintriplett-Paarung hingegen wird die Spin-Rotationssymmetrie zwangsläufig gebrochen, da dies einer Rotation des Vektors $\mathbf{d}(\mathbf{k})$ entspricht.

Die vollständige Theorie der unkonventionellen Supraleitung macht Gebrauch von Methoden der Gruppentheorie, um die möglichen Punktsymmetrien eines gegebenen Systems zu analysieren. Dabei schaut man zunächst nach den irreduziblen Darstellungen und den Punktgruppen für eine gegebene Kristallstruktur und klassifiziert dann die unterschiedlichen Paarungszustände, die sich identifizieren lassen (Annett 1990, Mineev / Samokhin 1999). Die Entwicklung der Lückenfunktion nach Kugelfunktionen für suprafluides ^{3}He wird ersetzt durch eine Entwicklung nach Funktionen, die entsprechend den **irreduziblen Darstellungen** der Punktsymmetrie klassifiziert sind. Für

Supraleiter mit einfacher Paarung ergibt sich[8]

$$\Delta_{\mathbf{k}} = \sum_{\Gamma m} \eta_{\Gamma m} f_{\Gamma m}(\mathbf{k}) \tag{7.58}$$

Dabei ist Γ die irreduzible Darstellung und die Funktionen $f_{\Gamma m}(\mathbf{k})$ bilden eine vollständige Funktionenbasis mit der gegebenen Symmetriedarstellung Γ. Wenn die irreduzible Darstellung die Dimension d hat, dann ist mindestens eine Menge von Funktionen für $m = 1, \ldots, d$ notwendig. Für eine eindimensionale Darstellung Γ braucht man nur eine Basisfunktion, sodass die Lückenfunktion wie bei konventionellen Supraleitern durch einen einzigen komplexen GL-Ordnungsparameter beschrieben werden kann. In kubischen, tetragonalen oder hexagonalen Kristallen sind dagegen zwei- oder dreidimensionale Darstellungen Γ möglich, und für diese hat der Ordnungsparameter entsprechend zwei oder drei Entwicklungskoeffizienten $\eta_{\Gamma m}$. Für Triplett-Supraleiter umfasst die Entwicklung auch die drei Spinkomponenten bzw. den Vektor der Komponenten von $\mathbf{d}(\mathbf{k})$,

$$d_\nu(\mathbf{k}) = \sum_{\Gamma m \nu} \eta_{\Gamma m \nu} f_{\Gamma \nu}(\mathbf{k}) \tag{7.59}$$

Damit gibt es mindestens $3d$ Entwicklungskoeffizienten für eine d-dimensionale Darstellung Γ.

Der Supraleiter UPt_3 ist vermutlich das überzeugendste Beispiel für einen Supraleiter mit mehreren Komponenten zur Beschreibung der Lücke. Abbildung 7.5 zeigt die spezifische Wärme von UPt_3 nahe der Übergangstemperatur. Offensichtlich gibt es hier zwei Phasenübergänge mit den kritischen Temperaturen T_{c+} und T_{c-}. Man nimmt an, dass diese zwei unterschiedlichen Lückenkomponenten $\eta_{\Gamma m}$ entsprechen, die null werden. Bei dem höheren T_c-Wert wird zunächst eine davon null und dann folgt bei dem geringfügig tieferen T_c-Wert die zweite. Die Tatsache, dass die beiden Sprünge dicht benachbart sind, wird im Allgemeinen dadurch erklärt, dass die beiden Lückenkomponenten zur gleichen irreduziblen Darstellung Γ gehören und daher im Prinzip entartet sind. Dass man einen doppelten Übergang sieht, liegt daran, dass die Entartung leicht gestört ist, möglicherweise durch eine Ladungs- oder Spindichtewelle, die im normalleitenden Zustand oberhalb von T_c auftritt. Es ist möglich (siehe Abbildung 7.6), die beiden Phasenübergänge als Funktionen von Temperatur und Magnetfeld zu zeichnen (UPt_3 ist ein Supraleiter zweiter Art). Wie Abbildung 7.6 zeigt, gibt es tatsächlich drei unterschiedliche supraleitende Phasen, die durch zwei Übergangslinien separiert sind. Leider hat es sich als schwierig herausgestellt, experimentell die korrekte irreduzible Darstellung Γ zu finden, die für dieses bemerkenswerte Phasendiagramm verantwortlich ist. Zu den vorgeschlagenen Modellen gehört ein Spinsingulett-Zustand (d-Welle), ein Spintriplett-Zustand (p-Welle oder f-Welle) und sogar ein gemischter Zustand aus zwei verschiedenen irreduziblen Darstellungen Γ und Γ'. In den Übersichtsartikeln von Sauls (1994)

[8] In der Praxis ist es meist zu stark vereinfachend, die Paarungszustände als „s-Welle", „p-Welle", „d-Welle" oder „f-Welle" zu bezeichnen, je nachdem, wie viele Kugelfunktionen mindestens gebraucht werden, um die Variation von $\Delta_{\mathbf{k}}$ oder $\mathbf{d}(\mathbf{k})$ über der Fermi-Fläche zu beschreiben. Diese Namenskonvention ist streng genommen nicht korrekt, da die tatsächlichen Entwicklungsfunktionen die Basisfunktionen $f_{\Gamma m}(\mathbf{k})$ und nicht die Kugelfunktionen sind; doch das kann nicht wirklich zu Unklarheiten führen. Festzuhalten ist, dass der s-Wellen- und der p-Wellen-Paarungszustand jeweils ein Spinsingulett sein muss und der p-Wellen- sowie der f-Wellen-Zustand ein Spintriplett.

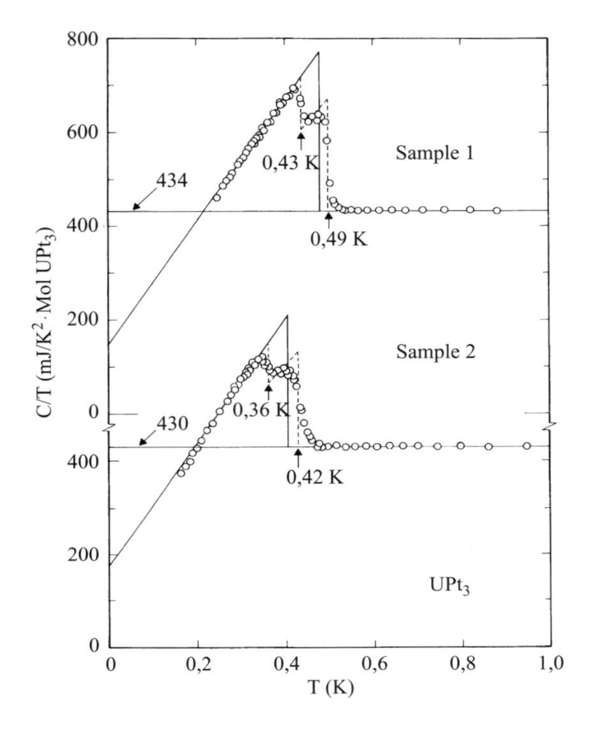

Abbildung 7.5: *Die Wärmekapazität von* UPt_3 *nahe* T_c*. Die beiden Sprünge zeigen, dass es zwei Phasenübergänge gibt und der GL-Ordnungsparameter folglich mehrere Komponenten hat. Genehmigter Nachdruck aus Fisher et al. (1989). © American Physical Society.*

sowie von Joynt und Taillefer (2002) sind die Experimente und die theoeretischen Modelle zu UPt_3 zusammengestellt. Eine Reihe anderer exotischer Supraleiter findet sich in der Klasse der **Schwerfermionenmetalle.** Wie UPt_3 sind dies gewöhnlich Verbindungen, die Uran oder andere Elemente der Actinium- und der Lanthanreihe enthalten (zum Beispiel Ce). Diese Materialien haben sowohl im normalleitenden als auch im supraleitenden Zustand eine Reihe ungewöhnlicher Eigenschaften. Diese seltsamen Effekte (wie die extrem hohe effektive Masse $m^* \gg m_e$) resultieren aus der sehr starken Wechselwirkung zwischen den Elektronen, die mit der nicht vollständigen Besetzung der f-Schale verbunden sind. Supraleitung scheint häufig mit einer Nähe zu magnetischen (antiferromagnetischen oder ferromagnetischen) Phasenübergängen verbunden zu sein. Es gibt starke Hinweise auf unkonventionelle Supraleitung bei verschiedenen Schwerfermionensystemen wie beispielsweise UBe_{13}. Ein anderes, besonders bemerkenswertes Beispiel ist UGe_2, ein Material, das gleichzeitig ferromagnetisch und supraleitend ist. Diese Koexistenz von Ferromagnetismus und Supraleitung ist überraschend, da die Magnetisierung die Spinsingulett-Paarung leicht zerstören kann. Aus diesem Grund ist es wahrscheinlich, dass UGe_2 ein Spintriplett-Supraleiter ist, doch zum gegenwärtigen Zeitpunkt gibt es hierfür keinen schlüssigen Nachweis.

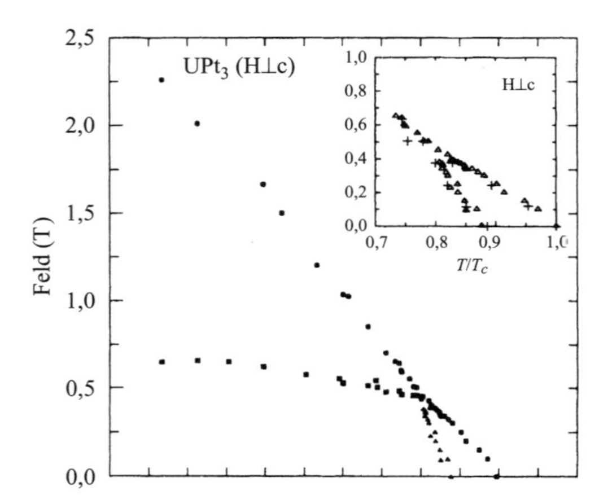

Abbildung 7.6: *Das H-T-Phasendiagramm von* UPt_3. *Es gibt drei verschiedene supraleitende Phasen, die jeweils einer anderen Symmetrie des Ordnungsparameters entsprechen. Diese weisen mit großer Wahrscheinlichkeit auf eine unkonventionell supraleitende Phase hin, die einen entarteten Ordnungsparameter hat. Genehmigter Nachdruck aus Adenwalla et al. (1990).* *© American Physical Society.*

Auch in Bezug auf Hochtemperatursupraleiter wie $La_{2-x}Sr_xCuO_4$ und $YBa_2Cu_3O_7$ gab es lange Zeit kontroverse Diskussionen, doch inzwischen sprechen die experimentellen Befunde sehr deutlich dafür, dass es sich um einen unkonventionellen Paarungszustand handelt. Diese Verbindungen haben sehr komplexe Strukturen, doch ein gemeinsames Merkmal ist, dass sie zweidimensionale Kupferoxidschichten enthalten. Diese Schichten sind für die Fermi-Fläche verantwortlich, die ebenfalls zweidimensional ist. Bei der Untersuchung der Lückengleichung können wir uns daher auf eine zweidimensionale quadratische (oder fast quadratische) Brillouin-Zone beschränken. Frühe Versuche zur kernmagnetischen Resonanz (NMR) zeigen, dass die Paarung wahrscheinlich in Spinsinguletts erfolgt. In diesem Fall ist es naheliegend, die durch

$$\Delta_\mathbf{k} = \Delta \qquad (s) \tag{7.60}$$

$$\Delta_\mathbf{k} = \Delta(\cos(k_x a) + \cos(k_y a))/2 \qquad (s^-) \tag{7.61}$$

$$\Delta_\mathbf{k} = \Delta(\cos(k_x a) - \cos(k_y a))/2 \qquad (d_{x^2-y^2}) \tag{7.62}$$

$$\Delta_\mathbf{k} = \Delta \, \sin(k_x a)\sin(k_y a) \qquad (d_{xy}) \tag{7.63}$$

beschriebenen Paarzustände zu betrachten. Der Parameter a ist hierbei die Gitterkonstante der quadratischen Kupferoxid-Ebene. In der ersten Brillouin-Zone ($-\pi/a \leq k_x \leq \pi/a, -\pi/a \leq k_y \leq \pi/a$) haben diese Lückenfunktionen alle einen maximal möglichen Wert von Δ, doch wie aus Abbildung 7.7 ersichtlich ist, variieren sie in Abhängigkeit von $\mathbf{k}$ beträchtlich.

Die durch (7.60) gegebene Lückenfunktion ist eine Konstante, also genau das, was man nach der in Kapitel 6 vorgestellten BCS-Theorie erwarten würde. Offensichtlich bleibt diese Funktion unter allen möglichen Symmetrieoperationen (Parität, Drehung um 90°

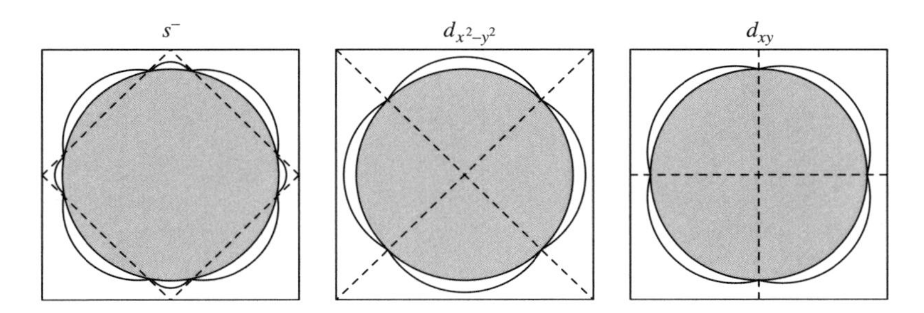

Abbildung 7.7: *Drei mögliche supraleitende Phasen von tetragonalen Supraleitern, wozu die Hochtemperatur-Kuprate gehören. Die erste (erweiterte s-Wellenpaarung) besitzt die volle Gittersymmetrie. Wie man sieht, kann sie acht Lückenknoten auf der Fermi-Fläche haben. Die beiden anderen ($d_{x^2-y^2}$ und d_{xy}) haben jeweils vier Lückenknoten auf der Fermi-Fläche. Mittlerweile gibt es deutliche experimentelle Hinweise, dass der Zustand $d_{x^2-y^2}$ derjenige ist, der in Hochtemperatur-Kupraten vorliegt.*

und Spiegelungen) der quadratischen Brillouin-Zone erhalten, sodass wir eine konventionelle oder s-Wellenpaarung haben. Dies steht im Gegensatz zur zweiten möglichen Lückenfunktion (7.61), die im linken Teil von Abbildung 7.7 dargestellt ist. Diese Funktion bleibt ebenfalls unter allen möglichen Symmetrieoperationen erhalten und ist deshalb ebenfalls ein Beispiel für eine konventionelle (oder s-Wellen-) Paarung. Doch wie aus der Abbildung ersichtlich ist, wird der Betrag dieser Lückenfunktion an acht Stellen auf der Fermi-Fläche null. Dies sind die Punkte, an denen die Fermi-Fläche die in der Abbildung eingezeichneten Strichlinien schneidet. Wie man leicht überprüft, ist die Funktion $\cos(k_x a) + \cos(k_y a)$ auf diesen Linien null (wobei $k_y = \pm\pi/a \pm k_x$). Für diesen Zustand wird daher die Quasiteilchen-Energielücke $2|\Delta_{\mathbf{k}}|$ an mehreren Stellen auf der Fermi-Fläche null, aber trotzdem besitzt die Lösung eine konventionelle s-Wellen-Symmetrie. Dies wird auch als „erweiterte s-Wellenpaarung" bezeichnet.

Die beiden anderen in Abbildung 7.7 skizzierten Lückenfunktionen (7.62) und (7.63) haben dagegen unkonventionelle Symmetrien. Beide wechseln bei Rotationen des Quadrats um 90° ($k_x \to k_y, k_y \to -k_x$) das Vorzeichen. Die $d_{x^2-y^2}$-Lückenfunktion ist unter Spiegelungen an den Diagonalen ungerade, während die d_{xy}-Lückenfunktion unter Spiegelungen an den Achsen ungerade ist ($k_x \to -k_x$ und $k_y \to -k_y$). Diese werden gewöhnlich als d-Wellen-Lückenfunktionen bezeichnet, da sie die gleiche Symmetrie haben wie die entsprechenden Kugelfunktionen $d_{x^2-y^2}$ und d_{xy}. In beiden Fällen verschwindet die Quasiteilchen-Lücke $2|\Delta_{\mathbf{k}}|$ an vier Stellen der Fermi-Fläche, wie ebenfalls in Abbildung 7.7 zu sehen ist.

Wie kann man diese unterschiedlichen Lückenfunktionen experimentell unterscheiden? Zunächst kann man versuchen herauszufinden, ob die Quasiteilchen-Lücke $2|\Delta_{\mathbf{k}}|$ überall auf der Fermi-Fläche einen von null verschiedenen Wert hat oder ob es Nullstellen gibt. Falls sie überall einen von null verschiedenen Wert hat, entspricht die Zustandsdichte in der supraleitenden Phase qualitativ der gewöhnlichen BCS-Zustandsdichte (siehe Abbildung 6.1) mit einem Lückenbereich von Energien, in dem es keine Quasiteilchen gibt. Wenn jedoch $2|\Delta_{\mathbf{k}}|$ an einer oder mehreren Stelle der Fermi-Fläche null wird, gibt

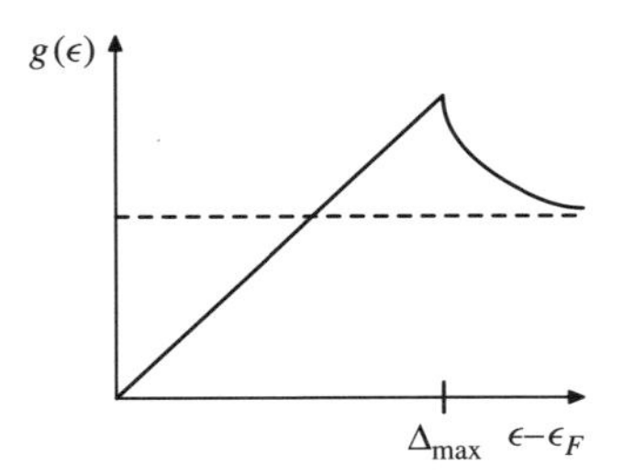

Abbildung 7.8: *Zustandsdichte in einem d-Wellen-Supraleiter. Es gibt keine echte Lücke, da es bei allen Energien Zustände gibt. Der lineare Anstieg der Dichte in der Nähe von $\epsilon = 0$ führt zu einer linearen Änderung der Eindringtiefe λ, wobei die Temperatur nahe null ist.*

es eine von null verschiedene Dichte für Quasiteilchen bei beliebigen Energien. In einem zweidimensionalen d-Wellen-Supraleiter ist die Zustandsdichte nahe der Fermi-Energie linear (siehe Abbildung 7.8). In diesem Fall ist es selbst bei sehr tiefen Temperaturen immer möglich, eine gewisse Anzahl von Quasiteilchen anzuregen, was experimentell beobachtbare Konsequenzen hat. Beispielsweise wird die spezifische Wärme einen Beitrag aus diesen „nodalen" Quasiteilchen haben, was bei tiefen Temperaturen typischerweise einen Term $C_V \propto T^2$ liefert. Indem man hiervon sorgfältig den Phononbeitrag ($C_V \sim T^3$ nach dem Debye-Modell) abzieht, kann man feststellen, ob es einen T^2-Term gibt oder nicht, und somit auf das Vorhandensein von Knoten schließen. Ein anderes Experiment, mit dem man diese Knoten direkter entdecken kann, besteht in der Messung der Londonschen Eindringtiefe λ in Abhängigkeit von der Temperatur. Wenn man die Eindringtiefe in die Suprafluiddichte n_s übersetzt (siehe Kapitel 3), dann sieht man, dass dieses Experiment $n_s(T)$ misst, also die Suprafluiddichte als Funktion der Temperatur. Wir schreiben

$$n_s(T) = n_s(0) - n_n(T) \tag{7.64}$$

wobei $n_s(0)$ die suprafluide Dichte bei der Temperatur null ist, und sehen damit, dass das Experiment effektiv die Dichte $n_n(T)$ der normalen Fluidkomponente als Funktion der Temperatur misst. In einem BCS-Supraleiter mit einer von null verschiedenen Lücke $2|\Delta|$ auf der gesamten Fermi-Fläche gilt $n_n(T) \sim e^{-2|\Delta|/k_{\mathrm{B}}T}$, und die Wahrscheinlichkeit für die Anregung von Quasiteilchen ist für $k_{\mathrm{B}}T \ll 2|\Delta|$ sehr gering. Doch für eine Lücke mit Knoten ist es immer möglich, Quasiteilchen auch bei sehr niedrigen Temperaturen anzuregen. Das Ergebnis ist, dass für die drei in Abbildung 7.7 gezeigten Zustände

$$n_n(T) \sim T \tag{7.65}$$

gilt. Für eine Messung der Eindringtiefe bei tiefen Temperaturen sollte man daher eine lineare Temperaturabhängigkeit erwarten, also

$$\lambda(T) = \lambda(0) + cT \tag{7.66}$$

wobei sich die Konstante c aus der gegebenen Funktion $\Delta_{\mathbf{k}}$ berechnet. Abbildung 7.9 zeigt die experimentellen Ergebnisse für den Supraleiter $YBa_2Cu_3O_7$ bei tiefen Temperaturen. Offensichtlich ist das Verhalten ziemlich linear, was ein starker Hinweis darauf

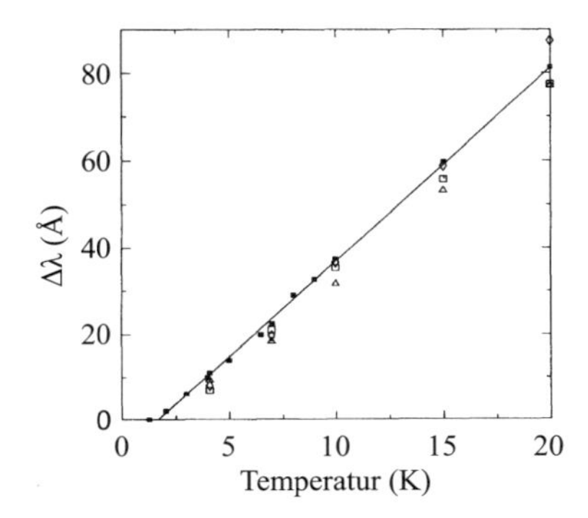

Abbildung 7.9: *Die Temperaturabhängigkeit der Eindringtiefe von* $YBa_2Cu_3O_7$ *nahe* $T = 0$. *Gekennzeichnet sind die Knoten der Lückenfunktion entsprechend den in Abbildung 7.7 gezeigten Phasen. Die Abhängigkeit dieses linearen* T*-Effekts von der Unordnung impliziert, dass ein* d*-Wellenzustand und kein erweiterter* s*-Wellenzustand vorliegt. Genehmigter Nachdruck aus Hardy et al. (1993). © American Physical Society.*

ist, dass die Lücke tatsächlich Knoten hat. Indem man die Auswirkung von Defekten auf dieses lineare Verhalten untersucht, findet man weitere Argumente dafür, dass die Lückenfunktion mit größerer Wahrscheinlichkeit eine der d-Wellenlösungen ist (also durch (7.62) oder (7.63) gegeben) anstatt eine erweiterte s-Wellenlösung (7.61).

Wie kann man zwischen den beiden möglichen d-Wellenzuständen unterscheiden? Grundsätzlich sind beide Zustände recht ähnlich. Sie unterscheiden sich nur in der Position der Lückenknoten relativ zu den Achsen der Brillouin-Zone. Im Falle von Hochtemperatursupraleitern haben inzwischen zwei voneinander unabhängige Gruppen von Experimenten sehr überzeugende Belege gebracht, dass die Lückenknoten auf den Diagonalen liegen (wie im mittleren Teil von Abbildung 7.7, der den $d_{x^2-y^2}$-Zustand zeigt). Die erste Gruppe von Experimenten basiert auf der winkelaufgelösten Fotoemission (ARPES von engl. angle resolved photoemission spectroscopy). Dabei schlägt ein Röntgenphoton von bekannter Energie und bekanntem Wellenvektor ein Elektron aus der Oberfläche des Supraleiters heraus. Durch Messung der Energie E und der parallelen Komponenten des Wellenvektors (k_x, k_y) des emittierten Elektrons kann man auf seine Anfangsenergie und den Kristallimpuls schließen. Durch sorgfältigen Vergleich der Spektren als Funktionen der Temperatur lassen sich für alle Punkte der Fermi-Fläche direkt die Werte der Energielücke $2|\Delta_{\mathbf{k}}|$ aufnehmen. Die Ergebnisse dieser Experimente zeigen, dass die Lücke ihre maximalen Werte in der Nähe der Punkte $(k_x, k_y) = (\pi/a, 0)$ und $(k_x, k_y) = (0, \pi/a)$ annimmt und in der Nähe der Diagonalen der Brillouin-Zone $(k_x = \pm k_y)$ null ist (im Rahmen der Messgenauigkeit). Nur der $d_{x^2-y^2}$-Zustand weist dieses Muster der Lückenknoten auf.

Die zweite Gruppe von Experimenten, mit denen zwischen den verschiedenen d-Wellenzuständen unterschieden werden kann, arbeitet nach einem völlig anderen Prinzip, nämlich unter Ausnutzung des Josephson-Effekts. Wie wir in Kapitel 5 gesehen haben, resultiert der Josephson-Effekt aus dem kohärenten Tunneln von Cooper-Paaren zwischen zwei Supraleitern. Der Strom in den Kontakten hängt von der Phasendiffe-

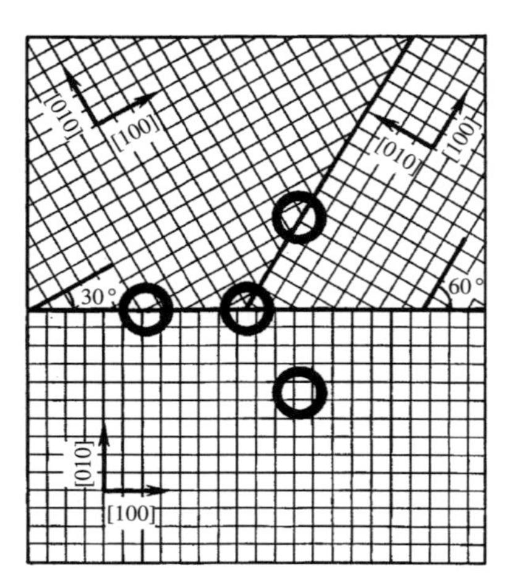

Abbildung 7.10: *Ein supraleitender SQUID-Ring mit drei schwachen Kontakten. Der magnetische Fluss durch den Ring hat die Quantisierung $(n + 1/2)\Phi_0$ anstatt des üblichen $n\Phi_0$. Dies weist auf einen Vorzeichenwechsel des Ordnungsparameters aufgrund der Ringgeometrie hin. Für diese Ringgeometrie deutet der Vorzeichenwechsel auf eine Paarung vom Typ $d_{x^2-y^2}$. Genehmigter Nachdruck aus Tsuei and Kirtley (2000). © American Physical Society.*

renz zwischen den kohärenten BCS-Zuständen zu beiden Seiten des Kontakts ab; es gilt $I = I_c \sin(\theta_1 - \theta_2)$. Für d-Wellensupraleiter zeigt sich, dass die relevante Phase θ oftmals von der Lückenfunktion $\Delta_\mathbf{k}$ an einem bestimmten Punkt der Fermi-Fläche abhängt, meist dem Punkt in Richtung der Vektornormale zum Josephson-Kontakt. Wenn man also Kontakte mit unterschiedlichen Orientierungen relativ zu den Kristallachsen legt, kann man damit die Werte $\Delta_\mathbf{k}$ in unterschiedlichen Punkten der Fermi-Fläche messen. Experimente mit einem einzelnen Kontakt sind möglich, doch bislang haben sich diese nicht als aufschlussreich erwiesen. Dagegen konnte durch Experimente mit zwei oder mehr Verbindungen, die nach der Geometrie von SQUIDs angeordnet werden (siehe Kapitel 5), gezeigt werden, dass die Lückenfunktion $\Delta_\mathbf{k}$ **ihr Vorzeichen ändern muss** wie in (7.62) angegeben. Erstmals wurde in Wollman *et al.* (1993) von einem SQUID berichtet, der aus zwei verschiedenen Kristallebenen eines $YBa_2Cu_3O_7$-Kristalls besteht, die mit Niob zu einem supraleitenden Ring verbunden sind (siehe auch Van Harlingen 1995). Die Experimentatoren beobachteten, dass das übliche SQUID-Interferenzmuster (Abbildung 5.10) um genau die halbe Breite des Interferenzstreifens $(\Phi_0/2)$ phasenverschoben ist. Dies weist auf eine Vorzeichenänderung von $\Delta_\mathbf{k}$ zwischen der k_x- und der k_y-Richtung der Brillouin-Zone hin, was konsistent ist mit (7.62). Ein etwas anderes Experiment mit Josephson-Kontakten wurde von Tsuei und Kirtley durchgeführt. Bei diesem Experiment wurden supraleitende Ringe konstruiert wie sie in Abbildung 7.10 gezeigt sind. Dabei wird jeder Ring hergestellt, indem man eine dünne supraleitende Schicht auf einem isolierenden Substrat wachsen lässt und anschließend mit lithografischen Verfahren Material herausschneidet, um auf diese Weise einen isolierten Ring zu erhalten. Als Substrat wurde ein trikliner Kristall gewählt, was bedeutet, dass es Bereiche mit drei unterschiedlichen Kristallorientierungen gibt, die durch Korngrenzen separiert sind. Wenn man berücksichtigt, dass der Supraleiter in den Richtungen des Substrats wächst, kann man schlussfolgern, dass die supraleitenden Ringe entweder drei, zwei oder gar keine Korngrenze haben, wie in Abbildung 7.10 gezeigt ist. Für die Ringe mit zwei oder keiner Korngrenze wurde der Fluss $\Phi = n\Phi_0$ gefunden, wie man nach der Diskussion in Kapitel 4 erwarten sollte. Doch der spezielle Ring im Zentrum hat drei Korngrenzen, und für diesen wurde eine völlig andere Flussquantisierung beobachtet, nämlich

$$\Phi = \left(n + \frac{1}{2}\right)\Phi_0 \tag{7.67}$$

(nach Tsuei und Kirtley, 2000). Die Erklärung für dieses überraschende Verhalten ist eine Vorzeichenänderung, die aus Vorzeichenänderungen zwischen $\Delta_\mathbf{k}$ für die $d_{x^2-y^2}$-Paarungszustände in den drei verschiedenen Bereichen des zentralen supraleitenden Ringes resultiert. Diese halbzahlige Flussquantisierung ist vor allem insofern interessant, als sie eine **topologische Eigenschaft** widerspiegelt, nämlich die Windungszahl (siehe auch Abbildung 2.9). In suprafluidem ^{4}He wie auch in der Ginzburg-Landau-Theorie der Supraleitung ergibt sich die Flussquantisierung aus der Forderung, dass die makroskopische Wellenfunktion einwertig ist. Die Tatsache, dass in diesem triklinen Kristallring eine halbzahlige Quantisierung auftritt, zeigt, dass die makroskopische Wellenfunktion selbst eine innere Struktur besitzt, nämlich durch die Vorzeichenänderungen, die mit der $d_{x^2-y^2}$-Lückenfunktion von $\Delta_\mathbf{k}$ verbunden sind. Wegen der topologischen Natur dieser Effekte ist die Quantisierung unabhängig von Unordnung oder anderen kleinen Störungen. Mittlerweile wurde die halbzahlige Quantisierung in einer ganzen Reihe von supraleitenden Materialien beobachtet sowie in unterschiedlichen Ringgeometrien (Tsuei und Kirtley 2000).

Inwieweit hilft diese $d_{x^2-y^2}$-Lückenfunktion dabei, den **Paarungsmechanismus** von Hochtemperatursupraleitern herauszufinden? Leider ist eine direkte und eindeutige Aussage hierüber nicht möglich, da es eine ganze Reihe von Mechanismen gibt, die mit $d_{x^2-y^2}$-Cooper-Paaren vereinbar sind. Zumindest aber legt diese ungewöhnliche Symmetrie nahe, dass der normale Elektron-Phonon-Mechanismus der BCS-Theorie hier nicht anwendbar ist, da dieser normalerweise zur s-Wellenpaarung führt. Ein weiterer Hinweis hierfür ist das scheinbare Fehlen eines Isotopeneffekts in optimal gedoptem $YBa_2Cu_3O_7$. Die Klasse von Paarungsmechanismen, die am natürlichsten zur $d_{x^2-y^2}$-Paarung führen, sind jene, die auf der **starken Elektron-Elektron-Abstoßung** basieren. Die Kuprat-Supraleiter sind wegen dieser Wechselwirkung alle nahezu antiferromagnetische Isolatoren. Ein Beispiel für einen antiferromagnetischen Isolator ist die Verbindung La_2CuO_4. Sie wird metallisch und supraleitend, wenn sie mit Barium oder Strontium „gedopt“ wird, beispielsweise $La_{2-x}Sr_xCuO_4$ mit $x \sim 5 - 15\%$. Es wird weithin angenommen, dass eine $d_{x^2-y^2}$-Paarung im metallischen Zustand nahe des Übergangs zum Antiferromagnetismus möglich ist. In gewissem Sinne ist der Mechanismus dem Spinfluktuationsmodell für suprafluides ^{3}He ähnlich, nur dass hier die Spinfluktuationen antiferromagnetischen Charakter haben. Antiferromagnetische Spinfluktuationen favorisieren die $d_{x^2-y^2}$-Paarung. Zur Entstehungszeit des vorliegenden Buches war dieses Problem noch nicht zufriedenstellend geklärt, sodass die Frage nach dem Paarungsmechanismus der Hochtemperatursupraleitung leider offen bleiben muss.

Es gibt noch viele andere interessante Klassen von neuartigen Supraleitern, bei denen der Paarungsmechanismus möglicherweise völlig anders ist. Jedes Jahr werden neue Supraleiter entdeckt, sodass die Supraleitungsforschung auch weiterhin ein sich rasch entwickelndes Gebiet ist. Zu den vielen interessanten und neuartigen supraleitenden Verbindungen, die in den letzten Jahren entdeckt wurden, gehören unter anderem gedopte Fullerene (wie etwa K_3C_{60}) und Kohlenstoffnanoröhren, organische Supraleiter, Magnesiumborid (MgB_2) und Borcarbid-Supraleiter (beispielsweise YNi_2B_2C), ferromagnetische Supraleiter (beispielsweise $ZrZn_2$ und UGe_2) und Strontiumruthenat (Sr_2RuO_4, ein möglicher Spintriplett-p-Wellensupraleiter). Die Erforschung dieser Materialien wird Experimentatoren und Theoetiker noch viele Jahre beschäftigen, auch wenn die Supraleitung bei Raumtemperatur eine Illusion bleiben sollte.

Weiterführende Literatur

Es gibt viele gute Bücher und Übersichtsartikel, die sich mit experimentellen Fragen und mit Theorien zu suprafluidem ^{3}He befassen. Das Buch von Tilley und Tilley (1990) ist eine gute Einführung, während die Bücher von Volovik (1992) und von Vollhardt und Wölfle (1990) mehr in die Tiefe gehen. Exzellente Empfehlungen sind auch die klassischen Übersichtsartikel von Wheatley (1975) und Legett (1975). Die Nobel Lectures von Lee (1997) und Osheroff (1997) geben einen Überblick und außerdem interessante Details zur Entdeckungsgeschichte der Suprafluidität.

Die Ideen zu topologischen Defekten in der Physik der kondensierten Materie, beispielsweise in Flüssigkristallen, werden in den Büchern von Jones (2002) sowie von Chakin und Lubesky (1995) vorgestellt. Einzelheiten über die exotischen Vortizes, die in suprafluidem ^{3}He auftreten, werden von Salomaa und Volovik (1987) beschrieben. Eine hübsche Anekdote über die Herkunft des Begriffs „Boojum“ und seine Einführung als Terminus bei der Beschreibung von suprafluidem ^{3}He finden Sie in den gesammelten Essays von Mermin (1990).

Auch zur unkonventionellen Supraleitung gibt es mehrere Bücher und Übersichtsartikel. Ausführlich wird das Thema von Ketterson und Song (1999) sowie von Mineev und Samhokin (1999) behandelt. Eine kurze Einführung zu den zugrunde liegenden Symmetrien und gruppentheoretischen Methoden finden Sie in Annett (1990).

Eine Beschreibung der supraleitenden Phasen von UPt_3 wird in den Übersichtsartikeln von Joynt und Taillfer (2002) sowie von Sauls (1994) geliefert. Mit den möglichen supraleitenden Zuständen von Hochtemperatursupraleitern sowie mit der Analyse der relevanten Experimente befassen sich Annett *et al.* (1990) sowie Annett *et al.* (1996). Übersichtsartikel von Van Harlingen (1995) und Tsuei und Kirtley (2000) befassen sich mit Experimenten zur Bestimmung des Ordnungsparameters auf der Basis von Josephson-Kontakten. Eine (sehr unvollständige) Analyse der möglichen unkonventionellen Supraleitfähigkeit einer Vielzahl von Verbindungen wurde von Annett (1999) vorgelegt. Mackenzie und Maeno (2003) diskutieren die vermutete Sprintriplett-Paarung in Sr_2RuO_4.

A Lösungen und Hinweise zu ausgewählten Aufgaben

A.1 Kapitel 1

Aufgabe 1.1 Diese Aufgabe entspricht einem klassischen Problem der Kombinatorik: Wie viele Möglichkeiten gibt es, r identische Objekte aus einer Gesamtmenge von n Objekten auszuwählen? Die Antwort ist

$$_nC_r = \binom{n}{r} = \frac{n!}{r!(n-r)!}$$

In diesem Fall sehen wir (vgl. Abbildung 1.1), dass wir insgesamt M_s Kästchen haben, von denen N_s ausgewählt werden, um sie mit einem Fermion zu besetzen. Somit gibt es $_{M_s}C_{N_s}$ mögliche Mikrozustände.

Aufgabe 1.3 Die Summe über alle möglichen Zustände des Systems erhält man, indem man für alle ebenen Wellen $\mathbf{k}$ über die Menge der Besetzungszahlen $\{n_\mathbf{k}\}$ summiert. Daher ist die großkanonische Zustandssumme gegeben durch

$$\begin{aligned}
\mathcal{Z} &= \sum_{\{n_\mathbf{k}\}} \exp\left(\beta \sum_\mathbf{k} (\epsilon_\mathbf{k} - \mu) n_\mathbf{k}\right) \\
&= \prod_\mathbf{k} \left[\sum_{n=0,1,\dots} \exp(\beta(\epsilon_\mathbf{k} - \mu)n\right] \\
&= \prod_\mathbf{k} \mathcal{Z}_\mathbf{k}
\end{aligned}$$

mit

$$\mathcal{Z}_\mathbf{k} = \frac{1}{1 - e^{-\beta(\epsilon_\mathbf{k} - \mu)}}$$

Die mittlere Besetzungszahl des Zustands $\mathbf{k}$ ist

$$\begin{aligned}\langle n_{\mathbf{k}}\rangle &= \frac{1}{\mathcal{Z}}\sum_{\{n_{\mathbf{k}}\}} n_{\mathbf{k}} \exp\left(-\beta\sum_{\mathbf{k}}(\epsilon_{\mathbf{k}}-\mu)n_{\mathbf{k}}\right)\\ &= -\frac{1}{\beta\mathcal{Z}}\frac{\partial}{\partial\epsilon_{\mathbf{k}}}\sum_{\{n_{\mathbf{k}}\}}\exp\left(-\beta\sum_{\mathbf{k}}(\epsilon_{\mathbf{k}}-\mu)n_{\mathbf{k}}\right)\\ &= -k_{\mathrm{B}}T\,\frac{\partial\ln\mathcal{Z}}{\partial\epsilon_{\mathbf{k}}}\end{aligned}$$

Wie man leicht sieht, trägt nur $\mathcal{Z}_{\mathbf{k}}$ zur Ableitung bei. Wir erhalten die Bose-Einstein-Verteilung $f_{\mathrm{BE}}(\epsilon)$ durch Differenzieren des oben gefundenen Ausdrucks für $\mathcal{Z}_{\mathbf{k}}$.

Aufgabe 1.5 Die Integralsubstitution $y = ze^{-x}$ führt für $0 < z < 1$ auf das Ergebnis

$$\int_0^\infty \frac{ze^{-x}}{1-ze^{-x}}\,\mathrm{d}x = -\ln(1-z)$$

Damit ist das chemische Potential unter Verwendung von $z = e^{\beta\mu}$ explizit durch

$$\mu = k_{\mathrm{B}}T\ln\left(1-e^{-2\pi\hbar^2 n/(mk_{\mathrm{B}}T)}\right)$$

gegeben. Im Limes kleiner $n/k_{\mathrm{B}}T$ gilt

$$\mu \approx k_{\mathrm{B}}T\ln\left(\frac{2\pi\hbar^2 n}{mk_{\mathrm{B}}T}\right)$$

was negativ ist. Entsprechend erhalten wir im Limes großer $n/k_{\mathrm{B}}T$

$$\mu \approx -k_{\mathrm{B}}Te^{-2\pi\hbar^2 n/(mk_{\mathrm{B}}T)}$$

was ebenfalls negativ ist. Also wird μ niemals null, und das ist der Grund, warum es in zweidimensionalen Systemen keine Bose-Einstein-Kondensation gibt.

Aufgabe 1.6 Wenn wir für die spezifische Wärme unter T_c den Ausdruck (1.52) verwenden und integrieren, dann erhalten wir für die Gesamtentropie pro Teilchen bei der Temperatur T

$$s(T) = \frac{5}{2}\frac{g_{5/2}(1)}{g_{3/2}(1)}\frac{T^{3/2}}{T_c^{3/2}}\,k_{\mathrm{B}}$$

Doch N_n, die Gesamtanzahl der Teilchen in der normalen Fluidkomponente, ist ebenfalls proportional zu $T^{3/2}/T_c^{3/2}$, und daher ist die Gesamtentropie des Gases

$$S(T) = N_n s(T_c)$$

Wir können dies wegen

$$S(T) = N_0 s(0) + N_n s(T_c)$$

als eine statistische Mischung der beiden „Fluide" – dem Kondensat und dem normalen Fluid – interpretieren, in der die Entropie bei Temperatur null (wegen des dritten Hauptsatzes) $s(0) = 0$ ist.

Aufgabe 1.7 Hier muss lediglich für alle durch (1.55) und (1.56) gegebenen Zustände $\langle \hat{S}_{2z} \rangle$ ausgearbeitet werden. Beispielsweise hat der Zustand

$$|S = 2, M_S = 1\rangle = \tfrac{1}{2}\left(\sqrt{3}\,|\tfrac{1}{2}, \tfrac{1}{2}\rangle + |\tfrac{3}{2}, -\tfrac{1}{2}\rangle\right)$$

den Erwartungswert

$$\langle S = 2, M_S = 1|\hat{S}_{2z}|S = 2, M_S = 1\rangle = \tfrac{3}{4}\left(+\tfrac{1}{2}\right) + \tfrac{1}{4}\left(-\tfrac{1}{2}\right) = +\tfrac{1}{4}$$

Der Erwartungswert des Zustands

$$|S = 1, M_S = 1\rangle = \tfrac{1}{2}\left(|\tfrac{1}{2}, \tfrac{1}{2}\rangle + \sqrt{3}\,|\tfrac{3}{2}, -\tfrac{1}{2}\rangle\right)$$

hat dagegen das entgegengesetzte Vorzeichen:

$$\langle S = 1, M_S = 1|\hat{S}_{2z}|S = 1, M_S = 1\rangle = \tfrac{1}{4}\left(+\tfrac{1}{2}\right) + \tfrac{3}{4}\left(-\tfrac{1}{2}\right) = -\tfrac{1}{4}$$

Dies erklärt die in Abbildung 1.8 zu sehende Vorzeichenumkehr bei der Feldabhängigkeit der Energieniveaus $S = 1$ und $S = 2$.

Aufgabe 1.8 (a) Dies können wir durch Separation der Variablen lösen. Die dreidimensionale Wellenfunktion $\psi(x, y, z)$ kann als Produkt $X(x)Y(y)Z(z)$ dargestellt werden, wobei jede dieser Funktionen die Gleichung für den eindimensionalen harmonischen Oszillator erfüllt. Die Gesamtenergie

$$\epsilon_{n_x n_y n_z} = \hbar\omega\left(n_x + n_y + n_z + \tfrac{3}{2}\right)$$

ist die Summe der drei Beiträge $\hbar\omega(n_x + 1/2)$ usw.

(b) Hierzu muss die Anzahl der Zustände mit Energie kleiner ϵ abgezählt werden. Das Abzählen erfolgt ähnlich wie bei der Rechnung, durch die wir den Ausdruck (1.4) erhalten haben. Allerdings hängen hier die Energien von n_x, n_y und n_z ab anstatt von k_x, k_y und k_z. In einem räumlichen Koordinatensystem mit den Richtungen n_x, n_y und n_z (Abbildung A.1) gibt es pro Volumeneinheit (Würfel) offensichtlich einen Quantenzustand. Dabei müssen alle Zustände mit Energie kleiner ϵ im Bereich

$$n_x + n_y + n_z < \frac{\epsilon}{\hbar\omega}$$

liegen. Dies ist ein Tetraeder mit der Kantenlänge $\epsilon/\hbar\omega$ (siehe Abbildung A.1). Das Volumen des Tetraeders ist

$$N(\epsilon) = \frac{1}{6}\left(\frac{\epsilon}{\hbar\omega}\right)^3$$

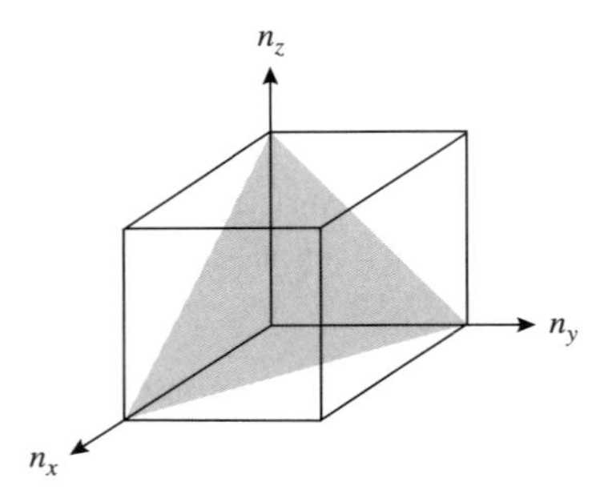

Abbildung A.1: *(Zu Aufgabe 1.8) Abzählen der Zustände mit Energie kleiner ϵ für eine dreidimensionale harmonische Atomfalle. Im dreidimensionalen Koordinatensystem $\{n_x, n_y, n_z\}$ gibt es einen Quantenzustand pro Volumeneinheit. In diesem Koordinatensystem liegen alle Zustände mit Energie kleiner ϵ in dem eingezeichneten Tetraeder. Das Volumen des Tetraeders beträgt 1/6 des Volumen des Würfels, und der Würfel hat die Kantenlänge $\epsilon/\hbar\omega$.*

was gleichzeitig die Gesamtanzahl der Zustände ist. Durch Differenzieren erhalten wir für die Dichte der Zustände mit Energie ϵ

$$g(\epsilon) = \frac{\epsilon^2}{2(\hbar\omega)^3}$$

(c) Das chemische Potenzial ist null, wenn

$$N = \int_0^\infty g(\epsilon)\frac{1}{e^{\beta\epsilon} - 1}\,\mathrm{d}\epsilon$$

Wenn wir die in Teil (b) erhaltene Dichte zugrunde legen, folgt

$$N = (k_\mathrm{B}T_c)^3\frac{1}{2\hbar\omega)^3}\int_0^\infty \frac{x^2}{e^x - 1}\,\mathrm{d}x$$

Wir fassen alle numerischen Konstanten zusammen, die von der Ordnung eins sind, und erhalten $k_\mathrm{B}T_c \sim N^{1/3}\hbar\omega$.

A.2 Kapitel 2

Aufgabe 2.3 Wenn wir die Ersetzung $\mathbf{B} \leftrightarrow \mathbf{v}_s$ ausführen, dann sehen wir, dass die Zirkulation κ der Größe $\mu_0 I$ im Ampèreschen Gesetz entspricht. Die beiden Energiedichten sind gleich, wenn ρ_s und $1/\mu_0$ gleich sind.

Aufgabe 2.4 Mit den Ergebnissen von Aufgabe 2.3 wird die Kraft pro Längeneinheit zwischen zwei Vortizes

$$F = \frac{1}{\rho_s}\frac{(\rho_s\kappa_1)(\rho_s\kappa_2)}{2\pi R} = \frac{\rho_s\kappa_1\kappa_2}{2\pi R}$$

Die Richtigkeit dieses Ergebnisses kann auch durch eine Dimensionsanalyse überprüft werden. Die Wechselwirkungsenergie zwischen Vortizes finden Sie durch Integration über die Arbeit $F\mathrm{d}R$, die verrichtet wird, um den Abstand der Drähte von R_0 auf R zu bringen. Das Vorzeichen ist so gewählt, dass sich parallele Drähte oder Vortizes abstoßen, sodass die Gesamtenergie mit wachsendem R abnimmt.

Aufgabe 2.6 (a) Unter Verwendung von Kugelkoordinaten finden wir

$$\rho_1(r) = \frac{1}{(2\pi)^3}\int n_{\mathbf{k}} e^{-ikr\cos\theta} k^2 \sin\theta \,\mathrm{d}\theta\,\mathrm{d}\phi\,\mathrm{d}k$$

Die z-Achse wurde in Richtung des Vektors $\mathbf{r}$ gelegt (aber natürlich hängt das Ergebnis nicht von der Richtung ab). Mit der Substitution $x = -\cos\theta$ wird aus dem Integral über θ von 0 bis π ein Integral über x von -1 bis 1. Damit erhalten wir das gesuchte Ergebnis, denn

$$\int_{-1}^{1} e^{ikrx}\mathrm{d}x = \frac{1}{ikr}\left(e^{ikr} - e^{-ikr}\right) = 2\,\frac{\sin(kr)}{(kr)}$$

Das Integral über ϕ trägt nur einen Faktor 2π zum Ergebnis bei.

(b) Nahe $k = 0$ gilt

$$\frac{1}{e^{\beta(\epsilon_{\mathbf{k}}-\mu)} - 1} \approx \frac{1}{z^{-1} - 1 + \hbar^2 k^2/(2mk_{\mathrm{B}}T) + \cdots}$$

wobei $z = e^{\beta\mu}$ kleiner ist als 1, da μ negativ ist. Damit gilt $a = z^{-1} - 1, b = \hbar^2/(2mk_{\mathrm{B}}T)$.

Verwenden wir diese Näherung für das Integral in (a), so erhalten wir

$$\rho_1(r) = \frac{4\pi}{(2\pi)^3}\int_0^\infty \frac{1}{a + bk^2}\,k^2\,\frac{\sin(kr)}{(kr)}\,\mathrm{d}k$$

Mit der Variablentransformation $x = kr$ und indem wir die Konstanten vor das Integral ziehen, erhalten wir

$$\rho_1(r) = \frac{4\pi}{(2\pi)^3}\frac{1}{br}\int_0^\infty \frac{x}{c^2 + x^2}\,\sin(x)\,\mathrm{d}x$$

mit der neuen Konstante $c^2 = ar^2/b$. Damit haben wir eine Dichtematrix der Form

$$\rho_1(r) \sim \frac{1}{r}\,e^{-r/d}$$

(c) Aus Teil (b) sehen wir, dass der Abstand d durch

$$d = \left(\frac{b}{a}\right)^{1/2} = \left(\frac{\hbar^2}{2mk_{\mathrm{B}}T(z^{-1}-1)}\right)^{1/2}$$

gegeben ist. Für $T \to T_c$ geht das chemische Potenzial μ gegen null und z geht gegen 1. Also geht der Nenner gegen null, d. h., der Abstand divergiert. Infinitesimal über T_c ist μ demzufolge sehr klein, sodass wir die Näherung $e^{\beta\mu} \sim 1 + \beta\mu$ verwenden können. Damit gilt $z^{-1} - 1 \sim -\beta\mu = \beta|\mu|$ und wir erhalten

$$d \sim \left(\frac{\hbar^2}{2m|\mu|}\right)^{1/2}$$

für Temperaturen dicht über T_c, also $d \to \infty$ für $T \to T_c$.

(d) Dies ist ähnlich wie in den Teilen (b) und (c), außer dass wir in diesem Fall die Näherung

$$\frac{1}{e^{\beta\epsilon_{\mathbf{k}}} - 1} \sim \frac{2mk_{\mathrm{B}}T}{\hbar^2 k^2}$$

verwenden, da μ unterhalb von T_c null ist. Die zugehörige Dichtematrix ist

$$\rho_1(r) = n_0 + \frac{4\pi}{(2\pi)^3}\frac{2mk_{\mathrm{B}}T}{\hbar^2}\frac{1}{r}\int_0^\infty \frac{\sin(x)}{x}\,\mathrm{d}x$$

Für große r ist das Verhalten also vom Typ „Konstante plus $1/r$“. Offensichtlich kann eine solche Funktion nur für große r asymptotisch gültig sein, denn wie wir wissen, ist die Dichtematrix bei $r = 0$ endlich und durch die Gesamtteilchendichte $\rho_1(0) = n$ gegeben.

A.3 Kapitel 3

Aufgabe 3.1 (a) Unter Verwendung der Gleichung $\nabla \times \mathbf{B} = \mu_0 \mathbf{j}$ kann $\mathbf{j}$ aus der London-Gleichung eliminiert werden. Die numerischen Konstanten n_s, m_e und μ_0 können zu einer Konstante λ zusammengefasst werden, die die Dimension einer Länge haben muss.

(b) Da $\mathbf{B}$ nur in z-Richtung eine von null verschiedene Komponente hat und diese lediglich eine Funktion von x ist, also $\mathbf{B} = (0, 0, B_z(x))$, gilt

$$\nabla \times \mathbf{B} = \begin{vmatrix} \mathbf{i} & \mathbf{j} & \mathbf{k} \\ \frac{\partial}{\partial x} & \frac{\partial}{\partial y} & \frac{\partial}{\partial z} \\ 0 & 0 & B_z(x) \end{vmatrix} = -\mathbf{j}\,\frac{\mathrm{d}B_z}{\mathrm{d}x}$$

Dies ist ebenfalls eine Funktion, die nur von x abhängt. Wenn wir hiervon die Rotation bilden, erhalten wir

$$\nabla \times (\nabla \times \mathbf{B}) = \begin{vmatrix} \mathbf{i} & \mathbf{j} & \mathbf{k} \\ \frac{\partial}{\partial x} & \frac{\partial}{\partial y} & \frac{\partial}{\partial z} \\ 0 & -\frac{\mathrm{d}}{\mathrm{d}x}B_z(x) & 0 \end{vmatrix} = \mathbf{k}\,\frac{\mathrm{d}^2 B_z}{\mathrm{d}x^2}$$

(c) Dies ist eine Differentialgleichung zweiter Ordnung. Der konstante Koeffizient ist positiv, weshalb die Lösungen Exponentialfunktionen und keine Sinus- oder Kosinusfunktionen sind. Die allgemeine Lösung lautet

$$B_z(x) = Ce^{x/\lambda} + De^{-x/\lambda}$$

Wir wissen aber, dass das Feld bei $x = 0$ gleich B_0 ist, und das Feld kann weit weg von der Oberfläche nicht auf unendlich anwachsen. Daher gilt $C = 0$, $D = B_0$, womit wir das gesuchte Ergebnis erhalten.

Aufgabe 3.2 Dies ist ähnlich wie in Teil (c) von Aufgabe 3.1, mit dem Unterschied, dass der Supraleiter hier endlich ist, sodass die Bedingungen $B_z(L) = B_z(-L) = B_0$ zu erfüllen sind. Für die allgemeine Lösung gilt daher

$$B_0 = Ce^{L/\lambda} + De^{-L/\lambda} \qquad B_0 = Ce^{-L/\lambda} + De^{+L/\lambda}$$

Aus diesen beiden Gleichungen erhalten wir C und D. Interessanterweise können wir auch fast ohne zu rechnen auf dieses Ergebnis kommen, nämlich indem wir bemerken, dass wir die Lösung anstatt in Exponentialfunktionen ebenso gut in Hyperbelfunktionen ausdrücken können:

$$B_z(x) = C\cosh(x/\lambda) + D\sinh(-x/\lambda)$$

Aus dieser Darstellung ist aufgrund der Symmetrie unmittelbar ersichtlich, dass D null sein muss.

Aufgabe 3.3 (a) Wie in Aufgabe 3.1 müssen wir wieder zweimal die Rotation bilden; allerdings verwenden wir diesmal Zylinderkoordinaten. Da $\mathbf{B}$ in z-Richtung zeigt und nur von r abhängt (wegen der Zylindersymmetrie des Vortex), haben wir

$$\nabla \times \mathbf{B} = \frac{1}{r}\begin{vmatrix} \mathbf{e}_r & r\mathbf{e}_\phi & \mathbf{e}_z \\ \frac{\partial}{\partial r} & \frac{\partial}{\partial \phi} & \frac{\partial}{\partial z} \\ 0 & 0 & B_z(r) \end{vmatrix} = -\mathbf{e}_\phi \frac{\mathrm{d}B_z}{\mathrm{d}r}$$

Davon bilden wir noch einmal die Rotation und erhalten

$$\nabla \times (\nabla \times \mathbf{B}) = \frac{1}{r}\begin{vmatrix} \mathbf{e}_r & r\mathbf{e}_\phi & \mathbf{e}_z \\ \frac{\partial}{\partial r} & \frac{\partial}{\partial \phi} & \frac{\partial}{\partial z} \\ 0 & -r\frac{\mathrm{d}}{\mathrm{d}r}B_z(r) & 0 \end{vmatrix} = -\mathbf{e}_z \frac{1}{r}\frac{\mathrm{d}}{\mathrm{d}r}\left(r\frac{\mathrm{d}B_z}{\mathrm{d}r}\right)$$

(b) Wenn wir die angegebene Näherung verwenden, erhalten wir als zu lösende Gleichung

$$\frac{1}{r}\frac{\mathrm{d}}{\mathrm{d}r}\left(r\frac{\mathrm{d}B_z}{\mathrm{d}r}\right) = 0$$

Der Term in Klammern muss offensichtlich konstant sein, also

$$r\frac{\mathrm{d}B_z}{\mathrm{d}r} = a$$

Diese gewöhnliche Differentialgleichung einer Variable können wir leicht integrieren, was auf die angegebene Funktion führt.

(c) Den Strom finden wir aus $\mu_0 \mathbf{j} = \nabla \times \mathbf{B}$:

$$\mathbf{j} = -\frac{a}{\mu_0 r}\mathbf{e}_\phi$$

Zusammen mit der London-Gleichung liefert dies das Vektorpotential

$$\mathbf{A} = -\frac{a\lambda^2}{r}\mathbf{e}_\phi$$

Um den magnetischen Fluss zu bestimmen, verwenden wir den Stokesschen Satz und $\mathbf{B} = \nabla \times \mathbf{A}$:

$$\Phi = \int \mathbf{B} \cdot \mathrm{d}\mathbf{S}\, \mathrm{d}^2 r = \oint \mathbf{A} \cdot \mathrm{d}\mathbf{r} = -2\pi a \lambda^2$$

Die Konstante a ist somit

$$a = -\frac{\Phi}{2\pi\,\lambda^2}$$

(d) Dies ist genau die gleiche Differentialgleichung zweiter Ordnung wie in Aufgabe (3.1c), und auch hier ist nur die fallende Exponentialfunktion $e^{-r/\lambda}$ möglich.

(e) Mit $B_z = r^p e^{-r/\lambda}$ erhalten wir

$$\frac{1}{r}\frac{\mathrm{d}}{\mathrm{d}r}\left(r\frac{\mathrm{d}B_z}{\mathrm{d}r}\right) = \left(p^2 r^{p-2} - \frac{(2p+1)r^{p-1}}{\lambda} + \frac{r^p}{\lambda^2}\right) e^{-r/\lambda}$$

Wenn wir dies gleich B/λ^2 setzen, fällt der Term r^p/λ^2 heraus und wir haben

$$p^2 r^{p-2} - \frac{(2p+1)r^{p-1}}{\lambda} = 0$$

Offensichtlich ist dies nicht für alle r zu erfüllen, aber im Limes großer r ist es möglich. Dazu müssen wir den Koeffizienten des Terms der höchsten Ordnung null setzen, also $2p+1 = 0$ oder $p = -1/2$. Dies ist der korrekte asymptotische Grenzfall für die Bessel-Funktion.

Aufgabe 3.4 Mit $\mathbf{j} = -(a/r)\,\mathbf{e}_\phi$ und $j = -en_s v$ erhalten wir die kinetische Energiedichte

$$\frac{1}{2} m_e n_s v^2 \,\mathrm{d}^3 r = \frac{1}{2} m_e \frac{a^2}{e^2 n_s r^2}\,\mathrm{d}^3 r$$

Durch Integration über den zweidimensionalen Querschnitt des Vortex erhalten wir die Energie pro Längeneinheit

$$E = \frac{1}{2} m_e \frac{a^2}{e^2 n_s} \int \frac{1}{r^2}\,\mathrm{d}^2 r$$

Das Integrationsgebiet erstreckt sich über die $1/r$-Region, also vom Vortexkern ξ_0 bis etwa $r \sim \lambda$. Wir schreiben daher

$$E = \frac{1}{2} m_e \frac{a^2}{e^2 n_s} \int_{\xi_0}^{\lambda} \frac{1}{r^2} \, 2\pi r \, \mathrm{d}r$$

Dass dies äquivalent ist zu dem in der Aufgabe angegebenen Ausdruck, sehen wir, wenn wir die Definition von λ und das Ergebnis $a = -\Phi/(2\pi\lambda^2)$ aus Aufgabe (3.3) benutzen.

Aufgabe 3.5 (a) Wir setzen $\mathrm{Re}[\sigma(\omega')] = \pi e^2 n_s \delta(\omega')/m_e$ in

$$\mathrm{Im}[\sigma(\omega)] = -\frac{1}{\pi} \mathcal{P} \int_{-\infty}^{\infty} \frac{Re[\sigma(\omega')]}{\omega' - \omega} \, \mathrm{d}\omega'$$

ein und erhalten

$$\mathrm{Im}[\sigma(\omega)] = +\frac{e^2 n_s}{m_e \omega}$$

was konsistent ist mit der London-Theorie.

(b) Der Drude-Ausdruck (3.38) für $\sigma(\omega)$ hat eine Polstelle bei

$$\omega = -i\tau^{-1}$$

(dargestellt als Punkt auf der negativen y-Achse in Abbildung 3.14). Diese Polstelle liegt immer unterhalb der x-Achse, und da sie die einzige Polstelle ist, gibt es mit Sicherheit keine Polstellen in der oberen Hälfte von Abbildung 3.14.

(c) Der Integrand hat eine Polstelle bei $\omega' = \omega$, was auf der positiven x-Achse liegt (in Abbildung 3.14 ebenfalls als Punkt dargestellt). Die eingezeichnete Linie meidet diesen Punkt, sodass keiner der Pole innerhalb der geschlossenen Linie liegt. Daraus können wir unter Berücksichtigung des Cauchyschen Integralsatzes $I = 0$ folgern.

Das Linienintegral hat drei Beiträge. Den ersten Beitrag liefert der große Halbkreis. Wenn der Radius dieses Halbkreises R ist, dann ist der Beitrag, den dieser Halbkreis zum Integral leistet, wegen $\sigma(\omega') = O(1/R)$ von der Ordnung $1/R$. Im Limes $R \to \infty$ können wir diesen Beitrag also vernachlässigen. Der von dem kleinen Halbkreis stammende Beitrag berechnet sich leicht zu

$$\int_{\pi}^{0} \frac{\sigma(\omega)}{re^{i\theta}} \, ire^{i\theta} \, \mathrm{d}\theta = -i\pi \, \sigma(\omega)$$

mit $\omega' = \omega + re^{i\theta}$. Der verbleibende Beitrag zum Linienintegral ist das Integral entlang der x-Achse. Dieser wird im Limes $r \to 0$ ein Cauchyscher Hauptwert (wegen der Singularität bei ω). Daher gilt

$$I = 0 - i\pi \, \sigma(\omega) + \mathcal{P} \int_{-\infty}^{\infty} \frac{\sigma(\omega')}{\omega' - \omega} \, \mathrm{d}\omega'$$

Mit $I = 0$ ergibt sich

$$\sigma(\omega) = -\frac{i}{\pi}\mathcal{P}\int_{-\infty}^{\infty} \frac{\sigma(\omega')}{\omega' - \omega}\,\mathrm{d}\omega'$$

Indem wir von diesem Ausdruck Real- und Imaginärteil bilden, erhalten wir schließlich die Kramers-Kronig-Relationen.

A.4 Kapitel 4

Aufgabe 4.1 Das Gleichgewicht zwischen den Phasen stellt sicher, dass in jedem Punkt auf der Phasengrenze $G_s = G_n$ gilt. Daher ist

$$G_s(H + \delta H, T + \delta T) = G_n(H + \delta H, T + \delta T)$$

und $G_s(H,T) = G_n(H,T)$. Wir nehmen an, dass δH und δT infinitesimal sind, und schreiben

$$\frac{\partial G_s}{\partial H}\,\delta H + \frac{\partial G_s}{\partial T}\,\delta T = \frac{\partial G_n}{\partial H}\,\delta H + \frac{\partial G_n}{\partial T}\,\delta T$$

Hieraus folgt

$$-\mu_0 V M_s\,\delta H - S_s\,\delta T = \mu_0\, V M_n\,\delta H - S_n\,\delta T$$

Durch Umstellen kann dies als Analogon zur Clausius-Clapeyron-Gleichung geschrieben werden:

$$\frac{\mathrm{d}H}{\mathrm{d}T} = -\frac{1}{\mu_0 V}\frac{S_s - S_n}{M_s - M_n} = -\frac{L}{\mu_0 HT}$$

Dabei verwenden wir $M_s = -H$ für den Supraleiter erster Art und $M_n \approx 0$ für die normale Phase.

Aufgabe 4.2 Wie man leicht sieht, gilt für $T < T_c$

$$|\psi|^2 = \frac{\dot{a}(T_c - T)}{b}$$

$$F_s - F_n = -V\,\frac{\dot{a}^2(T_c - T)}{2b}$$

$$S_s - S_n = -V\,\frac{\dot{a}^2(T_c - T)}{b}$$

und für $T > T_c$ sind diese Größen alle null. Daher haben $|\psi|^2$ und $S_s - S_n$ bei T_c eine Unstetigkeit in der ersten Ableitung, während $F_s - F_n$ eine Unstetigkeit in der zweiten Ableitung hat (siehe Abbildung A.2).

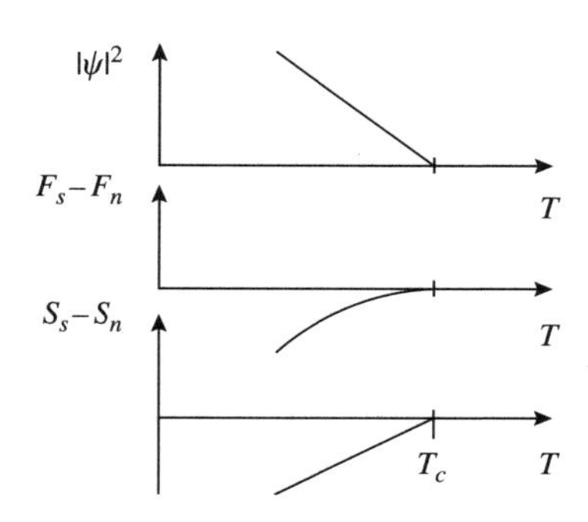

Abbildung A.2: (Zu Aufgabe 4.2) Der quadrierte Ordnungsparameter $|\psi|^2$, die freie Energie $F_s - F_n$ und die Entropie $S_s - S_n$ eines Supraleiters nahe T_c. Die Entropie ist bei T_c stetig, ändert aber dort sprunghaft ihren Anstieg, d. h., es handelt sich um einen Phasenübergang zweiter Art.

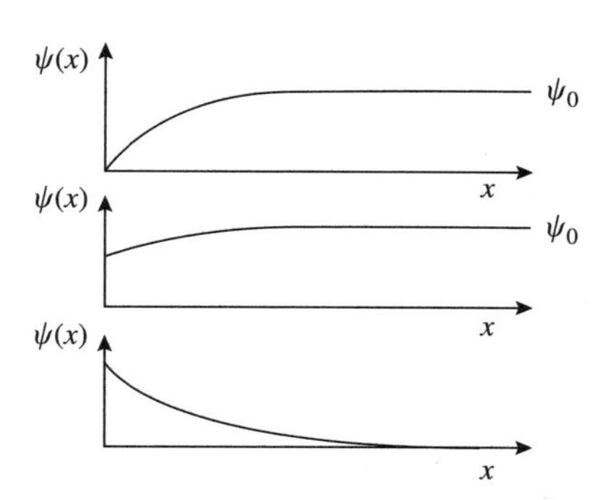

Abbildung A.3: (Zu Aufgabe 4.2) Der Ordnungsparameter nahe der Oberfläche eines Supraleiters. Oben der Fall $\psi(0) = 0$, in der Mitte der Fall $0 < \psi(0) < \psi_0$ und unten der Verlauf des Ordnungsparameters in einem normalleitenden Metall im Kontakt mit einem Supraleiter.

Aufgabe 4.3 (a) Durch Einsetzen von $\psi(x) = |\psi_0(x)| f(y)$ in Gleichung (4.39) und die Annahme, dass $f(y)$ reell ist, erhält man unmittelbar die kubische Differentialgleichung, die in der Aufgabenstellung angegeben ist.

(b) Einsetzen von $f(y) = \tanh(cy)$ in diese kubische Gleichung liefert

$$-\ddot{f} - f + f^3 = 2c^2 t(1 - t^2) - t + t^3 = 0$$

Diese Gleichung ist erfüllt, wenn $2c^2 = 1$ bzw. $c = 1/\sqrt{2}$. Die resultierende Lösung ist in Abbildung A.3 dargestellt.

(c) Für die Randbedingung $\psi(0) \neq 0$ und $\psi(0) < \psi_0$ können wir die in Teil (b) gefundene Lösung einfach verschieben und erhalten

$$\psi(x) = \psi_0 \tanh\left(\frac{(x + x_0)}{\sqrt{2}\xi(T)}\right)$$

Dabei ist x_0 so gewählt, dass

$$\psi(0) = \psi_0 \tanh\left(\frac{x_0}{\sqrt{2}\xi(T)}\right)$$

wie in Abbildung A.3 dargestellt.

(d) Für das normalleitende Metall können wir annehmen, dass ψ klein ist. Damit kann Gleichung (4.39) durch die lineare Gleichung

$$-\frac{\hbar^2}{2m^*}\frac{\mathrm{d}^2\psi}{\mathrm{d}x^2} + a\psi = 0$$

approximiert werden, woraus wir die exponentielle Lösung

$$\psi(x) = \psi(0)e^{-x/\xi(T)}$$

erhalten (siehe Abbildung A.3).

Aufgabe 4.4 (a) Wie in der Rechnung (4.120) sind die innere Energie und die spezifische Wärme im Rahmen des Gaußschen Modells zu bestimmen, wobei

$$U = -\frac{\partial \ln Z}{\partial \beta} \qquad \text{und} \qquad C_V = \frac{\mathrm{d}U}{\mathrm{d}T}$$

verwendet wird. Die einzelnen Schritte der Rechnung sind unabhängig von der Dimension des Raumes, bis zu dem Schritt, in dem wir die Summe über **k** Punkte durch ein dreidimensionales Integral ersetzen. Im zweidimensionalen Fall verwenden wir also

$$\sum_{\mathbf{k}} \to \frac{1}{(2\pi)^2} \int \mathrm{d}^2 k$$

und erhalten

$$\begin{aligned} C_V &\sim k_\mathrm{B} T^2 \left(\frac{\dot{a}}{a}\right) \frac{1}{(2\pi)^2} \int \frac{1}{(1+\xi(T)^2 k^2)^2} \mathrm{d}^2 k \\ &= k_\mathrm{B} T^2 \left(\frac{\dot{a}}{a}\right) \frac{1}{(2\pi)^2} 2\pi \int_0^\infty \frac{1}{(1+\xi(T)^2 k^2)^2} k\, \mathrm{d}k \\ &= k_\mathrm{B} T^2 \left(\frac{\dot{a}}{a}\right) \frac{1}{(2\pi)^2} 2\pi \frac{1}{\xi(T)^2} \int_0^\infty \frac{1}{(1+y^2)^2} y\, \mathrm{d}y \end{aligned}$$

Mit $a = \dot{a}(T - T_c)$ und $\xi(T)^2 = \hbar^2/(2m^*|a|)$ und unter Vernachlässigung numerischer Faktoren erhalten wir

$$C_V \sim \frac{1}{|T - T_c|}$$

d. h., im zweidimensionalen Fall gilt $\alpha = 1$.

(b) Das Vorgehen in Teil (a) kann leicht auf d Dimensionen verallgemeinert werden. Wir schreiben

$$\sum_{\mathbf{k}} \to \frac{1}{(2\pi)^d} \int \mathrm{d}^d\, k \to \frac{\Omega_d}{(2\pi)^d} \int_0^\infty k^{d-1} \mathrm{d}k$$

wobei Ω_d die Oberfläche einer „Einheitskugel" in d Dimensionen ist (2π für $d = 2$, 4π für $d = 3$ usw.). Das Integral über k hat immer die Form

$$\frac{\Omega_d}{(2\pi)^d} \int_0^\infty \frac{1}{(1+\xi(T)^2 k^2)^2} k^{d-1} \mathrm{d}k \sim \frac{1}{\xi(T)^d}$$

Die Singularität in der spezifischen Wärme ist daher proportional zu

$$\left(\frac{\dot{a}}{a}\right)^2 \frac{1}{\xi(T)^d} \sim \frac{1}{|T - T_c|^{2-(d/2)}}$$

sodass im Rahmen des Gaußschen Modells $\alpha = 2 - d/2$ gilt.

A.5 Kapitel 5

Aufgabe 5.2 Aus der Definition des kohärenten Zustands $|\alpha\rangle$ gemäß (5.13) erhalten wir

$$\begin{aligned}\langle\alpha|\beta\rangle &= e^{-|\alpha|^2/2}e^{-|\beta|^2/2}\int\left(\sum_n \frac{\alpha^{*n}}{n!^{1/2}}\psi_n^*(x)\right)\left(\sum_m \frac{\beta^m}{m!^{1/2}}\psi_m^*(x)\right)\mathrm{d}x \\ &= e^{-|\alpha|^2/2}e^{-|\beta|^2/2}\sum_n \frac{(\alpha^*\beta)^n}{n!} \\ &= e^{-|\alpha|^2/2}e^{-|\beta|^2/2}e^{\alpha^*\beta}\end{aligned}$$

Dies kann schließlich in die Form von (5.33) gebracht werden, da

$$|\langle\alpha|\beta\rangle|^2 = e^{-|\alpha|^2-|\beta|^2+\alpha^*\beta+\alpha\beta^*}$$

Aufgabe 5.4 (a) Aus der Definition des kohärenten Zustands gemäß (5.13) folgt

$$|\alpha\rangle\langle\alpha| = e^{-|\alpha|^2}\left(\sum_m \frac{\alpha^m}{m!^{1/2}}|\psi_m\rangle\right)\left(\sum_n \frac{\alpha^{*n}}{n!^{1/2}}\langle\psi_n|\right)$$

woraus sich der gesuchte Ausdruck ergibt.

(b) Wenn man zu Polarkoordinaten in der komplexen Ebene übergeht, dann ist $\alpha = re^{i\theta}$ und das Flächenelement ist

$$\mathrm{d}^2\alpha = r\,\mathrm{d}r\,\mathrm{d}\theta$$

Damit haben wir

$$\begin{aligned}\frac{1}{4\pi}\int \mathrm{d}^2\alpha|\alpha\rangle\langle\alpha| &= \frac{1}{4\pi}\sum_{mn}\left(r\,\mathrm{d}r\,\mathrm{d}\theta\,\frac{r^{m+n}e^{i(m-n)\theta}}{(n!m!)^{1/2}}\,e^{-r^2}\right)|\psi_m\rangle\langle\psi_n| \\ &= \frac{1}{2}\sum_n \frac{1}{n!}\left(\int r\,\mathrm{d}r\;r^{2n}e^{-r^2}\right)|\psi_n\rangle\langle\psi_n| \\ &= \sum_n |\psi_n\rangle\langle\psi_n|\end{aligned}$$

wobei wir das Integral

$$\int_0^\infty x^n e^{-x}\mathrm{d}x = n!$$

mit $x = r^2$ verwendet haben.

(c) Wir starten mit einem beliebigen Zustand $|\psi\rangle$, der nach den Eigenzuständen des harmonischen Oszillators entwickelt ist:

$$|\psi\rangle = \sum_m c_m|\psi_m\rangle$$

Dann ist offensichtlich

$$\left(\sum_n |\psi_n\rangle\langle\psi_n|\right)|\psi\rangle = \sum_{nm} |\psi_n\rangle\langle\psi_n|\psi_m\rangle c_m = \sum_n c_n|\psi_n\rangle = |\psi\rangle$$

Aufgabe 5.5 (a) Hier muss einfach die Matrix

$$\begin{pmatrix} u_{\mathbf{k}} & v_{\mathbf{k}} \\ v_{\mathbf{k}} & u_{\mathbf{k}} \end{pmatrix}$$

invertiert werden:

$$\begin{pmatrix} u_{\mathbf{k}} & v_{\mathbf{k}} \\ v_{\mathbf{k}} & u_{\mathbf{k}} \end{pmatrix}^{-1} = \begin{pmatrix} u_{\mathbf{k}} & -v_{\mathbf{k}} \\ -v_{\mathbf{k}} & u_{\mathbf{k}} \end{pmatrix}$$

Dabei haben wir $u^2 - v^2 = 1$ verwendet.

(d) Das Produkt der drei Matrizen in Teil (c) liefert

$$M_{12} = M_{21} = \frac{2u_{\mathbf{k}}v_{\mathbf{k}}}{u_{\mathbf{k}}^2 + v_{\mathbf{k}}^2} - \frac{n_0 g}{\epsilon_{\mathbf{k}} + n_0 g}$$

Also ist die Matrix diagonal, wenn u und v die angegebene Bedingung erfüllen.

(e) Für die Diagonalelemente ergibt die Matrizenmultiplikation

$$M_{11} = (\epsilon_{\mathbf{k}} + n_0 g)u_{\mathbf{k}}^2 - n_0 g u_{\mathbf{k}} v_{\mathbf{k}}$$

und

$$M_{22} = (\epsilon_{\mathbf{k}} + n_0 g)v_{\mathbf{k}}^2 - n_0 g u_{\mathbf{k}} v_{\mathbf{k}}$$

was den angegebenen Ausdruck für die Summe $M_{11} + M_{22}$ ergibt. Die Spur der Matrix kann als die Anregungsenergie E interpretiert werden, denn es gilt

$$\hat{H} = \sum_{\mathbf{k}} M_{11} b_{\mathbf{k}}^+ b_{\mathbf{k}} + M_{22} b_{-\mathbf{k}} b_{-\mathbf{k}}^+ = \sum_{\mathbf{k}} M_{11} b_{\mathbf{k}}^+ b_{\mathbf{k}} + M_{22}(1 + b_{-\mathbf{k}}^+ b_{-\mathbf{k}})$$

In der Summe über alle möglichen $\mathbf{k}$-Werte taucht für jedes gegebene $\mathbf{k}$ zweimal der Besetzungszahloperator $b_{\mathbf{k}}^+ b_{\mathbf{k}}$ auf, einmal von $\mathbf{k}$ stammend und einmal von $-\mathbf{k}$. Daher können wir schreiben

$$\hat{H} = \sum_{\mathbf{k}} (M_{11} + M_{22}) b_{\mathbf{k}}^+ b_{\mathbf{k}} + \text{const.}$$

Wegen $u^2 - v^2 = 1$ können wir die Darstellung $u_{\mathbf{k}} = \cosh\theta, v_{\mathbf{k}} = \sinh\theta$ verwenden. In dieser Darstellung gilt $2uv = \sinh(2\theta)$ und $u^2+v^2 = \cosh(2\theta)$. Damit wird die Gleichung aus (d) zu

$$\tanh(2\theta) = \frac{n_0 g}{\epsilon_{\mathbf{k}} + n_0 g}$$

Der Ausdruck für die Anregungsenergie wird zu

$$E = (\epsilon_{\mathbf{k}} + n_0 g)\cosh(2\theta) - n_0 g \sinh(2\theta)$$

In wenigen Rechenschritten lässt sich zeigen, dass dies äquivalent zu (5.95) ist.

A.6 Kapitel 6

Aufgabe 6.1 Der Kommutator $[P^+_{\mathbf{k}}, P^+_{\mathbf{k}'}]$ ist offensichtlich null, ebenso $[P_{\mathbf{k}}, P^+_{\mathbf{k}'}]$ für $\mathbf{k} \neq \mathbf{k}'$. Der einzige schwierige Fall ist $\mathbf{k} = \mathbf{k}'$. Für diesen gilt

$$\begin{aligned}
[\hat{P}_{\mathbf{k}}, \hat{P}^+_{\mathbf{k}}] &= c_{-\mathbf{k}\downarrow} c_{\mathbf{k}\uparrow} c^+_{\mathbf{k}\uparrow} c^+_{-\mathbf{k}\downarrow} - c^+_{\mathbf{k}\uparrow} c^+_{-\mathbf{k}\downarrow} c_{-\mathbf{k}\downarrow} c_{\mathbf{k}\uparrow} \\
&= c_{-\mathbf{k}\downarrow} \left(1 - c^+_{\mathbf{k}\uparrow} c_{\mathbf{k}\uparrow}\right) c^+_{-\mathbf{k}\downarrow} - c^+_{\mathbf{k}\uparrow} c^+_{-\mathbf{k}\downarrow} c_{-\mathbf{k}\downarrow} c_{\mathbf{k}\uparrow} \\
&= \left(1 - c^+_{\mathbf{k}\uparrow} c_{\mathbf{k}\uparrow}\right)\left(1 - c^+_{-\mathbf{k}\downarrow} c_{-\mathbf{k}\downarrow}\right) - c^+_{\mathbf{k}\uparrow} c_{\mathbf{k}\uparrow} c^+_{-\mathbf{k}\downarrow} c_{-\mathbf{k}\downarrow} \\
&= 1 - \hat{n}_{\mathbf{k}\uparrow} - \hat{n}_{-\mathbf{k}\downarrow}
\end{aligned}$$

Hier ist wie gewöhnlich $\hat{n}_{\mathbf{k}\sigma} = c^+_{\mathbf{k}\uparrow} c_{\mathbf{k}\sigma}$ der Besetzungszahloperator. Damit ist

$$[\hat{P}_{\mathbf{k}}, \hat{P}^+_{\mathbf{k}'}] = \delta_{\mathbf{k}\mathbf{k}'} \left(1 - \hat{n}_{\mathbf{k}\uparrow} - \hat{n}_{-\mathbf{k}\downarrow}\right)$$

was sich von dem Kommutator für Bosonen unterscheidet. Das bedeutet, dass man ein Cooper-Paar nicht einfach als ein bosonisches Teilchen ansehen kann.

Aufgabe 6.2 Die Rechnung vereinfacht sich, wenn wir die Wechselwirkung durch Paaroperatoren wie

$$c^+_{\mathbf{k}\uparrow} c^+_{-\mathbf{k}\downarrow} c_{-\mathbf{k}'\downarrow} c_{\mathbf{k}'\uparrow} = \hat{P}^+_{\mathbf{k}} \hat{P}_{\mathbf{k}'}$$

ausdrücken. Wenn wir die Definitionen für den BCS-Paarzustand verwenden, dann müssen wir den Ausdruck

$$\langle \Psi_{\mathrm{BCS}} | \hat{P}^+_{\mathbf{k}} \hat{P}_{\mathbf{k}'} | \Psi_{\mathrm{BCS}} \rangle = \langle 0 | \Pi_{\mathbf{q}} (u_{\mathbf{q}} + v_{\mathbf{q}} \hat{P}_{\mathbf{q}}) \hat{P}^+_{\mathbf{k}} \hat{P}_{\mathbf{k}'} \Pi_{\mathbf{q}'} (u^*_{\mathbf{q}} + v^*_{\mathbf{q}'} \hat{P}^+_{\mathbf{q}'}) | 0 \rangle$$

auswerten. In dem Produkt über alle möglichen Zustände $\mathbf{q}'$ tritt ein Term auf, für den $\mathbf{q}' = \mathbf{k}'$ gilt. Dieser Term liefert einen Beitrag, der wie

$$\hat{P}_{\mathbf{k}'} \left(u^*_{\mathbf{k}'} + v^*_{\mathbf{k}'} \hat{P}^+_{\mathbf{k}'}\right) |0\rangle = v^*_{\mathbf{k}'} |0\rangle$$

auf den Vakuumzustand auf der rechten Seite wirkt, da alle anderen Terme von der Form $\hat{P}_{\mathbf{k}'}|0\rangle = 0$ sind. Das gleiche Argument können wir auf den „bra"-Zustand auf der linken Seite für $\mathbf{q} = \mathbf{k}$ anwenden:

$$\langle 0|(u_{\mathbf{k}} + v_{\mathbf{k}}\hat{P}_{\mathbf{k}})\hat{P}^{+}_{\mathbf{k}} = \langle 0|v_{\mathbf{k}}$$

Die verbleibenden Terme beinhalten die Produkte über alle anderen Werte von $\mathbf{q}$ und $\mathbf{q}'$

$$\langle\Psi_{\mathrm{BCS}}|\hat{P}^{+}_{\mathbf{k}}\hat{P}_{\mathbf{k}'}|\Psi_{\mathrm{BCS}}\rangle = v_{\mathbf{k}}v^{*}_{\mathbf{k}'}\langle 0|\Pi_{\mathbf{q}\neq\mathbf{k}}\big(u_{\mathbf{q}} + v_{\mathbf{q}}\hat{P}_{\mathbf{q}}\big)\Pi_{\mathbf{q}'\neq\mathbf{k}'}\big(u^{*}_{\mathbf{q}'} + v^{*}_{\mathbf{q}'}\hat{P}^{+}_{\mathbf{q}'}\big)|0\rangle$$

In diesem Produkt liefern typische Werte von $\mathbf{q}$ und $\mathbf{q}'$ einen Faktor 1, da die Koeffizienten der BCS-Wellenfunktion wegen der Normierung die Gleichung $|u_{\mathbf{k}}|^2 + |v_{\mathbf{k}}|^2 = 1$ erfüllen. Doch in dem Produkt gibt es zwei spezielle Terme, für die Erzeugungs- und Vernichtungsoperator nicht zusammenpassen. Das sind $\mathbf{q}' = \mathbf{k}$ und $\mathbf{q} = \mathbf{k}'$. Diese Terme liefern den Beitrag

$$\begin{aligned}\langle\Psi_{\mathrm{BCS}}|\hat{P}^{+}_{\mathbf{k}}\hat{P}_{\mathbf{k}'}|\Psi_{\mathrm{BCS}}\rangle &= v_{\mathbf{k}}v^{*}_{\mathbf{k}'}\langle 0|\big(u_{\mathbf{k}'} + v_{\mathbf{k}'}\hat{P}_{\mathbf{k}'}\big)\big(u^{*}_{\mathbf{k}} + v^{*}_{\mathbf{k}}\hat{P}^{+}_{\mathbf{k}}\big)|0\rangle \\ &= v_{\mathbf{k}}v^{*}_{\mathbf{k}'}u^{*}_{\mathbf{k}}u_{\mathbf{k}'}\end{aligned}$$

was schließlich zu dem gesuchten Ergebnis führt.

Aufgabe 6.3 In (6.77) und (6.78) sind die Operatoren $b_{\mathbf{k}\uparrow}$ und $b^{+}_{-\mathbf{k}\downarrow}$ folgendermaßen definiert:

$$\begin{aligned}b_{\mathbf{k}\uparrow} &= u^{*}_{\mathbf{k}}c_{\mathbf{k}\uparrow} - v^{*}_{\mathbf{k}}c^{+}_{-\mathbf{k}\downarrow} \\ b^{+}_{-\mathbf{k}\downarrow} &= v_{\mathbf{k}}c_{\mathbf{k}\uparrow} + u_{\mathbf{k}}c^{+}_{-\mathbf{k}\downarrow}\end{aligned}$$

Offensichtlich gilt $\{b_{\mathbf{k}\uparrow}, b^{+}_{-\mathbf{k}'\downarrow}\} = 0$, denn im Falle $\mathbf{k} = \mathbf{k}'$ gilt

$$\begin{aligned}\{b_{\mathbf{k}\uparrow}, b^{+}_{-\mathbf{k}\downarrow}\} &= \{u^{*}_{\mathbf{k}}c_{\mathbf{k}\uparrow} - v^{*}_{\mathbf{k}}c^{+}_{-\mathbf{k}\downarrow}, v_{\mathbf{k}}c_{\mathbf{k}\uparrow} + u_{\mathbf{k}}c^{+}_{-\mathbf{k}\downarrow}\} \\ &= u^{*}_{\mathbf{k}}v_{\mathbf{k}}\{c_{\mathbf{k}\uparrow}, c_{\mathbf{k}\uparrow}\} + u^{*}_{\mathbf{k}}u_{\mathbf{k}}\{c_{\mathbf{k}\uparrow}, c^{+}_{-\mathbf{k}\downarrow}\} - v^{*}_{\mathbf{k}}v_{\mathbf{k}}\{c^{+}_{-\mathbf{k}\downarrow}, c_{\mathbf{k}\uparrow}\} \\ &\quad - v^{*}_{\mathbf{k}}u_{\mathbf{k}}\{c^{+}_{-\mathbf{k}\downarrow}, c^{+}_{-\mathbf{k}\downarrow}\} \\ &= 0\end{aligned}$$

Die anderen zu überprüfenden Kommutatoren beinhalten die hermiteschen Konjugierten von $b_{\mathbf{k}\uparrow}$ und $b^{+}_{-\mathbf{k}\downarrow}$. Beispielsweise ist $b^{+}_{\mathbf{k}\uparrow}$ durch die zu (6.77) konjugierte Gleichung

$$b^{+}_{\mathbf{k}\uparrow} = u_{\mathbf{k}}c^{+}_{\mathbf{k}\uparrow} - v_{\mathbf{k}}c_{-\mathbf{k}\downarrow}$$

definiert. Damit ist

$$\begin{aligned}\{b_{\mathbf{k}\uparrow}, b^{+}_{\mathbf{k}'\uparrow}\} &= \{u^{*}_{\mathbf{k}}c_{\mathbf{k}\uparrow} - v^{*}_{\mathbf{k}}c^{+}_{-\mathbf{k}\downarrow}, u_{\mathbf{k}'}c^{+}_{\mathbf{k}'\uparrow} - v_{\mathbf{k}'}c_{-\mathbf{k}'\downarrow}\} \\ &= u^{*}_{\mathbf{k}}u_{\mathbf{k}'}\{c_{\mathbf{k}\uparrow}, c^{+}_{\mathbf{k}'\uparrow}\} + v^{*}_{\mathbf{k}}v_{\mathbf{k}'}\{c^{+}_{-\mathbf{k}\downarrow}, c_{-\mathbf{k}'\downarrow}\} \\ &= (u^{*}_{\mathbf{k}}u_{\mathbf{k}'} + v^{*}_{\mathbf{k}}v_{\mathbf{k}'})\delta_{\mathbf{k}\mathbf{k}'} \\ &= \delta_{\mathbf{k}\mathbf{k}'}\end{aligned}$$

Entsprechend ist der hermitesch konjugierte Operator zu $b^+_{-\mathbf{k}\downarrow}$ durch die hermitesche Konjugation von (6.78) definiert:

$$b_{-\mathbf{k}\downarrow} = v^*_{\mathbf{k}} c^+_{\mathbf{k}\uparrow} + u^*_{\mathbf{k}} c_{-\mathbf{k}\downarrow}$$

Wie man leicht überprüft, gilt $\{b_{-\mathbf{k}\downarrow}, b^+_{-\mathbf{k}'\downarrow}\} = \delta_{\mathbf{k}\mathbf{k}'}$. Schließlich ist noch zu überprüfen, dass $\{b_{-\mathbf{k}\downarrow}, b_{\mathbf{k}'\uparrow}\} = 0$. Dies folgt aus unseren Definitionen, da

$$\begin{aligned}
\{b_{-\mathbf{k}\downarrow}, b_{\mathbf{k}'\uparrow}\} &= \{v^*_{\mathbf{k}} c_{\mathbf{k}\uparrow} + u^*_{\mathbf{k}} c_{-\mathbf{k}\downarrow}, u^*_{\mathbf{k}'} c_{\mathbf{k}'\uparrow} - v^*_{\mathbf{k}'} c^+_{-\mathbf{k}'\downarrow}\} \\
&= v^*_{\mathbf{k}} u^*_{\mathbf{k}'} \{c^+_{\mathbf{k}\uparrow}, c_{\mathbf{k}'\uparrow}\} - u^*_{\mathbf{k}} v^*_{\mathbf{k}'} \{c_{-\mathbf{k}\downarrow}, c^+_{-\mathbf{k}'\downarrow}\} \\
&= (v^*_{\mathbf{k}} u^*_{\mathbf{k}'} - u^*_{\mathbf{k}} v^*_{\mathbf{k}'}) \delta_{\mathbf{k}\mathbf{k}'} \\
&= 0
\end{aligned}$$

Aufgabe 6.4 Wenn wir bei der Berechnung von $b_{\mathbf{k}\uparrow}|\Psi_{\mathrm{BCS}}\rangle$ die Definition (6.77) für $b_{\mathbf{k}\uparrow}$ verwenden, dann erhalten wir einen Beitrag der Form

$$\begin{aligned}
b_{\mathbf{k}\uparrow}(u^*_{\mathbf{k}} + v^*_{\mathbf{k}} c^+_{\mathbf{k}\uparrow} c^+_{-\mathbf{k}\downarrow})|0\rangle &= (u^*_{\mathbf{k}} c_{\mathbf{k}\uparrow} - v^*_{\mathbf{k}} c^+_{-\mathbf{k}\downarrow})(u^*_{\mathbf{k}} + v^*_{\mathbf{k}} c^+_{\mathbf{k}\uparrow} c^+_{-\mathbf{k}\downarrow})|0\rangle \\
&= (u^*_{\mathbf{k}} v^*_{\mathbf{k}} c^+_{-\mathbf{k}\downarrow} - v^*_{\mathbf{k}} c^+_{-\mathbf{k}\downarrow} u^*_{\mathbf{k}} - v^{*2}_{\mathbf{k}} c^+_{-\mathbf{k}\downarrow} c^+_{\mathbf{k}\uparrow} c^+_{-\mathbf{k}\downarrow})|0\rangle \\
&= 0
\end{aligned}$$

Der letzte Schritt folgt aus $c^+_{-\mathbf{k}\downarrow} c^+_{-\mathbf{k}\downarrow}|0\rangle = 0$.

Wenn die hermitesch Konjugierte zu (6.78) verwenden, um $b_{-\mathbf{k}\downarrow}$ zu definieren, haben wir entsprechend einen Beitrag zu $b_{-\mathbf{k}\downarrow}|\Psi_{\mathrm{BCS}}\rangle$ von der Form

$$\begin{aligned}
b_{-\mathbf{k}\downarrow}(u^*_{\mathbf{k}} + v^*_{\mathbf{k}} c^+_{\mathbf{k}\uparrow} c^+_{-\mathbf{k}\downarrow})|0\rangle &= (v^*_{\mathbf{k}} c^+_{\mathbf{k}\uparrow} + u^*_{\mathbf{k}} c_{-\mathbf{k}\downarrow})(u^*_{\mathbf{k}} + v^*_{\mathbf{k}} c^+_{\mathbf{k}\uparrow} c^+_{-\mathbf{k}\downarrow})|0\rangle \\
&= (v^*_{\mathbf{k}} u^*_{\mathbf{k}} c^+_{\mathbf{k}\uparrow} + v^{*2}_{\mathbf{k}} c^+_{\mathbf{k}\uparrow} c^+_{\mathbf{k}\uparrow} c^+_{-\mathbf{k}\downarrow} - u^*_{\mathbf{k}} v^*_{\mathbf{k}} c^+_{\mathbf{k}\uparrow})|0\rangle \\
&= 0
\end{aligned}$$

Literaturverzeichnis

Abo-Shaeer, J.R., Raman, C., Vogels, J.M., and Ketterle, W. (2001). *Science*, **292**, 476–479.

Abramowitz, M., and Stegun, I.A. (1965). *Handbook of Mathematical Functions.* Dover, New York.

Abrikosov, A.A., Gorkov, L.P., and Dzyaloshinski, I.E. (1963). *Methods of Quantum Field Theory in Statistical Physics.* Dover, New York.

Adenwalla *et al.* (1990). Phys. Rev. Lett. **65**, 2298.

Alexandrov, A.S. (2003). *Theory of Superconductivity from Weak to Strong Coupling.* Institute of Physics Publishing, Bristol.

Amit, D.J. (1984). *Field Theory Renormalization Group, and Critical Phenomena.* World Scientific, Singapore.

Anderson, P.W. (1984). *Basic Notions of Condensed Matter Physics.* Benjamin/ Cummings, Melno Park.

Annett, J.F. (1990). *Advances in Physics*, **39**, 83–126.

Annett, J.F. (1999). *Physica C*, **317–318**, 1–8.

Annett, J.F., Goldenfeld, N.D., and Renn, S.R. (1990). In *Physical Properties of High Temperature Superconductors II*, D.M. Ginsberg (ed.), World Scientific, Singapore.

Annett, J.F., Goldenfeld, N.D., and Leggett, A.J. (1996). In *Physical Properties of High Temperature Superconductors V*, D.M. Ginsberg (ed.), World Scientific.

Annett, J.F., Gyorffy, B.L., and Spiller T.P. (2002). In *Exotic States in Quantum Nanostructures*, S. Sarkar (ed.), Kluwer.

Ashcroft, N. and Mermin, N.D. (1976). *Solid State Physics*, W.B. Saunders.

Blatter, G., Feigel'man, M.V., Geshkenbein, V.B., Larkin A.I., and Vinokur, V.M. (1994). *Rev. Mod. Phys.*, **66**, 1125–1388.

Blundell, S. (2001). *Magnetism in Condensed Matter.* Oxford University Press, Oxford.

Boas, M.L. (1983). *Mathematical Methods in the Physical Sciences* (2nd edn). John Wiley & Sons, New York.

Bogoliubov, N. (1947). *Journal of Physics*, **11**, 23.

Callen, H.B. (1960). *Thermodynamics.* John Wiley and Sons, New York.

Ceperley, D.M. (1995). *Rev. Mod. Phys.*, **67**, 279–355.

Chakin, P.M. and Lubensky, T.C. (1995). *Principles of Condensed Matter Physics.* Cambridge University Press.

Chiorescu *et al.* (2003). *Science*, **299**, 1869.

Chu, C.W., Gao, L., Chen, F., Huang, L.J., Meng, R.L., and Xue, Y.Y. (1993). *Nature*, **365**, 323–325.

Dalfovo, F., Giorgni, S., Pitaevskii, L.P., and Stringari, S. (1999). *Rev. Mod. Phys.*, **71**, 463–513.

Fetter, A.L. and Walecka, J.D. (1971). *Quantum Many-particle Theory.* McGraw Hill, New York.

Feynman, R.P. (1972). *Statistical Mechanics.* Addison Wesley, Redwood City.

Feynman R.P., Leighton, R.B., and Sands M. (1964). *The Feynman Lectures on Physics, Vol. II.* Addison Wesley, Reading MA.

Fisher, R.A. *et al.* (1989). Phys. Rev. Lett. **62**, 1411.

Friedman J.R. *et al.* (2000). *Nature*, **406**, 43.

de Gennes, P.-G., (1966). *Superconductivity of Metals and Alloys*, Addison Wesley Advanced Book Programme, Redwood City.

Goldenfeld, N.D. (1992). *Lectures on Phase Transitions and the Renormalization Group*, Addison-Wesley, Reading, MA.

Hardy, W.N. *et al.* (1993). Phys. Rev. Lett. **70**, 3999.

Home, D. and Gribbin, J. (1994). *New Scientist* 9 January, 26.

Huang, K. (1987). *Statistical Physics* (2nd edn). John Wiley & Sons, New York.

Jones, R.A.L. (2002). *Soft Condensed Matter.* Oxford University Press, Oxford.

Joynt, R. and Taillefer, L. (2002). *Rev. Mod. Phys.* **74**, 235–294.

Ketterle, W. (2002). *Rev. Mod. Phys.*, **74**, 1131–1151.

Ketterle, W. (2003). http://cua.mit.edu/ketterle_group/Nice_pics.htm.

Ketterson, J.B. and Song, S.N. (1999). *Superconductivity.* Cambridge University Press, Cambridge.

Kittel, C. (1996). *Introduction to Solid State Physics* (7th edn). John Wiley & Sons, New York.

Klauder, J.R. and Skagerstam, B.-S. (1985), *Coherent States: Applications in Physics and Mathematical Physics*, World Scientific.

Lee, D.M. (1997). *Rev. Mod. Phys.* **69**, 645–666.

Leggett, A.J. (1975). *Rev. Mod. Phys.*, **47**, 332–414.

Leggett, A.J. (1980). *Suppl. Prog. Theor. Phys.*, **69**. 80–100.

Leggett, A.J. (2001). *Reviews of Modern Physics*, **73**, 307–356.

Leggett, A.J. (2002). *J. Phys. Condens. Matter*, **14**, R415.

Loudon, R. (1979). *The Quantum Theory of Light*, Oxford.

Ma, S.-K. (1974). *Modern Theory of Critical Phenomena.* Benjamin/Cummings.

Mackenzie, A.P. and Maeno, Y. (2003). *Rev. Mod. Phys.*, **75**, 657–712.

Mahklin, Y., Schön, G., and Shnirman, A. (2001). *Rev. Mod. Phys.*, **73**, 357.

Mandl, F. (1987). *Statistical Physics* (2nd edn). John Wiley, Chicester.

Matthews, J. and Walker, R.L. (1970). *Mathematical Methods of Physics* (2nd edn). Addison Wesley.

Mermin, D. (1990). *Boojums All the Way through: Communicating Science in a Prosaic Age.* Cambridge University Press, Cambridge.

Mineev, V.P. and Samokhin, K.V. (1999). *Introduction to Unconventional Superconductivity.* Gordon and Breach Science Publishers, Amsterdam.

Nakamura, Y., Pashkin, Y.A., and Tsai, J.S. (1999). *Science*, **398**, 786–788.

Osheroff, D.D. (1997). *Rev. Mod. Phys.*, **69**, 667–682.

Overend N., Howson M.A., and Lawrie I. D. (1994). *Phys. Rev. Lett.*, **72**, 3238–3241.

Pethick, C.J. and Smith, H. (2001). *Bose-Einstein Condensation in Dilute Gases*, Cambridge University Press, Cambridge.

Phillips, W.D. (1998). *Rev. Mod. Phys.*, **70**, 721–741.

Pines, D. (1961). *The Many Body Problem.* Benjamin Cummings, Reading, MA.

Pitaevskii, L.P. and Stringari, S. (2003). *Bose-Einstein Condensation*, International Series of Monographs in Physics, Clarendon Press, Oxford.

Poole, C.P. (2000). *Handbook of Superconductivity.* Academic Press.

Ramakrishnan, T.V. and Rao, C.N.R. (1992). *Superconductivity Today.* Wiley Eastern, New Delhi.

Raman, C., Abo-Shaeer, J.R., Vogels, J.M., Xu, K. and Ketterle, W. (2001). Phys. Rev. Lett. **87**, 210402.

Rickayzen, G. (1980). *Green's Functions and Condensed Matter.* Academic Press, London.

Salomaa, M.M. and Volovik, G.E. (1987). *Rev. Mod. Phys.*, **59**, 533–613.

Sauls, J.A. (1994). *Advances in Physics*, **43**, 113–141.

Silver, R.N. and Sokol, P.E. (eds.) (1989). *Momentum Distributions.* Plenum, New York.

Schrieffer, J.R. (1964). *Theory of Superconductivity.* Benjamin/Cummings, Reading, MA.

Schneider, T. and Singer, J.M. (2000). *Phase Transition Approach to High Temperature Superconductors.* Imperial College Press, UK.

Singleton, J. (2001). *Band Theory and Electronic Properties of Solids.* Oxford University Press, Oxford.

Tilley, D.R. and Tilley, J. (1990). *Superfluidity and Superconductivity* (3rd edn). Adam Hilger and IOP Publishing, Bristol.

Tinkham, M. (1996). *Introduction to Superconductivity* (2nd edn). McGraw-Hill, New York.

van der Wal, C. *et al.* (2000). *Science*, **290**, 773.

van der Wal (2001). *Quantum Superpositions of Persistent Josephson Currents.* PhD thesis, Delft University Press, Delft.

Tsuei, C.C. and Kirtley, J.R. (2000). *Rev. Mod. Phys.*, **72**, 969–1016.

Van Harlingen, D.J. (1995). *Rev. Mod. Phys.*, **67**, 515.

Vollhardt, D. and Wölfle, P. (1990). *The Superfluid Phases of Helium 3.* Taylor and Francis, London.

Volovik G.E. (1992). *Exotic Properties of Superfluid* ^{3}*He.* World Scientific, Singapore.

Waldram, J.R. (1996). *Superconductivity of Metals and Cuprates.* Institute of Physics, Bristol.

Wheatley, J.C. (1975). *Rev. Mod. Phys.*, **47**, 415–470.

Wollman, D.A. *et al.* (1993). *Phys. Rev. Lett.*, **71**, 2134.

Yeshurun, Y., Malozemoff, A. P., and Shaulov, A. (1996). *Rev. Mod. Phys.*, **68**, 911–949.

Ziman, J.M. (1979). *Principles of the Theory of Solids* (2nd edn). Cambridge University Press.

Index